"十四五"职业教育国家规划教材

"十四五"职业教育河南省规划教材

环境监测

第二版

李党生　付翠彦　主　编

蔡慧华　王宗舞　副主编

张宝军　主　审

化学工业出版社

·北京·

内容简介

本书围绕环境监测岗位实际工作任务安排内容，采用现行国家标准，理论与实践相融合，突出应用能力和职业能力培养。内容按模块化编排，包括环境监测质量保证、地表水质监测、城镇污水监测、工业废水监测、空气质量监测、固定源废气监测、室内空气监测、噪声监测、土壤与固体废物监测、辐射环境监测和应急监测等，各模块配有相关数字化信息资源。

本书贯彻生态文明思想，践行绿水青山就是金山银山的理念。推动绿色发展，促进人与自然和谐共生，充分体现了党的二十大精神进教材。

本书为高等职业教育本科、大专环境保护类专业的教材；也可作为相关专业的教学用书，还可供从事环境保护相关工作的人员参考使用。

图书在版编目（CIP）数据

环境监测/李党生，付翠彦主编．—2版．—北京：化学工业出版社，2024.5（2025.9重印）
ISBN 978-7-122-45090-6

Ⅰ.①环…　Ⅱ.①李…②付…　Ⅲ.①环境监测-职业教育-教材　Ⅳ.①X83

中国国家版本馆 CIP 数据核字（2024）第 034304 号

责任编辑：王文峡
责任校对：边　涛　　　　装帧设计：韩　飞

出版发行　化学工业出版社
　　　　　（北京市东城区青年湖南街 13 号　邮政编码 100011）
印　　装　河北延风印务有限公司
787mm×1092mm　1/16　印张 21½　字数 552 千字
2025 年 9 月北京第 2 版第 4 次印刷

购书咨询：010-64518888　　售后服务：010-64518899
网　　址：http://www.cip.com.cn
凡购买本书，如有缺损质量问题，本社销售中心负责调换。

定　　价：59.00 元　　　　　版权所有　违者必究

→ 第二版前言

本书第一版于 2017 年出版。教材内容贴近工作岗位，理实融合，与国家职业教育智慧教育平台环境监测课程资源库内容一致，教材使用者在教与学的过程中可以从其资源库获取所需要的更多资源，助推环境监测教学质量提升，因此被数十所"双高计划"建设院校及相关院校选用，并得到了使用者的普遍认可与好评，同时他们也反馈一些宝贵意见和建议。

进入新时期，生态文明建设迈向新阶段。我国对生态环境监测的认识高度、推进力度前所未有，环境监测作为推进生态环境保护的"顶梁柱"和"生命线"，面临更多机遇和挑战。国家对生态环境监测、高等职业教育人才培养提出了更高要求。生态环境部立足新发展，构建新格局，面向美丽中国建设目标，新增和修订了诸多规范标准及技术要求；教育部全面推进课程思政建设，在立德树人，培养学生责任感、使命感、工匠精神、家国情怀和使命担当等方面提出了明确要求。在此情况下，本着"服务发展、对接岗位、融入赛证、优化资源"的原则，编者对第一版内容进行了认真修订。修订内容主要如下：

结合教学实际和教学实践，调整了教材结构，设计了九个模块的学习内容。包括环境监测质量保证、地表水监测、城镇污水监测、工业废水监测、空气质量监测、固定源废气监测、室内空气监测、噪声监测、土壤与固体废物监测。另外，辐射环境监测和应急监测两个模块设计为电子版形式，供读者参考学习。

在各模块编排了"学习目标（知识目标、能力目标、素质目标）"和"学习引导"，融入课程思政；新增和更新执行标准《地表水自动监测技术规范》《排污单位自行监测技术指南　水处理》《固定污染源废气　挥发性有机物的测定　固相吸附-热脱附/气相色谱-质谱法》等数十处；以二维码链接方式增加了生产性教学或实践操作视频、动画资源；精选了与生态环境监测关系紧密的学习网址；增设拓展阅读，内容涉及职业素质与技能培养、第三方检测与就业岗位相关要求、环境监测发展新技术及新拓展领域等，以二维码链接，便于学生自主学习，拓宽视野。

参加本次修订工作的有：李党生（编写模块 1、模块 3、模块 11、拓展阅读及各模块学习目标、学习引导），付翠彦（编写模块 2 中任务 2.1~ 任务 2.3，模块 4），曲磊（编写模块 2 中任务 2.4），王宗舞（编写模块 5），刘玲英、龙远奎、蔡慧华（编写模块 6、模块 10 及部分思考与练习），戴朝霞（模块 7），蒋利华（模块 8），朱泉雯（模块 9）。参加视频和动画制作的人员有：河北工业职业技术大学付翠彦、王惠娟、郑轶荣、杨宁、宋瑛，黄河水利职业技术学院王宗舞、魏家红、李党生，扬州市职业大学朱泉雯，广东环境保护工程职业学院刘玲英、谢月莹、庄延娟、蔡慧华，石家庄市环境监测中心赵鑫、赵英利、姬瑞丽、张强、康磊、焦刚，河北工院云检测公司张甜甜等。付翠彦对视频动画进行了编辑整理；全书由李党生统稿；江苏建筑职业技术学院张宝军教授担任主审。

本书编写得到了化学工业出版社的大力支持，在此深表谢意。

由于编者水平所限，书中难免有不妥之处，敬请批评指正。

编者

2023 年 8 月

环境监测是生态环境保护的基础工作，是推进生态文明建设的重要支撑；也是环境保护类专业的一门主要课程。

本书充分体现了党的二十大精神进教材，认真贯彻生态文明思想，践行绿水青山就是金山银山的理念，规范环境监测全过程，增强社会责任、法律责任意识等，坚持用最严格制度、最严密法治保护生态环境。

根据高职环境保护类专业人才培养的要求，本书内容围绕环境监测岗位实际工作任务安排，模块化设计，采用最新的国家标准，理论与实践相融合，突出应用能力和职业能力培养。内容包括环境监测质量保证、地表水质监测、城镇污水监测、工业废水监测、空气质量监测、固定源废气监测、室内空气监测、噪声监测、土壤与固体废物监测、辐射环境监测、应急监测等。

本教材具有以下特点：

（1）适应我国环境监测发展需求，在系统选择常规监测内容的同时，注重突出服务性监测；内容实用，更贴近高职毕业生对应岗位需要和生产实际。

（2）适应高职教育教学改革的理念和发展方向，理实融合，方便按岗位任务安排教学，学做一体，可实施性强，有利于培养学生应用能力和职业能力。

（3）注意融入新技术、新标准，科学合理编排环境要素于各项目中。监测因子的选择注意先易后难、避免重复，在线监测按监测对象归属相应模块，依据新标准规范增加了应急监测等。

（4）各模块的学习基本包含了监测方案的制订、布点采样、典型因子的检测分析等环节，并以二维码链接配套了视频动画等教学资源，强调了课程内容的生产性。每模块设置"学习目标""学习引导""阅读与咨询"，方便学习者咨询有关网站，拓展有关知识，培养自主学习的能力。

本书由李党生、付翠彦任主编，蔡慧华、王宗舞任副主编。全书共分11个模块，李党生（黄河水利职业技术学院）编写模块1、模块3和模块11，并负责全书的统稿工作，付翠彦（河北工业职业技术学院）编写模块2（地表水监测方案制订、水样采集与处理）、模块4并负责对视频动画进行编辑整理，曲磊（天津现代职业技术学院）编写模块2（指标测定、水质连续自动监测），王宗舞（黄河水利职业技术学院）编写模块5，蔡慧华、刘玲英、龙远奎（广东环境保护工程职业学院）编写模块6、10，戴朝霞（江苏城市职业学院）编写模块7，蒋利华（长沙环境保护职业技术学院）编写模块8，朱泉文（扬州环境资源职业技术学院）编写模块9。本书由江苏建筑职业技术学院张宝军教授主审。

教材编写过程中，得到了化学工业出版社、开封市环境监测站、石家庄市环境监测中心、河北工院环境检测技术有限公司、广东环境保护工程职业学院分析测试中心的大力支持和帮助，在此深表谢意！

由于编者水平有限，书中疏漏之处在所难免，敬请读者批评指正。

编者

目录

模块 3　城镇污水监测　　74

模块 9　土壤与固体废物监测　　　285

模块 10　辐射环境监测　　　324

模块 11　应急监测 326

附录 328

参考文献 329

二维码资源一览表

咨询网站

1. 中华人民共和国生态环境部
2. 中国环境监测总站
3. 生态环境部环境标准研究所
4. 生态环境部污染源监控中心
5. 生态环境保护部卫星环境应用中心
6. 生态环境部信息中心
7. 国家标准样品网
8. 国家标准物质资源共享平台
9. 国家环境分析测试中心
10. 中国环境
11. 环境影响评价网
12. 生态环境部土壤与农业农村生态环境监管技术中心
13. 中国环境保护产业协会
14. 生态环境部辐射环境监测技术中心
15. 生态环境部核与辐射安全中心
16. 中国辐射防护研究院
17. 中国辐射防护学会
18. 爱课程
19. 智慧职教

生态环境监测云学院

国家标准全文公开系统

中华人民共和国住房和城乡建设部

环评爱好者

模块 1
环境监测质量保证

学习目标

知识目标 认识环境监测是生态环境保护的重要支撑手段；熟悉环境监测过程、监测要求、环境标准分类；掌握环境监测实验室常采取的质量控制措施。

能力目标 能明确表述环境监测目的、监测内容及监测过程；能够根据工作需要查阅和使用相关标准和技术规范；具备完成监测数据误差分析的能力。

素质目标 树立绿水青山就是金山银山的生态文明理念；增强生态环境意识和责任意识；培养爱岗敬业、诚实守信、科学严谨的职业素养。

学习引导

为什么说环境监测是推进生态文明建设的重要支撑？各年度的《中国生态环境状况公报》中的数据来源主要来自哪里？如何保证环境监测数据的可靠性？

任务 1.1 认识环境监测

1.1.1 环境监测及其目的

生态环境是一个非常复杂的综合系统，人们只有获取大量的环境信息，了解污染物的产生过程和原因，掌握污染物的数量和变化规律，才能制定切实可行的污染防治规划和生态环境管理目标，完善各类生态环境标准、规章制度，实现对污染源的监督，实现对生态环境的有效控制，持续改善生态环境质量。而这些定量化的生态环境信息，只有通过环境监测才能得到。因此说，生态环境保护离不开环境监测。环境监测是保护生态环境的"千里眼、顺风耳"，是生态环境保护的基础工作，是推进生态文明建设的重要支撑。

环境监测是运用现代科学技术手段对代表环境污染和环境质量的各种环境要素的监视、监控和测定，从而科学评价环境质量（或污染程度）及其变化趋势的过程。通常包括背景调查、确定方案、优化布点、现场采样、样品运送、分析测试、数据处理、综合评价等。

环境监测的目的是准确、及时、全面地反映环境质量现状及发展趋势，

环境监测
的概念及目的

1

为环境管理、污染源控制及运行管理、环境工程设计、环境评价、环境规划等提供科学依据。具体可概括为以下几个方面：

（1）根据环境质量标准评价环境质量。主要是通过提供环境质量现状数据，判断是否符合环境质量标准。也可以通过环境监测评价污染治理的实际效果。

（2）根据环境污染物的时空分布特点，追踪、寻找污染源，为实施监督管理、控制污染提供依据。

（3）收集环境本底值，积累长期监测资料，为研究环境容量、实施总量控制、目标管理、预测预报环境质量供科学数据。

（4）为保护人类健康，保护环境和合理利用自然资源，制定、修订环境法规、环境标准、环境规划提供科学依据和服务。

（5）揭示新的环境问题，确定新的污染因素，为环境科学研究提供科学数据。

总之，环境监测要用数据说话，环境监测数据是客观评价环境质量状况、反映污染治理成效、实施环境管理与决策的基本依据。

1.1.2 环境监测的分类

环境监测的内容可按监测目的或监测介质对象分类，也可按专业部门分类。按监测目的分为以下三类。

（1）监视性监测

监视性监测又称常规监测或例行监测，是对各环境要素进行定期的经常性的监测，包括环境质量监测和对污染源的监督监测，是监测工作中量大面广的工作。该监测结果用以确定环境质量及污染状况、评价控制措施的效果、判断环境标准实施情况和改善环境取得的进展，建立各种监测网络，积累监测数据，以确定一定区域内环境污染状况及其发展趋势。目前我国已初步形成了各级监视性监测网络。

环境监测
的对象及内容

（2）特定项目监测

特定项目监测又叫应急监测或特例监测，按目的不同还可以分为以下几类。

① 污染事故监测　污染事故发生时，及时深入事故地点进行监测，确定污染物的种类、扩散方向和速度、污染程度及危害范围，查找污染源，为控制污染提供依据。

② 仲裁监测　主要针对污染事故纠纷、环境执法过程中发生的矛盾进行的监测。仲裁监测应由国家指定的具有权威的监测部门进行，以提供具有法律效力的监测数据，供执法部门仲裁。

③ 考核验证监测　主要是对环境管理制度和措施实施考核进行的各种监测。包括人员考核、方法验证、新建项目的环评考核、建设项目"三同时"竣工验收监测、污染治理后的验收监测等。

④ 咨询服务监测　为社会各部门、单位提供科研、生产、技术咨询、环境评价等所进行的服务性监测。

（3）研究性监测

研究性监测又称科研监测，是针对特定目的科学研究而进行的高层次的监测。例如环境本底的监测及研究；有毒有害物质对从业人员的影响研究；标准分析方法的研究，标准物质的研制等。这类研究往往要求多学科合作进行。

按监测对象分类可分为水质监测、空气和废气监测、土壤监测、固体废物监测、生物与生态因子监测、噪声和振动监测、电磁辐射监测、放射性监测、热监测、光监测、卫生（病原体、病毒、寄生虫等）监测等。

1.1.3　环境监测的特点

（1）生产性

环境监测具备生产过程的基本环节，有一个类似生产的工艺定型化、方法标准化和技术规范化的管理模式，数据就是环境监测的基本产品。

（2）综合性

环境监测的综合性表现在以下几个方面：①监测手段，包括化学、物理、生物、物理化学、生物化学及生物物理等一切可以表征环境质量的方法。②监测对象，包括空气、水体（江、河、湖、海及地下水）、土壤、固体废物、生物等客体，只有对这些客体进行综合分析，才能确切描述环境质量状况。因此，环境监测具有很强的综合性。只有综合应用各种手段，综合分析各种客体，综合评价各种信息，才能较为准确地揭示监测信息的内涵，说明环境质量状况。

（3）连续性

环境污染具有时空性特点，只有坚持长期测定，才能从大量的数据中揭示其变化规律，预测其变化趋势，数据越多，预测的准确度就越高。因此，监测网络、监测点位的选择一定要有科学性，而且一旦监测点位的代表性得到确认，必须长期坚持监测。

（4）追踪性

环境监测是一个涉及多个环节的、复杂的、有联系的系统，任何一步差错都将影响最终数据的质量。特别是区域性的大型监测，由于参加人员众多、实验室和仪器的不同，必然会产生技术和管理水平上的不同。为使监测结果具有一定的准确性，并使数据具有可比性、代表性和完整性，需有一个量值追踪体系予以监督。

（5）执法性

环境监测不仅要及时、准确地提供监测数据，还要根据监测结果和综合分析结论，为主管部门提供决策建议，并授权对监测对象进行执法性监督控制。

1.1.4　环境监测的原则及要求

（1）环境监测的原则

环境中污染物质种类繁多，环境监测不能包罗万象地监测分析所有的污染物。环境监测应根据需要和可能，合理选择监测对象，应遵循优先监测的原则，具体为：

① 对环境影响大的污染物优先监测；

② 对已有可靠的测试手段和有效的分析方法，能获得准确、可靠、有代表性的数据的污染物优先监测；

③ 对已有环境标准或其他依据的污染物优先监测；

④ 对在环境中的含量已接近或超过规定的标准，且污染趋势还在上升的污染物优先监测；

⑤ 对具有广泛代表性的样品要优先监测。

优先监测的污染物称为优先污染物，具体是指难以降解、在环境中有一定残留水平、出

3

现频率较高、具有生物累积性、毒性较大的化学品。在我国提出的"中国环境优先污染物黑名单"中，有机物占多数。

（2）环境监测的要求

环境监测既为了解环境质量状况、评价环境质量及污染治理效果和污染程度提供信息，也为制定管理措施，建立各项环境保护法令、法规、条例提供决策依据。为确保监测结果准确可靠，科学地反映实际情况，环境监测应满足以下五个方面的要求。

① 代表性　是指所采集的样品必须能够反映样品总体的真实情况。因此必须在有代表性的时间、地点，并按规定的采样要求和方法采集有效样品。

② 完整性　强调整个监测过程按监测方案切实完成（包括监测过程中的每一细节），即保证按预期计划取得系统性和连续性的有效样品，而且无缺漏地获得这些样品的监测结果及有关信息。

③ 可比性　主要是指在监测方法、环境条件、数据表达方式等相同的前提下，不仅要求各实验室之间对同一样品的监测结果相互可比，也要求每个实验室对同一样品的监测结果应该达到相关项目之间的数据可比，相同项目没有特殊情况时，历年同期的数据也是可比的。可比性要求环境监测工作要严格按照监测规范和标准方法来进行。

④ 准确性　是指测定值与真实值的符合程度。监测数据的准确性受从试样的现场固定、保存运输到实验室分析等环节影响，一般以监测数据的准确度来表征。

⑤ 精密性　表现为测定值有良好的重复性和再现性。精密性以监测数据的精密度表征，是使用特定的分析程序在受控条件下重复分析同一样品所得测定值之间的一致程度。它反映了分析方法或测量系统存在的随机误差的大小。随机误差越小，测试的精密度越高。

精密性和准确性主要体现在实验室分析测试方面，代表性、完整性主要体现在优化布点、样品采集、保存、运输和处理等方面，而可比性则是精密性、准确性、代表性、完整性的综合体现，只有前四者都具备了才有可比性而言。

1.1.5　环境监测的工作程序

接受环境监测任务后，要明确监测目的，一般工作程序为：现场调查和收集资料→制订监测方案→样品采集→样品运输和保存→样品预处理→分析测试→数据处理→综合评价等。

（1）现场调查和收集资料

根据监测区域的特点，进行现场调查和资料收集工作，主要调查各种污染源及其排放情况和自然与社会环境特征，包括地理位置、地形地貌、气象气候、土地利用情况以及社会经济发展状况。

（2）制订监测方案

根据国家规定的环境质量标准，结合本地区主要污染源及主要排放物的特点来确定监测项目，同时测定必要的气象及水文指标，再结合监测项目制订具体的监测方案。监测方案由采样方案、分析测定方案和数据处理方案组成。

（3）样品采集

按采样方案确定的采样点位、采样时间、采样频率和采样方法准备好采样仪器、盛样容器到指定采样点位进行样品采集；对某些需现场处置的样品，应按规定进行处置包装，并如实记录采样实况和现场实况。

（4）样品运输和保存

在样品采集现场，按方案要求采取合适的样品保存方法保存样品，将采集的样品和记录及时安全地送往实验室，办好交接手续。

（5）样品预处理及分析测试

按分析监测方案确定的方法对样品进行预处理及分析测试，如实记录相关信息。

（6）数据处理及综合评价

对测试数据进行处理和统计检验，依据有关规定和标准进行综合分析，并结合现场调查资料对监测结果做出合理解释，编写监测报告。

由上看出，环境监测是环境信息的捕获—传递—解析—综合—控制的过程，是一项十分复杂的工作，监测结果的准确可靠有赖于监测过程中每一细节的把握和采取合理有效的质量控制措施，因此在监测前应有目的、有计划、有组织地做好充分的准备工作，制订切实可行的监测方案，以保证监测工作的有效进行。

1.1.6　环境监测技术

环境监测技术包括采样技术、测试技术、数据处理技术。按测试技术不同，可将环境监测技术分为现场快速监测技术、采样后实验室分析监测技术、连续自动监测技术和遥感监测技术。这里主要介绍环境监测测试技术。

按照监测方法所依据的原理，环境监测测试技术常用的方法有化学分析法、仪器分析法、生物监测技术和自动监测系统及遥感、遥测技术等。见图 1-1。

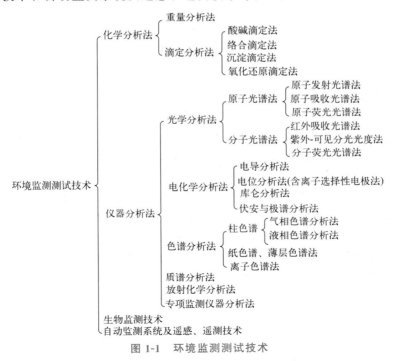

图 1-1　环境监测测试技术

（1）化学分析法

化学分析法是以化学反应为基础的分析方法，分为重量分析法和滴定分析法两种。

① 重量分析法 是将待测物质以沉淀的形式析出，经过滤、烘干、称量，计算出待测物质的含量。重量分析法准确度较高，但操作烦琐、费时。该方法主要用于水中悬浮物、残渣及空气中总悬浮颗粒物、PM_{10}、$PM_{2.5}$ 及固定污染源排气中烟尘的测定。

② 滴定分析法 是用一种已知准确浓度的标准溶液，滴加到含有被测物质的一定体积的溶液中，根据完全反应时所消耗标准溶液的体积和浓度，计算出被测物质的含量。滴定分析法简便，测定结果的准确度也比较高，不需要贵重的仪器设备，至今仍被广泛采用，是一种重要的分析方法。该类方法主要用于水中溶解氧（DO）、硬度、化学需氧量（COD_{Cr}）、高锰酸盐指数、生化需氧量（BOD_5）、硫化物等指标的测定。

（2）仪器分析法

仪器分析法是利用被测物质的物理或物理化学性质来进行分析的方法。根据分析原理和仪器的不同，环境监测中常用到如下几类。

① 光学分析法 其原理是根据物质发射、吸收辐射能或物质与辐射能相互作用建立的分析方法，其中紫外-可见分光光度法和原子光谱法应用较多。

② 电化学分析法 包括极谱法、溶出伏安法、电导分析法、电位分析法、离子选择电极法、库仑分析法等。电化学分析法是依据物质的电学及电化学性质测定其含量的分析方法，通常是使待分析的样品试液构成化学电池，根据电池的某些物理量与化学量之间的内在联系进行定量分析。

③ 色谱分析法 是一种重要的分离和分析方法，是利用不同物质在不同相态的选择性分配，以流动相对固定相中的混合物进行洗脱，混合物中不同的物质会以不同的速度沿固定相移动，最终达到分离的效果。包括气相色谱法、高效液相色谱法、薄层色谱法、离子色谱法等。在环境监测中，气相色谱法是各类色谱法中应用最为广泛的分析方法。

仪器分析法具有灵敏度高、选择性强、简便快速、可以进行多组分分析、容易实现连续自动分析等优点。

（3）生物监测技术

生物监测技术是利用植物和动物在被污染的环境中所产生的各种反映信息来判断环境质量的一种最直接的综合监测方法。生物监测包括生物体内污染物含量的测定、观察生物在环境中受伤害症状、生物的生理生化反应、生物群落结构和种类变化等，以此来判断环境质量的变化情况。

随着科技进步和环境保护发展需求增加，环境监测分析技术发展很快，许多新技术在监测过程中已得到应用。当前主要表现在：遥感技术广为采用，监测技术连续自动化，分析技术联用，深入开展污染物状态和结构分析，痕量和超痕量分析技术不断取得新进展，监测分析方法标准化，监测数据处理计算机化等。在发展大型、连续自动监测仪器的同时，发展小型便携式仪器和现场快速监测仪器，逐步实现监测技术的智能化、自动化和连续化，也逐渐成为趋势。

1.1.7 我国环境标准

环境监测工作的依据是环境标准和技术规范，所以需要非常熟悉并会运用它们。以下对我国环境标准的基本情况进行介绍。

（1）定义

环境标准是控制污染、保护环境的各种标准的总称，是指为了防治环境污染，保护人体健康，合理利用资源，促使生态良性循环，促进经济发展，依据国家环境政策和法规，对环境保护中的各项工作所制定的技术规范和要求。环境标准具有法律强制性和时效性特点。

（2）环境标准的作用

环境标准的作用主要体现在以下几点：①环境标准是制定环境规划、环境保护计划的依据；②环境标准是环境法规的重要组成部分，具有法律效力；③环境标准是判断环境质量和衡量环保行政管理工作优劣的准绳，是提高环境质量的重要手段；④环境标准是环保行政管理部门行使监督管理职能的依据；⑤环境标准是推动环保科技进步的动力；⑥环境标准具有投资导向作用。

（3）环境标准的分类和分级

我国目前的环境标准体系是根据我国国情、总结多年环境标准工作经验并参考国外的环境标准体系制定的，确定为两级、六类。两级标准是：国家标准或行业标准、地方标准。六类标准为：环境质量标准、污染物排放标准、环境基础标准、环境方法标准、环境标准样品标准和环境保护的其他标准。

国家环境保护标准包括国家环境质量标准、国家污染物排放标准、国家环境方法标准、国家环境标准样品标准和国家环境基础标准。国家标准是国家对环境中的各类污染物在一定条件下的允许浓度所作的规定，适用于全国范围。

环境标准的概念
及分类分级

地方环境标准包括地方环境质量标准、地方污染物排放标准。环境基础标准、环境方法标准、环境标准样品标准只有国家标准，不制定相应的地方标准，并尽可能与国际标准接轨。地方标准是地方政府根据本地区的实际情况对国家某些标准的更严格要求，是国家标准的补充、完善和具体化，地方标准要严于国家标准。

常用的环境标准代码有：GB——国家强制标准；GB/T——国家推荐标准；GB/Z——国家指导性技术标准；HJ——生态环境部标准；HJ/T——生态环境部推荐标准。

环境质量标准、污染物排放标准和法律、行政法规规定必须执行的其他环境标准属于强制性环境标准，强制性环境标准必须执行。强制性环境标准以外的环境标准属于推荐性环境标准。国家鼓励采用推荐性环境标准，推荐性环境标准被强制性环境标准引用，也必须强制执行。

（4）环境标准简介

① 环境质量标准 以保护人体健康、促进生态良性循环为目标，对环境中各类有害物质在一定时间和空间范围内的允许浓度所作的限制性规定。它是衡量环境是否受到污染的尺度，也是生态环境及有关部门进行环境管理、制定污染排放标准的依据。环境质量标准分为国家和地方两级。环境质量标准主要包括空气质量标准、水环境质量标准、环境噪声及土壤和生物质量标准等。

例如《地表水环境质量标准》（GB 3838—2002），《环境空气质量标准》（GB 3095—2012），《声环境质量标准》（GB 3096—2008）等。

环境质量标准标志着在一定时期内国家和地方为控制污染在技术上和经济上可能达到的水平。环境质量标准是确定环境是否被污染以及是否应让负有环境质量保护责任的主体承担相应法律责任的依据。

② 污染物排放标准　根据环境质量要求，结合环境特点和社会、经济、技术条件，对污染源排入环境的有害物质和产生的有害因素的允许限值或排放量所做的规定。建立该标准的目的在于直接控制污染源，促进排污单位采取各种有效措施加强生产管理和污染物治理，有效控制污染物的排放，实现环境质量目标要求。污染物排放标准也有国家标准和地方标准。

例如《城镇污水处理厂污染物排放标准》（GB 18918—2002），《污水综合排放标准》（GB 8978—1996），《大气污染物综合排放标准》（GB 16297—1996），《锅炉大气污染物排放标准》（GB 13271—2014），《工业企业厂界环境噪声排放标准》（GB 12348—2008），《社会生活环境噪声排放标准》（GB 22337—2008），《建筑施工场界环境噪声排放标准》（GB 12523—2011）等。环境标准的编号由标准级别代号、标准序号和标准发布年份组成。

③ 环境方法标准　国家对环境保护工作中涉及的采样、抽样、分析、试验、统计、计算、测定等方法制定的标准，它是使各种环境监测和统计数据准确、可靠并具有可比性的保证，否则对复杂多变的环境污染因素，将难以执行环境质量标准和污染物排放标准。

例如《水质　化学需氧量的测定　重铬酸盐法》（HJ 828—2017），《水质　氨氮的测定　纳氏试剂分光光度法》（HJ 535—2009），《固定污染源废气　二氧化硫的测定　定电位电解法》（HJ 57—2017）等。

思考与练习 1.1

1. 什么是环境监测？环境监测的内容包括哪些？
2. 为什么说环境保护离不开环境监测？环境监测的目的是什么？
3. 环境监测的一般工作程序是什么？
4. 环境监测应满足哪几个方面的要求？环境监测的原则是怎样的？
5. 对各环境要素进行的定期的经常性监测，称为（　　）。

A. 监视性监测　　　　　　　　　　B. 咨询服务监测
C. 研究性监测　　　　　　　　　　D. 特定目的监测

6. 主要针对污染事故纠纷、环境执法过程中发生的矛盾进行的监测，称为（　　）。

A. 考核验证监测　　　　　　　　　B. 污染事故监测
C. 仲裁监测　　　　　　　　　　　D. 咨询服务监测

7. 用于直接控制污染源、促进排污单位采取各种有效措施加强生产管理和污染物治理的环境标准是（　　）。

A. 污染物排放标准　　　　　　　　B. 环境质量标准
C. 环境基础标准　　　　　　　　　D. 环境方法标准

8. 衡量环境是否受到污染的环境标准是（　　）。

A. 环境基础标准　　　　　　　　　B. 环境质量标准
C. 环境方法标准　　　　　　　　　D. 污染物排放标准

阅读与咨询

1. 扫描二维码可查看［拓展阅读 1-1］生态环境与环境监测和［拓展阅读 1-2］环境监测新标准怎样查。

生态环境与环境监测　　　　环境监测新标准怎样查

2. 登录所列咨询网站，可拓展学习有关内容。

任务 1.2　认识质量保证

1.2.1　质量保证体系

环境监测质量保证体系是对环境监测全过程进行全面质量管理的一个系统，应覆盖环境监测活动所涉及的全部场所，其构成如图 1-2 所示，其中有六个关键系统，即布点系统、采样系统、运储系统、分析检测系统、数据处理系统和结果评价系统。其目的就是要使环境监测工作满足"代表性、完整性、可比性、准确性、精密性"的要求，从而保证监测数据准确可靠。

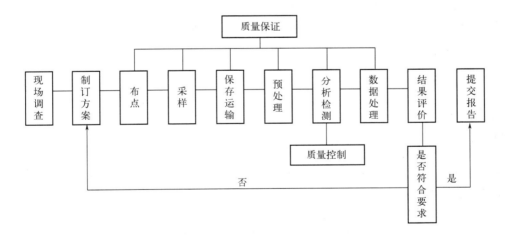

图 1-2　环境监测质量保证体系的构成

表 1-1 内容表示的是环境监测质量保证体系及控制要点，它系统地反映了质量管理对监测全过程的目标要求。

表 1-1　环境监测质量保证体系及控制要点

质量保证体系	内　容	控制要点
布点系统	(1)监测目标系统的控制 (2)监测点位点数的优化控制	控制空间位置的代表性和可比性
采样系统	(1)采样次数和采样频率的优化 (2)采集工具方法的统一规范化	控制空间位置代表性和可比性
运储系统	(1)样品的运输过程控制 (2)样品固定保存控制	控制可靠性和代表性
分析检测系统	(1)分析方法的准确度、精密度、检测范围控制 (2)分析人员素质及实验室间质量的控制	控制准确性、精密性和可比性
数据处理系统	(1)数据整理、处理及精度检验控制 (2)数据分布、分类管理制度的控制	控制可靠性、可比性、完整性和科学性
结果评价系统	(1)信息量的控制 (2)成果表达控制 (3)结论完整性、透彻性及对策控制	控制真实性、完整性、科学性和适用性

1.2.2　质量控制

环境监测质量控制是环境监测质量保证的一个重要部分，指为了达到质量要求所采取的作业技术或活动；是预防测试数据不合格的重要手段和措施，贯穿于测试分析的全过程。质量控制的目的是要控制监测人员的实验误差，以保证测试结果的精密度和准确度能在给定的置信水平下，达到允许限规定范围的质量要求。质量控制的内容分为实验室内部质量控制和外部质量控制两个部分。

实验室内部质量控制是实验室自我控制质量的常规程序，它能反映分析质量的稳定性，以便及时发现分析中的异常情况，随时采取相应的校正措施。实验室外部质量控制是在实验内质量控制的基础上进行的，其目的是检查各实验室间是否存在系统误差，以提高实验室间分析结果的可比性。

1.2.3　误差与偏差

（1）误差

测量结果与其真实值的差值称为误差。

误差是客观存在的，任何测量结果都具有一定的误差，误差存在于一切测量的全过程中。实际上，即使采用最可靠的分析方法、最精密的仪器，很精细地进行操作，测得的数值也不可能和真值完全一致。即使同一个人，对同一样品用同一方法进行数次测定，也往往得不到完全一致的结果。如果是几个人、多个实验室对同一样品用同一种方法测定，结果就更难完全一致。这就是说，在分析过程中误差是客观存在的，但如果掌握了产生误差的规律，找出原因，采取有效措施减小误差，就能使所测结果尽可能反映试样中待测组分的真实含量。

① 误差分类　误差按其产生原因和性质，可分为系统误差、随机误差和过失误差。

系统误差又称可测误差、恒定误差。在一定条件下系统误差具有重现性，而且不会因测量次数的增加而减小。产生系统误差的原因及校正方法见表 1-2。

随机误差又称偶然误差或不可测误差，是由测定过程中某些偶然因素造成的。测定次数多时，遵从正态分布规律。

过失误差又称粗差，是分析人员由于粗心大意而发生的不应有的错误造成的，如所用器皿不干净、加错试剂、记录错误、计算错误等。过失误差明显歪曲了测量结果，因此一经发现必须立即纠正。

表 1-2　系统误差产生的原因及校正方法

产　生　原　因	校　正　方　法
方法误差(如分析方法不够完善)	对照实验,找出校正系数
仪器误差(仪器本身缺陷或未校准引起)	仪器定期校准
试剂误差(试剂含有杂质)	做空白实验或试剂提纯
恒定的个人误差(个人固有的习惯等)	严格按规范操作
恒定的环境误差(如不同季节室温变化等)	尽可能保持室温恒定,并严格按标准的要求执行

② 误差表示

$$绝对误差＝测量值－真值 \tag{1-1}$$

$$相对误差＝\frac{绝对误差}{真值}×100\% \tag{1-2}$$

在实际监测分析工作中，由于真值往往是不知道的，所以常用多次测定结果的平均值来表示被测值的大小。

（2）偏差

偏差是指个别测量值与多次测量均值之间的偏离，可用绝对偏差、相对偏差、平均偏差、相对平均偏差、标准偏差、相对标准偏差表示，其中相对偏差、标准偏差比较常用，它们都定量地说明了监测数据的离散程度，其值越大，说明数据越分散，即测定结果的精密度越差。

① 绝对偏差

$$绝对偏差＝某次测量值－多次测量值的均值 \tag{1-3}$$

② 相对偏差　反映个别测得值与均值之间的绝对偏差在均值中所占百分数，即：

$$相对偏差＝\frac{测量值－均值}{均值}×100\% \tag{1-4}$$

③ 平均偏差　为反映全部数据的总的偏差，引入了平均偏差，它表示绝对偏差的绝对值之和的平均值，即：

$$\overline{d}=\frac{1}{n}\sum_{i=1}^{n}|d_i| \tag{1-5}$$

④ 相对平均偏差　反映了平均偏差在均值中所占的百分数，其表达式为：

$$\frac{\overline{d}}{\overline{x}}×100\% \tag{1-6}$$

⑤ 标准偏差 S　标准偏差是由各次值的绝对偏差平方后求得的，所以它能比较正确地反映数据离散程度的大小，是一种最常用的统计量。其表达式为：

$$S=\sqrt{\frac{1}{n-1}\sum_{i=1}^{n}(x_i-\overline{x})^2} \tag{1-7}$$

式中 n——样品测定次数；

$\overline{x}$——多次测定均值；

x_i——任一次测定值。

⑥ 相对标准偏差 C_v 又称变异系数，是标准偏差占平均值的百分数。其表达式为：

$$C_v = \frac{S}{\overline{x}} \times 100\% \tag{1-8}$$

在环境分析工作中，精密度常用相对偏差、标准偏差和变异系数来表示。

（3）极差和相对极差

极差为一组测量值内最大值与最小值之差，用 R 表示。

$$R = x_{max} - x_{min} \tag{1-9}$$

相对极差为极差在均值中所占的百分数。

1.2.4 准确度与精密度

（1）准确度

准确度是分析方法或测量系统中存在的系统误差和随机误差的综合反映，是用一个特定的分析程序，所获得的分析结果（单次测定值或重复测定值的均值）与假定的或公认的真值之间符合程度的量度。准确度的好坏直接决定了分析结果是否准确可靠。

准确度的评价方法有以下两种。

一种是通过对标准物质对比分析，由分析结果来确定数据的准确度，用绝对误差或相对误差表示。

另一种是"加标回收法"，即在测定样品时，于同一样品中加入一定量的标准物质进行测定，将测定结果扣除样品的测定值，计算其回收率。计算公式为：

$$回收率 = \frac{加标测定值 - 未加标测定值}{加标量} \times 100\% \tag{1-10}$$

回收率越接近 100%，说明准确度越高。若监测分析方法中无具体规定范围值，则规定为 $95\% \sim 105\%$。

（2）精密度

精密度是指用特定的分析程序在受控条件下重复分析均一样品所得测定值的一致程度。它反映了分析方法或测量系统存在的随机误差的大小。精密度通常用极差、平均偏差和相对平均偏差、标准偏差和相对标准偏差表示。

在讨论精密度时，经常用到以下几个概念。

① **平行性**，是指在同一实验室中，分析人员、分析设备和分析时间都相同时，用同一分析方法对同一样品进行的双份或多份平行样测定结果之间的符合程度。

② **重复性**，是指在同一实验室中，分析人员、分析设备和分析时间中至少有一样不相同时，用同一分析方法对同一样品进行的两次或两次以上独立测定结果之间的符合程度。

③ **再现性**，是指在不同实验室（分析人员、分析设备甚至分析时间都不相同），用同一分析方法对同一样品进行的多次测定结果之间的符合程度。

平行性和重复性代表了实验室内部精密度；再现性反映的是实验室间的精密度，通常用分析标准样品的方法来确定。

关于精密度应注意以下问题。

① 分析结果的精密度与样品中待测物质的浓度有关。因此，必要时应取两个或两个以上的不同浓度水平的样品进行分析方法的精密度的检查。

② 精密度可因与测定有关的实验条件的改变而有所变动。通常由一整批分析结果中得到的精密度往往高于分散在一段较长时间里的分析结果的精密度。

③ 因为标准偏差的可靠程度受测量次数的影响，因此，在对标准偏差做较好估计时（如确定某种方法的精密度），需要足够多的测量次数。

④ 用分析标准溶液的办法来了解分析方法的精密度，与分析实际样品的精密度可能存在一定的差异。

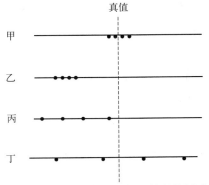

图 1-3　不同人员对同一样品的测试结果

（3）准确度和精密度的关系

从准确度和精密度的概念可知，二者是有差别的，用图 1-3 来说明二者的关系。图 1-3 表示甲、乙、丙、丁四人测同一水样化学需氧量时所得的结果。从中可以看出：甲所得结果的准确度和精密度均好；乙的分析结果的精密度虽然很高，但准确度较低；丙的精密度和准确度都很差；丁的精密度很差，平均值虽然接近真值，但这是由于大的正负误差相抵消的结果。如果丁的结果只取 2 次或 3 次测定结果来平均，结果就会与真实值相差很大，因此这个结果也不可取。

可见，精密度是保证准确度的前提，准确度高一定需要精密度好；但精密度高，不一定准确度也高；只有在消除了系统误差之后，精密度好，准确度才高。

1.2.5　灵敏度与检出限

（1）灵敏度

分析方法的**灵敏度**是指某方法对单位浓度或单位量的待测物质的变化所引起的响应量变化的程度，可以用仪器的响应量或其他指示量与对应的待测物质的浓度或量之比来描述。

实际工作中常以校准曲线的斜率来度量灵敏度。一个方法的灵敏度可因实验条件的变化而改变，在一定实验条件下，灵敏度具有相对的稳定性。

例如，通过校准曲线可以把仪器响应量与待测物质的浓度或量定量地联系起来。可用下式表示校准曲线的直线部分。

$$A = kc + a \qquad (1\text{-}11)$$

式中　A——仪器的响应量；

　　c——待测物质的浓度；

　　a——校准曲线的截距；

　　k——方法的灵敏度。

k 值越大，说明该方法的灵敏度越高。

（2）检出限

检出限是指对某一特定的分析方法在给定的可靠程度内可以从样品中检测待测物质的最小浓度或最小量。所谓"检出"是指定性检出，即断定样品中确实存在有浓度高于空白的待测物质。

检出限除了与分析中所用试剂和水的空白有关外，还与仪器的稳定性及噪声水平有关。以下是几种常用检出限的规定：

① 光度法中规定以扣除空白值后，吸光度为 0.01 相对应的浓度为检出限。

② 在气相色谱法中规定检出限产生的响应信号为噪声值两倍时的量。最小检测浓度是指最小检测量与进样量（体积）之比。

③ 离子选择电极法规定某一方法的标准曲线的直线部分的外延的延长线与通过空白电位且平行于浓度轴的直线相交时，其交点所对应的浓度值即为检出限。

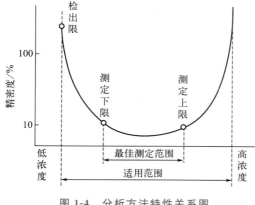

图 1-4　分析方法特性关系图

方法能准确测定待测物质的最小浓度或量。

1.2.6　测定限与最佳测定范围

测定限为定量范围的两端，分为测定上限与测定下限。测定上限是指在测定误差能满足预定要求的前提下，用该方法能准确测定待测物质的最大浓度或量。测定下限是指在测定误差能满足预定要求的前提下，用该

方法适用范围是指某一特定方法检测下限至检测上限之间的浓度范围。在此范围内可做定性或定量的测定。

最佳测定范围也称有效测定范围，是指在测定误差能满足预定要求的前提下，特定方法的测定下限至测定上限之间的浓度范围。在此范围内能够准确地定量测定待测物质的浓度或量。最佳测定范围应小于方法的适用范围，对测量结果的精密度（通常以相对标准偏差表示）要求越高，相应的最佳测定范围越小。从图 1-4 可以看出几个概念之间的关系。

🔄 思考与练习 1.2

1. 什么是环境监测质量保证？

2. 什么是准确度和精密度？二者有什么关系？

3. 在测定分析中，分析方法灵敏度越高越好吗？

4. 解释加标回收法。

5. 用二苯碳酰二肼光度法测定水样中的六价铬，六次测定的结果分别为（单位 mg/L）：1.06，1.08，1.10，1.15，1.10，1.12。试计算测定结果的平均值、平均偏差、相对平均偏差、极差和相对极差。若以相对偏差≤5%为合格标准，请问这次测定实验合格吗？若以相对极差为 10%为合格标准呢？要求给出计算公式及计算过程。

任务 1.3　实验室质量控制基本要求

1.3.1　监测人员与管理

实验室是获得监测结果的关键部门，要使监测质量达到规定水平，必须要有合格的实验室以及合格的分析操作人员。监测人员应具备扎实的分析化学、环境监测的基础理论和专业知识，正确熟练地掌握监测操作技术和质量控制措施，熟知有关环境监测管理的法规、标准和规定，学习和了解国内外监测新技术、新方法；凡承担监测工作、报告监测数据者，必须参加持证上岗考核，经考核合格并取得相应合格证者，方能报监测数据。未取得合格证者只能在持证人员的指导下开展工作，监测质量由持证人员负责。

监测质量的保证是以一系列完善的管理制度为基础的。严格执行科学的管理制度是评定一个实验室的重要依据。这些制度包括对监测分析人员的要求、对监测质量保证人员的要求、实验室安全制度、药品使用管理制度、仪器使用管理制度、样品管理制度等。

1.3.2　实验室环境

实验室应保持整洁、安全的操作环境，通风良好、布局合理；相互有干扰的监测项目不能在同一实验室内操作，测试区域应与办公场所分离；监测过程中有雾气、废气产生的实验室和试验装置，应配置合适的排风系统，产生刺激性、腐蚀性、有毒气体的实验操作应在通风柜内进行；监测项目或监测仪器设备对环境条件有具体要求和限制时，应配备对环境条件进行有效监控的设施；当环境条件可能影响监测结果的准确性和有效性时，必须停止监测。

1.3.3　实验室用水

水是常用的溶剂，配制试剂、标准物质及洗涤均需大量使用。它对分析质量有着广泛和根本的影响，对于不同用途需要不同质量的水。市售蒸馏水或去离子水必须经检验合格才能使用。在分析某些指标时，对分析过程中所用的纯水中这些指标的含量应越低越好，这就要求实验室中应配置相应的制备或提纯装置。实验室用水分三个等级，表 1-3 列出了实验室用水的级别、检验指标、制备及用途等。

表 1-3　监测分析实验室用水

级别	pH 值范围 (25℃)	电导率(25℃) /(μS/cm)	吸光度 (254nm, 1cm 光程)	二氧化硅 /(mg/L)	制　　备	用　　途
一级水	—	≤0.1	≤0.001	≤0.02	二级水再蒸馏、混合离子交换柱处理、石英蒸馏器蒸馏	用于制备标准水样或超痕量物质分析
二级水	—	≤1.0	≤0.01	≤0.05	离子交换柱处理、电渗析、玻璃蒸馏器二次蒸馏	用于精确分析和研究工作
三级水	5.0~7.5	≤5.0	—	—	蒸馏、电渗析、离子交换柱处理	适用于一般实验工作

应定期清洗盛水容器，防止容器玷污而影响实验用水的质量。蒸馏水的质量因蒸馏器的材料与结构不同而异，水中常含有可溶性气体和挥发性物质。去离子水是用阳离子

交换树脂和阴离子交换树脂以一定形式组合进行水处理制得的。去离子水含金属杂质极少，适于配制痕量金属分析用的试液。因它含有微量树脂浸出物和树脂崩解微粒，所以不适于配制有机分析试液。一些有特殊要求的纯水（如无氨水、无酚水等）可参照相应标准方法的要求制取。

1.3.4 化学试剂与试液配制

分析测试应采用符合分析方法所规定等级的化学试剂。一般化学试剂分为三级，其规格见表1-4。一级试剂用于精密的分析工作，在环境分析中用于配制标准溶液；二级试剂常用于配制定量分析中的普通试液。如无注明，环境监测所用试剂均应为二级或二级以上；三级试剂只能用于配制半定量、定性分析用试液和清洁液等。

表 1-4 化学试剂的规格

级别	名　　称	代号	标志颜色	某些国家通用等级和符号
一级品	保证试剂、优级纯	G. R.	绿	G. R.
二级品	分析试剂、分析纯	A. R.	红	A. R.
三级品	化学纯	C. P.	蓝	C. P.

试剂的其他表示方法有：高纯物质（E. P.）；基准试剂；pH基准缓冲物质；色谱纯试剂（G. C.）；实验试剂（L. R.）；指示剂（Ind）；生化试剂（B. R.）；生物染色剂（B. S.）和特殊专用试剂等。

试液配制中取用试剂应遵循"量用为出、只出不进"的原则，取用后及时盖紧试剂瓶盖，分类保存，严格防止试剂被玷污。固体试剂不宜与液体试剂或试液混合贮存。

实验所用器皿，要按监测项目固定专用，避免交叉污染。使用后应及时清洗、晾干，防止灰尘玷污。要根据使用情况适量配制试液，选用合适材质和容积的试剂瓶盛装；试剂瓶应贴上标签，标明试剂名称、浓度、配制介质、配制日期和配制人。需避光试剂应用棕色试剂瓶盛装并避光保存，注意瓶塞的密合性，注意空气、温度、杂质等的影响。

要经常检查试剂质量，注意保存时间。一般情况下浓溶液稳定性较好，稀溶液稳定性差。通常较稳定的试剂，其10^{-3}mol/L的溶液可贮存一个月以上，10^{-4}mol/L的溶液只能贮存一周，而10^{-5}mol/L的溶液需当日配制。故许多试液常配成浓的贮存液，临用时稀释成所需浓度。

【注意】 保存于冰箱内的试液，取用时应将试剂瓶置于室温使其温度与室温平衡后再量取；用基准试剂直接配制标准溶液时，称样量不小于0.1g，用检定合格的容量瓶定容。

1.3.5 监测仪器

根据监测项目和工作量的要求，合理配备采样、现场监测、实验室测试、数据处理和维持环境条件所要求的所有仪器设备。用于采样、现场监测、实验室测试的仪器设备及其软件应能达到所需的准确度，并符合相应监测方法标准或技术规范的要求。仪器设备在投入使用前（服役前）应经过检定/校准/检查，以证实能满足监测方法标准或技术规范的要求。仪器设备在每次使用前应进行检查或校准。

实验室
质量控制
基本要求

对在用仪器设备进行经常性维护，确保功能正常。对监测结果的准确度和有效性有影响的测量仪器，在两次检定之间应定期用核查标准进行期间核查。

1.3.6　原始记录

实验室分析原始记录包括分析试剂配制记录、标准溶液配制及标定记录、校准曲线记录、各监测项目分析测试原始记录、内部质量控制记录等。记录信息包括：样品名称，样品编号，样品性状，采样时间和地点，分析方法依据，使用仪器名称、型号和编号，测定项目，分析时间，环境条件，标准溶液名称、浓度及配制日期，校准曲线，取样体积，计量单位，仪器信号值，计算公式，测定结果，质控数据，测试分析人员、审核校对人员签名等，保证原始性、真实性和有效性。

分析原始记录应包含足够的信息，以便在可能情况下找出影响不确定度的因素，并使实验室分析工作在最接近原来条件下能够复现。

1.3.7　有效数字

实验中实际能测量到的数字称为有效数字，它包括确定的数字和最后一位不确定的数字。其位数确定方法：从左边不是 0 的数字数起，有几位数字则有效数字即为几位，如：0.0234（3 位）；0.2340（4 位）；23400（不确定，应该用科学记数法表示）；pH8.12（2 位）。有效数字不仅表示出数量的大小，同时反映了测量的精确程度。

有效数据修约规则：4 舍 6 入 5 考虑，5 后非 0 则进 1；5 后皆 0 视奇偶，5 前为偶应舍去，5 前为奇则进 1（简称"4 舍 6 入 5 成双"）。例如将下列测量值修约为只保留一位小数，14.3426、14.2631、14.2501、14.2500、14.0500、14.1500，修约后分别为 14.3、14.3、14.3、14.2、14.0、14.2。

分析结果的有效数字位数，主要取决于原始数据的正确记录和数值的正确计算。在记录测量值时，要同时考虑到计量器具的精密度和准确度，以及测量仪器本身的读数误差。对检定合格的计量器具，有效位数可以记录到最小分度值，最多保留一位不确定数字（估计值）。例如，用万分之一天平（最小分度值为 0.1mg）进行称量时，有效数字可以记录到小数点后面第四位，如称取 1.2235g，此时有效数字为五位；称取 0.9254g，则为四位有效数字。用玻璃量器量取体积的有效数字位数是根据量器的容量允许差和读数误差来确定的。如单标线 A 级 50mL 容量瓶，准确容积为 50.00mL；单标线 A 级 10mL 移液管，准确容积为 10.00mL，有效数字均为四位；用分度移液管或滴定管，其读数的有效数字可达到其最小分度后一位，保留一位不确定数字。分光光度计最小分度值为 0.001，因此，吸光度一般可记到小数点后第三位，且其有效数字位数最多只有三位。

带有计算机处理系统的分析仪器，往往根据计算机自身的设定打印或显示结果，可以有很多位数，但这并不增加仪器的精度和数字的有效位数。在一系列操作中，使用多种计量仪器时，有效数字以最少的一种计量仪器的位数表示。

分析结果有效数字所能达到的数位不能超过方法检出限的有效数字所能达到的数位。如方法的检出限为 0.02mg/L，则分析结果报 0.088mg/L 就不合理，应报 0.09mg/L。

1.3.8　实验异常值处理

一组监测数据中，个别数据明显偏离其所属样本的其余测定值，即为异常值。对异常值的判断和处理，参照 GB/T 4883《数据的统计处理和解释　正态样本异常值的判断和处理》

进行。这里主要介绍"4d"检验法和 Q 值检验法。

（1）"4d"检验法

"4d"检验法是较早采用的一种检验可疑数据的方法，可用于实验过程中对测定数据可疑值的估测。检验步骤如下。

① 一组测定数据求可疑数据以外的其余数据的平均值（$\overline{x}$）和平均偏差（$\overline{d}$）；

② 计算可疑数据（x_i）与平均值（$\overline{x}$）之差的绝对值；

③ 判断：若 $x_i - \overline{x} > 4\overline{d}$，则 x_i 应舍弃，否则保留。

使用 4d 检验法检验可疑数据简单、易行，但该法不够严格，存在较大的误差，只能用于处理一些要求不高的实验数据。

（2） Q 值检验法

Q 值检验法检验步骤如下。

① 将测定值由小到大顺序排列：x_1，x_2，x_3，…，x_n；

② 求出最大和最小数之差：$x_n - x_1$；

③ 求出可疑数与最邻近数之差：$x_n - x_{n-1}$ 或 $x_2 - x_1$；

④ 求出 Q；

$$Q = \frac{x_n - x_{n-1}}{x_n - x_1} \text{或} Q = \frac{x_2 - x_1}{x_n - x_1}$$ (1-12)

⑤ 根据测定次数 n 和要求的置信度（如 90%），查 Q 临界值（表 1-5）；将 Q 与 Q 临界值比较，若 $Q \geq Q_{0.90}$，则舍去可疑值；否则，予以保留。

表 1-5　Q 临界值表

n	3	4	5	6	7	8	9	10
$Q_{0.90}$	0.94	0.76	0.64	0.56	0.51	0.47	0.44	0.41
$Q_{0.95}$	1.53	1.05	0.86	0.76	0.69	0.64	0.60	0.58

【例 1-1】　测定水样中铁的含量（mg/L），六次平行测定的数据为 1.52、1.46、1.54、1.56、1.50、1.83，试判断 1.83 能否保留？

解　将数据从小到大依次整理：1.46、1.50、1.52、1.54、1.56、1.83

$$Q = \frac{1.83 - 1.56}{1.83 - 1.46} = 0.73$$

查 Q 临界值表得：$n = 6$ 时，$Q_{0.90} = 0.56$

$Q \geq Q_{0.90}$，所以 1.83 应舍去，不能保留。

1.3.9　监测结果的表示方法

① 监测结果的表示应根据分析方法的要求确定，并采用国家法定计量单位。

② 若双份平行测定结果在相对偏差允许范围之内，则结果以平均值表示。

③ 若测定结果高于分析方法检出限，则报告实际测定结果数值；若测定结果低于标准分析方法检出限，报使用的"方法检出限"，并加标志位"L"表示。

思考与练习 1.3

1. 监测分析中实验室内常采取的质量控制措施有哪些？
2. 为什么许多试液常配成浓的贮存液，临用时再稀释成所需浓度？

任务 1.4　实验室内部质量控制

实验室内部质量控制是对分析质量进行控制的过程，质量控制的目的在于控制检测分析人员的操作误差，以保证测试结果的精密度和准确度能够在给定的置信范围内，达到规定的质量要求。常用的实验室内部质量控制措施包括选择合适的分析方法、空白试验、平行样分析、密码样分析、标准物质（或质控样）对比分析、加标回收分析、校准曲线的线性检验等。

1.4.1　选择分析方法

我国目前的分析方法可以分为以下三个层次：国家标准分析方法、统一分析方法以及等效方法。分析方法选择原则是优先选择国家环境保护标准、其他的国家标准和其他行业标准方法；尚无国家行业标准分析方法的监测项目，可选用行业统一分析方法或行业规范；采用经过验证的 ISO、美国 EPA 和日本 JIS 方法体系等其他等效分析方法，其检出限、准确度和精密度应能达到质控要求；等效方法必须向上级主管部门提交分析方法的全面资料，并提供方法验证的分析数据，经批准后方可在常规分析中使用。

一种物质有多种方法均可测定时，选用何种方法要看测定的目的、要求、各种分析方法的特点和具体条件。对浓度很低的待测物质，若要求得到准确度较高的分析结果，应采用灵敏度、准确度都高的仪器，具体要结合实验室条件综合考虑。对要求速度快的监测分析，如运行管理中控制分析，要根据分析结果及时采取技术措施，这时就必须选择快速简便的分析方法。对到野外现场操作的测定，应采用便于制备、便于携带、经济实用的分析方法。总之，选择测定方法要根据待测对象、目的要求和所具备的条件，做到既符合对灵敏度、准确度的不同要求，又经济实用。

分析人员在承担新的监测项目和分析方法时，应对该项目的分析方法进行适用性检验，包括空白值测定、分析方法检出限的估算、校准曲线检验和方法的精密度、准确度及干扰因素等试验，以了解和掌握分析方法的原理、条件和特性。

1.4.2　空白试验

空白试验又称空白测定，是用蒸馏水代替试样的测定，属于方法空白，其所加试剂和操作步骤与试样测定完全相同。空白试验应与试样测定同时进行。另有一种特殊情况叫试剂空白，通常是对纯试剂（如水）进行测定，其结果可以衡量纯试剂的质量是否符合分析要求。显然试剂空白小于方法空白。

空白试验所得到的响应值称为空白试验值，其大小及其重现性在很大程度上反映了监测实验室及分析人员的水平，如实验用水、化学试剂的纯度、量器和容器是否玷污、仪器的性能以及实验室环境状况等对空白试验值均会产生影响。这些因素是经常变化的，为了解它们对试样测定的综合影响,在每次测定时均做空白试验。

空白试验值的大小与分析方法及各种试验条件等有关。当空白试验值偏高时,应全面检查空白试验用水、空白试剂、量器及容器的玷污情况、测量仪器的性能以及试验环境状态等。空白试验对用水有一定的要求。水中待测物质的浓度应低于所用方法的检测限,否则将使空白试验值和标准偏差增大,因而影响试验结果的精密度和准确度。

1.4.3 校准曲线及线性检验

（1）校准曲线

校准曲线是用于描述待测物质的浓度或量与相应的测量仪器的响应量或其他指示量之间的定量关系的曲线。校准曲线包括通常所谓的"工作曲线"(绘制标准曲线的标准溶液的分析步骤与样品分析步骤完全相同)和"标准曲线"(绘制标准曲线的标准溶液的分析步骤与样品分析步骤相比有所省略,如省略样品的前处理)。

监测分析中常用校准曲线的直线部分。某一方法标准曲线的直线部分所对应的待测物质浓度(或量)的变化范围,称为该方法的线性检测范围。

采用校准曲线法进行定量分析时仅限在其线性范围内使用。必要时对校准曲线的相关性、精密度和置信区间进行统计分析,检验斜率、截距和相关系数是否满足标准方法的要求。若不满足,需从分析方法、仪器设备、量器、试剂和操作等方面查找原因,改进后重新绘制校准曲线。

校准曲线的使用时间取决于各种因素,诸如试验条件、试剂的重新配制以及处理仪器的稳定性等。因此,校准曲线不得长期使用、不得相互借用。一般情况下校准曲线应与样品测定同时进行。

（2）校准曲线的绘制

① 配制在测量范围内的一系列已知浓度的标准溶液。

② 按照与样品相同的测定步骤,测定各浓度标准溶液的响应值。

③ 选择适当的坐标,以响应值为纵坐标,以浓度(或量)为横坐标,将测量数据标在坐标上作图。注意对坐标进行合理分度,使绘制的直线倾角接近45°角。

④ 各点连接为一条适当的曲线,通常选用校准曲线的直线部分。

校准曲线的直线部分所对应的待测物质的浓度(或量)的变化范围,也称为该方法的线性范围。

（3）应注意的问题

① 配制的标准系列应在方法的线性范围以内。

② 绘制校准曲线时应对标准溶液进行与样品完全相同的分析处理,包括样品的前处理操作。只有经过充分的验证,确认省略某些操作对校准曲线无显著影响时,方可免除这些操作。

③ 校准曲线的使用时间取决于各种因素,诸如试验条件、试剂的重新配制以及处理仪器的稳定性等。因此,通常是在每次分析样品的同时绘制校准曲线,或者在每次分析样品时选择两个适当浓度的标准物同时进行测定,以校准原有的校准曲线。

④ 应同时做空白试验,并扣除空白试验值。

⑤ 绘制校准曲线时通常未考虑样品的基体效应。然而,这对某些分析却至关重要。在这种情况下,可使用含有与实际样品类似基体的工作标准系列进行校准曲线的绘制。

　　⑥ 对经过验证的标准方法绘制线性范围内的校准曲线时，如出现各点分散较大或不在一条直线上的现象，则应检查试剂、量器及操作步骤是否有误，并作必要的纠正。此后如果仍不能得到满意的结果，方可根据专业知识和实际经验，对校准曲线作必要的回归计算，再重新绘图。

　　⑦ 利用校准曲线的响应值推测样品的浓度值时，其浓度应在所作校准曲线的浓度范围内，不得将校准曲线任意外延。

（4）校准曲线的线性检验

　　应用校准曲线的方法，是在样品测得信号后，从标准曲线上查得或计算其含量（或浓度），因此校准曲线直接影响样品分析结果的准确性，为此需对校准曲线的线性关系进行检验。

　　根据实践经验，应力求其相关系数 $r \geqslant 0.9990$，否则应找出原因，重新测定和绘制校准曲线。在实验条件不变的情况下，校准曲线斜率一般很稳定，其截距非常接近于 0。

　　相关系数（r）是用来表示两个变量（y 及 x）之间有无固有的数学关系以及这种关系的密切程度如何的参数。相关系数可由下式求得：

$$r = \frac{\sum(x_i - \bar{x})(y_i - \bar{y})}{\sqrt{\sum(x_i - \bar{x})\sum(y_i - \bar{y})^2}} \tag{1-13}$$

　　式中，x_i 为已知的自变量（如标液中待测物质的含量）；y_i 为实验中测得的因变量（如吸光度）；$\bar{x}$ 和 $\bar{y}$ 分别为变量 x 和 y 的算术平均值。

1.4.4　标准物质对比分析

　　标准物质（或质控样品）可以是明码样，也可以是密码样，其结果是经权威部门（或一定范围的实验室）定值、有准确测定值的样品。测定样品时，同时测定标准物质（或质控样品），用以检查分析测试的准确性。

　　采用标准物质和样品同步测试的方法作为准确度控制手段，每批样品带一个已知浓度的标准物质或质控样品。如果实验室自行配制质控样品，要注意与国家标准物质比对，并且不得使用与绘制校准曲线相同的标准溶液配制，必须另行配制。

　　当标准物质或质控样品测试结果超出了规定的允许误差范围，表明分析过程存在系统误差，本批分析结果准确度失控，应找出失控原因并加以排除后才能再行分析并报出结果。

1.4.5　加标回收分析

　　当选测的项目无标准物质或质控样品时，可用加标回收实验来检查测定准确度。加标回收实验包括空白加标、基体加标及基体加标平行等。空白加标在与样品相同的前处理和测定条件下进行分析。基体加标和基体加标平行是在样品前处理之前加标，加标样品与样品在相同的前处理和测定条件下进行分析。在实际应用时应注意加标物质的形态、加标量和加标的基体。

　　在测定样品时，于同一样品加入一定量的标准物质进行测定，将测定结果扣除样品的测定值，计算回收率。加标回收分析是实验室中最常用且能方便地确定准确度的方法，在做加标回收试验时应注意：

　　① 在一批试样中，随机抽取 10%～20% 试样进行加标回收测定。样品数不足 10 个时，适当增加加标比率。每批同类型试样中，加标试样不应小于 1 个。

　　② 加标量视被测组分含量而定，含量高的加入被测组分含量的 0.5～1.0 倍，含量低的

加 2~3 倍，但加标后被测组分的总量不得超出方法的测定上限。加标浓度宜高，体积应小，不应超过原试样体积的 1%，否则需进行体积校正。

③ 加入的标准物质与样品中待测物质的形态未必一致；即使形态一致，其与样品中其他组分间的关系也未必相同，因而用回收率评价准确度并非全都可靠。

1.4.6　平行样分析

平行样分析是指同一样品的两份或多份子样在完全相同的条件下进行同步分析。对样品均匀、能同时做平行双样的分析项目，每批样品分析时均须做 10% 的平行双样；样品数较少时，每批样品应至少做一份样品的平行双样。平行双样可采用明码、密码两种方式。

分析人员在分取样品平行测定时，对同一样品同时分取两份，亦可由质控员将所有待测试样，包括平行双样重新排列编号形成密码样，经分析人员测定后报出测定结果，由质控员将密码对号按下列要求检查是否合格。

平行双样测定结果的相对偏差不应大于标准方法或统一方法所列相对标准偏差的 2.83 倍。对未列相对标准偏差的方法，当样品的均匀性和稳定性较好，可参照表 1-6 的规定。

表 1-6　平行双样相对偏差表

分析结果所在数量级/（g/mL）	10^{-4}	10^{-5}	10^{-6}	10^{-7}	10^{-8}	10^{-9}	10^{-10}
相对偏差最大容许值/%	1	2.5	5	10	20	30	50

 思考与练习 1.4

1. 解释下列名词
（1）空白试验；（2）校准曲线；（3）平行样分析。
2. 判断题
（1）开展环境监测时，选择监测分析方法的原则是首选国家标准分析方法。（　　）
（2）空白试验应与试样测定同时进行。（　　）
（3）监测分析实验室内常用的质量控制措施中，加标回收率反映测定结果的准确度。（　　）
3. 选择题
（1）描述数据精密性的三个术语不包括（　　）。

A. 重复性　　　　　B. 平行性　　　　　C. 再现性　　　　　D. 完整性
（2）可用来减少分析测定中偶然误差的方法应为（　　）。

A. 对照试验　　　　B. 空白试验　　　　C. 校正　　　　　　D. 适当增加平行测定次数
（3）环境监测分析中，用于方法对比和仲裁分析，也用于常规分析的监测方法应为（　　）。

A. 标准方法　　　　B. 统一方法　　　　C. 等效方法　　　　D. 一般方法
4. 用分光光度法测定铬标准溶液，得到下表的数据，试求吸光度（A）和质量浓度（ρ）的线性回归方程和相关系数。

质量浓度 ρ/（mg/m³）	0.10	0.2	0.40	0.80	1.20
吸光度 A	0.25	0.355	0.541	0.926	1.248

任务 1.5　实验室间质量控制

1.5.1　实验室间质量控制目的

实验室间质量控制的目的是检查各实验室间是否存在系统误差，找出一些实验室内部不易核对的误差来源（如试剂纯度、仪器质量等方面的问题），提高实验室的分析质量，从而增强各实验室之间分析结果的可比性。

1.5.2　实验室间质量控制措施

实验室间质量控制通常包括实验室质量考核、标准溶液的比对、实验室误差测试等方面。控制办法通常是采用由上级监测管理部门（中心实验室）对下级监测站（实验室）进行分析质量考核；在各实验室完成内部质量控制的基础上，由上级监测中心或控制中心提供标准参考样品，分发给各受控实验室，各实验室在规定期间内对标准参考样品进行测定，并把测定过程和结果报回监测中心或控制中心，然后由中心将测定结果作统计处理，按有关统计量评价各实验室测定结果的优劣。只有考核合格的实验室，它们的常规监测分析数据才被承认和接受，而对于那些不合格的实验室要及时提供技术上的帮助和指导，使它们尽快提高监测分析质量。

1.5.3　实验室质量考核

实验室质量考核内容有分析标准样品或统一样品、测定加标样品、测定空白平行、核查检测下限、测定标准系列、检查相关系数和计算回归方程、进行截距检验等。通过质量考核，最后由负责单位综合实验室的数据进行统计处理后作出评价予以公布。各实验室可以从中发现所有存在问题并及时纠正。

工作中标准样品或统一样品应逐级向下分发，一级标准由国家环境监测总站将国家计量部门确认的标准物质分发给各省、自治区、直辖市的环境监测中心，作为环境监测质量保证的基准使用。二级标准由各省、自治区、直辖市的环境监测中心按规定配制并检验证明其浓度参考值、均匀度和稳定性，并经国家环境监测总站确认后，方可分发给各实验室作为质量考核的基准使用。

如果标准样品系列不够完备而有特定用途时，各省、自治区、直辖市在具备合格实验室和合格分析人员条件下，可自行配备所需的统一样品，分发给所属网、站，供质量保证活动使用。各级标准样品或统一样品均应在规定要求的条件下保存，若超过了稳定期，或者失去保存条件，或是在开封使用后没有及时恢复原封装而不能继续保存，则应报废。

为减少系统误差，使数据具有可比性，在进行质量控制时，应使用统一的分析方法，首先应从国家（或部门）规定的标准方法之中选定。当根据具体情况需选用标准方法以外的其他分析方法时，必须有该方法与相应标准方法对若干份样品进行比较实验，按规定判定无显著性差异后方可选用。

思考与练习 1.5

1. 实验室间质量控制的目的是什么？
2. 实验室质量考核内容主要有哪些？

 阅读与咨询

1. 扫描二维码可查看［拓展阅读 1-3］环境监测系统职业道德规范。

环境监测系统职业道德规范

2. 登录所列咨询网站，可拓展学习有关内容。

模块 2
地表水质监测

 学习目标

知识目标 熟悉地表水监测方案内容；掌握样品的采集方法及运输、保存要求；掌握常规指标测定方法及原理；熟悉主要仪器操作步骤和日常维护要求；掌握常规指标测定原理、方法；了解水质连续自动监测系统组成及作用及测定原理。

能力目标 能够合理表述确定河流水质监测点位的思路；能根据标准方法完成常规指标的测定；能够正确处理数据，依照地表水环境质量标准作出监测河流水质评价。

素质目标 培养爱岗敬业、实事求是、严谨认真、踏实负责的工作态度；培养良好的实验习惯和安全责任意识；培养团结协作、顾全大局的团队精神。

学习引导

怎么评价地表水环境质量的优劣？为什么说地表水采样是地表水水质监测的重要环节？实施地表水水质的自动监测有什么意义？

任务 2.1　地表水监测方案制订

监测方案是完成监测任务的工作程序和技术方法的总体设计，是监测工作重中之重，制订方案前需了解水体污染基本知识、明确监测目的，熟悉相关标准和技术规范的要求，如《地表水环境质量监测技术规范》（HJ 91.2—2022）、《污水监测技术规范》（HJ 91.1—2019）、《水质采样方案设计技术规定》（HJ 495—2009）、《地表水环境质量标准》（GB 3838—2002）等，然后在调查研究的基础上确定监测项目，布设监测网点，合理安排采样频率和采样时间，选定合适的采样方法和分析测定方法，提出监测报告要求，制订质量控制和保证措施及实施计划等。

2.1.1　水体污染及污染类型

（1）水体污染

水体是指河流、湖泊水库、沼泽、地下水、冰川、海洋等"地表贮水体"的总称。地表水也称"陆地水"，指陆地表面上动态水和静态水的总称，主要有河流、湖泊、沼泽、冰川等。从自然地理角度来看，水体是指地表水覆盖地段的自然综合体，在这个综合体中，不仅有水，而且还包括水中的悬浮物及底泥、水生生物等，是一个完整的自然生态系统。

水体污染是指进入水体中的生产及生活过程中产生的污染物含量超过水体本身自净能力，使水质受到损害直至恶化，影响水体正常使用功能和有效利用的现象。引起水体污染的物质称为水体污染物。

（2）水体污染类型

① 根据污染来源分类　根据污染来源，水体污染分为自然污染和人为污染。自然污染主要由自然原因造成，如特殊的地质使某些地区某种化学元素大量富集，由自然污染所产生的有害物质含量一般称为自然"本底值"或"背景值"。人为污染即人为因素造成的污染，是造成水体污染的主要原因。

② 按污染物性质分类　按污染物性质，水体污染分为以下三种类型。

a. 物理污染　是指色度和浊度物质污染、悬浮固体污染、热污染和放射性污染等物理因素造成的水体污染。物理性指标主要包括温度、色度、悬浮物、浊度、电导率、透明度和嗅等。

b. 化学污染　是指随污水及其他废物排入水体中的无机物（如酸、碱、盐、重金属等）和有机物（如碳水化合物、蛋白质、油脂等）等造成的水体污染。化学性指标主要包括非金属无机物指标、金属指标和无机物指标。典型的非金属无机物指标包括 pH 值、溶解氧、氨氮、硫化物、氰化物、氟化物等；典型的金属无机物指标包括汞、铅、镉、铬、铜、锌等；典型的有机物指标包括化学需氧量（COD_{Cr}）、生化需氧量（BOD_5）、总有机碳（TOC）、挥发酚、油类等。

c. 生物污染　是指含有各种病原体（如病毒、病菌、寄生虫等）的生活污水、医院污水以及屠宰、畜牧、制革、餐饮等行业排放的污水进入水体而造成的污染。主要生物性监测指标包括细菌总数、总大肠菌群数等。

2.1.2　基础资料收集及现场实地调查

在制订监测方案前，应尽可能完备地收集欲监测水体及所在区域的相关资料，主要包括以下方面。

① 水体的水文、气候、地质和地貌资料。如水体水位、水量、流速及流向变化；降水量、蒸发量及历史上的水情；河流的宽度、深度、河床结构及地质状况；湖泊沉积物的特性、间温层分布等。

② 水体沿岸城市分布、人口分布、工业布局、污染源分布及其排污情况、城市给水排水及农田灌溉排水情况、化肥和农药施用情况等。

③ 水体沿岸的资源现状及水资源用途，饮用水源分布及重点水源保护区，水体流域土地功能及近期使用计划等。

④ 历年的水质监测资料等。

⑤ 实地勘察现场的交通情况、岸边标志等。

在收集基础资料的基础上，为熟悉监测水域的环境，了解某些环境信息变化情况，并使监测方案制订和后续工作有的放矢地进行，有必要进行现场实地调查，核实相关情况。

2.1.3　监测断面和采样点布设

（1）布设原则

① 监测断面在宏观上能反映流域（水系）或所在区域的水环境质量状况和污染特征。

②　监测断面应尽可能与水文测量断面一致，以便利用其水文资料，实现水质监测与水量监测的结合。

③　监测断面的位置应避开死水区、回水区和排污口处，尽量选择河床稳定、水流平稳、水面宽阔、无浅滩的顺直河段。

④　监测断面应考虑实际采样时的可行性和方便性，尽可能交通方便、有明显的岸边标志。

⑤　监测断面的布设应考虑社会经济发展、监测工作的实际状况和需要，要具有相对的长远性。

⑥　监测断面的设置数量，应考虑人类活动影响，通过优化以最少的监测断面、垂线和监测点位获取具有充分代表性的监测数据，有助于了解污染物时空分布和变化规律。

⑦　监测断面布设后应在地图上标明准确位置，在岸边设置固定标志。同时，以文字说明断面周围环境的详细情况，并配以照片，相关图文资料均应存入断面档案。

⑧　流域（水系）可布设背景断面、控制断面、消减断面和河口断面。

⑨　行政区域可在水系源头设置背景断面或在过境河流设置入境断面或对照断面、控制断面、消减断面、出境断面或河口断面。

（2）河流监测断面的布设

为评价完整江河水系的水质，需要设置背景断面、对照断面、控制断面和削减断面；对于某一河段，只需设置对照、控制和削减（或过境）三种断面，如图 2-1 所示。

①　背景断面　背景断面设在水系源头处或基本上未受人类活动影响的河段，用于评价一条完整水系的水质情况。

②　对照断面　为了解河流进入监

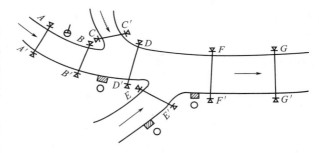

图 2-1　河流监测断面布设

→水流方向；自来水厂取水点；○污染源；排污口；A—A'对照断面；G—G'削减断面；B—B'、C—C'、D—D'、E—E'、F—F'控制断面

测河段前的水质状况而设置的断面。这类断面应设在河流进入城市或工业区之前的河段，一般设在距离最近排污口上游 50～1000m 范围内。一个河段一般只设一个对照断面，有主要支流时可酌情增加。

③　控制断面　控制断面又称污染监测断面，是为了评价监测河段两岸污染源对水体水质影响而设置的断面。控制断面的数目及位置应根据河段沿岸污染源分布及主要污染物的迁移、扩散规律和水体径流情况确定，一般设在排污口下游 500～1000m 处。

控制断面一般设置在以下位置：

a. 有大量污水排入河流的主要居民区、工业区的下游；

b. 较大支流汇合口的上游和汇合后与干流充分混合处、河流入海口处、受潮汐影响的河段及严重水土流失区；

c. 饮用水源区、水资源集中的水域、主要风景游览区及重大水利设施处等功能区；

d. 国际河流出入国境线的出入口处、地方河流出入边界线的出入口处；

e. 对流程较长的重要河流，为了解水质水量的变化情况，经适当距离后应设置监测断面。

④　消减断面　是指河流受纳污水后，经一定距离的稀释扩散和自净作用，使主要污染物浓度有明显降低的断面，通常设在城市或工业区最后一个排污口下游 1500m 以外的河段上。一般一条河流设置一个消减断面。

另外，有时为特定的环境管理需要，如定量化考核、监视饮用水源和流域污染源限期达标排放等，还需要设置管理断面。

（3）湖泊、水库监测垂线的布设

① 湖泊、水库通常只设监测垂线，如有水体复杂等特殊情况时，可参照河流的有关规定设置监测断面。

② 湖（库）区的不同水域，如进水区、出水区、深水区、浅水区、湖心区、岸边区，按水体类别设置监测垂线。

③ 湖（库）区若无明显功能区别，可用网格法均匀设置监测垂线。

④ 受污染物影响较大的重要湖泊、水库，应在污染物主要输送路线上设置控制断面。

⑤ 以各功能区为中心（如饮用水源、风景游览区、排灌站等），在其辐射线上设置弧形监测断面。

（4）采样点的确定

采样点布设的总原则：以最少的监测断面、监测垂线和采样点获取最具代表性的水样。

设置监测断面后，应根据断面上河流宽度确定采样垂线数，在每条垂线上根据河流深度确定采样点的数目和位置。具体见表 2-1 和表 2-2。

表 2-1　采样垂线的设置

水面宽度/m	垂线数	说　明
≤50	一条中泓垂线	断面上垂线的布设应避开岸边污染带。有必要对岸边污染带进行监测时，可在污染带内酌情增设垂线
50～100	在左右近岸有明显水流处各设一条垂线	对无排污河段并有充分数据证明断面上水质均匀时，可只设中泓一条垂线
100～1000	左、中、右三条垂线	水面较宽的断面可酌情增加采样垂线
>1000	至少设 5 条等距离垂线	适当位置

表 2-2　采样点的设置

水深/m	采样点数	说　明
≤5	设一点(水面下 0.3～0.5m 处)	如水深不足 1m 时，设在 1/2 水深处
5～10	设两点(水面下 0.5m、河底上 0.5m 处)	河流封冻时，在冰下 0.5m 处
10～50	设三点(水面下 0.5m、1/2 水深及河底上 0.5m 处)	有充分数据证明垂线上水质均匀时，可酌情减少采样点数
>50	应酌情增加采样点数	

监测断面和采样点位置确定后，如果岸边无明显的天然标志，应设置人工标志物，如竖石柱、打木桩等，或采样时用全球定位系统（GPS）定位，使每次采集的样品都取自同一位置，以保证其代表性和可比性。

湖、库采样点位与河流相同，需注意有些指标随水深而变化，如水温和溶解氧等。在实际应用中应尽可能考虑各种复杂情况，灵活运用，以使采样具有充分的代表性。

2.1.4　监测项目及分析方法选择

（1）监测项目选择

监测项目的选择取决于监测目的及水体目前和将来的用途。为了掌握水质的瞬间状态，便于一般控制，测定水样的物理和化学项目即可，但如果为了分析水质的长期变化，还必须测定生物项目。此外，底质组成成分的分析对反映水生环境的污染情况也至关重要，比如重金属，难以用一般的分析方法在水样中发现，却易从底质和水生生物体内检出，所以水质监测项目应该包括物理的、化学的和生物的三个方面，其数量繁多，不可能也没有必要一一监测，而要根据实际情况选择那些国家和地方地表水环境质量标准及水污染物排放标准中要求控制的、对人体和生物危害大、对地表水环境影响范围广的、有标准分析方法的监测项目。地表水监测项目见表 2-3，《地表水环境质量标准》（GB 3838—2002）规定了地表水环境质量标准基本项目及标准限值（见表 2-4）、集中式生活饮用水地表水源地补充项目及集中式生活饮用水地表水源地特定项目。

表 2-3　地表水监测项目

项目	必 测 项 目	选 测 项 目
河流	水温、pH、DO、高锰酸盐指数、COD、BOD、氨氮、总氮、总磷、铜、锌、氟化物、硒、砷、汞、镉、铬（六价）、铅、氰化物、挥发酚、石油类、阴离子表面活性剂、硫化物和粪大肠菌群	总有机碳、甲基汞，其他项目参照工业污水监测项目，根据纳污情况确定
集中式饮用水源地	水温、pH、DO、SS[①]、高锰酸盐指数、COD、BOD、氨氮、总磷、总氮、铜、锌、氟化物、铁、锰、硒、砷、汞、镉、铬（六价）、铅、氰化物、挥发酚、石油类、阴离子表面活性剂、硫化物、硫酸盐、氯化物、硝酸盐和粪大肠菌群	三氯甲烷、四氯化碳、三溴甲烷、苯乙烯、甲醛、乙醛、苯、甲苯、乙苯、二甲苯、硝基苯、四乙基铅、滴滴涕、对硫磷、乐果、敌敌畏、敌百虫、甲基汞、多氯联苯等
湖泊水库	与河流必测项目相同	总有机碳、甲基汞、硝酸盐、亚硝酸盐，其他项目参照工业污水监测项目，根据纳污情况确定
排污河（渠）	参照工业污水监测项目，根据纳污情况确定	
底质	砷、汞、烷基汞、铬、六价铬、铅、镉、铜、锌、硫化物和有机质	有机氯农药、有机磷农药、除草剂、烷基汞、苯系物、多环芳烃和邻苯二甲酸酯类等

① 悬浮物在 5mg/L 以下时，测定浊度

表 2-4　地表水环境质量标准基本项目及标准限值　　　　　单位：mg/L

序号	项　目		I 类	II 类	III 类	IV 类	V 类
1	水温/℃		人为造成的环境水温变化应限制在：周平均最大温升≤1；周平均最大温降≤2				
2	pH 值（无量纲）		6～9				
3	溶解氧	≥	饱和率90%（或7.5）	6	5	3	2
4	高锰酸盐指数	≤	2	4	6	10	15
5	化学需氧量（COD）	≤	15	15	20	30	40
6	五日生化需氧量（BOD$_5$）	≤	3	3	4	6	10
7	氨氮（NH$_3$-N）	≤	0.15	0.5	1.0	1.5	2.0
8	总磷（以 P 计）	≤	0.02（湖、库 0.01）	0.1（湖、库 0.025）	0.2（湖、库 0.05）	0.3（湖、库 0.1）	0.4（湖、库 0.2）
9	总氮（湖、库，以 N 计）	≤	0.2	0.5	1.0	1.5	2.0
10	铜	≤	0.01	1.0	1.0	1.0	1.0
11	锌	≤	0.05	1.0	1.0	2.0	2.0
12	氟化物（以 F⁻ 计）	≤	1.0	1.0	1.0	1.5	1.5
13	硒	≤	0.01	0.01	0.01	0.02	0.02
14	砷	≤	0.05	0.05	0.05	0.1	0.1
15	汞	≤	0.00005	0.00005	0.0001	0.001	0.001

序号	项 目		Ⅰ类	Ⅱ类	Ⅲ类	Ⅳ类	Ⅴ类
16	镉	≤	0.001	0.005	0.005	0.005	0.01
17	铬（六价）	≤	0.01	0.05	0.05	0.05	0.1
18	铅	≤	0.01	0.01	0.05	0.05	0.1
19	氰化物	≤	0.005	0.05	0.2	0.2	0.2
20	挥发酚	≤	0.002	0.002	0.005	0.01	0.1
21	石油类	≤	0.05	0.05	0.05	0.5	1.0
22	阴离子表面活性剂	≤	0.2	0.2	0.2	0.3	0.3
23	硫化物	≤	0.05	0.1	0.2	0.5	1.0
24	粪大肠菌群/（个/L）	≤	200	2000	10000	20000	40000

注：该标准自 2002 年 6 月 1 日起实施，适用于中华人民共和国领域内江河、湖泊、运河、渠道、水库等具有使用功能的地表水水域。

依据地表水水域环境功能和保护目标，按使用功能的高低将其分为五类，包括：

Ⅰ类 主要适用于源头水、国家自然保护区；

Ⅱ类 主要适用于集中式生活饮用水地表水源地一级保护区、珍稀水生生物栖息地、鱼虾产卵场、仔稚幼鱼的索饵场等；

Ⅲ类 主要适用于集中式生活饮用水地表水源地二级保护区、鱼虾类越冬场、水产养殖等渔业水域及游泳区；

Ⅳ类 主要适用于一般工业用水区及人体非直接接触的娱乐用水区；

Ⅴ类 主要适用于农业用水区及一般景观要求水域。

同一水域兼有多类功能的，依最高功能划分类别。有季节性功能的，按季划分类别。

（2）监测分析方法选择

选择分析方法的原则为：

① 首先选用国家标准分析方法，再选统一分析方法或行业标准方法；

② 同一指标有多个分析方法时，应根据水质情况及待测物含量选择合适的分析方法。

部分常见水质监测项目分析方法见表 2-5。

表 2-5 常见水质监测项目分析方法

序号	监测项目	分析方法	有效数字最多位数	小数点后最多位数	方法类别	方法来源
1	水温	温度计法	3	1	A	GB/T 13195
2	pH 值	电极法	2	2	A	HJ 1147—2020
3	悬浮物	重量分析法	3	0	A	GB/T 11901
4	色度	铂钴比色法	—	—	A	GB/T 11903
		稀释倍数法	—	—	A	HJ 1182—2021
5	电导率	便携式电导率仪	3	1	B	
		实验室电导率仪	3	1	B	
6	溶解氧	碘量法	3	1	A	GB/T 7489
		电化学探头法	3	1	A	HJ 506
		便携式溶解氧仪法	3	1	B	
7	高锰酸盐指数	酸性法	3	1	A	GB/T 11892
		碱性法	3	1	A	GB/T 11892
8	化学需氧量	重铬酸盐法	3	0	A	HJ 828—2017
		快速消解分光光度法	3	1	A	HJ/T 399
		氯气校正法（高氯废水）	3	1	A	HJ/T 70

序号	监测项目	分析方法	有效数字最多位数	小数点后最多位数	方法类别	方法来源
9	五日生化需氧量	稀释与接种法	3	1	A	HJ 505
		微生物传感器快速测定法	3	1	A	HJ/T 86
		活性污泥曝气降解法	3		B	
10	氨氮	纳氏试剂分光光度法	4	3	A	HJ 535
		水杨酸分光光度法	4	3	A	HJ 536
		蒸馏-中和滴定法	4	2	A	HJ 537
11	总磷	钼酸铵分光光度法	3	3	A	GB/T 11893
		离子色谱法	3	3	B	
		孔雀绿-磷钼杂多酸分光光度法	3	3	B	
12	总氮	碱性过硫酸钾消解紫外分光光度法	3	2	A	HJ 636
		气相分子吸收色谱法	3	2	B	
13	总汞	冷原子吸收法	3	2	A	HJ 597
		双硫腙光度法	3	1	B	
		冷原子荧光法	—	—	A	HJ/T 341
		原子荧光法	3	3	B	
14	锌	火焰原子吸收法	3	3	A	GB/T 7475
		双硫腙分光光度法	3	3	A	GB/T 7472
15	钙、镁（含总硬度）	EDTA滴定法	3	2	A	GB/T 7477
		火焰原子吸收光度法	3	3	A	GB/T 11905
			3	3		
16	硒	石墨炉原子吸收法	3	3	A	GB/T 15505
		原子荧光法	3	1	B	
17	铜	直接吸入火焰原子吸收法	3	2	A	GB/T 7475
		萃取-火焰原子吸收法	—	—	A	GB/T 7475
		石墨炉原子吸收光度法	—	—	B	
		二乙基二硫代氨基甲酸钠分光光度法	3	3	A	HJ 485
18	总砷	二乙基二硫代氨基甲酸银分光光度法	3	3	A	GB/T 7485
		新银盐分光光度法	3	4	B	
		氢化物发生-原子吸收法	3	4	B	
		原子荧光法	3	1	B	
19	总镉	直接吸入火焰原子吸收法	3	2	A	GB/T 7475
		萃取-火焰原子吸收法	—	—	A	GB/T 7475
		石墨炉原子吸收法	3	2	B	
		示波极谱法	—	—	A	GB/T 13896
20	总铬	高锰酸钾氧化-二苯碳酰二肼光度法	3	3	A	GB 7466
		火焰原子吸收法	3	2	B	
		硫酸亚铁铵滴定法			C	
	铬（六价）	二苯碳酰二肼分光光度法	3	3	A	GB/T 7467

序号	监测项目	分析方法	有效数字最多位数	小数点后最多位数	方法类别	方法来源
21	铅	双硫腙分光光度法	3	3	A	GB/T 7470
		火焰原子吸收法	3	2	A	GB/T 7475
			3	0		
		石墨炉原子吸收法	2	1	B	
22	铁	火焰原子吸收光度法	3	3	A	GB/T 11911
		邻菲啰啉分光光度法	3	3	A	HJ/T 345
23	锰	火焰原子吸收光度法	3	3	A	GB/T 11911
		高碘酸钾氧化光度法	3	2	A	GB/T 11906
24	氰化物	容量法和分光光度法	3	2	A	HJ 484
		催化快速法	—		B	
25	氟化物	氟试剂分光光度法			A	HJ 488
		离子选择电极法	3	2	A	GB/T 7484
		茜素磺酸锆目视比色法	3	2	A	HJ 487
		离子色谱法	3	3	A	HJ/T 84
26	挥发酚	4-氨基安替比林分光光度法	3	4	A	HJ 503
		溴化容量法	—	—	A	HJ 502
27	石油类和动植物油类	红外分光光度法	3	2	A	HJ 637—2018
28	硫化物	碘量法	3	3	A	HJ/T 60
		亚甲基蓝分光光度法	3	3	A	GB/T 16489
29	阴离子表面活性剂	亚甲蓝分光光度法	4	3	A	GB 7494
30	粪大肠菌群	滤膜法	2	0	A	HJ 347.1—2018
		多管发酵法	2	0	A	HJ 347.2—2018
31	总大肠菌群和粪大肠菌群	纸片快速法	2	0	A	HJ 755

2.1.5　采样时间和频率确定

（1）确定原则

为使采集的水样能够反映水体水质在时间和空间上的变化规律，必须依据不同的水体功能、水文要素和污染源、污染物排放等实际情况，合理安排采样时间和采样频率，力求以最低的采样频率取得最有时间代表性的样品，既能反映水质状况，又要切实可行。

（2）时间和频率

① 饮用水源地、省（自治区、直辖市）交界断面中需要重点控制的监测断面每月至少采样一次。

② 国控监测断面（或垂线）每月采样一次，在每月 5 日至 10 日内进行采样。

③ 水系的背景断面每年采样一次，在污染可能较重的季节进行。

④ 受潮汐影响的监测断面的采样，分别在大潮期和小潮期进行。每次采集涨、退潮水样分别测定。涨潮水样应在断面处水面涨平时采样，退潮水样应在水面退平时采样。

⑤ 遇有特殊自然情况，或发生污染事故时，要随时增加采样频次，按"应急监测"。

⑥ 如某必测项目连续三年均未检出，且在断面附近确定无新增排放源，而现有污染源排污量未增的情况下，每年可采样一次进行测定。一旦检出，或在断面附近有新的排放源或现有污染源有新增排污量时，即恢复正常采样。

⑦ 海水水质常规监测，每年按丰水期、平水期、枯水期或季度采样监测 2～4 次。

 思考与练习 2.1

1. 选择题

(1) 为了解河流受污染的程度及其变化情况而设置的断面，称为（　　）。

A. 监测断面　　B. 对照断面　　C. 消减断面　　D. 控制断面

(2) 为了解河流进入监测河段前的水质状况而设置的断面，称为（　　）。

A. 对照断面　　B. 控制断面　　C. 消减断面　　D. 监测断面

2. 简答题

(1) 简述某段河流水质监测方案包括的内容。

(2) 简述某段河流水质监测点位确定的思路。

(3) 如何选择水质监测项目和分析方法？

 阅读与咨询

扫描二维码可查看［拓展阅读 2-1］荣获环境监测终身成就奖的魏复盛院士。

荣获环境监测终身
成就奖的魏复盛院士

任务 2.2　水样采集与处理

2.2.1　采样前准备

2.2.1.1　制订采样计划

在采样前需确定采样负责人，主要负责制订采样计划，并组织实施。

采样前应由采样负责人提出采样计划并组织实施。采样负责人在制订计划前要充分了解该项监测任务的目的和要求；应对要采集的监测断面的周围情况了解清楚；应熟悉采样方法、水样容器洗涤、样品保存技术；有现场测定项目和任务时，还应了解有关现场测定技术。

采样计划包括：已确定的采样断面和采样点位、测定项目和采样数量、样品保存措施、质量保证措施、采样时间和路线、交通工具、采样人员和分工、采样器材、盛样容器、需要现场进行测定的项目、安全保证措施及流量测量器材等。

2.2.1.2 准备采样器及流量计

（1）采样器选择

根据采样点位置及监测项目，选择合适的采样器。

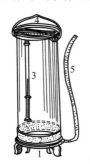

图 2-2 有机玻璃采水器
1—进水阀门；2—压重铅阀；
3—温度计；4—溢水门；
5—橡胶管

① 水桶采样 水桶（塑料材质）是一种普通的采样器具，适于采集表层水。采集的水样既有表层水，也有几十厘米深处的水，是混合水样，这在实际工作中是允许的。

塑料水桶适用于采集水体中大部分监测项目的水样（溶解氧、油类、细菌学等有特殊采样要求的指标除外）。注意到达采样点位正式采样前，首先要用水样冲洗桶体 2～3 次，同时应避免水面漂浮物进入采样桶。

② 有机玻璃采水器 该采水器由桶体、带轴的两个半圆上盖和活动底板等构成。桶体内装有水银温度计，采水器桶体容积 1～5L 不等，见图 2-2。有机玻璃采水器用途较广，除油类、细菌学指标等项目所需水样不能使用该采水器外，其他大部分水质监测项目均可使用。使用有机玻璃采水器采样时，应注意如下事项。

a. 有机玻璃采水器放入水体时，应保持与水面垂直。当水深急流时，应增加铅锤质量。

b. 采水器到达指定水层后，稍停片刻即可提升出水面。在样品分装前，松开放水胶管夹子，先放掉少量水样再分装。

c. 有机玻璃采水器强度较差，在采样过程中容易因碰撞或操作不当而引起采水器损坏。如发现采水器活动底板漏水或上盖板脱落，应立即停止使用。

③ 单层采水器 单层采水器适用于采集水流平缓的深层水样。单层采水器主要由采水瓶架子（包括铅锤）和采水瓶构成，瓶口配塞，以绳索系牢，绳上标有刻度。采样时，将采水瓶降落至预定深度，然后将细绳上提，瓶塞即打开，水样便充满水瓶，迅速将瓶提出水面，倒掉瓶上部少量水样（充满容器保存的样品除外），即得所需样品。

单层采水器的特点是样品瓶直接在水体中装样，从表层水到较深的水体都可使用。它适用于大部分监测项目样品的采集，尤其是油类和细菌学指标等监测项目必须使用这类采水器，但不能用于水中微量气体（如溶解氧等）项目样品的采集，其原因在于水样充满样品瓶的过程中，水气交换改变了容器内水样中微量气体的含量。

④ 其他采水器 除上述采水器外，还有急流采水器、连续自动定时采水器等。

（2）采样器洗涤

采样前根据监测项目和采样位置选择合适的采样器，先用自来水冲去灰尘和其他杂物，再用酸或其他溶剂洗涤，最后用蒸馏水冲洗干净，如果是铁质采样器，要用洗涤剂彻底消除油污，再用自来水漂洗干净，晾干待用。

（3）流量测量器材

采样的同时，需测定河流流量，所以需考虑流量测量方法及器材，提前做好准备，具体内容见"2.2.2 水体流量测量"。

2.2.1.3 准备盛样容器

（1）选择合适材质容器

通常使用的容器有聚乙烯塑料容器和硼硅玻璃（即硬质玻璃）容器。

选择合适材质的容器盛装水样，是避免引入干扰成分、保证水样不变质的前提。如果水样贮存容器材质选择不当，就可能由于吸附、溶解而造成待测组分损失或污染样品。因此在采样前必须了解监测对象对样品贮存容器的要求，以选择合适材质的容器。

① 容器材质对水样的影响 容器材质与水样相互作用表现在以下三个方面：a. 容器材质溶于水，如从塑料容器溶解下来有机质和从玻璃容器溶解下来钠、硅和硼等；b. 容器材质吸附水样中某些组分，如玻璃吸附痕量金属，塑料吸附有机质等；c. 水样与容器直接发生化学反应，如水样中的氟化物与玻璃容器间的反应等。

② 对水样容器及材质的要求 鉴于以上原因，对水样容器及材质有如下要求：

a. 容器材质的化学稳定性比较好，可保证水样的各组分在贮存期间不发生变化；

b. 抗极端温度性能好，抗震，容器大小、形状和质量适宜；

c. 能严密封口，且容易打开；

d. 材料易得，成本较低；

e. 容易清洗，能反复使用。

③ 常用容器材质 通常使用的容器有硼硅玻璃（即硬质玻璃）容器和聚乙烯塑料容器。

a. 硼硅玻璃容器 硼硅玻璃的主要成分是二氧化硅和三氧化二硼，因无色透明故便于观察样品及其变化，耐热性能良好，能耐强酸、强氧化剂以及有机溶剂的侵蚀，但是不耐氟化氢和强碱，易破碎，运输中需特别小心。玻璃容器常用作监测有机污染物和生物水样的贮存容器，也可用作某些含有无机污染物（如六价铬、硫化氢、氨）水样的贮存容器，不宜贮存碱性水样以及测定锌、钙、镁、硅等的水样，因为玻璃容器会溶解出这些物质而沾污样品。

b. 聚乙烯容器 聚乙烯在常温下不被浓盐酸、磷酸、氢氟酸和浓碱腐蚀，对许多试剂都很稳定，容器耐冲击、轻便、便于运输和携带，但浓硝酸、溴水、高氯酸和有机溶剂对其有缓慢的侵蚀作用。贮存水样时，对大多数金属离子很少吸附，但有吸附磷酸根离子及有机物的倾向，而且塑料本身和添加剂的老化分解，能从器壁溶解到水样中，产生有机物污染，所以聚乙烯容器用于贮存测定金属离子和其他无机物的水样，不宜贮存有机污染物（如苯、油等）水样。

（2）容器洗涤

容器在使用前必须经过洗涤。盛装测金属类水样的容器，依次用洗涤剂清洗、自来水冲洗，再用10％的盐酸或硝酸浸泡8h，用自来水冲洗，最后用蒸馏水清洗干净；盛装测有机物水样的容器，先用洗涤剂清洗，再用自来水冲洗，最后用蒸馏水清洗干净。盛样容器洗涤方法见表2-6。

表 2-6 水样常用盛样容器、保存方法、采样量及容器洗涤

项目	盛样容器	保 存 方 法	分析地点	保存期	采样量/mL[①]	容器洗涤
浊度	G. P.		现场；实验室	12h	250	I
色度	G. P.		现场；实验室	12h	250	I
pH 值	G. P.		现场；实验室	12h	250	I
电导率	G. P.		现场；实验室	12h	250	I
悬浮物	G. P.	0～4℃暗处冷藏	实验室	14d	500	I
碱度	G. P.	0～4℃暗处冷藏	实验室	12h	500	I
酸度	G. P.	0～4℃暗处冷藏	实验室	30d	500	I
COD	G.	加 H_2SO_4 至 pH≤2	实验室	2d	500	I
高锰酸盐指数	G.	0～4℃暗处冷藏	实验室	2d	500	I
DO	DO瓶	加入 1mL 硫酸锰和 2mL 碱性 KI 溶液,现场固定	现场；实验室	24h	满瓶	I
BOD_5	DO瓶	0～4℃暗处冷藏	实验室	12h	满瓶	I

续表

项目	盛样容器	保 存 方 法	分析地点	保存期	采样量/mL[①]	容器洗涤
TOC	G.	加 H_2SO_4 至 pH≤2	实验室	7d	250	Ⅰ
F^-	P.	0～4℃暗处冷藏	实验室	14d	250	Ⅰ
Cl^-	G. P.	0～4℃暗处冷藏	实验室	30d	250	Ⅰ
Br^-	G. P.	0～4℃暗处冷藏	实验室	14h	250	Ⅰ
I^-	G. P.	加 NaOH 至 pH=12	实验室	14h	250	Ⅰ
SO_4^{2-}	G. P.	0～4℃暗处冷藏	实验室	30d	250	Ⅰ
PO_4^{3-}	G. P.	NaOH 或 H_2SO_4 调 pH=7,$CHCl_3$ 0.5%	实验室	7d	250	Ⅳ
总磷	G. P.	H_2SO_4 调至 pH≤2	实验室	24h	250	Ⅳ
氨氮	G. P.	H_2SO_4 调至 pH≤2	实验室	24h	250	Ⅰ
NO_2^--N	G. P.	0～4℃暗处冷藏	实验室	24h	250	Ⅰ
NO_3^--N	G. P.	0～4℃暗处冷藏	实验室	24h	250	Ⅰ
总氮	G. P.	H_2SO_4 调至 pH≤2	实验室	7d	250	Ⅰ
硫化物	G. P.	每升水样加 2mL 1mol/L 乙酸锌和适量 NaOH 溶液,使水样 pH 在 10～12 之间	实验室	24h	250	Ⅰ
总氰化物	G. P.	用 NaOH 调节至 pH>12	实验室	24h	250	Ⅰ
Mg	G. P.	1L 水样中加浓硝酸 10mL	实验室	14d	250	Ⅱ
Ca	G. P.	1L 水样中加浓硝酸 10mL	实验室	14d	250	Ⅱ
Mn	G. P.	1L 水样中加浓硝酸 10mL	实验室	14d	250	Ⅲ
六价铬	G. P.	用 NaOH 调节至 pH 为 8～9	实验室	14d	250	Ⅲ
Cu	P.	1L 水样中加浓硝酸 10mL[②]	实验室	14d	250	Ⅲ
Fe	G. P.	1L 水样中加浓硝酸 10mL	实验室	14d	250	Ⅲ
Zn	P.	1L 水样中加浓硝酸 10mL[②]	实验室	14d	250	Ⅲ
As	G. P.	用硫酸将样品酸化至 pH<2 保存	实验室	14d	250	Ⅰ
Se	G. P.	1L 水样中加浓盐酸 2mL	实验室	14d	250	Ⅲ
Cd	G. P.	1L 水样中加浓硝酸 10mL	实验室	14d	250	Ⅲ
Hg	G. P.	如水样为中性,1L 水样中加浓盐酸 10mL	实验室	14d	250	Ⅲ
Pb	G. P.	如水样为中性,1L 水样中加浓硝酸 10mL[②]	实验室	14d	250	Ⅲ
挥发酚	G.	加 H_3PO_4 酸化,并用 $CuSO_4$ 抑制生化,同时冷藏	实验室	24h	1000	Ⅰ
油类	G.	加入 HCl 至 pH≤2	实验室	7d	250	Ⅰ
农药类	G.	加入抗坏血酸 0.01～0.02g 除去残余氯	实验室	24h	1000	Ⅰ
阴离子表面活性剂	G. P.		实验室	24h	250	Ⅳ

① 为单项样品的最少采样量。
② 如用溶出伏安法测定,可改用 1L 水样中加 19mL 浓 $HClO_4$。
注:1. P. 为聚乙烯桶(瓶);G. 为硬质玻璃瓶。
2. Ⅰ、Ⅱ、Ⅲ、Ⅳ表示四种洗涤方法,具体如下。
Ⅰ:洗涤剂洗一次,自来水三次,蒸馏水一次。
Ⅱ:洗涤剂洗一次,自来水两次,(1+3)HNO_3 荡洗一次,自来水三次,蒸馏水一次。
Ⅲ:洗涤剂洗一次,自来水两次,(1+3)HNO_3 荡洗一次,自来水三次,去离子水一次。
Ⅳ:铬酸洗液洗一次,自来水洗三次,蒸馏水洗一次。
如果采集污水样品,可省去用蒸馏水清洗的步骤。

2.2.1.4　选择采样方法

根据现场实际情况,选择下面其中一种采样方法。

（1）船只采样

船只采样适用于对一般河流和水库采样。采样时，利用船只到指定地点，用采样器采集一定深度的水样。此法灵活，但采样地点不易固定，因此所得资料可比性较差。船只采样一定要注意采样人员的安全。

（2）桥梁采样

确定采样断面应考虑交通方便，并应尽可能利用现有的桥梁采样。在桥上采样安全、可靠、方便、不受天气和洪水的影响，适用于频繁采样，并能横向、纵向准确控制采样点位置。

（3）涉水采样

涉水采样适用于较浅的小河和靠近岸边水浅的采样点。采样时，避免搅动沉积物，采样者应站在下游，向上游方向采集水样。

（4）索道采样

索道采样适用于对地形复杂、险要处的小河流采样，可架索道用采样器采集一定量的水样。

2.2.1.5　选择采集类型

根据水样情况和监测目的选择合适的水样采集类型。

（1）瞬时水样

瞬时水样是指在某一时间和地点从水体中随机采集的分散水样。当水体水质稳定，或其组分在相当长的时间或相当大的空间范围内变化不大时，瞬时水样具有很好的代表性；当水体组分及含量随时间和空间变化时，就应隔时、多点采集瞬时水样，分别进行分析，摸清水质变化规律。

（2）混合水样

混合水样是指将同一采样点于不同时间所采集的瞬时水样混合后得到的水样，有时也称为"时间混合样"，以区别于其他混合水样。这种水样在观察平均浓度时非常有用，但不适用于被测组分在储存过程中发生明显变化的水样，如挥发酚、油类、硫化物等。

（3）综合水样

把不同采样点同时采集的各个瞬时水样混合后所得到的水样，称**综合水样**。这种水样在某些情况下更具有实际意义。例如，当为几条污水河、渠建立综合处理厂时，以综合水样取得的水质参数作为设计依据更为合理。

2.2.1.6　交通工具准备

最好有专用的监测船或采样船。如果没有，则根据水体和气候选用适当吨位的船只，根据交通条件选用陆上交通工具。

2.2.1.7　采样量确定

采样量和监测项目所用分析方法与水样中所含污染物浓度有关。表 2-6 列出了部分常见监测项目盛样容器材质、样品保存方法及正常浓度水样的最低采样量（不包括平行样和质控样）和容器洗涤方法。

2.2.1.8　采样的质量保证

① 采样人员须通过岗前培训，切实掌握采样技术，熟知水样的固定、保存、运输条件。

② 采样断面应有明显的标志物，采样人员不得擅自改动采样位置。

③ 水环境采样顺序是先水质后底质，采集多层次的深水水域样品时，按从浅到深的顺序采集。

④ 采样时应避免剧烈搅动水体，任何时候都要避免搅动底质。如发现水体因受底质影响浑浊时，应停止采样，待影响消除后再采集。当水体中漂浮有杂质时，应防止漂浮杂质进入采样器，否则应重新采样。用采水塑料桶或样品瓶人工直接采集水体表层水样时，采样容器的口部应该面对水流流向。

⑤ 采水器不能一次完成采样时，可以多次采集，将各次采得的水样集中装在洗涤干净的大容器中（容积大于5L的玻璃瓶或聚乙烯桶），样品分装前应充分摇匀。

注意测定 DO、BOD_5、油类、细菌学指标、硫化物、悬浮物、余氯等项目要单独采样，并且采集油类水样的采样瓶（容器）不能用采集的水样冲洗。

⑥ 在样品分装和添加保存剂时，应防止操作现场环境可能对样品的污染，尤其测定微量物质的样品更应格外小心。要预防样品瓶塞（或盖）沾污。

⑦ 测定 DO、BOD_5、pH 值等项目的水样，采样时必需充满，避免残留空气对测定项目的干扰。测定其他项目的样品瓶，在装取水样（或采样）后至少留出占容器体积10％的空间，一般可装到瓶肩处，以满足分析前样品的充分摇匀。

⑧ 从采样器向样品瓶注入水样时，应沿瓶内壁注入，除特殊要求外，放水管不要插入液面下装样。

⑨ 除现场测定项目外，样品采集后应立即按保存方法采取措施，加保存剂的操作应在采样现场进行。加保存剂时，除碘量法测定溶解氧的样品要求移液管插入液面下加入保存剂外，一般项目加保存剂时，移液管嘴应靠瓶口内壁，使保存剂沿壁加到样品中，防止溅出。加入保存剂的样品，应颠倒摇动数次，使保存剂在水样中均匀分散。

⑩ 河流、湖泊、水库和河口、港湾水域可使用船舶进行采样监测，最好用专用的监测船或采样船。如无专用船只，可根据监测点位所在水域的状况、气象条件、安全和采样要求，选用适当吨位的船只作为采样船。采样船只从到达采样点位开始直至采样结束，禁止排放任何污染物。采样时，船首应该逆向水流流向，保持顶流状态。水质样品的采集一般在船只的前半部分作业。测定油类的水样，必须在船首附近面对水流流向的位置操作，要避开船体及船上油性污染物污染的局部水域。

⑪ 提前准备好采样记录本和水样标签，采样后及时填好采样记录，每个样品瓶贴一标签，标明点位编号、采样日期、测定项目及保存方法等。

⑫ 采样结束前应核对采样计划、记录与水样，如有错误或遗漏，应立即补采或重采。

⑬ 每批水样应选择部分项目加采密码质控样和现场空白样，与样品一起送实验室分析。

a. 密码质控样　在同一采样点上采样时，同时采集双份平行样，按密码方式交付实验室进行分析。这是最简单的采样质控方法，相当于现场平行样，用于判断采样和分析过程中的精密性，采集时应注意控制采样操作条件一致。

b. 现场空白样　即在采样现场，用纯水按样品采集步骤装瓶，与水样同样处理，以掌握采样过程中环境与操作条件对监测结果的影响。

⑭ 每次分析结束后，除必要的留存样品外，样品瓶应及时清洗。水环境例行监测的水

样容器和污染源监测的水样容器应分架存放，不得混用。各类采样容器应按测定项目与采样点位，分类编号，固定专用。

2.2.1.9　所需试剂准备

一些监测指标需要在现场采样后加入化学试剂进行保存。比如溶解氧指标，在现场采样后需要加入 1mL 硫酸锰和 2mL 碱性 KI 溶液现场固定保存；对于总氰化物指标，需要在现场采样后加入 NaOH 调节水样至 pH＞12 保存；对于硫化物指标，每升水样需加入 2mL 1mol/L 乙酸锌和适量 NaOH 溶液，使水样 pH 为 10～12 之间。所以采样前需清楚每个监测指标的保存方法，提前准备好样品保存所需试剂及所用量器。

2.2.2　水体流量测量

要全面了解水环境状况，除需要水质监测数据外，还需要测量水体水位、流速、流量等参数。

对于较大的河流，水文部门一般设有水文监测断面，应尽量利用其所测参数，或采用流速仪测定流速，根据河流断面面积进一步计算流量；对于较小河流，一般采用浮标法，下面予以介绍。

浮标法是一种粗略测量流速的简易方法。测量时，选择一平直河段，测量该河段 2m 间距内水流横断面的面积，求出平均横断面面积；在上游投入浮标，测量浮标流经确定河段 (L) 所需时间，重复测量几次，求出所需时间的平均值 (t)，即可计算出流速 (L/t)，再按下式计算流量：

$$Q=\overline{v}\,\overline{S} \tag{2-1}$$

式中　Q——水流量，m^3/s；

　　　$\overline{v}$——水流平均速度，m/s，一般取 0.7L/t；

　　　$\overline{S}$——水流平均横断面面积，m^2。

2.2.3　采样记录和水样标签

水样采集后，根据不同的监测要求将样品分装成数份注入样品瓶，并分别加入保存剂。要注意及时填写采样现场记录和水样标签，并及时将标签牢固地贴于盛装水样的容器外壁上。书写时用不溶性墨水，字迹要工整，忌涂改。现场测试项目的样品应记下平行样份数和体积，同时记录现场空白样和现场加标样的处置情况。这是一项非常重要的工作，不可忽视。

水样标签可以根据实际情况设计，一般包括采样点编号和位置、采样时间、采样人员等。

样品运到监测室后，应填写水样登记表和送检表。收样人应仔细核对，与采样人、送样人各执一份。水样登记参考格式见表 2-7。

表 2-7　水样登记表

样品编号	采样河流(湖、库)	采样断面及采样点	采样时间(月、日)	添加剂种类及数量	分析项目	备注

采样人员：＿＿＿＿＿　　　　送样人员：＿＿＿＿＿　　　　　　接样人员：＿＿＿＿＿

2.2.4 水样运输与保存

2.2.4.1 水样运输

采集的水样，除一部分监测项目在现场测定外，大部分水样要运回实验室进行分析测试。在水样运输过程中，为保持水样的完整性，使之不受污染、损坏和丢失，运输过程中要注意以下几点。

① 用塞子塞紧采样容器。塑料容器要塞紧内塞，旋紧外盖。有时用封口胶、石蜡封口（测油类水样除外）。

② 为防止样品在运输过程中因震动、碰撞而导致损失或沾污，要将采样容器装箱，用泡沫塑料、纸条或瓦楞纸板作衬里或隔板，样品按顺序装入箱内。

③ 需冷藏的样品，应配备专门的隔热容器，放入制冷剂，将样品瓶置于其中保存。冬季应采取保温措施，以免冻裂样品瓶。

④ 根据采样记录和样品登记表，运送人员和接收人员必须清点、检查样品，并在登记表上签字，写明时间。送样单和采样记录应由双方各保存一份待查。

⑤ 水样运输允许的最长时间为24h。

2.2.4.2 水样保存

（1）保存原因

各种水质的水样，从采集到运回实验室分析测定这段时间内，由于环境条件的改变、微生物的新陈代谢活动和物理及化学因素的影响，会引起水样某些物理参数及化学组分的变化。为尽可能降低水样变化，必须在采样时针对水样的不同情况和待测物的特性采取合适的保存方法，并力求缩短运输及保存时间，尽快分析测定。

（2）保存方法

针对上述水样发生变化的原因，保存水样常采取以下方法。

① 冷藏或冷冻法 水样于低温保存可抑制微生物活动、减缓物理挥发和降低化学反应速率。冷藏温度一般为2～5℃。冷藏不能长期保存水样，作为短期内保存样品，是一种较好的方法。因不添加化学试剂，所以对以后测定无影响。冷冻法应用较少。

② 加入化学保护剂（化学方法） 为防止样品中某些被测组分在保存、运输中发生分解、挥发、氧化还原等变化，常加入化学保护剂（分为以下三类）。

a. 加入生物抑制剂。为了抑制生物活动，可向样品中加入 $HgCl_2$、$CuSO_4$ 等生物抑制剂。具体添加何种试剂应视具体监测指标而定。如在测氨氮、硝酸盐氮的水样中，加入 $HgCl_2$；在测定挥发酚的水样中加入适量硫酸铜等。

b. 加入酸或碱调节水样 pH 值。加入酸或碱改变水样的 pH 值，使待测组分处于稳定状态。例如测重金属时加 HNO_3 至 pH 值为 1～2，既可防止水解沉淀，又可避免被器壁吸附；测定氰化物时则加氢氧化钠调节 pH 值大于 12。

c. 加入氧化剂或还原剂。如测定汞的水样需加入硝酸-重铬酸钾溶液，可使汞维持在高价态，汞的稳定性大为改善。

【注意】 加入的保存剂不能干扰以后的测定，保存剂最好是优级纯的，加入方法要正确，避免沾污，同时要做空白实验，并对测定结果进行校正。

水样的保存技术比较复杂，部分监测项目常用的保存方法列于表2-6。

2.2.5　水样预处理

2.2.5.1　预处理原因

水样预处理是环境监测中一项重要的常规工作。预处理原因有三个：一是水样组成比较复杂，共存组分对测定会产生干扰；二是多数待测组分含量偏高或偏低；三是待测组分存在形态各异，不符合分析方法要求的形态，所以在分析测定之前需要对水样进行适当的预处理，以得到适合于待测组分测定方法要求的浓度、形态和消除共存干扰组分的试样体系。

2.2.5.2　预处理措施

常用水样预处理方法有消解、挥发分离、蒸馏、溶液萃取、共沉淀、过滤等，结合水样具体情况选择使用。重点介绍前四种。

（1）消解法

当测定含有机物水样中的无机元素时，需进行消解处理，金属化合物的测定多采用此方法进行预处理。处理的目的是排除有机物和悬浮物的干扰，将各种价态的欲测元素氧化成单一高价态或转变成易于分离的无机化合物，同时消解还达到浓缩水样的目的。消解后的水样应清澈、透明、无沉淀。

消解水样的方法有湿式消解法和干式消解法。

① 湿式消解法　采用硝酸、硫酸、高氯酸等作消解试剂以分解复杂的有机物。在进行消解时，应根据水样类型及采用的测定方法选择消解试剂。

具体消解方法列举如下。

a. 硝酸消解法。该法适用于较清洁的水样。其操作方法为：取适量水样（50～200mL）于烧杯中，加入 5～10mL 浓 HNO_3，加热煮沸，蒸发至试液清澈透明，呈浅色或无色，否则应补加 HNO_3 继续消解；当液体蒸发至近干时，取下烧杯，稍冷后加 2% HNO_3 20mL 溶解可溶盐；若有沉淀应过滤，滤液冷至室温后于 50mL 容量瓶中定容，备用。

b. 硝酸-高氯酸消解法。该法适用于含有机物、悬浮物较多的水样。操作方法是：取适量水样于烧杯或锥形瓶中，加入 5～10mL HNO_3，加热消解至大部分有机物被分解；取下烧杯稍冷，加 2～5mL 高氯酸，继续加热至开始冒白烟，若试液仍呈深色，再补加 HNO_3，继续加热至冒白烟并逐渐消失时，取下烧杯冷却；用 2% HNO_3 溶解，如有沉淀应过滤；滤液冷却至室温后定容，备用。

消解操作注意事项：

a. 选用的消解试剂能有效分解试样，并且不使待测组分损失，也不引入待测组分或任何其他干扰物质。

b. 消解过程应平稳，升温不宜过猛，以免反应过于激烈造成样品损失或人身伤害。

c. 使用高氯酸消解时，不得直接向含有有机物的热溶液中加入高氯酸。

d. 消解操作必须在通风橱内进行。

② 干式消解法　干式消解法又称干法灰化或高温分解法，多用于固态样品，如沉积物、底泥等。对含有大量有机物的水样，也可采用灰化法。其处理过程是：取适量水样于白瓷或石英蒸发皿中，置于水浴上蒸干，移入马弗炉内，于 450～550℃ 灼烧到残渣呈灰白色，使

有机物完全分解除去，取出蒸发皿，冷却，用适量2‰HNO₃（或HCl）溶解样品灰分，过滤，滤液定容后供测定。

本方法不适用于处理测定易挥发组分（如砷、汞、镉、硒、锡等）的水样。

（2）挥发分离法

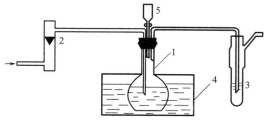

图2-3　测定硫化物的吹气分离装置
1—500mL平底烧瓶（内装水样）；2—流量计；
3—吸收管；4—恒温水浴；5—分液漏斗

挥发分离法是利用某些污染组分挥发度大，或者将待测组分转变成易挥发物质，然后用惰性气体带出而达到分离的目的。例如，用冷原子荧光法测定水样中的汞时，先将汞离子用氯化亚锡还原为原子态汞，再利用汞易挥发的性质通入惰性气体将其带出并送入仪器测定；用分光光度法测定水中硫化物时，先使之在磷酸介质中生成硫化氢，再用惰性气体（多为N₂）载入乙酸锌-乙酸钠吸收液吸收，从而达到与母液分离的目的，分离装置见图2-3。

（3）蒸馏法

蒸馏法是利用水样中各组分具有不同的沸点而使其彼此分离的方法。测定水样中的挥发酚、氰化物、氟化物、氨氮时，均需在酸性介质中进行预蒸馏分离。蒸馏具有消解、富集和分离三种作用。蒸馏装置分别如图2-4、图2-5所示。

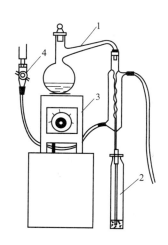

图2-4　挥发酚、氰化物的蒸馏装置
1—500mL全玻璃蒸馏装置；2—接收瓶；
3—电炉；4—水龙头

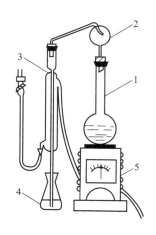

图2-5　氨氮蒸馏装置
1—凯氏烧瓶；2—定氮球；3—直形冷凝管及导管；
4—收集瓶；5—电炉

（4）溶液萃取法

此法常用于水中有机化合物的预处理。溶液萃取法是基于物质在不同的溶剂相中分配系数不同而达到组分的分离与富集的目的。根据相似相溶原理，用一种与水不相溶的有机溶剂与水样一起混合振荡，然后放置分层，此时有一种或几种组分进入到有机溶剂中，另一些组分仍留在试液中，从而达到分离、富集的目的。

萃取有以下两种类型：有机物萃取和无机物萃取。

① 有机物萃取　分散在水相中的有机物更容易溶解在有机溶剂中而被有机溶剂萃取，

利用此原理可以富集分散在水样中的有机污染物质。例如，用 4-氨基安替比林分光光度法测水中的挥发酚，当酚含量低于 0.05mg/L 时，水样经蒸馏分离后需再用三氯甲烷进行萃取浓缩；测定水中的油类和用气相色谱法测定有机农药（如六六六、DDT）时，也需先用石油醚萃取。

②无机物萃取　由于有机溶剂只能萃取水相中以非离子状态存在的物质（主要是有机物质），而多数无机物质在水相中以水合离子状态存在，故无法用有机溶剂直接萃取。为实现用有机溶剂萃取，需先加入一种试剂，使其与水相中的离子态组分相结合，生成一种不带电、易溶于有机溶剂的物质，即将其由亲水性变成疏水性。该试剂与有机相、水相共同构成萃取体系。根据生成可萃取物类型的不同，可分为螯合物萃取体系、离子缔合物萃取体系、三元络合物萃取体系和协同萃取体系等。在水质监测中，螯合物萃取体系应用较多。螯合物萃取体系是指在水相中加入螯合剂，与被测金属离子生成易溶于有机溶剂的中性螯合物，从而被有机相萃取出来。例如，用分光光度法测 Hg^{2+}、Pb^{2+} 等时加双硫腙后，用 $CHCl_3$ 或 CCl_4 萃取，构成双硫腙-三氯甲烷-水萃取体系。

思考与练习 2.2

1. 选择题

(1) 除现场测定项目外，样品采集后应立即按保存方法采取措施，加保存剂的操作应在（　　）进行。

A. 实验室　　　　　　B. 实验过程中　　　　C. 采样现场　　　　D. 以上均可

(2) 测定水样中的金属化合物时，水样预处理常采用的方法为（　　）。

A. 蒸馏　　　　　　　B. 挥发　　　　　　　C. 消解　　　　　　D. 溶液萃取

(3) 水体污染类型包括（　　）。

A. 物理型　　　　　　B. 化学型　　　　　　C. 生物型　　　　　D. 生态型

(4) 地表水环境质量标准，按地表水水域使用功能的高低将其分为（　　）。

A. 三类　　　　　　　B. 四类　　　　　　　C. 五类　　　　　　D. 六类

2. 填空题

(1) 防止水样变质的措施包括：①_____；②选择合适保存方法。

(2) 水样预处理常采取的措施有_____、_____、_____、_____等。

(3) 河流采样常用的采样器有_____、_____等。

(4) 对于流经城市或工业区的河段，一般设置三类断面，即_____、_____和消减断面。

(5) 地表水采样时间和频率的确定原则是力求以最低的采样频率取得最有_____的样品。地表水现场采样的质量控制措施有_____、_____。

(6) 测定 DO、BOD_5、pH 值等项目的水样，采样时应_____，避免残留空气对测定项目干扰。

3. 简答题

(1) 为什么要强调水质采样质量保证？地表水采样应注意哪些问题？

(2) 水样在分析测定前为何要进行预处理？常用的预处理方法有哪些？

(3) 简述水样采集前需做的准备工作。

任务 2.3　指标测定

2.3.1　水温

2.3.1.1　概述

水的物理化学性质与水温有密切关系。水中溶解性气体（如氧、二氧化碳等）的溶解度，水中生物和微生物活动，非离子氨、盐度、pH 值以及碳酸饱和度等都受水温变化的影响。

温度为现场监测项目之一，常用的方法有水温计法、深水温度计法、颠倒温度计法和热敏温度计法。水温计法用于地表水、污水等浅层水温的测量，颠倒温度计用于湖库等深层水温的测量。

2.3.1.2　水温计法

（1）仪器

水温计的水银温度计安装在金属半圆槽壳内，开有读数窗孔，下端连接一个金属储水杯，温度计水银球部悬于杯中，其顶端的槽壳带一圆环，拴一定长度的绳子。测温范围通常为 $-6\sim41℃$，分度值为 $0.2℃$。

（2）测量步骤

将水温计插入一定深度的水中，放置 5min 后，迅速提出水面并读取温度值。当气温与水温相差较大时，尤其注意应立即读数，避免受气温影响。必要时，重复插入水中，再一次读数。

2.3.1.3　颠倒温度计法

（1）仪器

颠倒温度计由主温表和辅温表构成。主温表是双端式水银温度计，用于观测水温；辅温表为普通水银温度计，用于观测读取水温时的气温，以校正因环境温度改变而引起的主温表读数的变化。测量范围：主温表 $-2\sim32℃$，分度值为 $0.1℃$；辅温表 $-20\sim50℃$，分度值为 $0.5℃$。

（2）测量步骤

颠倒温度计随颠倒采水器沉入一定深度的水层，放置 10min 后，使采水器完成颠倒动作后，提出水面立即读数（辅温读至一位小数，主温读至两位小数）。

根据主、辅温度的度数，分别查主、辅温度表的器差表（依温度表检定证中的检定值线性内插做成）得相应的校正值。

当水温测量不需要十分精确时，则主温表的订正值可作为水温的测量值。

如需精确测量，则应进行颠倒温度表的校正。

闭端颠倒温度表的校正值 K 的计算公式为：

$$K = \frac{(T-t)(T+V_0)}{n}\left(1+\frac{T+V_0}{n}\right) \tag{2-2}$$

式中　T——主温表经器差表订正后的读数；

t——辅温表经器差表订正后的读数；

V_0——主温表自接受泡至刻度 0℃ 处的水银容积，以温度度数表示；

$1/n$——水银与温度表玻璃的相对体膨胀系数。

由主温表的读数加 K 值，即为实际水温。

2.3.1.4 思考题

① 地表水水温常用的测定方法有哪些？各适用于何种情况？

② 水温计法和颠倒温度计法测量水温的适用范围分别是多少？

2.3.2 电导率

扫描二维码可查看详细内容。

电导率测定

2.3.3 浊度

扫描二维码可查看详细内容。

浊度测定

2.3.4 pH 值

2.3.4.1 概述

（1）危害及污染来源

pH 值指水中氢离子活度的负对数，即 $pH = -\lg\alpha_{H^+}$，是最常测的水质指标之一。天然水的 pH 值多为 6～9；饮用水 pH 值要求为 6.5～8.5；工业用水的 pH 值必须保持为 7.0～8.5，以防金属设备和管道被腐蚀。此外，pH 值在污水生化处理、评价有毒物质的毒性等方面也具有指导意义。

水体受酸碱污染后，pH 值会发生变化。当水体 pH<6.5 或 pH>8.5 时，水中微生物生长受到抑制，水体自净能力受到阻碍。酸对鱼鳃有不易恢复的腐蚀作用，碱会引起鳃分泌物凝结，使鱼呼吸困难，长期受到酸碱污染将导致生态系统破坏。

pH 值和酸度碱度既有联系又有区别。pH 值表示水的酸碱性强弱，而酸度或碱度是水中所含酸性或碱性物质的含量。

水体的酸污染主要来自冶金、电镀、轧钢、金属加工等工业的酸洗工序和人造纤维、酸洗造纸、酸性矿山排出的废水；碱污染主要来源于碱法造纸、化学纤维、制革、制碱、炼油等工业废水。

由于 pH 值受水温影响而发生变化，所以测定时应在规定温度下进行或校正温度。

（2）方法选择

测定 pH 值的方法有电极法（HJ 1147）、便携式 pH 计法（B）和比色法，其中最常使用的电极法为国家标准方法，该方法适用于饮用水、地表水及工业废水等所有水样 pH 值的准确测定。

电极法快速准确，基本不受水体色度、浊度、胶体物质、氧化剂和还原剂以及高含盐量的干扰，但 pH 值大于 10 时，会使读数偏低，称为"钠差"。便携式 pH 计法简单方便，适于现场测定，其原理和测定注意事项同电极法。比色法在新的监测方法中已不再推荐。

下面重点介绍电极法。

2.3.4.2 方法原理

pH 值由测量电池的电动势而得。该电池由参比电极和氢离子指示电极组成，溶液每变化 1 个 pH 单位，在同一温度下电位差的改变是常数，据此在仪器上直接以 pH 的读数表示。

pH 计设有温度补偿装置，用以校正温度对电极的影响，较精密的仪器 pH 值可准确到 0.01。为了提高测定的准确度，校准仪器时选用的标准缓冲溶液的 pH 值应与水样 pH 值接近。

2.3.4.3 仪器和试剂

（1）仪器及用品

① 采样瓶：聚乙烯瓶
② 酸度计：精度为 0.01 个 pH 单位，有温度补偿功能，pH 值测定范围为 0～14。
③ 电极：分体式 pH 电极或复合 pH 电极。
④ 温度计：0～100℃。
⑤ 烧杯：聚乙烯或硬质玻璃材质。
⑥ 一般实验室常用仪器设备。

（2）试剂

所用试剂为校准 pH 计的标准缓冲溶液，购买袋装的 pH 标准缓冲试剂或自行配制。

常用标准缓冲溶液配制见表 2-8，按规定质量称取试剂，溶于 25℃ 水中，在容量瓶内定容至 1000mL。水的电导率应低于 2μS/cm，临用前煮沸数分钟，赶除二氧化碳，冷却。取 50mL 冷却的水，加一滴饱和氯化钾溶液，测量 pH 值，如 pH 值在 6～7 之间，即可用于配制各种标准缓冲溶液。

表 2-8 常用 pH 标准缓冲溶液配制

标准物质	pH(25℃)	每 1000mL 水溶液中所含试剂的质量(25℃)
邻苯二甲酸氢钾	4.008	10.12g $KHC_8H_4O_4$
磷酸二氢钾＋磷酸氢二钠	6.865	3.388g KH_2PO_4[①]＋3.533g Na_2HPO_4[①②]
四硼酸钠	9.180	3.80g $Na_2B_4O_7 \cdot 10H_2O$[②]

①在 110～120℃烘干 2h，置于干燥器中保存；②用新煮沸过并冷却的无二氧化碳水。

注：1. pH 标准缓冲溶液的 pH 值随温度不同而不同；

2. 上述 pH 标准缓冲溶液于 4℃ 以下冷藏可保存 2～3 个月，如发现有混浊、发霉或沉淀等现象时，不能继续使用。

2.3.4.4 样品保存

按相关规范在采样点采集样品，现场测定；或采集样品于聚乙烯采样瓶中，样品充满容器立即密封，2h 内完成测定。

2.3.4.5 分析步骤

（1）测定前准备

按照使用说明书对电极进行活化和维护，确认仪器正常工作。现场测定应了解现场环境条件以及样品的来源和性质，初步判断是否存在强酸碱、高电解质、低电解质、高氟化物等干扰，并进行相应的准备。

（2）仪器校准

① 校准溶液　使用 pH 广泛试纸粗测样品的 pH 值，根据样品的 pH 值大小选择两种合适的校准用标准缓冲溶液。两种标准缓冲溶液 pH 值相差约 3 个 pH 单位。样品 pH 值尽量在两种标准缓冲溶液 pH 值范围之间，若超出范围，样品 pH 值至少与其中一个标准缓冲溶液 pH 值之差不超过 2 个 pH 单位。

② 温度补偿　对于手动温度补偿的仪器，将标准缓冲溶液的温度调节至与样品的实际温度相一致，用温度计测量并记录温度。校准时，将酸度计的温度补偿旋钮调至该温度上。带有自动温度补偿功能的仪器，无须将标准缓冲溶液与样品保持同一温度，按照仪器说明书进行操作。

【注意】　现场测定时必须使用带有自动温度补偿功能的仪器。

③ 校准方法　采用两点校准法，按照仪器说明书选择校准模式，先用中性标准缓冲溶液，再用酸性或碱性标准缓冲溶液校准。不同温度下各种标准缓冲溶液的 pH 值有不同。

a. 将电极浸入第一个标准缓冲溶液，缓慢水平搅动，避免产生气泡，待读数稳定后，调节仪器示值与标准缓冲溶液的 pH 值一致。

b. 取出电极，用蒸馏水冲洗电极并用滤纸边缘吸去电极表面水分，将电极浸入第二个标准缓冲溶液中，缓慢水平搅拌，避免产生气泡，待读数稳定后，调节仪器示值与标准缓冲溶液的 pH 值一致。

c. 重复以上 a. 操作，待读数稳定后，仪器的示值与标准缓冲溶液的 pH 值之差应不大于 0.05 个 pH 单位，否则重复步骤 a. 和 b.，直至合格。

【注意】　亦可采用多点校准法，按照仪器说明书操作，在测定实际样品时，需采用 pH 值相近（不得大于 3 个 pH 单位）的有证标准样品或标准物质核查。

【注意】　酸度计 1min 内读数变化小于 0.05 个 pH 单位即可视为读数稳定。

（3）样品测定

用蒸馏水冲洗电极并用滤纸边缘吸去电极表面水分，现场测定时根据使用的仪器取适量样品或直接测定；实验室测定时将样品沿杯壁倒入烧杯中，立即电极浸入样品中，缓慢水平搅拌，避免产生气泡。待读数稳定后记下 pH 值。具有自动读数功能的仪器可直接读取数据。每个样品测定后用蒸馏水冲洗电极。

2.3.4.6　结果表示

测定结果保留小数点后 1 位，并注明样品测定时的温度。当测量结果超出测量范围（0～14）时，以"强酸，超出测量范围"或"强碱，超出测量范围"报出。

2.3.4.7　质量保证和质量控制

① 每批样品测定前应对仪器进行校准，当样品 pH 值变化较大或监测场地变化时均应重新校准。

② 每连续测定 20 个样品或每批次（不大于 20 个样品/批），应分析 1 个有证标准样品或标准物质，测定结果应在保证值范围内，否则应重新校准并重新测定该批次样品。

③ 每 20 个样品或每批次（不大于 20 个样品/批）应分析 1 个平行样。当 pH 值在 6～9

之间时，允许差为±0.1 个 pH 单位；当 pH≤6 或 pH≥9 时，允许差为±0.2 个 pH 单位。测定结果取第一次测定值。

2.3.4.8　注意事项

① 测定前先检查电极前端的球泡，应该透明无裂纹无气泡存在，球泡内要充满溶液。
② 注意电极的出厂日期及使用期限，存放或使用时间过长，电极性能将变差。
③ 测定前不宜提前打开水样瓶塞，以防空气中的 CO_2 溶入或样品中的 CO_2 逸失。
④ 测定时，电极应全部浸入待测样品中。
⑤ 如发现电极头保护帽中溶液已干涸，需将电极头浸于补充液（3mol/L 氯化钾溶液）中 6h 后再使用，以恢复其活性；如发现玻璃电极中电解液有一定减少，应及时补充。
⑥ 电极受污染时，可用低于 1mol/L 稀盐酸溶液溶解无机盐垢，用稀洗涤剂除去有机油脂类物质等。
⑦ 校准仪器前应观察 pH 标液的有效性，如有浑浊、沉淀则不能继续使用。

2.3.4.9　思考题

① 水样 pH 值准确测定常用的标准方法是什么？粗略快速测定的方法是什么？
② 测定水样 pH 值时如何校准仪器？
③ 简述电极法测定 pH 值的原理和测定注意事项。

2.3.5　溶解氧

2.3.5.1　概述

（1）背景知识

溶解氧是指溶解在水中的分子态氧，通常记作 DO（dissolved oxygen）。

天然水的溶解氧含量取决于水体与大气中氧的平衡。溶解氧的饱和含量与空气中氧的分压、大气压、水温和水质有密切关系。清洁地表水中，溶解氧一般接近于饱和。由于藻类的生长，有时溶解氧可能过饱和。水体受有机物质、无机还原性物质污染时，溶解氧含量降低，甚至趋近于零，此时厌氧微生物繁殖活跃，水质恶化。水中溶解氧低于 3～4mg/L 时，鱼类呼吸困难；溶解氧继续减少，鱼类则会窒息死亡。一般规定水体中的溶解氧在 4mg/L 以上。在污废水的生化处理过程中，溶解氧也是一项重要的控制指标。

（2）方法选择

测定水中溶解氧的方法有碘量法（GB/T 7489—87）、修正的碘量法、电化学探头法（HJ 506—2009）等。清洁水可直接用碘量法测定。受污染的地表水和工业废水必须用修正的碘量法或电化学探头法（又称膜电极法）测定。

下面重点介绍碘量法（GB/T 7489—87）。

2.3.5.2　碘量法测定原理

在水样中加入硫酸锰溶液和碱性碘化钾溶液，生成氢氧化锰白色沉淀，随后水中溶解氧将二价锰氧化成四价锰，生成氢氧化物棕色沉淀。加酸后沉淀溶解，四价锰氧化碘离子而释放出与溶解氧量相当的游离碘。以淀粉为指示剂，用硫代硫酸钠标准溶液滴定释出的碘，可计算出溶解氧的含量。反应式如下：

$$MnSO_4 + 2NaOH \xlongequal{\quad} Mn(OH)_2 \downarrow (白色) + Na_2SO_4$$
$$2Mn(OH)_2 + O_2 \xlongequal{\quad} 2MnO(OH)_2 \downarrow (棕色)$$
$$MnO(OH)_2 \downarrow + 2H_2SO_4 \xlongequal{\quad} Mn(SO_4)_2 + 3H_2O (沉淀溶解)$$
$$Mn(SO_4)_2 + 2KI \xlongequal{\quad} MnSO_4 + K_2SO_4 + I_2 (红棕色溶液)$$
$$2Na_2S_2O_3 + I_2 \xlongequal{\quad} 2NaI + Na_2S_4O_6$$

2.3.5.3　主要仪器

① 250～300mL 溶解氧瓶、酸式滴定管、碘量瓶、移液管等常用玻璃仪器。

② 烘箱、干燥器、电子天平、托盘天平等。

2.3.5.4　试剂

除另有说明，本实验药品均采用分析纯试剂，用水采用重蒸馏水。

① 硫酸锰溶液　称取 480g 硫酸锰（$MnSO_4 \cdot 4H_2O$ 或 364g $MnSO_4 \cdot H_2O$）溶于水，用水稀释至 1000mL。此溶液加入酸化过的碘化钾溶液中，遇淀粉不得产生蓝色。

② 碱性碘化钾溶液　称取 500g 氢氧化钠溶解于 300～400mL 水中，另称取 150g 碘化钾（或 135g NaI）溶于 200mL 水中，待氢氧化钠溶液冷却后，将两溶液合并、混匀，用水稀释至 1000mL。如有沉淀则放置过夜，倾出上清液，贮于棕色瓶中。用橡胶塞塞紧，避光保存。此溶液酸化后，遇淀粉应不呈蓝色。

③ （1+5）硫酸溶液　将 1 份体积浓硫酸在搅拌下缓慢加入到 5 份体积水中。

④ 1%淀粉溶液　称取 1g 可溶性淀粉，用少量水调成糊状，再用刚煮沸的蒸馏水稀释至 100mL，临用现配。或冷却后加入 0.1g 水杨酸或 0.4g 氯化锌防腐。

⑤ 浓硫酸　$\rho = 1.84 g/mL$（使用时注意勿溅在皮肤或衣服上）。

⑥ 硫代硫酸钠溶液　称取 6.2g 硫代硫酸钠（$Na_2S_2O_3 \cdot 5H_2O$）溶于煮沸放冷的水中，加入 0.2g 碳酸钠，用水稀释至 1000mL，贮于棕色瓶中，使用前用 0.0250mol/L 重铬酸钾标准溶液标定。

2.3.5.5　碘量法测定步骤

（1）标定硫代硫酸钠溶液浓度

① 配制重铬酸钾标准溶液［$c(1/6K_2Cr_2O_7) = 0.0250mol/L$］　称取于 105～110℃烘干 2h 并冷却的优级纯重铬酸钾 1.2258g，溶于水，移入 1000mL 容量瓶中，用水稀释至标线，摇匀（如实际称量质量与要求质量稍有差值，应计算重铬酸钾标准溶液的准确浓度）。

② 标定硫代硫酸钠溶液浓度　标定方法如下：于 250mL 碘量瓶中，加入 100mL 水和 1g 碘化钾，加入 10.00mL 0.0250mol/L 重铬酸钾标准溶液和 5mL（1+5）硫酸溶液，密塞，摇匀。于暗处静置 5min 后，用待标定的硫代硫酸钠溶液滴定至溶液呈淡黄色时，加入 1mL 淀粉溶液，继续滴定至蓝色刚好褪去为止，记录硫代硫酸钠溶液用量。

同时做空白试验，即：以 10.00mL 蒸馏水代替 0.0250mol/L 重铬酸钾标准溶液，其他操作过程相同，于暗处静置 5min 后，即加入 1mL 淀粉溶液，混匀，如溶液呈淡蓝色，则用硫代硫酸钠溶液滴定至呈无色，记录消耗体积 V_0；如溶液无蓝色出现，则不用滴定，V_0 记为 0.00。

浓度计算公式如下：

$$c = \frac{10.00 \times 0.0250}{V - V_0} \tag{2-3}$$

式中　c——硫代硫酸钠溶液的浓度，mol/L；

　　　V——滴定时消耗硫代硫酸钠溶液的体积，mL；

　　　V_0——空白滴定消耗硫代硫酸钠溶液的体积，mL。

（2）水样采集

用水样冲洗溶解氧瓶后，沿瓶壁直接倾注水样或用虹吸法将细管插入溶解氧瓶底部，注入水样至溢流出瓶容积的 1/3～1/2。采样时，要注意不使水样曝气或有气泡残存在采样瓶中。

水样采样后，为防止溶解氧变化，应立即加固定剂于水样中并存于冷暗处，同时记录水温和大气压力。

（3）溶解氧固定

用吸管插入溶解氧瓶液面下 0.5～1cm 处的方式，分别加入 1mL 硫酸锰溶液和 2mL 碱性碘化钾溶液，盖好瓶塞，颠倒混合数次，静置。待棕色沉淀物降至瓶内一半时，再颠倒混合一次，直至沉淀物下降到瓶底。一般在取样现场固定。

（4）酸化析出碘

样品运回实验室后，待沉淀物沉降于瓶底，轻轻打开瓶塞，立即用移液管插入液面下加入 2.0mL 浓硫酸。小心盖好瓶塞，颠倒混合摇匀至沉淀物全部溶解，放置暗处 5min。

（5）滴定

吸取 100.0mL 上述溶液于 250mL 锥形瓶中，用硫代硫酸钠溶液滴定至溶液呈淡黄色时，加入 1mL 淀粉溶液，继续滴定至蓝色刚好褪去为止，记录硫代硫酸钠溶液用量。

（6）数据记录与处理

数据记录表格参见表 2-9。

表 2-9　溶解氧测定数据记录表

样品编号	取样量/mL	硫代硫酸钠标准溶液消耗体积/mL			溶解氧浓度/(mg/L)		
		$V_{始}$	$V_{终}$	$V_{终} - V_{始}$	DO	均值	相对偏差/%

溶解氧浓度计算公式为：

$$溶解氧浓度(O_2, mg/L) = \frac{cV \times 8 \times 1000}{V_{水样}} \tag{2-4}$$

式中　c——硫代硫酸钠标准溶液浓度，mol/L；

　　　V——滴定水样时消耗硫代硫酸钠溶液的体积，mL；

　　$V_{水样}$——参与滴定的水样体积，即 100.0mL；

8——$1/4O_2$ 的摩尔质量，g/mol。

2.3.5.6 注意事项

① 如果水样呈强酸性或强碱性，用氢氧化钠或硫酸调至中性后再测定。

② 一般规定在取水样后要立即进行溶解氧测定，如果不能在采样现场完成，应该在样品采集后立即加入硫酸锰及碱性碘化钾溶液，使溶解氧"固定"在水中，其余的测定步骤可送往实验室进行。取样与测定时间间隔以不超过 4h 为宜。

③ 采样时瓶中要充满水样，不能存留空气泡，因为空气泡中的氧也会氧化 $Mn(OH)_2$，使测定结果偏高。

2.3.5.7 修正的碘量法

（1）叠氮化钠修正法

水样中含有亚硝酸盐会干扰碘量法测定水中溶解氧，可采用叠氮化钠修正法，即加入叠氮化钠，使水中亚硝酸盐分解而消除干扰（水样中含 Fe^{3+} 达 $100\sim200mg/L$ 时，则在水样采集后，用吸管插入液面下加入 1mL 40％氟化钾溶液、1mL 硫酸锰溶液和 2mL 碱性碘化钾-叠氮化钠溶液，盖好瓶塞，混匀。其余步骤同碘量法。可加入氟化钾溶液消除干扰）。

干扰情况：$2I^- + 2NO_2^- + 4H^+ \Longrightarrow 2H_2O + 2NO + I_2$

消除措施：$2NaN_3 + NO_2^- + 3H^+ \Longrightarrow HN_3(有毒) + H_2O + N_2\uparrow + N_2O\uparrow + 2Na^+$

（2）高锰酸钾修正法

水样中二价铁高于 $1mg/L$ 的水样，采用此法修正。即：在酸性条件下，二价铁和高锰酸钾反应生成三价铁，三价铁进一步和氟离子反应生成难离解的 FeF_3。操作时用移液管于液面下加入 0.7mL 硫酸、1mL 0.63％高锰酸钾溶液和 1mL 40％氟化钾溶液。

（3）明矾絮凝修正法

水样有色或有悬浮物时，用此法予以处理。即：于 1000mL 具塞细口瓶中，用虹吸法注满水样并溢出 1/3 左右。用吸管于液面下加入 100mL 硫酸铝钾溶液，加入 $1\sim2mL$ 浓氨水，盖好瓶塞，颠倒混匀。放置 10min，待沉淀物下沉后，将上清液虹吸至溶解氧瓶内（防止水样中有气泡），选择适当的修正法进行测定。

（4）硫酸铜-氨基磺酸絮凝修正法

适用于含有活性污泥悬浊物的水样。具体操作同明矾絮凝修正法，不同的是仅将该法中加入的 100mL 硫酸铝钾溶液改为 10mL 硫酸铜-氨基磺酸抑制剂。

2.3.5.8 思考题

① 测定水中溶解氧常用的方法有哪些？各适用于怎样的水样？

② 现场如何固定溶解氧？需要准备哪些仪器和试剂？

③ 用碘量法准确测定溶解氧应关键把握哪些环节？

④ 影响标定硫代硫酸钠溶液浓度准确性的因素有哪些？如何避免这些影响？

2.3.6　高锰酸盐指数

2.3.6.1　概述

（1）指标含义及测定意义

高锰酸盐指数是反映水体中有机及无机可氧化物质污染的常用指标。具体定义为：在一定条件下，用高锰酸钾氧化水样中的某些有机物及无机还原性物质，由消耗的高锰酸钾量计算相当的氧量，以氧的 mg/L 来表示。

在规定的测定条件下，许多有机物只能部分被氧化，因此高锰酸盐指数不能作为理论需氧量或总有机物含量的指标。水中亚硝酸盐、亚铁盐和硫化物等还原性无机物和在此条件下可被氧化的有机物，均可消耗高锰酸钾，所以高锰酸盐指数常被作为地表水体受有机物和还原性无机物污染程度的综合指标。

（2）测定方法选择

水质高锰酸盐指数的测定方法为高锰酸钾法（GB 11892），按测定溶液介质的不同，分为酸性高锰酸钾法和碱性高锰酸钾法。当水样中 Cl^- 含量高于 300mg/L 时，应采用碱性高锰酸钾法测定，因为在碱性条件下高锰酸钾的氧化能力较弱，不能氧化水样中的氯离子；当水样中氯离子含量低于 300mg/L 时，采用酸性高锰酸钾法。

本标准方法适用于饮用水、水源水和地表水中有机物的测定，不适用于工业废水中有机物的测定。方法测定范围为 0.5～4.5mg/L，对于污染较重的情况，则酌情少取水样，稀释后测定。

2.3.6.2　酸性高锰酸钾法

（1）方法原理

水样中加入硫酸使呈酸性后，加入一定量的高锰酸钾溶液，在沸水浴中加热 30min，以氧化水样中的某些有机物和无机还原性物质。剩余的高锰酸钾用草酸钠溶液还原并加入过量，再用高锰酸钾溶液回滴过量的草酸钠，通过计算求出高锰酸盐指数值。

当水样的高锰酸盐指数值超过 5mg/L 时，则酌情分取少量，并用蒸馏水稀释后再测定。

（2）仪器及试剂

① 沸水浴装置。

② 250mL 锥形瓶。

③ 50mL 或 25mL 酸式滴定管。

④ 定时钟。

⑤ 高锰酸钾贮备液 $c(1/5KMnO_4) = 0.1mol/L$：称取 3.2g 高锰酸钾溶于 1.2L 水中，加热煮沸，使体积减小到约 1L，在暗处放置过夜，用 G-3 玻璃砂芯漏斗过滤后，滤液贮于棕色瓶中保存。使用前用 0.1000mol/L 的草酸钠标准贮备液标定，求得实际准确浓度。

⑥ 高锰酸钾使用液 $c(1/5KMnO_4) = 0.01mol/L$：吸取一定量的上述高锰酸钾贮备液，用水稀释至 1000mL，并调节至 0.01mol/L 准确浓度，贮于棕色瓶中。使用当天应进行标定。

⑦（1+3）硫酸：在不断搅拌下，将 100mL 浓硫酸慢慢加入到 300mL 水中。趁热加入数滴高锰酸钾溶液直至溶液出现粉红色。配制时趁热滴加高锰酸钾溶液至呈微红色。

⑧ 草酸钠标准贮备液 $c(1/2Na_2C_2O_4)=0.1000mol/L$：称取 0.6705g 在 120℃烘干 1h 并冷却的优级纯草酸钠溶于水，移入 100mL 容量瓶中，用水稀释至标线。

⑨ 草酸钠标准使用液 $c(1/2Na_2C_2O_4)=0.0100mol/L$：吸取 10.00mL 上述草酸钠贮备液，移入 100mL 容量瓶中，用水稀释至标线。

（3）分析步骤

① 水样采集与保存　水样采集后，应加入硫酸使 pH<2，以抑制微生物的活动。样品应尽快分析，并在 48h 内测定。

② 沸水浴加热反应　取 100.0mL 混匀的水样（原水样或稀释水样）置于 250mL 锥形瓶中。加入 5mL(1+3) 硫酸，混匀；再用滴定管加入 10.00mL 高锰酸钾溶液（0.01mol/L），摇匀，立即放入沸水浴中加热（30±2）min（从水浴重新沸腾起计时），注意沸水浴液面要高于反应溶液的液面。

③ 滴定　取出锥形瓶，趁热加入 10.00mL 草酸钠标准溶液（0.0100mol/L），摇匀，溶液变为无色。立即用高锰酸钾溶液（0.01mol/L）滴定至刚出现粉红色，并保持 30s 不褪色，记录消耗的高锰酸钾溶液体积。

④ 高锰酸钾溶液浓度的标定　将上述已滴定完毕的溶液加热至约 70℃，准确加入 10.00mL 草酸钠标准溶液（0.0100mol/L），再用 0.01mol/L 高锰酸钾溶液滴定至显微红色。记录高锰酸钾溶液的消耗量，按下式求得高锰酸钾溶液的校正系数（K）：

$$K=\frac{10.00}{V} \tag{2-5}$$

式中　V——高锰酸钾溶液的消耗量，mL。

若水样经稀释时，应同时另取 100mL 水代替样品，按水样操作步骤进行空白试验。

（4）结果计算

① 水样不经稀释

$$高锰酸盐指数(O_2,mg/L)=\frac{[(10+V_1)\times K-10]\times c\times 8\times 1000}{100} \tag{2-6}$$

式中　V_1——滴定水样时，消耗高锰酸钾溶液的量，mL；

　　　K——校正系数（每毫升 $KMnO_4$ 标准溶液相当于 $Na_2C_2O_4$ 标准溶液的毫升数）；

　　　c——草酸钠标准溶液 $(1/2Na_2C_2O_4)$ 的浓度，mol/L；

　　　8——氧 $(1/4O_2)$ 的摩尔质量，g/mol；

　　100——所取水样的体积，mL。

② 水样经稀释

高锰酸盐指数（O_2，mg/L）

$$=\frac{\{[(10+V_1)\times K-10]-[(10+V_0)\times K-10]\times f\}\times c\times 8\times 1000}{V_2} \tag{2-7}$$

式中　V_0——空白试验中高锰酸钾溶液的消耗量，mL；

　　　V_2——分取的水样量，mL；

　　　f——稀释后的水样中含水的比值，例如 10.0mL 水样加水稀释至 100mL，则 $f=0.90$。

（5）注意事项

① 沸水浴液面要高于反应溶液的液面。

② 在水浴中加热反应完毕后，溶液仍应保持淡红色，如变浅或全部褪去，说明高锰酸钾的用量不够，此时应将水样稀释倍数加大后再重新沸水浴加热测定，加热氧化后残留的高锰酸钾以其加入量的 1/3～1/2 为宜。

③ 在酸性条件下，草酸钠和高锰酸钾的反应温度应保持 60～80℃，所以滴定操作必须趁热进行；若溶液温度过低，反应速率会比较慢，需适当加热。

④ 沸水浴温度为 98℃，如在高原地区，报出数据时须注明水的沸点。

2.3.6.3 碱性高锰酸钾法

当水样中氯离子浓度高于 300mg/L 时，应采用碱性高锰酸钾法测定高锰酸盐指数。

（1）方法原理

在碱性溶液中，加入一定量的高锰酸钾溶液于水样中，在沸水浴中加热 30min，以氧化水样中的还原性无机物和部分有机物。加酸酸化后，用草酸钠溶液还原剩余的高锰酸钾并加入过量，再以高锰酸钾溶液滴定至微红色。

（2）仪器及试剂

① 仪器　同酸性法。

② 试剂

a. 50％氢氧化钠溶液：称取 50g 氢氧化钠于水中并稀释至 100mL。

b. 其余试剂同酸性法试剂。

（3）分析步骤

① 分取 100.0mL 混匀水样（或酌情少取，用水稀释至 100mL）于 250mL 锥形瓶中，加入 0.5mL 50％氢氧化钠溶液和 10.00mL0.01mol/L 高锰酸钾溶液，混匀。

② 将锥形瓶放入沸水浴中加热 30min（水浴重新沸腾开始计时），沸水浴液面要高于反应溶液的液面。

③ 取下锥形瓶，冷却至 70～80℃，加入（1＋3）硫酸 5mL 并保证溶液呈酸性，加入 0.0100mol/L 草酸钠溶液 10.00mL，摇匀。

④ 迅速用 0.01mol/L 高锰酸钾溶液回滴至溶液呈微红色。

高锰酸钾溶液校正系数的测定与酸性法相同。

（4）结果计算和注意事项

同酸性法。

2.3.6.4 思考题

① 高锰酸盐指数适用于测定何类水样？

② 酸性高锰酸钾法和碱性高锰酸钾法分别适于测定怎样的水样？

③ 高锰酸盐指数测定过程中，如水浴加热过程中发现反应液变为无色，应如何处理？试分析原因。

④ 水浴过程必须保证 30min 吗？不够或超过 30min 时对测定结果有影响吗？

化学需氧量的
测定——指标含
义及控制标准

2.3.7　化学需氧量

2.3.7.1　概述

（1）含义及测定意义

化学需氧量，简称 COD(chemical oxygen demand)，反映水体受还原性物质主要是有机物污染的程度，具体是指在一定条件下，氧化 1L 水样中还原性物质所消耗强氧化剂的量，换算为氧量，以 O_2 的 mg/L 表示。

水中还原性物质既包括有机物，也包括无机物（如氯离子、亚硝酸盐、亚铁盐等），它们大多具有毒性，并能使水体中溶解氧减少，使水生生物窒息死亡，对生态系统产生严重影响，导致水质恶化。水体被有机物污染是很普遍的，通常水中有机物的数量远多于无机物，因此化学需氧量可作为有机物相对含量的指标之一，但只能反映能被氧化的有机物污染，不能反映多环芳烃、吡啶类等有机物污染状况。一般认为它是反映水样中有机物污染程度的综合指标，COD 值越大，表示水体受有机物污染越严重。

化学需氧量是一个条件性指标，其测定结果随所用氧化剂的种类、浓度、反应温度和时间、反应液的酸度及有无催化剂等的变化而不同，因此必须严格按要求操作，测得结果才具有可比性。

COD 是环境监测和水处理技术中一个非常重要的监测和控制指标，需要重点掌握。

（2）方法选择

水中化学需氧量的测定方法有重铬酸盐法（HJ 828—2017）、快速消解分光光度法（HJ/T 399—2007）、氯气校正法（HJ/T 70—2001）和碘化钾碱性高锰酸钾法（HJ/T 132—2003）等。

重铬酸盐法适用于地表水、生活污水和工业废水中化学需氧量的测定，不适用于含氯化物浓度大于 1000mg/L（稀释后）的水中化学需氧量的测定。当取样体积为 10.0mL 时，本方法检出限为 4mg/L，测定下限为 16mg/L，测定上限 700mg/L，超过此限时需稀释后测定。

快速消解分光光度法适用于地表水、地下水、生活污水和工业废水中化学需氧量的测定。对未经稀释的水样，COD 测定下限为 50mg/L，测定上限为 1000mg/L，其氯离子浓度不应大于 1000mg/L，如大于此值，可经适当稀释后进行测定。

氯气校正法适用于氯离子含量小于 20000mg/L 的高氯废水中 COD 的测定；碘化钾碱性高锰酸钾法适于测定油气田氯离子含量高达几万或十几万毫克每升高氯废水中的 COD，方法的最低检出限为 0.2mg/L，测定上限为 62.5mg/L。

对于污水化学需氧量的测定，重铬酸盐法应用最普遍，本节重点介绍。

2.3.7.2　方法原理

在水样中加入已知量的重铬酸钾溶液，并在强酸介质下以银盐作为催化剂，经沸腾回流后，以试亚铁灵为指示剂，用硫酸亚铁铵滴定水样中未被还原的重铬酸钾，由消耗的重铬酸钾的量计算出消耗氧的量。主要反应式如下：

沸腾回流氧化 $\qquad Cr_2O_7^{2-}+14H^++6e^-\longrightarrow 2Cr^{3+}+7H_2O$

滴定过量的重铬酸钾 $\quad Cr_2O_7^{2-}+14H^++6Fe^{2+}\longrightarrow 6Fe^{3+}+2Cr^{3+}+7H_2O$

$\qquad\qquad\qquad Fe^{2+}+$ 试亚铁灵 $\longrightarrow$ 红褐色

化学需氧

几点说明：

① 沸腾回流的氧化过程中要保证重铬酸钾过量，以使水样中的有机物能 量的测定——测
够被重铬酸钾充分氧化。通过观察氧化过程中反应液颜色来判断重铬酸钾是 定方法及原理
否过量，如反应液为橙黄色或微显蓝绿色，则为重铬酸钾过量；如橙黄色消
失变为蓝绿色，则为重铬酸钾不过量。如氧化过程中重铬酸钾不过量，应停止实验，加大水
样稀释倍数后重新测定。反应液因酸度太大，不能随意倒入水池，应倒入指定容器中集中
处理。

② 在强酸性重铬酸钾存在的条件下，芳烃及吡啶仍难以被氧化，其氧化率较低。在硫酸银
催化作用下，直链脂肪族化合物可有效被氧化；无机还原性物质如亚硝酸盐、硫化物和二价铁盐
等将使测定结果增大，其需氧量也是 COD 的一部分。

③ 当水样中氯离子含量高于 30mg/L 时，需加适量硫酸汞溶液将氯离子络合成稳定物质，
按质量比硫酸汞：氯离子≥20：1 比例加入，最大加入量为 2mL（按氯离子浓度 1000mg/L）。

2.3.7.3 主要仪器

① 回流装置 磨口 250mL 锥形瓶的全玻璃回流装置，可选用水冷或风冷全玻璃回流装
置，其他等效冷凝回流装置亦可。

② 加热装置 电炉或其他加热消解装置。

③ 常用实验室仪器 25mL 或 50mL 酸式滴定管，感量为 0.0001g 的分析天平等。

2.3.7.4 试剂和材料

除非另有说明，实验时所用试剂均为符合国家标准的分析纯试剂，实验
用水均为蒸馏水或同等纯度的水。

化学需氧

① 浓硫酸（1.84g/mL，优级纯）。

② 硫酸银-硫酸溶液：称取 10g 硫酸银，加到 1L 优级纯浓硫酸中，放置 量的测定——所
1~2d 使之溶解并摇匀，使用前小心摇动。 需仪器及试剂

③ 重铬酸钾标准溶液

a. 浓度为 $c(1/6K_2Cr_2O_7)=0.250mol/L$ 的重铬酸钾标准溶液：称取预先在 105℃烘干
2h 的基准或优级纯重铬酸钾 12.258g 溶于水中，定容至 1000mL。用于 COD 值大于
50mg/L 的水样。

b. 浓度为 $c(1/6K_2Cr_2O_7)=0.0250mol/L$ 的重铬酸钾标准溶液：将上述标液稀释 10 倍
而得，用于 COD 值小于 50mg/L 的水样。

④ 硫酸亚铁铵标准溶液

a. 浓度为 $c[(NH_4)_2Fe(SO_4)_2\cdot6H_2O]\approx0.05mol/L$ 硫酸亚铁铵标准溶液：称取
19.5g 硫酸亚铁铵$[(NH_4)_2Fe(SO_4)_2\cdot6H_2O]$溶于水中，边搅拌边缓慢加入 10mL 浓硫酸，
冷却后稀释至 1000mL。每日临用前，必须用重铬酸钾标准溶液准确标定此溶液的浓度，标
定时应做平行双样。

b. 标定方法：准确移取 5.00mL 0.250mol/L 重铬酸钾标准溶液于锥形瓶中，加水稀释
至约 50mL，缓慢加入 15mL 浓硫酸，混匀，冷却后，加 3 滴（约 0.15mL）试亚铁灵指示
剂，用硫酸亚铁铵溶液滴定，溶液颜色由黄色经蓝绿色变为红褐色即为终点。记录硫酸亚铁

铵溶液的消耗量（mL），按下式计算硫酸亚铁铵标准溶液的浓度。

$$c=\frac{5.00\times0.250}{V}=\frac{1.25}{V} \tag{2-8}$$

式中　c——硫酸亚铁铵标准溶液的浓度，mol/L；

　　　V——滴定时消耗硫酸亚铁铵标准溶液的体积，mL。

c. 浓度为 $c[(NH_4)_2Fe(SO_4)_2\cdot6H_2O]\approx0.005mol/L$ 的硫酸亚铁铵标准滴定溶液：将上述溶液稀释 10 倍，用重铬酸钾标准溶液标定，其滴定步骤和浓度计算与上述类同，每日临用前标定。

⑤ 试亚铁灵指示剂：称取 0.7g 硫酸亚铁（$FeSO_4\cdot7H_2O$）溶于 50mL 水中，加入 1.5g 邻菲啰啉，搅动至溶解，加水稀释至 100mL。

⑥ 硫酸汞溶液：100g/L。称取 10g 硫酸汞溶于 100mL（1＋9）硫酸溶液中。

⑦ 邻苯二甲酸氢钾标准溶液，$c(KC_8H_5O_4)=2.0824mmol/L$：称取于 105℃ 干燥 2h 的邻苯二甲酸氢钾 0.4251g 溶于水，稀释至 1000mL，混匀。以重铬酸钾为氧化剂，将邻苯二甲酸氢钾完全氧化的 COD 值为 1.176g 氧/克（指 1g 邻苯二甲酸氢钾耗氧 1.176g），故该标准溶液的理论 COD 值为 500mg/L，可根据需要适当稀释，用于检查试剂质量和分析人员的操作技术。

⑧ 防爆沸玻璃珠。

2.3.7.5　样品采集与保存

采样点采集水样，应置于玻璃瓶中，使用前用所采水样冲洗三遍，采集不少于 100mL 具有代表性的水样。采样后立即分析，否则用浓硫酸酸化，使其 pH＜2，置于 1～4℃ 环境保存，保存时间不超过 5d。

2.3.7.6　分析步骤

重铬酸钾法测定 COD 的全玻璃回流装置见图 2-6 所示。

（1）COD 浓度≤50mg/L 的样品

测定过程简图如下：

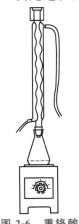

图 2-6　重铬酸钾法测定 COD 的回流装置

取混匀的水样 10.0mL（原样或经稀释）于磨口锥形瓶中

↓←适量 $HgSO_4$ 溶液（消除 Cl^- 干扰，最大量为 2mL）混匀

↓←5.00mL 0.0250mol/L（1/6 $K_2Cr_2O_7$），小玻璃珠数粒混匀，连接回流装置

↓←自冷凝管上口加入 Ag_2SO_4-H_2SO_4 溶液 15mL 轻轻摇动，混匀

↓

加热回流 2h（沸腾开始计时，回流过程中应保持重铬酸钾过量）

↓

冷却←自冷凝管上口加入 45mL 蒸馏水于反应液中。

↓

取下锥形瓶，冷却至室温

↓←加试亚铁灵指示剂 3 滴

用 0.005mol/L 的 $(NH_4)_2Fe(SO_4)_2$ 标准溶液滴定，终点由黄色经蓝绿色变为红褐色。

同时，以 10.0mL 蒸馏水做空白试验，记录$(NH_4)_2Fe(SO_4)_2$ 标准溶液用量（V_0）。

具体分析步骤：

① 加热回流　取 10.0 mL 混合均匀的水样置于磨口锥形瓶中，加入适量硫酸汞溶液（最大量 2mL），摇匀。准确加入 5.00mL 0.0250mol/L($1/6\ K_2Cr_2O_7$)重铬酸钾标准溶液及数粒防爆沸玻璃珠，连接磨口回流冷凝管。从冷凝管上口慢慢加入 15mL 硫酸-硫酸银溶液，轻轻摇动锥形瓶使溶液混匀，加热保持微沸回流 2h（自开始沸腾时计时）。

【注意】　样品浓度低时，取样体积可适当增加。

冷却后，自冷凝管上端加入 45mL 水冲洗冷凝管内壁，使溶液总体积为 70mL 左右，取下锥形瓶。

② 滴定　溶液再度冷却至室温后，加 3 滴试亚铁灵指示液，用 0.005mol/L 的硫酸亚铁铵标准溶液滴定，溶液的颜色由黄色经蓝绿至红褐色即为终点，记录硫酸亚铁铵标准溶液的消耗体积 V_1。

③ 空白试验　测定水样的同时，取 10.0mL 试剂水代替水样，按同样操作步骤做空白试验，记录滴定空白时消耗硫酸亚铁铵标准溶液的体积 V_0。

④ 校核试验　按测定水样同样的方法测定 10.0mL 邻苯二甲酸氢钾标准溶液质控样或有证标准样品的 COD_{Cr} 值。

对于邻苯二甲酸氢钾标准溶液质控样，如果校核试验的测定结果大于理论值的 96%，即可认为该操作及试剂质量基本上是适宜的，否则须查找失败原因，再次进行测定使之达到要求；对于有证标准样品，如果测定结果在保证值范围内，则该操作及试剂质量也是适宜的。

（2）　COD 浓度＞50mg/L 的样品

取 10.0mL 混合均匀的水样于锥形瓶中，加入适量硫酸汞溶液（最大量 2mL），摇匀，加入 5.00mL 0.250mol/L 重铬酸钾标准溶液和几粒防爆沸玻璃珠，摇匀，其他操作与前述 COD 浓度≤50mg/L 的样品相同。

待溶液冷却至室温后，加入 3 滴试亚铁灵指示剂，用 0.05mol/L 的硫酸亚铁铵标准溶液滴定，溶液颜色由黄色经蓝绿变为红褐色即为终点，记录硫酸亚铁铵标准溶液的消耗体积 V_1。

【注意】　对于浓度较高的水样，可选取所需体积 1/10 的水样放入硬质玻璃管中，加入试剂，摇匀后加热至沸腾数分钟，观察溶液是否变成蓝绿色。如呈蓝绿色，应再适当少取水样，直至溶液不变绿色为止，以确定待测水样稀释倍数。

同时，按相同步骤以试剂水代替水样进行空白试验。

2.3.7.7　数据处理

按以下公式计算样品中化学需氧量的质量浓度 ρ(mg/L)。

$$\rho = \frac{(V_0-V_1)\times c\times 8000}{V_2}\times f \tag{2-9}$$

式中　c——硫酸亚铁铵标准溶液的浓度，mol/L；

　　　V_0——空白试验所消耗的硫酸亚铁铵标准溶液的体积，mL；

　　　V_1——水样测定所消耗的硫酸亚铁铵标准溶液的体积，mL；

　　　V_2——水样体积，mL；

　　　f——水样稀释倍数；

8000——（1/4O₂）的摩尔质量以 mg/L 为单位的换算值。

当 COD_{Cr} 测定结果小于 100mg/L 时保留至整数位；当测定结果大于或等于 100mg/L 时，保留三位有效数字。

2.3.7.8　质量保证和质量控制

① 空白试验　每批样品应至少做两个空白试验。

② 精密度控制　每批样品应做 10% 的平行样。若样品数少于 10 个，应至少做一个平行样。平行样的相对偏差不超过 ±10%。

③准确度控制　每批样品测定时，应分析一个有证标准样品或质控样品，其测定值应在保证值范围内或达到规定的质量控制要求，确保样品测定结果的准确性。

2.3.7.9　注意事项

① 硫酸汞加入量应根据样品中氯离子的含量按比例加入，加入前采用硝酸银法对氯离子浓度粗略测定，以减少有毒物质硫酸汞的使用量。

② 沸腾回流时应使溶液缓慢沸腾，不宜爆沸。如出现爆沸，说明溶液局部过热，会导致测定结果有误，此时应调低加热装置功率，使缓慢沸腾。

③ 沸腾回流过程中应注意观察溶液颜色变化，应保持重铬酸钾过量。

④ 实验室产生的废液不能随意倒入水池，应统一收集，委托有资质单位集中处理。

2.3.7.10　思考题

① 解释 COD 的含义，简述重铬酸盐法测定 COD 的原理。

② 重铬酸盐法测定 COD 时加入硫酸银和硫酸汞的目的分别是什么？

③ 重铬酸盐法测定 COD 过程中为何要保证 2h 的加热回馏过程中重铬酸钾过量？如何判断过量与不过量？若不过量，下一步该怎么办？

④ 重铬酸盐法测定 COD 的氧化回流过程中，反应液应保持什么颜色？如发现反应液颜色变绿，试分析原因，应如何处理？请给出建议。

⑤ 回流过程必须保证 2h 的加热回馏时间吗？不足或超过 2h 对测定结果有何影响？

⑥ 测定 COD 时，如何检验试剂质量及分析人员的操作水平？

⑦ 某监测人员采用重铬酸钾法测定某废水中的化学需氧量，消解后溶液呈蓝绿色，请分析产生该现象的原因，并给出后续测定建议。

2.3.8　生化需氧量

2.3.8.1　概述

（1）概念及测定意义

生化需氧量（biochemical oxygen demand），反映水样中能被微生物氧化分解的有机物的量，具体是指在规定条件下，微生物在分解水中某些可氧化的物质，特别是分解有机物的生物化学过程中所消耗的溶解氧量，以 O₂ mg/L 表示。该过程进行时间很长，如在 20℃ 培养条件下，全过程需 100d 左右。目前国内外普遍规定为 20℃±1℃ 培养 5d 中所消耗的氧量，又称五日生化需氧量，简称 BOD_5。

BOD_5 可使水体中溶解氧减少，使水生生物窒息死亡，对生态系统产生影响，导致水体恶化。BOD_5 值越大，水中溶解氧量越低，水质越差。因此，BOD_5 是反映水体中能被好氧微生物氧化分解的有机物污染程度的综合指标，也是研究废水可生化降解性、生化处理效果以及废水生化处理工艺设计的重要参数。

（2）方法选择

测定 BOD_5 的方法有稀释与接种法（HJ 505—2009）、微生物传感器快速测定法（HJ/T 86—2002）、活性污泥曝气降解法（B）等。

稀释与接种法应用最普遍，适用于地表水、生活污水和工业废水中五日生化需氧量（BOD_5）的测定，方法检出限为 0.5mg/L，测定下限为 2mg/L，非稀释法和非稀释接种法的测定上限为 6mg/L，稀释与接种法的测定上限为 6000mg/L，当水样 BOD_5 大于 6000mg/L 时会因稀释带来一定误差。

微生物传感器快速测定法是一种仪器测定法，适用于 BOD_5 为 2～500mg/L 的地表水、生活污水、工业废水的测定，当 BOD_5 较高时可适当稀释后测定。

活性污泥曝气降解法适用于城市污水和组成成分比较稳定的工业废水中 BOD_5 的测定。取 50mL 水样，不稀释时可测定 8～2000mg/L 范围的生化需氧量。

本节重点介绍实际测定中常用的稀释与接种法（HJ 505—2009）。

2.3.8.2 测定原理

测定时取两份原水样或稀释后水样，一份测其当时的溶解氧，另一份充满在完全密闭的溶解氧瓶中，在 (20±1)℃的暗处培养 5d±4h 或 (2+5)d±4h [先在 0～4℃的暗处培养 2d，接着在 (20±1)℃的暗处培养 5d，即培养 (2+5)d]，测定培养后所培养水样中溶解氧的质量浓度，由培养前后溶解氧的质量浓度之差，计算每升样品消耗的溶解氧量，以 BOD_5 形式表示。

若样品中的有机物含量较多，BOD_5 的质量浓度大于 6mg/L 时，样品需适当稀释后测定。

对于不含或含少量微生物的工业废水，如酸性废水、碱性废水、高温废水、冷冻保存的废水或经氯化杀菌处理的废水，培养时应进行接种，引入微生物以降解废水中的有机物。当废水中存在不易被一般生活污水中的微生物以正常速度降解的有机物或含有剧毒物质时，应将驯化后的微生物引入水样进行接种。

2.3.8.3 主要仪器

本标准方法使用的玻璃仪器必须清洁、无毒性、无可生化降解的物质。

① 恒温培养箱：温度可控制在 (20±1)℃。

② 1000～2000mL 量筒（稀释水样用容器）。

③ 玻璃搅棒：棒长应比所用量筒高度长 20cm，在棒的底端固定一个直径比量筒直径略小并带有几个小孔的硬橡胶板。

④ 5～20L 细口玻璃瓶。

⑤ 溶解氧瓶：容积 250～300mL，带有磨口玻璃塞并具有供水封用的钟形口。

⑥ 虹吸管：供分取水样和添加稀释水用。

⑦ 曝气装置：常采用无油空气压缩机或其他曝气装置。

⑧ 冰箱：有冷冻和冷藏功能。

⑨ 滤膜：孔径为 $1.6\mu m$（用于过滤水样中的藻类）。

⑩ 溶解氧测定仪或碘量法测定溶解氧的仪器。

2.3.8.4 　试剂和材料

本标准方法所用试剂除非另有说明外，均为符合国家标准的分析纯化学试剂。

① 水　实验用水符合 GB/T 6682 规定的 3 级蒸馏水，且水中铜离子浓度不大于 0.01mg/L，不含有氯或氯胺等物质。

② 盐溶液

a. 磷酸盐缓冲溶液：将 8.5g 磷酸二氢钾（KH_2PO_4）、21.8g 磷酸氢二钾（K_2HPO_4）、33.4g 七水合磷酸氢二钠（$Na_2HPO_4 \cdot 7H_2O$）和 1.7g 氯化铵（NH_4Cl）溶于水中，稀释至 1000mL，此溶液 pH 应为 7.2。

b. 硫酸镁溶液：将 22.5g 七水合硫酸镁溶于水中，稀释至 1000mL。

c. 氯化钙溶液：将 27.6g 无水氯化钙溶于水，稀释至 1000mL。

d. 氯化铁溶液：将 0.25g 六水合氯化铁（$FeCl_3 \cdot 6H_2O$）溶于水中，稀释至 1000mL。

上述试剂 a~d 应贮存在玻璃瓶内，置于 0~4℃暗处可稳定保存 6 个月，如发现任何沉淀或有微生物滋长迹象，应弃去。

③ 稀释水　在 5~20L 玻璃瓶内加入一定量的蒸馏水，控制水温为（20±1）℃，用曝气装置至少曝气 1h，使稀释水中的溶解氧达到饱和（8mg/L 以上），曝气结束后开口放置至少 1h 防止过饱和。使用前每升水中加入上述四种营养盐溶液各 1.0mL（氯化钙溶液、氯化铁溶液、硫酸镁溶液和磷酸盐缓冲溶液），混匀，（20±1）℃保存。注意曝气过程中防止污染，特别是防止带入有机物、金属、氧化物或还原物。

稀释水中溶解氧不能过饱和，使用前需开口放置 1h，且应在 24h 内使用，剩余的稀释水应弃去。稀释水的 pH 值应为 7.2，其 BOD_5 应小于 0.5mg/L。

④ 接种液　可购买接种微生物用的接种物质，接种液的配制和使用按说明书的要求操作，也可按以下方法获得接种液。

a. 未受工业废水污染的生活污水：化学需氧量不大于 300mg/L，总有机碳不大于 100mg/L。

b. 含有城镇污水的河水或湖水。

c. 污水处理厂的出水。

d. 分析含有难降解物质的工业废水时，在其排污口下游适当处取水样作为废水的驯化接种液。也可取中和或经适当稀释后的废水进行连续曝气，每天加入少量该种废水，同时加入少量生活污水，使适应该种废水的微生物大量繁殖。当水中出现大量的絮状物时，表明微生物已繁殖，可用作接种液。一般驯化过程需 3~8d。

⑤ 接种稀释水　根据接种液的来源不同，每升稀释水中加入适量接种液，具体如下：城市生活污水和污水处理厂出水，加 1~10mL；河水或湖水，加 10~100mL。将接种稀释水存放在（20±1）℃的环境中，当天配制当天使用。接种稀释水的 pH 值应为 7.2，BOD_5 值应小于 1.5mg/L。

⑥ 葡萄糖-谷氨酸标准溶液　用于检查稀释水和接种液的质量及化验人员的操作技术。将葡萄糖（优级纯）和谷氨酸（优级纯）在 130℃干燥 1h，各称取 150mg 溶于水中，在 1000mL 容量瓶中稀释至标线。此溶液的 BOD_5 为（210±20）mg/L，现用现配。该溶液也可少量冷冻保存，融化后立刻使用。

⑦ 盐酸溶液（0.5mol/L） 将 40mL 浓盐酸（HCl）溶于水，稀释至 1000mL（用于调节水样 pH 值）。

⑧ 氢氧化钠溶液（0.5mol/L） 将 20g 氢氧化钠（NaOH）溶于水，稀释至 1000mL（用于调节水样 pH 值）。

⑨ 丙烯基硫脲硝化抑制剂 ρ（$C_4H_8N_2S$）= 1.0g/L 溶解 0.20g 丙烯基硫脲（$C_4H_8N_2S$）于 200mL 水中混合，4℃保存，此溶液可稳定保存 14d（用于抑制水样中硝化细菌的影响）。

⑩ 用于去除水样中余氯和结合氯的试剂

a. 亚硫酸钠溶液［c（Na_2SO_3）= 0.025mol/L］：将 1.575g 亚硫酸钠溶于水，稀释至 1000mL。此溶液不稳定，需现用现配。

b. 乙酸溶液：（1+1）配制。

c. 碘化钾溶液：将 10g 碘化钾溶于水中，稀释至 100mL。

d. 淀粉溶液：将 0.50g 淀粉溶于水中，稀释至 100mL。

⑪ 其他试剂 同溶解氧测定用试剂。

2.3.8.5 分析步骤

（1）样品采集及贮存

样品采集按照《地表水环境质量监测技术规范》《污水监测技术规范》的相关规定执行。

采集的样品应充满并密封于棕色玻璃瓶中，样品量不小于 1000mL，在 0～4℃ 的暗处保存，并于 24h 内尽快分析，否则需冷冻保存（冷冻保存时避免样品瓶破裂），冷冻样品分析前需解冻、均质化和接种。

（2）样品预处理

① pH 值调节 水样 pH 值若不在 6～8 范围时，用盐酸或氢氧化钠溶液调节至 6～8；当水样酸度或碱度很高时，改用高浓度碱或酸进行中和，但用量不超过水样体积的 0.5%。

② 调节水样中的溶解氧 使待测样温度达到（20±2）℃，若水样中溶解氧浓度低，需要用曝气装置曝气 15min，再充分振摇赶走样品中残留的气泡；若样品中氧过饱和，应将容器的 2/3 体积充满样品，用力振荡赶出过饱和氧，然后根据试样中微生物含量情况确定测定方法。

③ 余氯和结合氯的去除 样品中含有少量余氯时，一般在采样后放置 1～2h 游离氯即可消失。对于在短时间内不能消失的余氯，可加入适量亚硫酸钠溶液除去，加入量由下述方法确定：取已中和好的水样 100mL，加入乙酸溶液 10mL、碘化钾溶液 1mL，混匀，暗处静置 5min。用亚硫酸钠溶液滴定析出的碘至淡黄色，加入 1mL 淀粉溶液，呈蓝色，再继续滴定至蓝色刚刚褪去即为终点，记录所用亚硫酸钠溶液体积，进一步计算出水样中应加的体积。

④ 样品中有藻类 若样品中有大量藻类存在，BOD_5 的测定结果会偏高。当测定结果精度要求较高时，测定前应用滤孔为 1.6μm 的滤膜过滤，检测报告中注明滤膜滤孔的大小。

⑤ 样品含盐量低 非稀释样品的电导率小于 125μS/cm 时，需加入适量相同体积的四种盐溶液，使样品的电导率大于 125μS/cm。

⑥ 硝化细菌影响的消除 若水样中含有硝化细菌，有可能发生硝化反应，需在每升试样培养液中加入 2mL 丙烯基硫脲硝化抑制剂。

（3）非稀释法

非稀释法分为两种情况：非稀释法和非稀释接种法。

如样品中有机物含量较少、BOD_5 的质量浓度不大于 6mg/L，且样品中有足够的微生物，用非稀释法测定水样中的溶解氧；若样品中有机物含量较少，BOD_5 的质量浓度不大于 6mg/L，但样品中无足够的微生物，如酸性废水、碱性废水、高温废水、冷冻保存的废水或经氯化处理的废水，应采用非稀释接种法测定。

① 非稀释法　根据试样情况选择合适的预处理措施后，将试样充满两个溶解氧瓶，使试样少量溢出，以防止试样中的溶解氧浓度改变，使瓶中存在的气泡靠瓶壁排除。将一瓶盖上瓶盖、加上水封，在瓶盖外罩上密封罩，以防止培养期间水封水蒸发干，然后放入恒温培养箱，在 $(20\pm1)℃$ 培养 5d±4h 后，弃去封口水，测定试样中剩余溶解氧的质量浓度。另一瓶 15min 后测定试样在培养前溶解氧的质量浓度。

溶解氧的测定按 GB/T 7489—87（碘量法）或 HJ 506—2009（电化学探头法）进行测定。

② 非稀释接种法　对于需要用非稀释接种法测定的试样，每升试样中加入适量接种液，然后按上述方法测定培养 5d 前、后试样中的溶解氧浓度。

同时需要做空白试验，即每升稀释水中加入与试样中相同量的接种液作为空白试样，需要时每升试样中加入 2mL 丙烯基硫脲硝化抑制剂。

（4）稀释与接种法

稀释与接种法分为两种情况：稀释法和稀释接种法。

若试样中有机物含量较多、BOD_5 的质量浓度大于 6mg/L，且样品中有足够的微生物，采用稀释法测定水样中的溶解氧；若试样中有机物含量较多、BOD_5 的质量浓度大于 6mg/L，但试样中无足够的微生物，应采用稀释接种法测定。

① 稀释倍数确定　试样稀释的程度应使 5d 培养过程中消耗的溶解氧质量浓度不小于 2mg/L，培养后样品中剩余溶解氧的质量浓度不小于 2mg/L，且试样中剩余的溶解氧质量浓度以开始浓度的 1/3～2/3 为最佳。

稀释倍数可根据样品的化学需氧量（COD_{Cr}）、高锰酸盐指数（I_{Mn}）或总有机碳（TOC）的测定值，按照表 2-10 列出的 BOD_5 与化学需氧量、高锰酸盐指数或总有机碳的比值 R 估计 BOD_5 的期望值（R 与水样类型有关）。

表 2-10　典型的比值 R

水样类型	化学需氧量 R (BOD_5/COD_{Cr})	高锰酸盐指数 R (BOD_5/I_{Mn})	总有机碳 R (BOD_5/TOC)
未处理的废水	0.35～0.65	1.2～1.5	1.2～2.8
生化处理的废水	0.20～0.35	0.5～1.2	0.3～1.0

由表 2-10 选择适当的 R 值，按下面公式计算 BOD_5 的期望值：

$$\rho = RY \tag{2-10}$$

式中　ρ——五日生化需氧量浓度的期望值，mg/L；

　　　Y——总有机碳、高锰酸盐指数或化学需氧量的值，mg/L。

由估算出的 BOD_5 的期望值，按表 2-11 确定样品的稀释倍数。

表 2-11 BOD₅ 测定的稀释倍数

BOD₅ 的期望值/(O₂,mg/L)	稀释倍数	水样类型
6～12	2	河水,生物净化的城市污水
10～30	5	河水,生物净化的城市污水
20～60	10	生物净化的城市污水
40～120	20	澄清的城市污水或轻度污染的工业废水
100～300	50	轻度污染的工业废水或原城市污水
200～600	100	轻度污染的工业废水或原城市污水
400～1200	200	重度污染的工业废水或原城市污水
1000～3000	500	重度污染的工业废水
2000～6000	1000	重度污染的工业废水

注:对于工业废水,稀释倍数确定方法为:由重铬酸钾法测得的 COD_{Cr} 值来确定,通常做三个稀释比。当使用稀释水时,由 COD_{Cr} 值分别乘以系数 0.075、0.15 和 0.225,即获得三个稀释倍数;使用接种稀释水时,则分别乘以 0.075、0.15 和 0.25 三个系数。

② 水样稀释过程 按照确定的稀释倍数,将一定体积的试样或预处理后的试样用虹吸管加入到已加部分稀释水或接种稀释水的稀释容器中,加稀释水或接种稀释水至刻度,轻轻混合避免残留气泡,待测定。若稀释倍数超过 100 倍,可进行两步或多步稀释。

若试样中有微生物毒性物质,应配制几个不同稀释倍数的试样,选择与稀释倍数无关的结果,并取其平均值。试样测定结果与稀释倍数的关系确定如下:当分析结果精度要求较高或存在微生物毒性物质时,一个试样要做 2 个以上不同的稀释倍数,每个试样每个稀释倍数做平行双样同时进行培养。测定培养过程中每瓶试样氧的消耗量,并画出氧消耗量对每一稀释倍数试样中原样品的体积曲线。若此曲线呈线性,则此试样中不含有任何抑制微生物的物质,即样品的测定结果与稀释倍数无关;若曲线仅在低浓度范围内呈线性,取线性范围内稀释比的试样测定结果计算平均 BOD₅ 值。

③ 空白试样准备

a. 稀释法测定:空白试样为稀释水,需要时每升试样中加入 2mL 丙烯基硫脲硝化抑制剂。

b. 稀释接种法测定:空白试样为接种稀释水,必要时每升试样中加入 2mL 丙烯基硫脲硝化抑制剂。

④ 试样测定 试样和空白试样的测定方法同上述非稀释法中的测定。

溶解氧的测定按 GB/T 7489—87(碘量法)或 HJ 506—2009(电化学探头法)进行操作。

a. 试样测定:对稀释或稀释接种后的水样装瓶,按上述方法测定当时溶解氧和培养 5d 后溶解氧的质量浓度。

b. 空白测定:另取溶解氧瓶,用虹吸法装满稀释水(或接种稀释水)作为空白,分别测定当时和培养 5d 后溶解氧的质量浓度。每批样品至少做两个全程序空白。

2.3.8.6 数据处理

(1)非稀释法

非稀释法按下式计算样品 BOD₅(O₂,mg/L)的测定结果:

$$\rho = \rho_1 - \rho_2 \tag{2-11}$$

式中　ρ——五日生化需氧量，mg/L；

　　　ρ_1——水样在培养前的溶解氧浓度，mg/L；

　　　ρ_2——水样在培养 5d 后的溶解氧浓度，mg/L。

（2）非稀释接种法

非稀释接种法按下式计算样品 BOD_5（O_2，mg/L）的测定结果：

$$BOD_5(O_2,mg/L)=(\rho_1-\rho_2)-(\rho_3-\rho_4) \tag{2-12}$$

式中　ρ_1——接种水样在培养前的溶解氧浓度，mg/L；

　　　ρ_2——接种水样在培养 5d 后的溶解氧浓度，mg/L；

　　　ρ_3——空白样在培养前的溶解氧浓度，mg/L；

　　　ρ_4——空白样在培养 5d 后的溶解氧浓度，mg/L。

（3）稀释与接种法

对稀释与接种后培养的水样，稀释程度满足要求的，为合格数据，否则数据应剔除。合格数据按下式计算 BOD_5 值，然后求平均值。

$$\rho=\frac{(\rho_1-\rho_2)-(\rho_3-\rho_4)f_1}{f_2} \tag{2-13}$$

式中　ρ——五日生化需氧量，mg/L；

　　　ρ_1——稀释水样或接种稀释水样在培养前的溶解氧浓度，mg/L；

　　　ρ_2——稀释水样或接种稀释水样在培养 5d 后的溶解氧浓度，mg/L；

　　　ρ_3——空白样在培养前的溶解氧浓度，mg/L；

　　　ρ_4——空白样在培养 5d 后的溶解氧浓度，mg/L；

　　　f_1——稀释水或接种稀释水在培养液中所占的比例；

　　　f_2——原水样在培养液中所占的比例。

如原水样为 100mL，稀释到 1000mL，则 $f_1=0.9$，$f_2=0.1$。

BOD_5 测定结果以氧的质量浓度（mg/L）表示。对于稀释与接种法，如果几个稀释倍数的结果均满足稀释程度要求，则取这些稀释倍数测定结果的平均值。如结果小于 100mg/L，保留一位小数；结果在 100～1000mg/L，取整数位；结果大于 1000mg/L，以科学记数法报出。报告中还应注明样品是否经过滤、冷冻或均质化处理。

2.3.8.7　质量控制措施及注意事项

① 空白试样。每批样品做两个空白试样分析，应满足以下要求：稀释法空白试样测定结果不超过 0.5mg/L；接种法（非稀释接种法和稀释接种法）空白试样测定结果不超过 1.5mg/L。如不符合，应检查可能的污染来源。

② 接种液、稀释水质量的检查。每一批样品要求做一个标准样品，标准样品的配制方法如下：取 20mL 葡萄糖-谷氨酸标准溶液于稀释容器中，用接种稀释水稀释至 1000mL，测定 BOD_5，测定结果的 BOD_5 值应在 180～230mg/L 范围内，否则应检查接种液、稀释水的质量或操作技术是否存在问题。

③ 平行样测定。每一批样品至少做一组平行样，计算相对百分偏差 RP，计算公式如下：

$$RP=\frac{\rho_1-\rho_2}{\rho_1+\rho_2}\times100\% \tag{2-14}$$

式中 RP——相对百分偏差,%;

ρ_1——平行样中第一个样品的 BOD_5,mg/L;

ρ_2——平行样中第二个样品的 BOD_5,mg/L。

当 $BOD_5 < 3mg/L$ 时,RP 值应≤±15%;当 BOD_5 为 3～100mg/L,RP 值应≤±20%;当 $BOD_5 > 100mg/L$ 时,RP 值应≤±25%。

④ 玻璃器皿应彻底洗净。先用洗涤剂浸泡清洗,然后用稀盐酸浸泡,再依次用自来水、蒸馏水洗净。

⑤ 水样稀释倍数超过 100 倍时,应预先在容量瓶中用水初步稀释后,再取适量进行最后稀释培养。

⑥ 在两个或三个稀释比的样品中,凡满足稀释程度要求的,计算结果时取其平均值。若剩余的溶解氧小于 2mg/L,甚至为零时,应加大稀释比。溶解氧消耗量小于 2mg/L,有两种可能:一是稀释倍数过大;另一种可能是微生物菌种不适应,活性差,或含毒性物质浓度过大,这时可能会出现稀释倍数较大的水样消耗溶解氧反而较多的现象。

2.3.8.8 COD_{Cr}、高锰酸盐指数、BOD_5 的比较

前面介绍的三个指标 COD_{Cr}、高锰酸盐指数、BOD_5 都是用定量的数值来间接、相对地表示水中有机物含量的重要指标,都是利用氧化分解有机物的原理。前两者是利用化学物质,后者则是利用好氧微生物的作用,且三者的结果都是用 O_2 的 mg/L 来表示的。对于同一种水样,COD_{Cr} 值会大于 BOD_5 值,也大于高锰酸盐指数,对于含有不易被微生物氧化分解的有机物量多的水样,其 BOD_5 可能比 COD_{Cr} 小得多。

COD_{Cr} 可以表示出水样中绝大多数有机物的量。重铬酸盐法不受水样水质的限制,适用于任何水样,在 3～4h 内能完成测定。该法不足之处主要是测定时间较长,电能和冷却水消耗较多,测定结果不能反映出水样中被微生物氧化分解的有机物量。

BOD_5 反映了水样中可以被微生物氧化分解的有机物的量,但稀释倍数与接种法测定 BOD_5 需要 5d 时间,对于指导生产实践不够迅速及时,而且毒性强的污水抑制微生物活动,甚至无法测定。

高锰酸盐指数只适用于较清洁的地表水和饮用水中有机物的测定,测定所需时间较短,但高锰酸钾氧化程度较弱,测定条件下只能氧化部分有机物,也不能表示出能被微生物氧化分解的有机物的量。

2.3.8.9 思考题

① 解释 BOD_5 的含义及测定的意义,说明常用的测定方法名称。

② 简述稀释与接种法测定 BOD_5 的原理。

③ 哪些水样需用接种稀释水稀释?水样稀释程度是怎样要求的?

④ 如何确定水样稀释倍数?

⑤ 如何检查稀释水和接种液的质量及分析化验人员的操作技术?

2.3.9 水中常见阴离子

扫描二维码可查看详细内容。

水中常见阴离子测定

水中常见阴离子测定——方法原理及所需仪器试剂　　　　　　离子色谱

 思考与练习 2.3

1. 查阅 HJ 506—2009，简述其原理和适用范围。

2. 简述高锰酸盐指数、BOD_5 和 COD 的关系。

3. 对同一受污染的地表水水样进行了五日生化需氧量（BOD_5）、高锰酸盐指数、化学需氧量（COD_{Cr}）的测定，测定结果五日生化需氧量（BOD_5）为 58mg/L，高锰酸盐指数为 63mg/L，化学需氧量（COD_{Cr}）为 89mg/L。此测定结果是否合理，试述理由。

4. 用重铬酸盐化法测定化学需氧量，取水样 10.00mL，按操作步骤处理。最后以 0.0502mol/L 的硫酸亚铁铵标准溶液滴定，至终点消耗 22.50mL 硫酸亚铁铵标准溶液，同时以 10.00mL 蒸馏水代替水样做空白试验，消耗 24.50mL 硫酸亚铁铵标准溶液。计算水样的化学需氧量。

5. 稀释与接种法测 BOD_5，取原水样 100mL，加稀释水至 1000mL，取其中一部分测其 DO＝7.4mg/L，另一份培养 5d 再测 DO＝3.8mg/L，已知稀释水空白值为 0.4mg/L，求水样的 BOD_5。

6. 某分析人员取理论 COD 为 250mg/L 的质控样 10.00mL 两份分别置于 2 支磨口锥形瓶中，用重铬酸盐法按操作步骤测定，回馏后用蒸馏水稀释至 70mL，以 0.0510mol/L 硫酸亚铁铵标准溶液滴定，分别消耗 18.86mL、18.88mL，两份全程空白消耗的标准溶液体积分别为 24.88mL、24.86mL。请计算实际测得的该质控样 COD_{Cr} 值，评价所用试剂质量和该分析人员操作水平怎样？

 阅读与咨询

扫描二维码可查看［拓展阅读 2-2］水生态监测。

水生态监测

任务 2.4　水质连续自动监测

2.4.1　组成及功能

实施地表水水质的自动监测，可以实现水质的实时连续监测和远程监控，及时掌握主要流域重点断面水体的水质状况，预警预报重大或流域性水质污染事故，解决跨行政区域的水污染事故纠纷，监督总量控制的落实情况。

近年来，水质自动监测技术在地表水监测中得到了广泛的应用，我国的水质自动监测站的建设也取得了很大的进展，生态环境部已在我国重要河流的干支流、重要支流汇入口及河流入海口、重要湖库湖体及环湖河流、国界河流及出入境河流、重大水利工程项目等断面上建设了一批水质自动监测站，各省市也将地表水责任目标断面监测纳入管理目标。

为贯彻《中华人民共和国环境保护法》和《中华人民共和国水污染防治法》，保护环境，保障人体健康，加强环境管理，规范地表水水质自动监测工作，2017年国家发布了《地表水自动监测技术规范（试行）》（HJ 915—2017）。该规范规定了地表水水质自动监测系统建设、验收、运行和管理等方面的技术要求。

相比于人工采样监测，水质自动监测仪具有最佳现场使用效果，可以对水质进行自动、连续监测，数据远程自动传输，随时可以查询到所设站点的水质数据。其先进性在于中央控制室可以实时监控现场数据，仪器发生故障时，报警功能可提醒用户并告知故障原因。

河流断面水质在线监测系统可集成固定站、集装箱站等形式，由分析仪表、取水系统、配水系统、预处理系统、控制系统、数据采集/处理/传输系统、动力环境监控系统、视频监控系统、防雷系统、站房等组成。系统具有运行状态监控，系统状态智能诊断，环境动力参数监控，系统远程控制、远程操作、数据状态自动标识等功能。

2.4.2 常规五参数监测系统

连续自动监测水质一般指标系统可监测常规五参数（水温、pH值、电导率、溶解氧、浊度），具有数据统计功能和报表输出功能。管理软件可将水文观测点的各种信息（如编号、经度、纬度等）以及各个观测点的水位、水质、气压等每天的数据变化记录保存在数据库中，便于历史数据的查询检索。

该系统设有图形化用户界面，操作简单易学，具有自动升级功能、完善的数据统计功能和报表输出功能；管理软件将所有水文观测点的各种信息如编号、经度、纬度等以及各个观测点的水位、水质、气压等每天的变化数据记录保存在数据库中，便于对历史数据进行查询检索。

2.4.3 水质参数自动监测仪工作原理

河流水质自动监测系统不仅可监测常规五参数，也可配置氨氮、高锰酸盐指数、总磷、总氮、TOC、流量等参数的自动监测仪器。其主要自动监测项目和方法见表2-12。

表2-12 河流水质自动监测的项目及方法

项 目		监 测 方 法
一般指标	水温	铂电阻法或热敏电阻法
	pH值	电位法（pH电极法）
	电导率	电导电极法
	浊度	光散射法
	溶解氧	隔膜电极法（极谱或原电池型）
综合指标	化学需氧量（COD）	库仑滴定法或比色法
	高锰酸盐指数	电位滴定法
	总需氧量（TOD）	高温氧化—氧化锆氧量仪法
	总有机碳（TOC）	燃烧氧化—非色散红外吸收法或紫外催化氧化—非色散红外吸收法
	生化需氧量（BOD）	微生物膜电极法

项 目		监 测 方 法
单项污染指标	总氮	密封燃烧氧化—化学发光法
	总磷	比色法
	氟离子	离子选择电极法
	氯离子	离子选择电极法
	氰离子	离子选择电极法
	氨氮	离子选择电极法或膜浓缩—电导率法
	六价铬	比色法
	苯酚	比色法或紫外吸收法

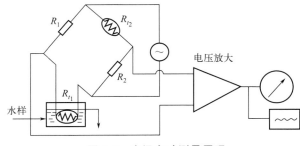

图 2-7 水温自动测量原理

以下简要介绍几种常见水质参数自动监测仪的工作原理。

2.4.3.1 水温监测仪

测量水温一般用感温元件如铂电阻或热敏电阻作传感器。将感温元件浸入被测水中并接入平衡电桥的一个臂上；当水温变化时，感温元件的电阻随之变化，则电桥平衡状态被破坏，有电压信号输出，根据感温元件电阻变化值与电桥输出电压变化值的定量关系实现对水温的测量。图 2-7 为水温自动测量原理图。

2.4.3.2 电导率监测仪

在连续自动监测中，常用自动平衡电桥法电导率仪和电流测量法电导率仪测定。后者采用了运算放大电路，可使读数和电导率呈线性关系，近年来应用日趋广泛，其工作原理如图 2-8 所示。

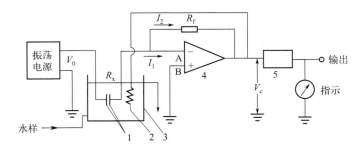

图 2-8 电流测量法电导率仪工作原理

1—电导电极；2—温度补偿电阻；3—发送池；4—运算放大器；5—整流器

由图可见，运算放大器 4 有两个输入端，其中 A 为反相输入端，B 为同相输入端，它有很高的开环放大倍数。如果把放大器输出电压通过反馈电阻 R_f 向输入端 A 引入深度负反馈，则运算放大器就变成电流放大器，此时流过 R_f 的电流 I_2 等于流过电导池（电阻为 R_x，电导为 L_x）的电流 I_1，即：

$$\frac{V_0}{R_x} = \frac{V_c}{R_f} \qquad\qquad (2\text{-}15)$$

$$L_x = \frac{1}{R_x} = \frac{V_c}{V_0}\frac{1}{R_f} \qquad\qquad (2\text{-}16)$$

式中　V_0，V_c——分别为输入和输出电压。

当 V_0 和 R_f 恒定时，则溶液的电导（L_x）正比于输出电压（V_c）。反馈电阻 R_f 即为仪器的量程电阻，可根据被测溶液的电导来选择其值。另外，还可将振荡电源制成多档可调电压供测定选择，以减少极化作用的影响。

2.4.3.3 pH 监测仪

图 2-9 为水体 pH 连续自动测定原理图。它由复合式 pH 电极、温度自动补偿电极、电极夹、电线连接箱、专用电缆、放大指示系统及小型计算机等组成。为防止电极长期浸泡于水中表面沾附污物，在电极夹上带有超声波清洗装置，定时自动清洗电极。

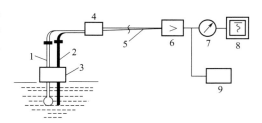

图 2-9　pH 连续自动测定原理

1—复合式 pH 电极；2—温度自动补偿电极；
3—电极夹；4—电线连接箱；5—电缆；6—阻抗转换
及放大器；7—指示表；8—记录仪；9—小型计算机

2.4.3.4 溶解氧监测仪

在水质连续自动监测系统中，广泛采用隔膜电极法测定水中溶解氧。有两种隔膜电极，一种是原电池式隔膜电极，另一种是极谱式隔膜电极，由于后者使用中性内充溶液，维护较简便，适用于自动监测系统中，图 2-10 为其测定原理图。电极可安装在流通式发送池中，也可浸入于搅动的水样中。该仪器设有清洗装置，定期自动清洗沾附在电极上的污物。

2.4.3.5 浊度监测仪

图 2-11 为表面散射式浊度自动监测仪工作原理。被测水经阀 1 进入消泡槽，去除水样中的气泡后，由槽底经阀 2 进入测量槽，再由槽顶溢流流出。测量槽顶经特别设计，使溢流水保持稳定，从而形成稳定的水面。从光源射入溢流水面的光束被水样中的颗粒物散射，其散射光被安装在测量槽上部的光电池接收，转化为光电流。同时，通过光导纤维装置导入一部分光源光作为参比光束输入到另一光电池（图中未画出），两光电池产生的光电流送入运算放大器运算，并转换成与水样浊度呈线性关系的电信号，用电表指示或记录仪记录。仪器零点可用通过过滤器的水样进行校正，量程可用标准溶液或标准散射板进行校正。光电元件、运算放大器应装于恒温器中，以避免温度变化带来的影响。测量槽内污物可采用超声波清洗装置定期自动清洗。

2.4.3.6 高锰酸盐指数监测仪

高锰酸盐指数自动监测仪有比色式和电位式两种。图 2-12 示意的是根据电位滴定法原理设计的间歇式高锰酸盐指数自动监测仪工作原理。在程序控制器控制下，依次将水样、硝酸银溶液、硫酸溶液和 0.005mol/L 高锰酸钾溶液经自动计量后送入置于 $100\,^{\circ}\text{C}$ 恒温水浴中的反应槽内，反应 30min 后，自动加入 0.0125mol/L 草酸钠溶液，将残留的高锰酸钾还原，

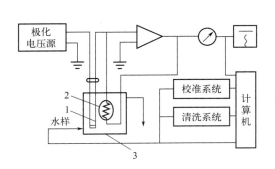

图 2-10　溶解氧连续自动测定原理
1—隔膜式电极；2—热敏电阻；3—发送池

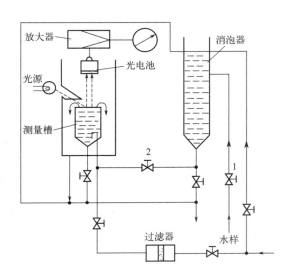

图 2-11　表面散射式浊度自动监测仪工作原理
1,2—阀门

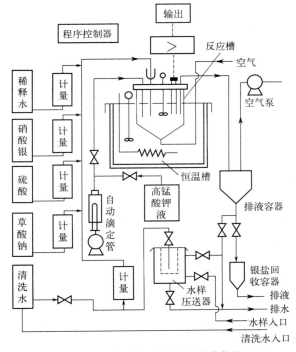

图 2-12　电位滴定式高锰酸盐指数
自动监测仪工作原理

过量草酸钠溶液再用 0.005mol/L 高锰酸钾溶液自动滴定，到达滴定终点时，指示电极系统（铂电极和甘汞电极）发出控制信号，滴定剂停止加入。数据处理系统经过运算将水样消耗的标准高锰酸钾溶液量转换成电信号，并直接显示或记录高锰酸钾指数。测定过程一结束，反应液从反应槽自动排出，继之用清洗水自动清洗几次，将整机恢复至初始状态，再进行下一个周期测定。每一测定周期需 1h。

2.4.3.7　COD 监测仪

用得比较多的是间歇式比色法和恒电流库仑滴定法 COD 自动监测仪。前者基于在酸性介质中，用过量的重铬酸钾氧化水样中的有机物和无机还原性物质，用比色法测定剩余重铬酸钾量，计算出水样消耗重铬酸钾量，从而得知水样 COD 值。仪器利用微机或程序控制器将量取水样、加液、加热氧化、测定及数据处理等操作自动进行。后者是将氧化水样后剩余的重铬酸钾用库仑滴定法测定，根据其消耗电量与加入的重铬酸钾总量所消耗的电量之差，计算出水样的 COD。仪器也是利用微机将各项操作按预定程序自动进行。两种仪器测定流程见图 2-13。

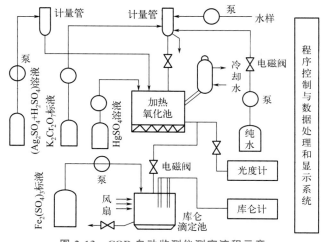

图 2-13 COD 自动监测仪测定流程示意

2.4.3.8 TOC 监测仪

TOC 自动监测仪是根据非色散红外吸收法原理设计的，有单通道和双通道两种类型。图 2-14 是单通道型仪器的流程图。用定量泵连续采集水样并送入混合槽，在混合槽内与以恒定流量输送来的稀盐酸溶液混合，使水样 pH 达 2～3，则碳酸盐分解为 CO_2，经除气槽随鼓入的氮气排出。已除去无机碳化合物的水样和氧气一起进入 850～950℃ 的燃烧炉（装有催化剂），则水样中的有机碳转化为 CO_2，经除湿后，用非色散红外分析仪测定。用邻苯二甲酸氢钾作标准物质定期自动对仪器进行校正。这种仪器另一种类型是用紫外光-催化剂氧化装置替代燃烧炉。

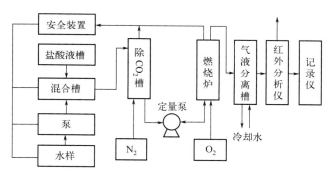

图 2-14 单通道 TOC 自动监测仪工作原理

2.4.4 地表水水质自动监测系统运行维护

依据《地表水自动监测技术规范》（HJ 915—2017），地表水水质自动监测系统运行维护包括定期开展例行维护、保养检修、故障检修、停机维护与数据平台日常管理和记录等。主要介绍例行维护工作内容。

例行维护工作主要包括站房环境检查、仪器与系统检查、易损件更换、耗材更换、试剂更换、管路清洗等工作。运行维护单位定期对水站进行巡检，巡检频次每周不得低于一次，并记录巡检情况。每次对水站巡检时进行下列工作：

① 查看各台分析仪器及辅助设备的运行状态和主要技术参数，判断运行是否正常；检

查仪器供电、过程温度、搅拌电机、传感器、电极以及工作时序等是否正常；检查有无漏液、管路里是否有气泡等；定期清洗常规五参数、叶绿素及蓝绿藻电极。

② 依据仪器运行情况、断面水质状况和水站环境条件确定易耗品和消耗品（如泵管、接头、密封件等）的更换周期，并保证在耗材使用到期前完成更换；如果需要更换零配件（如电极等），应备有库存保证及时更换。

③ 检查试剂状况，定期添加、更换试剂。所用纯水和试剂须达到相关技术要求，更换周期不得超过操作规程或仪器说明规定的试剂保质期，室内温度较高时应缩短更换周期。每次更换主要试剂后应按相应操作规程或仪器说明重新校准仪器。试剂配制工作应由有资质的实验室完成，提供试剂来源证明，并张贴标签。

④ 及时整理站房及仪器，完成废液收集并按相关规定要求做好处理处置工作，且留档备查；保持水站站房及各仪器干净整洁，及时关闭门窗，避免日光直射各类分析仪器。

⑤ 检查采水系统、配水系统是否正常，如采水浮筒固定情况，自吸泵运行情况等；定期清洗采配水系统，包括采水头、吊桶、泵体、沉砂池、过滤头、样水杯、阀门及相关管路等，对于无法清洗干净的应及时更换。

⑥ 检查水站电路系统是否正常，接地线路是否可靠，检查采样和排液管路是否有漏液或堵塞现象，排水排气装置工作是否正常。

⑦ 检查站房空调及保温措施，保持温度稳定；检查水泵及空压机固定情况，避免仪器振动；检查空压机、不间断电源、除藻装置、纯水机等辅助设施运行状态，及时更换耗材并排空空压机积水。

⑧ 检查工控机运行状态，有无中毒现象，至少每季度备份一次现场数据及控制软件；检查仪器与系统的通信线路是否正常，模拟量传输的数据偏差是否符合要求。

⑨ 站房周围的杂草和积水应及时清除，检查防雷设施是否可靠，站房是否有漏雨现象，站房外围的其他设施是否有损坏或被水淹，如遇到以上问题及时处理，保证系统安全运行。在封冻期来临前做好采水管路和站房保温等维护工作。

⑩ 做好日常例行维护工作记录，重要的工作内容拍照存档。

 思考与练习 2.4

（1）河流水质自动监测系统监测的常规五参数指什么？

（2）说明下列仪器对水质进行间歇或连续自动监测的原理：高锰酸盐指数监测仪；COD 监测仪。

（3）简述地表水水质自动监测系统运行维护、例行维护分别包括的内容。

阅读与咨询

1. 扫描二维码可查看［拓展阅读 2-3］地下水环境监测。

2. 登录所列的相关咨询网站，可拓展学习有关内容。

地下水环境监测

模块 3
城镇污水监测

学习目标

知识目标 了解城镇污水指标测定的意义；熟悉污水监测项目、监测方法和注意事项；掌握水样采集与保存技术；掌握常规指标测定原理、样品处理和分析测试方法。

能力目标 能根据监测技术规范确定采样点的位置，完成样品采集、保存和运输；能根据标准方法完成常规指标的测定；能够正确处理实验数据并利用其对污水处理效果进行评价。

素质目标 培养安全责任、社会责任意识；培养质量责任意识、规范操作和节约意识；培养务实求真、吃苦耐劳、严谨认真的工作态度。

学习引导

城镇污水有什么特点？城镇污水监测点位如何设置？城镇污水都要实施自行监测吗？

为落实《中华人民共和国环境保护法》《中华人民共和国水污染防治法》《中华人民共和国大气污染防治法》，指导和规范水处理排污单位自行监测工作，生态环境部于 2020 年发布了《排污单位自行监测技术指南 水处理》（HJ 1083—2020），于 2020 年 4 月 1 日起实施。该指南提出了水处理排污单位开展自行监测的一般要求、监测方案制订、信息记录和报告等的基本内容和要求。指南适用于水处理排污单位（包括城镇污水处理厂）在生产运行阶段对其排放的水、气污染物、污泥，厂界环境噪声以及对其周边环境质量影响开展监测，但不适用于处理量小于 $500\mathrm{m^3/d}$ 的城镇污水处理厂和其他生活污水处理厂。

任务 3.1 城镇污水监测方案制订

城镇污水指城镇居民生活污水，机关、学校、医院、商业服务机构及各种公共设施排水，以及允许排入城镇污水收集系统的工业废水和初期雨水等。城镇生活污水中一般有机物含量高，N、P 含量逐年增多。本模块所介绍城镇污水监测即是针对城镇污水处理厂污水的监测。城镇污水处理厂指对进入城镇污水收集系统的污水进行净化处理的污水处理厂。城镇污水监测方案的制订应依据监测目的要求及国家有关标准和规范，如《城镇污水处理厂污染物排放标准》（GB 18918—2002）、《城镇污水处理厂运行监督管理技术规范》（HJ 2038—2014）等进行。

3.1.1　城镇污水监测目的和对象

（1）监测目的

通过对城镇污水处理厂总排放口水质的监测，评价处理后出水水质达标情况；通过对进水口水质监测，可及时发现进水异常情况，及时采取有效控制措施，调整运行参数，防止发生运行事故。通过对整个处理工艺进水口、总排放口水质的监测，可评价污水处理工艺的处理效果；也可通过对各处理单元进水口和出水口的水质监测，评价该处理单元的处理效果。

（2）监测对象

城镇污水处理厂水质监测的对象包括进水口水质、总排口水质及各单元处理设施进出口水质。

3.1.2　城镇污水监测指标和方法

（1）监测指标选择

《城镇污水处理厂污染物排放标准》（GB 18918—2002）规定了城镇污水处理厂水污染物排放基本控制项目、一类污染物和选择控制项目最高允许排放浓度，适用于城镇污水处理厂出水控制的管理，分别见表 3-1～表 3-3。

表 3-1　基本控制项目最高允许排放浓度（日均值）　　　　　单位：mg/L

序号	基本控制项目		一级标准		二级标准	三级标准
			A 标准	B 标准		
1	化学需氧量（COD）		50	60	100	120[①]
2	生化需氧量（BOD$_5$）		10	20	30	60[①]
3	悬浮物（SS）		10	20	30	50
4	动植物油		1	3	5	20
5	石油类		1	3	5	15
6	阴离子表面活性剂		0.5	1	2	5
7	总氮（以 N 计）		15	20	—	—
8	氨氮（以 N 计）[②]		5(8)	8(15)	25(30)	—
9	总磷（以 P 计）	2005 年 12 月 31 日前建设的	1	1.5	3	5
		2006 年 1 月 1 日起建设的	0.5	1	3	5
10	色度（稀释倍数）		30	30	40	50
11	pH		6～9			
12	粪大肠菌群数/（个/L）		10^3	10^4	10^4	—

① 下列情况下按去除率指标执行：当进水 COD 大于 350mg/L 时，去除率应大于 60%；BOD 大于 160mg/L 时，去除率应大于 50%。

② 括号外数值为水温>12℃时的控制指标，括号内数值为水温≤12℃时的控制指标。

表 3-2　部分一类污染物最高允许排放浓度（日均值）　　　　　单位：mg/L

序号	项目	标准值	序号	项目	标准值
1	总汞	0.001	5	六价铬	0.05
2	烷基汞	不得检出	6	总砷	0.1
3	总镉	0.01	7	总铅	0.1
4	总铬	0.1			

表 3-3　部分选择控制项目的最高允许排放浓度（日均值）　　　　单位：mg/L

序号	选择控制项目	标准值	序号	选择控制项目	标准值
1	总镍	0.05	11	硫化物	1.0
2	总铍	0.002	12	甲醛	1.0
3	总银	0.1	13	苯胺类	0.5
4	总铜	0.5	14	总硝基化合物	2.0
5	总锌	1.0	15	有机磷农药（以 P 计）	0.5
6	总锰	2.0	16	马拉硫磷	1.0
7	总硒	0.1	17	乐果	0.5
8	苯并[a]芘	0.00003	18	对硫磷	0.05
9	挥发酚	0.5	⋯⋯	⋯⋯	⋯⋯
10	总氰化物	0.5	43	可吸附有机卤化物（以 Cl 计）	⋯⋯

基本控制项目主要包括影响水环境和城镇污水处理厂一般处理工艺可以去除的常规污染物，以及部分一类污染物；选择控制项目包括对环境有较长期影响或毒性较大的污染物。

基本控制项目必须执行；选择控制项目，由地方环境保护行政主管部门根据污水处理厂接纳的工业污染物的类别和水环境质量要求选择控制。

（2）标准级别确定

根据城镇污水处理厂排入地表水域环境功能和保护目标以及污水处理厂处理工艺，将基本控制项目的常规污染物标准值分为一级标准、二级标准和三级标准。一级标准分为 A 标准和 B 标准，一类重金属污染物和选择控制项目不分级。确定级别后，执行相应标准值。

① 一级标准的 A 标准是城镇污水处理厂出水作为回用水的基本要求。当污水处理厂出水引入稀释能力较小的河湖作为城镇景观用水和一般回用水等用途时，执行一级标准 A 标准。

② 城镇污水处理厂出水排入国家和省确定的重点流域及湖泊、水库等封闭、半封闭水域时，执行一级标准的 A 标准，GB 3838 地表水Ⅲ类功能水域（划定的饮用水水源保护区和游泳区除外）、GB 3097 海水二类功能水域时，执行一级标准的 B 标准。

③ 城镇污水处理厂出水排入 GB 3838 地表水Ⅳ类、Ⅴ类功能水域或 GB 3097 海水三类、四类功能海域，执行二级标准。

④ 非重点控制流域和非水源保护区的建制镇污水处理厂，根据当地经济条件和水污染控制要求，采用一级强化处理工艺时，执行三级标准，但必须预留二级处理设施位置，分期达到二级标准。

（3）分析方法选取

《城镇污水处理厂污染物排放标准》（GB 18918—2002）中规定了城镇污水处理厂水污染物监测分析方法，部分指标监测分析方法见表 3-4。

表 3-4　部分水污染物监测分析方法

序号	控制项目	测定方法	测定下限/（mg/L）	方法来源
1	化学需氧量（COD）	重铬酸盐法	16	HJ 828—2017
2	生化需氧量（BOD）	稀释与接种法	2	HJ 505—2009
3	悬浮物（SS）	重量法	—	GB 11901
4	石油类及动植物油	红外分光光度法	0.24	HJ 637—2018
5	阴离子表面活性剂	亚甲蓝分光光度法	0.05	GB 7494
6	氨氮	蒸馏-中和滴定法 纳氏试剂分光光度法	0.05 0.025	HJ 537—2009 HJ 535—2009
7	总氮	碱性过硫酸钾消解紫外分光光度法	0.05	HJ 636—2012
8	总磷	钼酸铵分光光度法	0.01	GB 11893
9	色度	稀释倍数法	—	HJ 1182—2021
10	pH 值	电极法	—	HJ 1147—2020

序号	控制项目	测定方法	测定下限/(mg/L)	方法来源
11	粪大肠菌群数	滤膜法	—	HJ 347.1—2018
		多管发酵法	—	HJ 347.2—2018
12	总大肠菌群和粪大肠菌群	纸片快速法	20MPN/L	HJ 755—2015
13	总铬	高锰酸钾氧化-二苯碳酰二肼分光光度法	0.004	GB 7466
14	六价铬	二苯碳酰二肼分光光度法	0.004	GB 7467
15	总砷	二乙基二硫代氨基甲酸银分光光度法	0.007	GB 7485
16	挥发酚	4-氨基安替比林分光光度法	0.04	HJ 503—2009
17	总氰化物	异烟酸-吡唑啉酮分光光度法	0.016	HJ 484—2009

3.1.3　水样采集及水量计量

（1）取样位置

《城镇污水处理厂污染物排放标准》（GB 18918—2002）规定，水质取样应在污水处理厂处理工艺末端总排放口，以评价出水水质是否达到排放标准要求。此外在排放口还应设污水水量自动计量装置、自动比例采样装置，pH、COD、氨氮等主要水质指标应安装在线监测装置。

《城镇污水处理厂运行监督管理技术规范》（HJ 2038—2014）规定，应在污水厂进水口、排放口布设采样点，安装连续采样装置和在线连续监测装置，装置产生的废液应进行收集和处理，运行记录应归档和保存。

（2）取样频率

城镇污水处理厂取样频率为至少每 2h 一次，取 24h 混合样，以日均值计。

其他有关内容见"任务 4.2　水样的采集与保存"。

 思考与练习 3.1

1. 对于城镇污水处理厂出水，适用的评价标准是哪种？
2. 城镇污水处理厂污水监测的目的是什么？
3. 城镇污水处理厂污水监测的取样点位置是怎样的？
4. 城镇污水处理厂污水监测的采样频率是怎样的？

 阅读与咨询

扫描二维码可查看［拓展阅读 3-1］自行监测和［拓展阅读 3-2］环境保护图形标志。

自行监测

环境保护图形标志

任务 3.2　污水处理厂水污染物监控

污水厂应设置专用化验室，具备污染物检测和全过程监控能力，按相关规定实施全过程检测；应制定化验分析质量控制标准，定期检定和校验化验计量设备，以提高监测数据的可靠性。

3.2.1 对进水水质检测

污水厂应按照《水质自动采样器技术要求及检测方法》（HJ/T 372—2007）和《水污染源在线监测系统（COD$_{cr}$、NH$_3$-N 等）运行技术规范》（HJ 355—2019）的规定，在进水口安装进水连续采样装置和水质在线连续监测装置。应按《城镇污水处理厂污染物排放标准》（GB 18918）规定的污染指标（表 3-4）和采样化验频率检测进水水质。

3.2.2 排放口检测控制

① 基本要求 污水厂排放口应规范化，排放口环境保护图形标志牌应符合《环境保护图形标志——排放口（源）》（GB 15562.1—1995）的相关规定；排放口应安装污水厂出水在线连续监测装置，并符合 HJ 355—2019 的相关要求，运行记录应归档和保存；运行单位应建立排放口维护管理制度，配备专业技术人员进行维护管理，保证设施正常运转，运行记录齐全、真实；污水厂应将在线连续监测装置产生的废液进行收集和处理，防止产生环境污染。

② 水质检测化验的要求 排放口安装和运行的水质自动采样器应符合《水质自动采样器技术要求及检测方法》（HJ/T 372）的相关规定；污水厂应按照《城镇污水处理厂污染物排放标准》（GB 18918）的规定进行污水厂出水的采样和水质检测。有关的具体内容见本教材"任务 4.4 水污染源连续自动监测运行维护"。

③ 水质检测指标 污水厂应按规定监测并记录进水和出水的水质指标，包括：化学需氧量（COD）、五日生化需氧量（BOD$_5$）、悬浮物（SS）、pH、氨氮（以 N 计）、总氮（以 N 计）、总磷（以 P 计）和粪大肠菌群等。

3.2.3 监控数据记录

① 中控系统应实时记录污水厂的进水、出水流量（含累积流量）和进水、出水水质（COD、氨氮等关键指标）等运行数据，并依据记录数据自动生成动态变化曲线。

② 将进水和出水的总氮（以 N 计）、总磷（以 P 计）、SS 等作为选择性指标时，中控系统可作相关记录并依据数据生成动态变化曲线。

③ 污水厂应安装再生水流量计并记录和传送流量数据，应具有表征再生水水质的色度、浊度等特征性指标的监测和数据记录，有明确用途的再生水应同时监测和记录其他选择性水质指标。

 思考与练习 3.2

1. 依据监控数据记录生成动态变化曲线有什么意义？
2. 污水厂按规定监测并记录进水和出水的水质指标有哪些？
3. 水污染自动监测系统组成如何？

阅读与咨询

扫描二维码可查看 [拓展阅读 3-3] 1＋X 环境监测与治理职业技能等级证书（水环境监测）。

1＋X 环境监测与治理职业
技能等级证书（水环境监测）

任务 3.3　指标测定

3.3.1　悬浮物

3.3.1.1　概述

（1）含义及测定意义

水中悬浮物，简称 SS（suspended substance），是指水样通过孔径为 $0.45\mu m$ 的滤膜，截留在滤膜上并于 $103\sim105℃$ 烘干至恒重得到的固体物质。

悬浮物包括不溶于水的泥沙、各种污染物、微生物以及难溶无机物等。地表水中存在悬浮物使水体浑浊，降低透明度，影响水生生物的呼吸和代谢，甚至造成鱼类窒息死亡。悬浮物多时，还可能造成河道阻塞。造纸、制革、选矿、冲渣、喷淋除尘等工业操作中产生大量含无机、有机的悬浮物废水，因此，在水和废水处理中，测定悬浮物具有特定意义。

悬浮物的测定
——方法原理及
测定过程

（2）测定方法选择

水中悬浮物的测定方法为重量法（GB/T 11901—89），该法适用于地面水、地下水、生活污水和工业废水中悬浮物的测定。

3.3.1.2　方法原理

水样经过滤不能通过孔径为 $0.45\mu m$ 滤膜的固体物质，经 $103\sim105℃$ 烘干至恒重得到的不可滤残渣的质量。常用 $0.45\mu m$ 滤膜、滤纸、石棉坩埚等为滤器，测定结果与选用过滤器有关，需注明。

3.3.1.3　仪器和试剂

① 烘箱。
② 分析天平：万分之一。
③ 全玻璃或有机玻璃微孔滤膜过滤器。
④ 滤膜：孔径 $0.45\mu m$，直径 60mm。
⑤ 真空泵、吸滤瓶。

⑥ 无齿扁嘴镊子。
⑦ 干燥器（含干燥剂）。
⑧ 称量瓶（内径 $30\sim50mm$）。
⑨ 蒸馏水或同等纯度的水。

3.3.1.4　分析步骤

（1）样品采集和保存

所用聚乙烯瓶或瓶壁光洁的硬质玻璃瓶要用洗涤剂洗净，再依次用自来水和蒸馏水冲洗干净。在采样前，再用即将采集的水样清洗三次，然后采集具有代表性的水样 500～1000mL，盖严瓶塞。采集的水样应尽快测定。如需放置，应贮存在 4℃ 冷藏箱内，最长不超过 7d。

（2）滤膜准备

用扁嘴无齿镊子夹取微孔滤膜放于事先恒重的称量瓶内，移入烘箱中于 103～105℃ 烘干 0.5h 后取出，置于干燥器内冷却至室温，称其质量。反复烘干、冷却、称量，直至恒重（两次称量的质量差≤0.2mg）。

悬浮物的
测定操作

将恒重的微孔滤膜正确放在滤膜过滤器的滤膜托盘上，加盖配套的漏斗，并用夹子固定好。以蒸馏水湿润滤膜，不断吸滤。

（3）水样测定

量取充分混合均匀的水样 100mL（使悬浮物为 5～100mg）抽吸过滤，使水样全部通过滤膜。再以每次 10mL 蒸馏水连续洗涤三次，继续吸滤以除去痕量水分。

停止吸滤后，小心取出载有悬浮物的滤膜放在原恒重的称量瓶中，放入烘箱中于 103～105℃ 烘干 1h 后移入干燥器中，冷却到室温，称其质量。反复烘干、冷却、称量，直至恒重（两次称量的质量差≤0.4mg 为止）。记录称量结果。

3.3.1.5　数据记录与处理

数据记录参见表 3-5。

表 3-5　SS 测定数据记录表

样品编号或名称	取样量/mL	称重/g			悬浮物含量/(mg/L)
	V	W_1	W_2	差值	SS

悬浮物浓度 SS（mg/L）按下式计算：

$$SS(mg/L) = \frac{(W_2 - W_1) \times 10^6}{V_{样}} \tag{3-1}$$

式中　W_1——滤膜＋称量瓶质量，g；

　　　W_2——滤膜＋称量瓶＋悬浮物质量，g；

　　　$V_{样}$——水样体积，mL。

3.3.1.6　注意事项

①　使用前应检查滤膜（或滤纸）无破损；需进行烘干、冷却、称量至恒重（0.2mg 以内），并编号。

②　水样充分混匀后再量取，一般取 100mL。水样较清时可多取，因为悬浮物过少，会增大测量误差，影响测定精度；水样浑浊时可适当少取，一般以 5～100mg 悬浮物作为量取试样体积的适用范围。

③　漂浮或浸没的固体物质不属于悬浮物，应从采集的水样中除去。

④　样品保存时不能加入任何保护剂，以防破坏物质在固、液两相间的平衡。

⑤　采集的水样应尽快分析测定；滤膜过滤后应放回原称量瓶中称重。

3.3.1.7　思考题

① 重量法测定悬浮物的方法名称及原理是什么？
② 为什么报悬浮物测定结果需注明所用滤器？
③ 测定水中悬浮物过程中烘箱的温度是不是可以改变？

3.3.2　色度

3.3.2.1　概述

（1）含义及测定意义

色度是衡量水样颜色深浅程度的指标。纯水是无色透明的，天然水中存在腐殖质、泥土、浮游生物、矿物质等，显示不同颜色。工业废水因污染源不同，而使水色变得复杂。地表水受有色工业废水污染后着色，会减弱水体的透光性，影响水生生物生长。

色度分为真色和表色。真色是指经过滤或离心处理除去水中悬浮物后水样的颜色，表色是指没有除去水中悬浮物时水样所呈现的颜色。

水质分析中所表示的颜色，是指水的真色，故在测定前需先用澄清、离心沉降或用 $0.45\mu m$ 滤膜过滤的方法除去水中的悬浮物，但不能用滤纸过滤（滤纸会吸收部分颜色）。有些水样含有颗粒太细的有机物或无机物质，不宜采用离心分离，只能测定水样的"表色"，这时需要在结果报告上注明。

（2）方法选择

测定水样色度的方法为稀释倍数法（HJ 1182—2021）及铂钴比色法（GB 11903—1989）。稀释倍数法适用于生活污水和工业废水色度的测定；铂钴比色法适用于清洁水、轻度污染并略带黄色调的水，以及比较清洁的地面水、地下水和饮用水等。两种方法应独立使用，一般没有可比性。

3.3.2.2　稀释倍数法

（1）方法原理

将样品稀释至与水相比无视觉感觉区别，用稀释后的总体积与原体积的比表达颜色的强度，单位为倍。该方法检出限和测定下限为 2 倍。

（2）试剂

去离子水或纯水。

（3）人员、环境和设备

① 人员：检测人员必须视力正常，具备能准确分辨色彩的能力，不能有色觉障碍或色盲。

② 测定背景：房间墙体的颜色应为白色，检测人员应穿着白色实验服。

③ 具塞比色管：50mL、100mL，内径一致，无色透明、底部均匀无阴影。

④ 光源：在光线充足的条件下可使用自然光。否则应在光源下进行测定。光源为荧光灯或 LED 灯，2 种光源发出的光均要求为冷白色。

⑤ pH 计：精度 $\pm0.1pH$ 单位或更高精度。

⑥ 采样瓶：250mL 具塞磨口棕色玻璃瓶。

⑦ 一般实验室常用仪器和设备

（4）样品准备

① 样品采集和保存　按照相关规定采集样品于棕色玻璃瓶中，在 4℃ 以下冷藏、避光保存，24h 内测定。对于可生化性差的样品，如染料和颜料废水等样品可冷藏保存 15d。

② 试样的制备　将样品倒入 250mL 量筒中，静置 15min，倾取上清液作为试样进行测定。

③ 颜色描述　取试样上清液倒入 50mL 具塞比色管中，至 50mL 标线，将具塞比色管垂直放置在白色表面上，垂直向下观察液柱。用文字描述样品的颜色特征，颜色（红色、橙色、黄色、绿色、蓝色、紫色、白色、灰色、黑色），深浅（无色、浅色、深色），透明度（透明、浑浊、不透明）。

④ pH 值的测定按照电极法对水样进行 pH 值的测定。

（5）分析步骤

① 初级稀释　准确移取 10.0mL 试样上清液于 100mL 比色管或 100mL 容量瓶中，用纯水稀释至 100mL 刻度，混匀后按目视比色方法观察，如果还有颜色，则继续取稀释后的试料 10.0mL，再稀释 10 倍，依次类推，直到刚好与纯水无法区别为止，记录稀释次数 n。

② 自然倍数稀释　用量筒取上述第 $n-1$ 次初级稀释的试料，按照表 3-6 的稀释方法由小到大逐级按自然倍数进行稀释，每稀释 1 次，混匀后按目视比色方法观察，直到刚好与纯水无法区别时停止稀释，记录稀释倍数 D_1。

表 3-6　稀释方法及结果表示

稀释倍数 D_1	稀释方法	结果表示
2 倍	取 25mL 试样加水 25mL，混匀备用	$2 \times 10^{n-1}$ 倍($n=1,2\cdots$)
3 倍	取 20mL 试样加水 40mL，混匀备用	$3 \times 10^{n-1}$ 倍($n=1,2\cdots$)
4 倍	取 20mL 试样加水 60mL，混匀备用	$4 \times 10^{n-1}$ 倍($n=1,2\cdots$)
5 倍	取 10mL 试样加水 40mL，混匀备用	$5 \times 10^{n-1}$ 倍($n=1,2\cdots$)
6 倍	取 10mL 试样加水 50mL，混匀备用	$6 \times 10^{n-1}$ 倍($n=1,2\cdots$)
7 倍	取 10mL 试样加水 60mL，混匀备用	$7 \times 10^{n-1}$ 倍($n=1,2\cdots$)
8 倍	取 10mL 试样加水 70mL，混匀备用	$8 \times 10^{n-1}$ 倍($n=1,2\cdots$)
9 倍	取 10mL 试样加水 80mL，混匀备用	$9 \times 10^{n-1}$ 倍($n=1,2\cdots$)

③ 目视比色　将稀释后的试料和纯水分别倒入 50mL 具塞比色管至 50mL 标线，将具塞比色管垂直放置在白色表面上，垂直向下观察液柱，比较试料和纯水的颜色。

（6）数据记录与处理

样品的稀释倍数 D，按下式进行计算。

$$D = D_1 \times 10^{(n-1)} \tag{3-2}$$

式中　D——样品稀释倍数；

　　　n——初级稀释次数；

　　　D_1——稀释倍数。

结果以稀释倍数值表示。在报告样品色度的同时，报告颜色特征和 pH 值。

（7）质量保证和质量控制

定期使用《色觉检查图》对人员进行色觉检查，检测人员回答问题的正确率应达到 100%。

3.3.2.3　铂钴比色法

（1）方法原理

用氯铂酸钾和氯化钴配成标准色列，与水样进行目视比色来确定水样的色度。规定每升水中含有 1mg 铂和 0.5mg 钴时所产生的颜色为 1 度。

（2）主要仪器

① 50mL 具塞比色管若干，其刻线高度应一致。
② 容量瓶、移液管、量筒等常用玻璃仪器。

（3）试剂

铂钴标准溶液：称取 1.245g 氯铂酸钾（K_2PtCl_6）（相当于 500mg 铂）及 1.000g 氯化钴（$CoCl_2 \cdot 6H_2O$）（相当于 250mg 钴）溶于约 100mL 水中，加 100mL 盐酸，用水定容至 1000mL。此溶液色度为 500 度。保存在密塞玻璃瓶中，存放暗处，不超过 30℃，至少可稳定 6 个月。

（4）分析步骤

① 采样　用至少 1L 的清洁无色的玻璃瓶按采样要求采集具有代表性的水样。所取水样应无树叶、枯枝等漂浮杂物。水样应尽快测定，否则应于 4℃ 左右冷藏保存，48h 内测定。

② 标准色列配制　向一组 50mL 比色管中分别加入 0、0.50mL、1.00mL、1.50mL、2.00mL、2.50mL、3.00mL、3.50mL、4.00mL、4.50mL、5.00mL、6.00mL 及 7.00mL 铂钴标准溶液，用水稀释至标线，混匀。各管色度依次为 0 度、5 度、10 度、15 度、20 度、25 度、30 度、35 度、40 度、45 度、50 度、60 度和 70 度，密塞保存。

③ 水样处理　将水样倒入 250mL 量筒中，静置 15min，观察上清液颜色。

④ 测定

a. 分取 50.0mL 澄清透明水样于比色管中。如水样色度≥70 度，可酌情少取水样，用水稀释至 50.0mL，使色度落在标准色列范围内。

b. 将水样与标准色列进行目视比较。观测时，将比色管置于白瓷板或白纸上，使光线从管底部向上透过液柱，目光自管口垂直向下观察，记下与水样色度相同的铂钴标准色列的色度。

（5）计算

$$色度（度）= C \times \frac{50}{V_{水样}} \tag{3-3}$$

式中　C——稀释后水样相当于铂钴标准色列的色度；
　　　$V_{水样}$——加入比色管中的水样体积，mL。

83

（6）注意事项

① 可用重铬酸钾代替氯铂酸钾配制标准色列。方法：称取 0.0437g 重铬酸钾和 1.000g 硫酸钴（$CoSO_4 \cdot 7H_2O$），溶于少量水中，加入 0.50mL 硫酸，用水稀释至 500mL。此溶液的色度为 500 度，不宜久存。

② 如果样品中含有泥土或其他分散很细的悬浮物，虽经预处理仍得不到透明水样时，则只测"表色"。

3.3.2.4 思考题

① 何谓真色和表色？测定色度一般指真色还是表色？
② 稀释倍数法和铂钴比色法各适于测定何类水样？

3.3.3 氨氮

3.3.3.1 概述

（1）危害及来源

氨氮（NH_3-N）是指水中以游离氨（NH_3）或铵盐（NH_4^+）形式存在的氮。两者的组成比取决于水体的 pH 值和水温。当 pH 值偏高时，游离氨比例较高，反之铵盐比例较高，水温则相反。鱼类对水中氨氮比较敏感，当氨氮含量高时会导致鱼类死亡，对其他水生生物也有不同程度的危害。

水中氨氮主要来源于生活污水中含氮有机物受微生物作用的分解产物以及某些工业废水（如焦化废水、合成氨化肥厂废水等）和农田排水。

（2）测定方法选择

氨氮的测定方法有蒸馏-中和滴定法（HJ 537—2009）、纳氏试剂分光光度法（HJ 535—2009）、水杨酸分光光度法（HJ 536—2009）、气相分子吸收光谱法（HJ/T 195—2005）等。

此外还有流动注射-水杨酸分光光度法（HJ 666—2013）、连续流动-水杨酸分光光度法（HJ 665—2013），这两类方法均适用于地表水、地下水、生活污水和工业废水中氨氮的测定，需分别使用专用的流动注射分析仪和连续流动分析仪测定。

蒸馏-中和滴定法适用于生活废水和工业废水中氨氮的测定。当试样体积为 250mL 时，本方法的检出限为 0.05mg/L（以 N 计）。

纳氏试剂分光光度法适用于地表水、地下水、生活污水和工业废水中氨氮的测定。样品经预处理后，用一组 50mL 比色管进行显色测定，具有操作简单、灵敏的特点。

水杨酸分光光度法也适用于地下水、地表水、生活污水和工业废水中氨氮的测定。样品经预处理后，用一组 10mL 比色管进行显色测定，所用试剂较多，显色时间比较长（达 60min），操作费时。

气相分子吸收法适用于地表水、地下水、海水、饮用水、生活污水和工业废水中氨氮的测定。方法的最低检出限为 0.020mg/L，测定下限为 0.080mg/L，测定上限为 100mg/L，需使用专用的气相分子吸收光谱仪进行分析测定。

下面介绍最常用的蒸馏-中和滴定法和纳氏试剂分光光度法。

3.3.3.2 蒸馏-中和滴定法

（1）方法原理

调节水样 pH 值为 6.0～7.4，加入轻质氧化镁使呈微碱性，加热蒸馏，蒸馏释出的氨用硼酸溶液吸收。以甲基红-亚甲蓝为指示剂，用盐酸标准溶液滴定馏出液中的氨氮（以 N 计）。

（2）试剂和材料

分析时所用试剂均使用符合国家标准的分析纯化学试剂（另有说明的除外），实验用水为下述方法制备的无氨水。

① 无氨水：在无氨环境中用下述方法之一制备。

a. 离子交换法 蒸馏水通过强酸性阳离子交换树脂（氢型）柱，将流出液收集在带有磨口塞的玻璃瓶内。每升流出液加 10g 同样的树脂，以利于保存。

b. 蒸馏法 在 1000mL 的蒸馏水中，加 0.1mL 浓硫酸，在全玻璃蒸馏器中重蒸馏，弃去前 50mL 馏出液，然后将约 800mL 馏出液收集在带有磨口塞的玻璃瓶内。每升馏出液加 10g 强酸性阳离子交换树脂（氢型）。

c. 纯水器法 用市售纯水器直接制备。

② 氢氧化钠溶液 $c(NaOH)=1mol/L$：称取 20g 氢氧化钠（NaOH）溶于约 200mL 水中，冷却至室温，稀释至 500mL（用于调节水样 pH 值）。

③ 硫酸溶液 $c(1/2H_2SO_4)=1mol/L$：量取 2.8mL 浓硫酸（$\rho=1.84g/mL$）缓慢加入 100mL 水中（用于调节水样 pH 值）。

④ 轻质氧化镁：不含碳酸盐，在 500℃下加热，以除去碳酸盐。

⑤ 硼酸吸收液（20g/L）：称取 20g 硼酸（H_3BO_3）溶于水，稀释至 1000mL。

⑥ 甲基红指示液 $\rho=0.5g/L$：称取 50mg 甲基红溶于 100mL 乙醇中。

⑦ 溴百里酚蓝指示剂 $\rho=1g/L$：称取 0.10g 溴百里酚蓝溶于 50mL 水中，加入 20mL 乙醇，用水稀释至 100mL（pH6.0～7.6）。

⑧ 混合指示剂：称取 200mg 甲基红溶于 100mL 乙醇中；另称取 100mg 亚甲蓝溶于 100mL 乙醇中。取两份甲基红指示液与一份亚甲蓝溶液混合备用，此溶液可稳定 1 个月。

⑨ 碳酸钠标准溶液 $c(1/2Na_2CO_3)=0.0200mol/L$：称取经 180℃ 干燥 2h 的无水碳酸钠 0.5300g，溶于新煮沸放冷的水中，移入 500mL 容量瓶中，稀释至标线。

⑩ 盐酸标准滴定溶液 $c(HCl)=0.02mol/L$：量取 1.7mL 盐酸于 1000mL 容量瓶中，用水稀释至标线。

标定方法：移取 25.00mL 碳酸钠标准溶液于 150mL 锥形瓶中，加 25mL 水，加 1 滴甲基红指示液，用盐酸标准溶液滴定至淡红色为止，记录消耗的体积，计算盐酸溶液的浓度。计算公式如下：

$$c(HCl)=\frac{c_1V_1}{V_2} \tag{3-4}$$

式中　$c(HCl)$——盐酸标准滴定溶液的浓度，mol/L；

c_1——碳酸钠标准溶液的浓度，mol/L；

V_1——碳酸钠标准溶液的体积，25.00mL；

V_2——标定消耗的盐酸标准滴定溶液体积，mL。

⑪ 玻璃珠。

⑫ 防沫剂：如石蜡碎片。

（3）仪器和设备

① 氨氮蒸馏装置：由 500mL 凯氏烧瓶、氮球、直形冷凝管和导管组成，冷凝管末端连接一段适当长度的滴管，使出口尖端浸入吸收液液面以下。亦可使用蒸馏烧瓶。

② 酸式滴定管和实验室其他常用玻璃仪器。

（4）测定步骤

① 采样及样品保存　采样容器为聚乙烯瓶或玻璃瓶，用所采水样冲洗三遍。采样后要尽快分析，否则应在 2～5℃下存放，或用硫酸酸化至 pH<2，2～5℃下可保存 7d。存放过程中应注意防止样品吸收空气中的氨而被污染。

② 样品蒸馏预处理

a. 蒸馏装置预处理　组装蒸馏装置，冷凝管末端连接一适当长度的滴管，保证出口尖端浸入吸收液液面下约 2cm。取 350mL 水于凯氏烧瓶中，加数粒玻璃珠，加热蒸馏至少收集 100mL 水，将馏出液及瓶内残留液弃去。

b. 水样蒸馏　分别取 250mL 水样（如氨氮含量较高，可适当少取水样，加水至 250mL，使氨氮含量不超过 2.5mg），移入烧瓶中，加 2 滴溴百里酚蓝指示剂，用氢氧化钠溶液或硫酸溶液调节 pH 为 6.0（指示剂呈黄色）～7.4（指示剂呈蓝色）。加入 0.25g 轻质氧化镁和数粒玻璃珠，必要时加入防沫剂，立即连接蒸馏装置及冷凝管，导管下端插入盛有 50mL 硼酸吸收液的容量瓶液面下。加热蒸馏，使馏出液的速率约为 10mL/min，待馏出液达 200mL 时，停止蒸馏。

③ 滴定分析　将全部馏出液转移到锥形瓶中，加 2 滴混合指示液，用 0.020mol/L 盐酸标准滴定溶液滴定，至溶液由绿色变为淡紫色为终点，记录消耗的盐酸标准滴定溶液体积 V。

④ 空白试验　取 250mL 无氨水代替水样，同样品蒸馏及滴定步骤测定，记录消耗的盐酸标准溶液体积 V_0。

（5）数据处理

样品中氨氮的浓度 ρ（mg/L）按下式计算：

$$氨氮的浓度（N，mg/L）= \frac{c(V-V_0)\times 14.01 \times 1000}{V_样} \tag{3-5}$$

式中　c——滴定用盐酸标准溶液的浓度，mol/L；

　　　V——滴定水样所消耗的盐酸标准溶液体积，mL；

　　　V_0——空白试验所消耗的盐酸标准溶液体积（V_0 不得大于 0.04mL，否则需查找原因），mL；

　　　$V_样$——水样体积，mL；

　　14.01——氮的原子量，g/mol。

（6）质量保证和质量控制

① 无氨水的检查　用盐酸标准溶液滴定 250mL 该水，消耗盐酸标准溶液体积不得大于 0.04mL。

② 蒸馏装置清洗　向蒸馏烧瓶中加入 350mL 水，加数粒玻璃珠，装好仪器，加热蒸馏至少收集 100mL 水，将馏出液及瓶内残留液弃去。

③ 蒸馏预处理　蒸馏刚开始时氨气蒸出速度较快，加热不能过快，否则会造成水样暴沸、馏出液温度升高，氨吸收不完全，馏出液的速度应保持在 10mL/min 左右。如果水样

中存在余氯，则加入几粒结晶硫代硫酸钠去除。

④ 为防止蒸馏时产生大量泡沫，必要时加少许石蜡碎片于蒸馏烧瓶中。

⑤ 标定盐酸标准滴定溶液时，至少平行滴定 3 次，平行滴定的最大允许偏差不大于 0.05mL。

3.3.3.3　纳氏试剂分光光度法

（1）方法原理

以游离态的氨或铵离子等形式存在的氨氮与纳氏试剂反应生成淡红棕色络合物，该络合物的吸光度与氨氮含量成正比，于 420nm 处测量吸光度，利用校准曲线法计算水样中氨氮含量。

当水样体积为 50mL，使用 20mm 比色皿时，本方法检出限为 0.025mg/L，测定下限为 0.10mg/L，测定上限为 2.0mg/L。本法适用于地表水、地下水、工业废水和生活污水中氨氮含量的测定。

（2）干扰及消除

水样中含有悬浮物、余氯、钙镁离子等金属离子、硫化物和有机物时会产生干扰，含有此类物质时要做适当处理，以消除对测定的影响。

① 若样品中存在余氯，可加入适量的硫代硫酸钠溶液去除，用淀粉碘化钾试纸检验余氯是否除尽。

② 对于钙镁等金属离子的干扰，可在显色时先加入适量酒石酸钾钠溶液，通过络合来消除干扰。

③ 对于较清洁的水样，采用絮凝沉淀法处理后测定；若水样浑浊有颜色，可用蒸馏法处理水样后再测定。

（3）试剂和材料

① 无氨水：制备方法同"蒸馏-中和滴定法"。

② 轻质氧化镁：不含碳酸盐，在 500℃下加热，以除去碳酸盐。

③ 硫代硫酸钠溶液（$\rho=3.5\text{g/L}$）：称取 3.5g 硫代硫酸钠（$Na_2S_2O_3$）溶于水中，稀释至 1000mL。

④ 硫酸锌溶液（$\rho=100\text{g/L}$）：称取 10.0g 硫酸锌（$ZnSO_4 \cdot 7H_2O$）溶于水，稀释至 100mL。

⑤ 氢氧化钠溶液（$\rho=250\text{g/L}$）：称取 25g 氢氧化钠溶于水，稀释至 100mL（用于絮凝沉淀预处理）。

⑥ 氢氧化钠溶液 $[c(\text{NaOH})=1\text{mol/L}]$：称取 4g 氢氧化钠溶于水，稀释至 100mL（用于调节水样 pH 值）。

⑦ 盐酸溶液 $[c(\text{HCl})=1\text{mol/L}]$：取 8.5mL 盐酸（密度为 1.18g/mL）于 100mL 容量瓶中，用水稀释至标线（用于调节水样 pH 值）。

⑧ 硼酸溶液（$\rho=20\text{g/L}$）：称取 20g 硼酸（H_3BO_3）溶于水，稀释至 1000mL。

⑨ 溴百里酚蓝指示剂（$\rho=0.5\text{g/L}$）：称取 0.05g 溴百里酚蓝溶于 50mL 水中，加入 10mL 无水乙醇，用水稀释至 100mL（pH6.0～7.6）。

⑩ 淀粉-碘化钾试纸：称取 1.5g 可溶性淀粉于烧杯中，用少量水调成糊状，加入 200mL 沸水，搅拌混匀放冷。加 0.50g 碘化钾（KI）和 0.50g 碳酸钠（Na_2CO_3），用水稀

释至 250mL。将滤纸条浸渍后，取出晾干，于棕色瓶中密封保存。

⑪ 纳氏试剂：可选择下列任意一种方法配制。

a. 氯化汞-碘化钾-氢氧化钾溶液（$HgCl_2$-KI-KOH）　称取 15.0g 氢氧化钾（KOH），溶于 50mL 水中，冷却至室温。称取 5.0g 碘化钾（KI）溶于 10mL 水中，在搅拌下，将 2.50g 氯化汞（$HgCl_2$）粉末分多次加入碘化钾溶液中，直到溶液呈深黄色或出现淡红色沉淀溶解缓慢，充分搅拌混合，并改为滴加氯化汞饱和溶液，当出现少量朱红色沉淀不再溶解时，停止滴加。

在搅拌下，将冷却的氢氧化钾溶液缓慢加入上述氯化汞和碘化钾的混合液中，并稀释至 100mL，于暗处静置 24h，倾出上清液，贮于聚乙烯瓶内，用橡胶塞或聚乙烯盖子盖紧，存放暗处，可稳定一个月。

b. 碘化汞-碘化钾-氢氧化钠溶液（HgI_2-KI-NaOH）　称取 16.0g 氢氧化钠溶于 50mL 水中，冷却至室温。另称取 7.0g 碘化钾和 10.0g 碘化汞（HgI_2）溶于水中，然后将此溶液在搅拌下缓慢加入上述 50mL 氢氧化钠溶液中，用水稀释至 100mL。贮于聚乙烯瓶内，用橡胶塞或聚乙烯盖子盖紧瓶口，于暗处存放，有效期一年。

⑫ 酒石酸钾钠溶液（$\rho=500g/L$）：称取 50.0g 酒石酸钾钠（$KNaC_4H_6O_6 \cdot 4H_2O$）溶于 100mL 水中，加热煮沸以驱除氨，充分冷却后稀释至 100mL。

⑬ 氨氮标准溶液

a. 氨氮标准贮备液（$\rho_N=1000\mu g/mL$）　称取 3.8190g 优级纯氯化铵（NH_4Cl，在 100~105℃ 干燥 2h），溶于水中，移入 1000mL 容量瓶中，稀释至标线，该液在 2~5℃ 可稳定保存一个月。

b. 氨氮标准工作液（$\rho_N=10\mu g/mL$）　移取 5.00mL 氨氮标准贮备溶液于 500mL 容量瓶中，用水稀释至标线。临用前配制。

（4）仪器和设备

① 可见分光光度计：20mm 或 10mm 比色皿。

② 50mL 比色管及配套比色管架。

③ 氨氮蒸馏装置：同蒸馏-中和法，由 500mL 凯氏烧瓶、氮球、直形冷凝管和导管组成，冷凝管末端连接一段适当长度的滴管，使出口尖端浸入吸收液液面以下，亦可使用 500mL 蒸馏烧瓶。

④ 其他实验室常用仪器。

（5）样品采集及预处理

① 样品采集与保存　同蒸馏-中和滴定法。

② 样品预处理

a. 除余氯　若样品中存在余氯，可加入适量硫代硫酸钠溶液去除。每加 0.5mL 可去除 0.25mg 余氯。用淀粉-碘化钾试纸检验余氯是否除尽。

b. 絮凝沉淀　对于较清洁的水样，采用絮凝沉淀法预处理。

取 100mL 水样加入 10% 硫酸锌溶液 1mL 和 25% 氢氧化钠溶液 0.1~0.2mL，调节 pH 约为 10.5，混匀。放置使之沉淀，取上清液分析。必要时，用经一定量无氨水冲洗过的中速定性滤纸过滤，弃去初滤液 20mL 左右，得到过滤掉悬浮物的澄清水样。

c. 预蒸馏　对于污染严重的地表水、工业废水、生活污水，采用蒸馏法预处理。

分取 250mL 样品（如氨氮含量较高，可适当少取水样，加水至 250mL，使氨氮含量不超过 2.5mg），移入烧瓶中，加几滴溴百里酚蓝指示剂，必要时用氢氧化钠溶液或盐酸溶液调整 pH 为 6.0（指示剂呈黄色）～7.4（指示剂呈蓝色）之间。加入 0.25g 轻质氧化镁及数粒玻璃珠，立即连接氮球蒸馏装置及冷凝管，导管下端插入盛有 50mL 硼酸溶液的容量瓶液面下。加热蒸馏，使馏出液的速率约为 10mL/min，待馏出液达 200mL 时，停止蒸馏，加水定容至 250mL。

（6）测定步骤

① 校准曲线的绘制　在 8 个 50mL 比色管中分别加入 0.00、0.50mL、1.00mL、2.00mL、4.00mL、6.00mL、8.00mL 和 10.00mL 氨氮标准工作溶液，加水至 50mL 标线，加入 1.0mL 酒石酸钾钠溶液，摇匀，再加入 1.5mL 纳氏试剂 a 或 1.0mL 纳氏试剂 b，摇匀。放置 10min 后，在波长 420nm 处，用 20mm 比色皿，以水为参比测定吸光度。

以空白校正后的吸光度为纵坐标，以其对应的氨氮含量（μg）为横坐标，绘制校准曲线。

【注意】 **根据待测样品的浓度，也可选用 10mm 比色皿（如绘制校准曲线时用 10mm 比色皿，测定样品时也需用同样规格比色皿）。**

② 水样测定

a. 清洁水样　直接取 50mL，按与校准曲线相同的步骤测量吸光度。

b. 有悬浮物或色度干扰的水样　取经预处理后的水样 50mL（若水样中氨氮浓度超过 2mg/L，可适当少取水样体积），按与校准曲线相同的步骤测量吸光度。

【注意】 **对于经蒸馏预处理后的水样，须加一定量 1mol/L 氢氧化钠溶液，调节水样 pH 至中性，用水稀释至 50mL 标线，再按与校准曲线相同的步骤测量吸光度。**

c. 空白试验　用水代替水样，按与样品相同的步骤进行前处理和测定。

（7）数据记录与处理

标准曲线绘制数据记录表见表 3-7。

表 3-7　标准曲线绘制数据记录表

铵标准工作溶液/mL	0.00	0.50	1.00	2.00	4.00	6.00	8.00	10.00
氨氮含量/μg	0.0	5.0	10.0	20.0	40.0	60.0	80.0	100.0
比色皿校正后吸光度								
空白校正后吸光度								

水中氨氮的浓度按以下公式计算：

$$\rho_N = \frac{A_s - A_b - a}{bV_{样}} \tag{3-6}$$

或

$$\rho_N = \frac{m}{V_{样}} \tag{3-7}$$

式中　ρ_N——水样中氨氮的质量浓度（以氮计），mg/L；

A_s——水样的吸光度；

A_b——空白试验的吸光度；

a——校准曲线的截距；

b——校准曲线斜率；

$V_{样}$——试样体积，mL；

m——由标准曲线查得的或计算得到的氨氮含量，μg。

（8）质量保证与质量控制

① 试剂空白的吸光度应不超过 0.030（10mm 比色皿）；校准曲线的相关系数应≥0.9990。

② 纳氏试剂配制应注意的问题 为保证纳氏试剂有良好的显色能力，配制时务必控制 $HgCl_2$ 的加入量，至微量 HgI_2 红色沉淀不再溶解时为止。配制 100mL 纳氏试剂所需 $HgCl_2$ 与 KI 的用量之比约为 2.3:5。配制纳氏试剂时为加快反应速率、节省配制时间，可低温加热进行，防止 HgI_2 红色沉淀提前出现。

③ 酒石酸钾钠配制应注意的问题 分析纯酒石酸钾钠中铵盐含量较高时，仅加热煮沸不能完全除去氨，此时可加入少量氢氧化钠溶液，煮沸蒸发掉溶液体积的 20%～30%，冷却后用无氨水稀释至原体积。

④ 絮凝沉淀应注意的问题 滤纸中含有一定量的可溶性铵盐，定量滤纸中含量高于定性滤纸，建议采用定性滤纸过滤，过滤前用无氨水少量多次淋洗（一般为 100mL），这样可减少或避免滤纸引入的测量误差。

⑤ 水样预蒸馏应注意的问题 蒸馏刚开始时，氨气蒸出速度比较快，所以加热不能过快，否则会造成水样暴沸，馏出液温度升高，氨吸收不完全，馏出液速度应保持在 10mL/min 左右。蒸馏过程中，某些有机物很可能与氨同时蒸馏出，对测定有干扰，其中有些物质（如甲醛）可以在酸性条件下（pH<1）煮沸除去。

⑥ 蒸馏装置清洗 向蒸馏烧瓶中加入 350mL 水，加数粒玻璃珠，装好仪器，蒸馏到至少收集 100mL 水，将馏出液及瓶内残留液弃去。

⑦ 样品应在无氨的环境中测定，所用玻璃器皿应避免实验室空气中氨的污染。

3.3.3.4 思考题

① 样品蒸馏前 pH 值调节对测定结果有什么影响？
② 测定氨氮时，絮凝沉淀法和蒸馏法预处理各适用于处理哪类水样？
③ 纳氏试剂比色法测定水中氨氮含量的原理是什么？
④ 测定氨氮时哪些物质会产生干扰？如何消除干扰？

3.3.4 总氮

3.3.4.1 概述

（1）含义及来源

总氮是指在规定的测定条件下，样品中能测定的溶解态氮及悬浮物中氮的总和，包括亚硝酸盐氮、硝酸盐氮、无机铵盐、溶解态氨以及大部分有机含氮化合物中的氮，水中的氮通过生物化学作用可以互相转化。大量生活污水、农田排水或含氮工业废水排入水体，使水中有机氮和各种无机氮化物含量增加，水体呈现富营养化状态，生物和微生物大量繁殖，消耗水中溶解氧，使水质恶化。因此，总氮是衡量水质的重要指标之一。

（2）测定方法选择

总氮测定方法有碱性过硫酸钾消解紫外分光光度法（HJ 636—2012）、流动注射-盐酸萘乙二胺分光光度法（HJ 668—2013）、连续流动-盐酸萘乙二胺分光光度法（HJ 667—2013）和气相分子吸收光谱法（HJ/T 199—2005）等，以上方法均适用于地表水、地下水、工业废水和生活污水中总氮的测定。

碱性过硫酸钾消解紫外分光光度法为实验室常用测定方法，仪器设备相对较简单；流动注射-盐酸萘乙二胺分光光度法和连续流动-盐酸萘乙二胺分光光度法需分别使用专用的流动注射分析仪和连续流动分析仪等仪器测定。

重点介绍常用的碱性过硫酸钾消解紫外分光光度法（HJ 636—2012）。

3.3.4.2　碱性过硫酸钾消解紫外分光光度法方法原理

在 120～124℃下，碱性过硫酸钾溶液使样品中含氮化合物的氮转化为硝酸盐，采用紫外分光光度法于波长 220nm 和 275nm 处，分别测定吸光度 A_{220} 和 A_{275}，按公式 $A = A_{220} - 2A_{275}$ 计算校正吸光度 A，总氮含量（以 N 计）与校正吸光度 A 成正比，通过校准曲线或回归方程计算总氮含量。

当样品量为 10mL 时，本方法的检出限为 0.05mg/L，测定范围为 0.20～7.00mg/L。

计算公式分析：硝酸根离子在紫外光 220nm 有特征性的大量吸收，而在 275nm 基本没有吸收，但溶解的有机物在 220nm 和 275nm 都有吸收，因此可分别于 220nm 和 275nm 处测出吸光度 A_{220} 和 A_{275}，按 $A = A_{220} - 2A_{275}$ 计算校正吸光度（"$2A_{275}$"校正值仅是经验性的）。

3.3.4.3　干扰及消除

① 当碘离子含量相当于总氮含量 2.2 倍以上、溴离子含量相当于总氮含量 3.4 倍以上时，对总氮测定产生干扰。

② 水样中六价铬离子和三价铁离子对测定产生干扰，可加入 5%盐酸羟胺溶液 1～2mL 消除。

3.3.4.4　试剂和材料

分析时均使用符合国家标准的分析纯化学试剂（另有说明的除外），实验用水为无氨水。

① 无氨水：每升水中加入 0.10mL 浓硫酸蒸馏，收集馏出液于具塞玻璃容器中，也可使用新制备的去离子水。

② 盐酸溶液(1+9)：1 份体积浓盐酸（HCl，$\rho = 1.10$g/mL）和 9 份体积水混合。

③ 硫酸溶液(1+35)：1 份体积浓硫酸（H_2SO_4，$\rho = 1.84$g/mL）和 35 份体积水混合。

④ 氢氧化钠溶液 [ρ(NaOH)＝200g/L]：称取 20.0g 氢氧化钠（含氮量应小于 0.0005%）溶于少量水中，稀释至 100mL。

⑤ 氢氧化钠溶液 [ρ(NaOH)＝20g/L]：量取上述 200g/L 的氢氧化钠溶液 10.0mL，用水稀释至 100mL。

⑥ 碱性过硫酸钾溶液：称取 40.0g 过硫酸钾（$K_2S_2O_8$，含氮量应小于 0.0005%）溶于 600mL 水中（可置于 50℃ 水浴中加热至全部溶解）；另称取 15.0g 氢氧化钠（含氮量应小于 0.0005%）溶于 300mL 水中。待氢氧化钠溶液冷却至室温后，混合两种溶液并定容至 1000mL，存放于聚乙烯瓶内，可保存一周。

⑦ 硝酸钾标准贮备液 [ρ(N)＝100mg/L]：称取 0.7218g 优级纯硝酸钾（KNO_3，经 105～110℃烘干 2h，在干燥器中冷却至室温）溶于适量水中，移至 1000mL 容量瓶中，用水稀释至标线，混匀。加入 1～2mL 三氯甲烷作为保护剂，在 0～10℃暗处保存，可稳定 6 个月。也可购买有证标准溶液。

⑧ 硝酸钾标准使用液$[\rho(N)=10.0m/L]$：量取 10.00mL 硝酸钾标准贮备液至 100mL 容量瓶中，用水稀释至标线，混匀，临用现配。

3.3.4.5 仪器和设备

① 紫外分光光度计：10mm 石英比色皿。

② 高压蒸汽灭菌器：最高工作压力不低于 $1.1 \sim 1.4\mathrm{kgf/cm^2}$（$1\mathrm{kgf/cm^2}=98.0665\mathrm{kPa}$）；最高工作温度不低于 120～124℃。纱布和棉线。

③ 具塞磨口玻璃比色管：25mL。

④ 一般实验室常用仪器和设备。

所有玻璃仪器均用（1+9）盐酸或（1+35）硫酸浸泡，清洗后再用无氨水冲洗数次。

3.3.4.6 样品准备

（1）样品采集与保存

盛样容器为聚乙烯瓶或硬质玻璃瓶，用所采水样冲洗盛样瓶三遍，将采集好的水样贮存其中。采样后应尽快分析，如用浓硫酸调节 pH 值至 1～2，常温下可保存 7d。贮存在聚乙烯瓶中，−20℃冷冻，可保存一个月。

（2）试样制备

取适量样品用 20g/L 氢氧化钠溶液或（1+35）硫酸溶液调节 pH 值至 5～9，待测。

3.3.4.7 分析步骤

（1）校准曲线的制作

① 分别量取 0.00、0.20mL、0.50mL、1.00mL、2.00mL、3.00mL、7.00mL 硝酸钾标准使用溶液于 25mL 具塞磨口玻璃比色管中，其对应的总氮含量分别为 0.00、$2.00\mu g$、$5.00\mu g$、$10.00\mu g$、$20.00\mu g$、$30.00\mu g$、$70.00\mu g$。加水稀释至 10.00mL。

② 再加入 5.00mL 碱性过硫酸钾溶液，塞紧管塞，用纱布和线绳扎紧管塞，以防弹出。

③ 将比色管置于高压灭菌锅中，盖好盖子，加热至顶压阀吹气，继续加热至 120℃开始计时，保持温度在 120～124℃之间 30min，关闭开关。

④ 自然冷却，开阀放气，移去外盖，取出比色管冷却至室温，按住管塞，将比色管中的液体颠倒混匀 2～3 次（注：比色管在消解过程中若出现管口或管塞破裂，应重新取样分析）。

⑤ 各管依次加入 1.0mL（1+9）盐酸溶液，用无氨水稀释至 25mL 标线，盖塞混匀。

⑥ 在紫外分光光度计上，以水作参比，使用 10mm 石英比色皿，分别在 220nm 及 275nm 波长处测定吸光度。零浓度的校正吸光度 A_b、其他标准系列的校正吸光度 A_s 及其差值 A_r 按相应公式计算。以总氮含量为横坐标，对应的值为纵坐标，绘制校准曲线进行回归方程计算。

$$A_b = A_{b220} - 2A_{b275}$$
$$A_s = A_{s220} - 2A_{s275}$$
$$A_r = A_s - A_b$$

式中 A_b——零浓度（空白）溶液的校正吸光度；

A_{b220}——零浓度（空白）溶液于波长 220nm 处的吸光度；

A_{b275}——零浓度（空白）溶液于波长 275nm 处的吸光度；

A_s——标准溶液的校正吸光度；

A_{s220}——标准溶液于波长 220nm 处的吸光度；

A_{s275}——标准溶液于波长 275nm 处的吸光度；

A_r——标准溶液校正吸光度与零浓度溶液校正吸光度的差。

（2）样品测定

量取 10.00mL 试样放于 25mL 具塞磨口比色管中，按照 3.3.4.7 步骤进行测定（注：试样中的含氮量超过 70μg 时，可减少取样量并加水稀释至 10.00mL）。

（3）空白试验

用 10.00mL 水代替样品按照样品测定过程进行测定。空白试验吸光度不能超过 0.030，如超过此值要检查所用水、试剂、器皿等。

3.3.4.8　数据记录与结果计算

数据记录表见表 3-8。

表 3-8　标准系列数据记录参考表

硝酸钾标准使用液/mL	0.00	0.20	0.50	1.00	3.00	7.00
硝酸盐氮含量/μg	0.00	2.00	5.00	10.0	30.0	70.0
A_{s220}						
A_{s275}						
A_s						
A_r						

参照相应公式计算试样校正吸光度和空白试验校正吸光度差值 A_r，样品中总氮的质量浓度按以下公式进行计算。

$$\rho = \frac{(A_r - a)f}{bV} \tag{3-8}$$

或

$$\rho = \frac{mf}{V} \tag{3-9}$$

式中　ρ——样品中总氮的质量浓度，mg/L；

A_r——试样的校正吸光度与空白试验校正吸光度的差值；

a——校准曲线的截距；

b——校准曲线的斜率；

V——试样体积，mL；

f——稀释倍数；

m——由校准曲线查得或回归方程计算得到的样品中总氮质量，μg。

3.3.4.9　质量保证和质量控制

① 校准曲线的相关系数 r 应不小于 0.9990。

② 每批样品至少做一个空白试验，空白试验的校正吸光度值 A_b 应小于 0.030。超过该值时应检查实验用水、试剂（主要是氢氧化钠和过硫酸钾）纯度、器皿和高压蒸汽灭菌锅的

污染状况。

③ 每批样品应至少测定 10% 的平行双样，样品数量少于 10 时，应至少测定一个平行双样。当样品总氮含量≤1.00mg/L 时，测定结果的相对偏差应≤10%；当样品总氮含量＞1.00mg/L 时，测定结果的相对偏差应≤5%。测定结果以平行双样的平均值报出。

④ 每批样品应测定一个校准曲线中间点浓度的标准溶液，其测定结果应与校准曲线该点浓度的相对误差≤10%，否则需重新绘制校准曲线。

⑤ 每批样品应至少测定 10% 的加标样品，样品数量少于 10 时，应至少测定一个加标样品，加标回收率应在 90%～110% 之间。

3.3.4.10 注意事项

① 某些含氮有机物在本标准规定的测定条件下不能完全转化为硝酸盐。

② 测定应在无氨实验室环境中进行，避免环境交叉污染对测定结果产生影响。

③ 实验所用的器皿和高压蒸汽灭菌器等均应无氨污染。试验中所用的玻璃器皿应用（1+9）盐酸溶液或（1+35）硫酸溶液浸泡，用自来水冲洗后再用无氨水冲洗数次，洗净后立即使用；高压蒸汽灭菌器应每周清洗。

④ 在碱性过硫酸钾溶液配制过程中，温度过高会导致过硫酸钾分解失效，因此要控制水浴温度在 60℃ 以下，而且应待氢氧化钠溶液温度冷却至室温后，再将其与过硫酸钾溶液混合、定容。

⑤ 使用高压蒸汽灭菌器时，应定期检定压力表，并检查橡胶密封圈密封情况，避免因漏气而减压。

3.3.4.11 深入思考

① 样品消解和测定应注意哪些问题？

② 总氮测定的质量保证和控制措施有哪些？

③ 标准系列吸光度值测定与样品测定是否必须采用相同液层厚度的比色皿？

3.3.5 总磷

3.3.5.1 概述

（1）含义及测定意义

在天然水和废水中，磷几乎都以各种磷酸盐的形式存在，它们分为正磷酸盐、缩合磷酸盐（焦磷酸盐、偏磷酸盐和多磷酸盐）和有机结合的磷（如磷脂等），它们存在于溶液中、腐殖质粒子中或水生生物中。

总磷包括溶解的、颗粒的、有机磷和无机磷。地表水中氮、磷含量过高时（超过 0.2mg/L），水体呈现富营养化状态，微生物大量繁殖，浮游植物生长旺盛。水质恶化，如发生赤潮等。因此水体总磷含量是评价水质污染程度的重要指标之一。一般天然水中磷酸盐含量不高，地表水中的磷主要来源于化肥、冶炼、合成洗涤剂等行业的废水和生活污水。

（2）测定方法选择

总磷测定常用的方法有钼酸铵分光光度法（GB/T 11893—89），该法适用于地面水、污水及工业废水中总磷的测定。

此外，总磷的测定方法还有流动注射-钼酸铵分光光度法（HJ 671—2013），磷酸盐和总磷的测定有连续流动-钼酸铵分光光度法（HJ 670—2013），这两类方法需分别使用专用的流动注射分析仪和连续流动分析仪等仪器测定。

重点介绍实验室分析常用的过硫酸钾消解-钼酸铵分光光度法。

3.3.5.2　测定原理

过硫酸钾消解-钼酸铵分光光度法的测定原理如下：

在中性条件下，用过硫酸钾使试样消解（在高压锅内在 120℃ 加热发生反应），将所含磷全部氧化为正磷酸盐。在酸性介质中，正磷酸盐与钼酸铵反应，在锑盐存在下生成磷钼杂多酸后立即被抗坏血酸还原，生成蓝色络合物，在 700nm 波长处有最大吸收。

取 25mL 试样，本方法的最低检出浓度为 0.01mg/L，测定上限为 0.6mg/L。酸性条件下，砷、铬、硫干扰测定。

3.3.5.3　试剂

分析时均使用符合国家标准的分析纯化学试剂（另有说明的除外）和蒸馏水或同等纯度的水。

① （1+1）硫酸：将浓硫酸（H_2SO_4，$\rho=1.84g/mL$）在搅拌下缓慢加入到等体积的水中。

② 50g/L 过硫酸钾溶液：将 5g 过硫酸钾（$K_2S_2O_8$）溶于水，稀释至 100mL。

③ 100g/L 抗坏血酸溶液：称取 10g 抗坏血酸（$C_6H_8O_6$，又名维生素 C）溶于水中，稀释至 100mL。此溶液贮于棕色试剂瓶中，在冷处可稳定几周，如不变色可长时间使用，如颜色变黄则弃去重配。

④ 钼酸盐溶液：称取 13g 钼酸铵 $[(NH_4)_6Mo_7O_{24}\cdot 4H_2O]$ 溶于 100mL 水中。称取 0.35g 酒石酸锑钾 $[KSbC_4H_4O_7\cdot 1/2H_2O]$ 溶于 100mL 水中。在不断搅拌下把钼酸铵溶液徐徐加到 300mL（1+1）硫酸溶液中，加酒石酸锑钾溶液，混匀。此溶液贮存于棕色试剂瓶中，在冷处至少稳定两个月。

⑤ 浊度-色度补偿液：混合两份体积的（1+1）硫酸和一份体积的 10% 抗坏血酸溶液。此溶液当天配制。该液用于试样中色度浊度影响的补偿校正。

⑥ 磷标准贮备溶液：称取 0.2197g 于 110℃ 干燥 2h 并在干燥器中放冷的优级纯磷酸二氢钾（KH_2PO_4），用水溶解后转移至 1000mL 容量瓶中，加（1+1）硫酸 5mL，用水稀释至标线并混匀。此标准溶液每毫升含 50.0μg 磷（以 P 计），在玻璃瓶中贮存可至少稳定六个月。

⑦ 磷标准使用溶液：将 10.00mL 的磷标准贮备溶液转移至 250mL 容量瓶中，用水稀释至标线并混匀。此溶液每毫升含 2.0μg 磷，使用当天配制。

3.3.5.4　仪器和设备

实验室常用仪器设备和下列仪器。

① 蒸汽消毒器或一般压力锅（1.1～1.4kgf/cm²，1kgf/cm²=98.0665Pa）。

② 50mL 具塞磨口比色管；纱布和棉线。

③ 可见分光光度计，10mm、20mm 或 30mm 比色皿。

3.3.5.5　样品采集

因磷酸盐易吸附在塑料瓶壁上，故采样容器应选用玻璃瓶。采集 500mL 水样后加入 1mL 浓硫酸，调节水样 pH≤1，或不加任何试剂置于 2～5℃冷暗处保存。

3.3.5.6　分析步骤

（1）样品消解

① 取样　取 25.0mL 混匀水样于 50mL 具塞比色管中，取样时应仔细摇匀，以得到溶解部分和悬浮部分均具代表性的均匀试样。如样品中含磷浓度较高，试样体积可酌情减少（加水至 25.0mL，使含磷量不超过 30μg）。

总磷测定
方法——测定过程

② 加过硫酸钾消解　向试样中加入 4mL 过硫酸钾溶液，加塞盖紧后，管口包一小块纱布并用棉线将玻璃塞扎紧，以免加热时玻璃塞冲出。将具塞比色管放在大烧杯中，置于高压蒸汽消毒器或压力锅中加热，待锅内压力达 1.1kgf/cm² （1kgf/cm² ＝98.0665kPa） 时，保持 30min 后停止加热。待压力表读数降至零后，取出放冷，用水稀释至标线。

【注意】如用硫酸保存水样，在用过硫酸钾消解时，需先将试样调至中性。

③ 空白试样　应同时以等体积蒸馏水代替样品按同样过程进行空白试验。

（2）显色

分别向各比色管中加入 1mL 10％抗坏血酸溶液，混匀，30s 后加 2mL 钼酸铵溶液充分混匀，放置 15min 后测定吸光度值。

（3）吸光度测定

用 10mm 或 30mm 比色皿，于 700nm 波长处，以水为参比测量吸光度。扣除空白试验的吸光度后，由校准曲线查出或回归方程计算出磷的含量。

【注意】如显色时室温低于 13℃，可在 20～30℃水浴上显色 15min。

（4）校准曲线绘制

取 7 支 50mL 具塞比色管，分别加入磷酸盐标准使用溶液 0.0、0.50mL、1.00mL、3.00mL、5.00mL、10.0mL、15.0mL，加水至 25mL，然后按消解、显色、吸光度测定等步骤操作，以空白校正后的吸光度对应相应的磷的质量绘制校准曲线或计算回归方程。

总磷测定
方法——工作曲线
绘制（数据处理）

3.3.5.7　数据记录与处理

数据记录表见表 3-9。

表 3-9　数据记录表格参考表

磷酸盐标准使用液/mL	0.0	0.50	1.00	3.00	5.00	10.0	15.0
磷含量/μg	0	1.00	2.00	6.00	10.00	20.0	30.0
空白校正后吸光度							

总磷含量以 ρ(mg/L) 表示，按下式计算：

$$\rho(\mathrm{P},\mathrm{mg/L})=\frac{m}{V} \tag{3-10}$$

式中　　*m*——由校准曲线查得的或利用回归方程计算得到的含磷量，μg。

　　　　V——测定用试样体积，mL。

3.3.5.8　注意事项

　　① 过硫酸钾溶解比较困难，可于 40℃ 以下的水浴锅上加热溶解，但切不可将烧杯直接放在电炉上加热，否则局部温度到达 60℃ 时过硫酸钾即分解失效。

　　② 显色时如室温低于 13℃，可在 20～30℃ 水浴中显色 15min。

　　③ 操作所用的玻璃器皿均应使用稀盐酸或稀硝酸浸泡。

　　④ 比色皿用后应及时用稀硝酸浸泡，以除去吸附的钼蓝有色物。

　　⑤ 如试样本身含有浊度或色度时，会影响试样吸光度测量，需配制一个空白试样（消解后用水稀释至标线），然后向试样中加入 3mL 浊度-色度补偿液，但不加抗坏血酸溶液和钼酸铵溶液。然后从试样的吸光度中扣除空白试样的吸光度。

3.3.5.9　思考题

　　① 在测定总磷过程中过硫酸钾的作用是什么？

　　② 影响总磷测定的因素有哪些？如何避免？

　　③ 总磷测定需注意哪些问题？

3.3.6　粪大肠菌群

3.3.6.1　概述

（1）粪大肠菌群及其来源

　　粪大肠菌群又称耐热大肠菌群。44.5℃ 培养 24h，能发酵乳糖产酸产气的需氧及兼性厌氧革兰阴性无芽孢杆菌。

　　粪大肠菌群是总大肠菌群中的一部分，主要来自粪便。总大肠菌群中的细菌除生活在肠道中外，在自然环境中的水与土壤中也经常存在，但该类在自然环境中生活的大肠菌群培养的最合适温度为 25℃ 左右，如在 37℃ 培养则仍可生长，但如将培养温度再升高至 44.5℃，则不再生长，而直接来自粪便的大肠菌群细菌，习惯于 37℃ 左右生长，如将培养温度升高至 44.5℃ 仍可继续生长。因此，可用提高培养温度的方法将自然环境中的大肠菌群与粪便中的大肠菌群区分。总大肠菌群是指那些能在 37℃ 48h 之内发酵乳糖产酸产气的、需氧及兼性厌氧的革兰阴性的无芽孢杆菌。在 44.5℃ 的培养温度下仍能生长并发酵乳糖产酸产气的大肠菌群，称为粪大肠菌群。

　　城镇污水既包括生活排放出的洗浴污水、粪尿，也包括公共设施排出的废水，如医院废水、工业废水等。这些污废水都有可能带来大量的病毒和致病菌。由于病菌类别多样，对每一种病菌进行分析又十分复杂，因此通常采用最有代表性的粪大肠菌群指标反映水的卫生质量。

（2）测定方法

　　GB 18918—2002《城镇污水处理厂污染物排放标准》规定，粪大肠菌群数（个/L）属于基本控制项目。受粪便污染的水含有大量的这类菌群，若检出粪大肠菌群即表明已被粪便污染。

粪大肠菌群的测定可以用多管发酵法、滤膜法和纸片快速法。多管发酵法（HJ 347.2—2018）、滤膜法（HJ 347.1—2018）适用于地表水、地下水、生活污水和工业废水中粪大肠菌群的测定。纸片快速法（HJ 755—2015）适用于地表水、废水中总大肠菌群和粪大肠菌群的快速测定。以下着重介绍多管发酵法，方法的检出限：12 管法为 3MPN/L；15 管法为 20MPN/L。

3.3.6.2 方法原理

将样品加入含乳糖蛋白胨培养基的试管中，37℃初发酵富集培养，大肠菌群在培养基中生长繁殖分解乳糖产酸产气，产生的酸使溴甲酚紫指示剂由紫色变为黄色，产生的气体进入倒管中，指示产气。44.5℃复发酵培养，培养基中的胆盐三号可抑制革兰阳性菌的生长，最后产气的细菌确定是粪大肠菌群。通过查 MPN 表，得出粪大肠菌群浓度值。

多管发酵法是以最可能数（most probable number），简称 MPN 来表示试验结果的。最大可能数又称稀释培养计数，是一种基于泊松分布的间接计数法。利用统计学原理，根据一定体积不同稀释度样品经培养后产生的目标微生物阳性数，查表估算一定体积样品中目标微生物存在的数量（单位体积存在目标微生物的最大可能数）。

3.3.6.3 仪器和设备

① 采样瓶：500mL 带螺旋帽或磨口塞的广口玻璃瓶。
② 高压蒸汽灭菌器：115℃、121℃可调。
③ 恒温培养箱或水浴锅：允许温度偏差 37℃±0.5℃、44℃±0.5℃。
④ pH 计：准确到 0.1pH 单位。
⑤ 接种环：直径 3mm。
⑥ 试管：300mL、50mL、20mL。
⑦ 一般实验室常用仪器和设备。

【注意】 玻璃器皿及采样器具试验前要按无菌操作要求包扎，121℃高压蒸汽灭菌 20min 备用。

3.3.6.4 试剂和材料

① 乳糖蛋白胨培养基：蛋白胨，10g；牛肉浸膏，3g；乳糖，5g；氯化钠，5g；1.6%溴甲酚紫乙醇溶液，1mL。将蛋白胨、牛肉浸膏、乳糖、氯化钠加热溶解于 1000mL 水中，调节 pH 至 7.2~7.4，再加入 1.6%溴甲酚紫乙醇溶液 1mL，充分混匀，分装于含有倒置小玻璃管的试管中，115℃高压蒸汽灭菌 20min，储存于冷暗处备用。也可选用市售成品培养基。

② 三倍乳糖蛋白胨培养基：称取三倍的乳糖蛋白胨培养基①成分的量，溶于 1000mL 水中，配成三倍乳糖蛋白胨培养基，配制方法同上。

③ EC 培养基：胰胨，20g；乳糖，5g；胆盐三号，1.5g；磷酸氢二钾，4g；磷酸二氢钾，1.5g；氯化钠，5g。将上述成分或含有上述成分的市售成品加热溶解于 1000mL 水中，然后分装于有玻璃倒管的试管中，115℃高压蒸汽灭菌 20min，灭菌后 pH 值应在 6.9 左右。

【注意】 配制好的培养基避光、干燥保存，必要时在 5℃±3℃冰箱中保存，通常瓶装及试管装培养基不超过 3~6 个月。配制好的培养基要避免杂菌侵入和水分蒸发，当培养基颜色变化，或体积变化明显时废弃不用。

④ 无菌水：取适量实验用水，经 121℃ 高压蒸汽灭菌 20min，备用。

⑤ 硫代硫酸钠（$Na_2S_2O_3 \cdot 5H_2O$）。

⑥ 乙二胺四乙酸二钠（$C_{10}H_{14}N_2O_8Na_2 \cdot 2H_2O$）。

⑦ $\rho(Na_2S_2O_3) = 0.10g/mL$ 硫代硫酸钠溶液：称取 15.7g 硫代硫酸钠，溶于适量水中，定容至 100mL，临用现配。

⑧ $\rho(C_{10}H_{14}N_2O_8Na_2 \cdot 2H_2O) = 0.15g/mL$ 乙二胺四乙酸二钠溶液：称取 15g 乙二胺四乙酸二钠，溶于适量水中，定容至 100mL，此溶液可保存 30d。

3.3.6.5 样品采集和样品采集

（1）样品采集

点位布设及采样频次按照 GB/T 14581 水质湖泊和水库采样技术指导、HJ/T 494 水质采样技术指导和 HJ/T 91 地表水和污水监测技术规范的相关规定执行。

采集微生物样品时，采样瓶不得用样品洗涤，采集样品于灭菌的采样瓶中。清洁水体的采样量不低于 400mL，其余水体采样量不低于 100mL。

采集河流、湖库等地表水样品时，可握住瓶子下部直接将带塞采样瓶插入水中，约距水面 10~15cm 处，瓶口朝水流方向，拔瓶塞，使样品灌入瓶内然后盖上瓶塞，将采样瓶从水中取出。如果没有水流，可握住瓶子水平往前推。采样量一般为采样瓶容量的 80% 左右。样品采集完毕后，迅速扎上无菌包装纸。

从龙头装置采集样品时，不要选用漏水龙头，采水前将龙头打开至最大，放水 3~5min，然后将龙头关闭，用火焰灼烧约 3min 灭菌或用 70%~75% 的酒精对龙头进行消毒，开足龙头，再放水 1min，以充分除去水管中的滞留杂质。采样时控制水流速度，小心接入瓶内。

采集地表水、废水样品及一定深度的样品时，也可使用灭菌过的专用采样装置采样。在同一采样点进行分层采样时，应自上而下进行，以免不同层次的搅扰。

如果采集的是含有活性氯的样品，需在采样瓶灭菌前加入硫代硫酸钠溶液，以除去活性氯对细菌的抑制作用（每 125mL 容积加入 0.1mL 的硫代硫酸钠溶液）；如果采集的是重金属离子含量较高的样品，则在采样瓶灭菌前加入乙二胺四乙酸二钠溶液，以消除干扰（每 125mL 容积加入 0.3mL 的乙二胺四乙酸二钠溶液）。

【注意】 15.7mg 硫代硫酸钠可去除样品中 1.5mg 活性氯，硫代硫酸钠用量可根据样品实际活性氯量调整。

（2）样品保存

采样后应在 2h 内检测，否则，应于 10℃ 以下环境冷藏但不得超过 6h。实验室接样后，不能立即开展检测的，将样品于 4℃ 以下环境冷藏并在 2h 内检测。

3.3.6.6 分析步骤

（1）样品稀释及接种

① 15 管法 将样品充分混匀后，在 5 支装有已灭菌的 5mL 三倍乳糖蛋白胨培养基的试管中（内有倒管），按无菌操作要求各加入样品 10mL，在 5 支装有已灭菌的 10mL 单倍乳糖蛋白胨培养基的试管中（内有倒管），按无菌操作要求各加入样品 1mL，在 5 支装有已灭菌的 10mL 单倍乳糖蛋白胨培养基的试管中（内有倒管），按无菌操作要求各加入样品 0.1mL。

对于受到污染的样品，先将样品稀释后再按照上述操作接种，以生活污水为例，先将样品稀释 10^4 倍，然后按照上述操作步骤分别接种 10mL、1mL 和 0.1mL。15 管法样品接种量参考表见表 3-10。

表 3-10 15 管法样品接种量参考表

样品类型		接种量/mL						
		10	1	0.1	10^{-2}	10^{-3}	10^{-4}	10^{-5}
地表水	水源水	▲	▲	▲				
	湖泊（水库）	▲	▲	▲				
	河流		▲	▲	▲			
废水	生活污水					▲	▲	▲
	工业废水 处理前					▲	▲	▲
	工业废水 处理后	▲	▲	▲				
地下水		▲	▲	▲				

当样品接种量小 1mL 时，应将样品制成稀释样品后使用。按无菌操作要求方式吸取 10mL 充分混匀的样品，注入盛有 90mL 无菌水的锥形烧瓶中，混匀成 1:10 稀释样品。吸取 1:10 的稀释样品 10mL 注入盛有 90mL 无菌水的锥形烧瓶中，混匀成 1:100 稀释样品。其他接种量的稀释样品依次类推。

生活饮用水等清洁水体也可使用 12 管法。

【注意】吸取不同浓度的稀释液时，每次必须更换移液管。

② 12 管法　将样品充分混匀后，在 2 支装有已灭菌的 50mL 三倍乳糖蛋白胨培养基的大试管中（内有倒管），按无菌操作要求各加入样品 100mL，在 10 支装有已灭菌的 5mL 三倍乳糖蛋白胨培养基的试管中（内有倒管），按无菌操作要求各加入样品 10mL。

（2）初发酵试验

将接种后的试管，在 37℃±0.5℃下培养 24h±2h。发酵试管颜色变黄为产酸，小玻璃倒管内有气泡为产气。产酸和产气的试管表明试验阳性。如在倒管内产气不明显，可轻拍试管，有小气泡升起的为阳性。

（3）复发酵试验

轻微振荡在初发酵试验中显示为阳性或疑似阳性（只产酸未产气）的试管，用经火焰灼烧灭菌并冷却后的接种环将培养物分别转接到装有 EC 培养基的试管中。在 44.5℃±0.5℃下培养 24h±2h。转接后所有试管必须在 30min 内放进恒温培养箱或水浴锅中。培养后立即观察，倒管中产气证实为粪大肠菌群阳性。

3.3.6.7 空白对照

每次试验都要用无菌水按照 3.3.6.6 中步骤(1)~(3)进行实验室空白测定。

3.3.6.8 结果计算与表示

（1）结果计算

接种 12 份样品时，查表 3-11 可得 MPN 值。

接种 15 份样品时，查 HJ 347.2—2018 附录 A 中表 A.2 得到 MPN 值，再按照式(3-11)换算样品中粪大肠菌群数（MPN/L）：

表 3-11 A12 管法最大可能数（MPN）表

10mL 样品量的阳性管数	100mL 样品量的阳性瓶数		
	0	**1**	**2**
	1L 样品中粪大肠菌群数	1L 样品中粪大肠菌群数	1L 样品中粪大肠菌群数
0	＜3	4	11
1	3	8	18
2	7	13	27
3	11	18	38
4	14	24	52
5	18	30	70
6	22	36	92
7	27	43	120
8	31	51	161
9	36	60	230
10	40	69	＞230

注：接种 2 份 100mL 样品，10 份 10mL 样品，总量 300mL。

$$C = \frac{\text{MPN 值} \times 100}{f} \tag{3-11}$$

式中 C——样品中粪大肠菌群数，MPN/L；

MPN 值——每 100mL 样品中粪大肠菌群数，MPN/100mL；

100——为 10×10mL，其中，10 将 MPN 值的单位 MPN/100mL 转换为 MPN/L，10mL 为 MPN 表中最大接种量；

f——实际样品最大接种量，mL。

（2）结果表示

测定结果保留至整数位，最多保留两位有效数字，当测定结果≥100MPN/L 时，以科学记数法表示；当测定结果低于检出限时，12 管法以"未检出"或"＜3 MPN/L"表示；15 管法以"未检出"或"＜20MPN/L"表示。粪大肠菌群检验记录及报告推荐格式参见表3-12 和表 3-13。

表 3-12 粪大肠菌群测定检验记录

项目名称：　　　　　　　　　　　　　　　　　　　　　　检验日期：　年　月　日

检验方法		方法依据	
灭菌锅型号		出厂编号	
培养箱型号		出厂编号	
培养基灭菌温度/℃		培养温度/℃	

样品编号：

查表结果：粪大肠菌群数　　　　MPN/100mL　稀释度：　　　　结果：　　　MPN/L

标本接种/mL										
初发酵										
复发酵										
阳性管数/个										

【注意】 初发酵和复发酵后面的表格里，产酸产气的用"＋"表示，否则用"一"表示。

101

表 3-13 粪大肠菌群测定数据报告

样品来源					
采/送样日期			分析日期		
样品数量					
样品状态					
监测点位		样品编号		监测频次	
标准方法名称		标准方法编号			
测定值：		监测结果：			
备注					

3.3.6.9 注意事项

① 按照相关规范对水中细菌学测定的要求，采集和保存水样。
② 正确对玻璃器皿进行洗涤和灭菌。
③ 废物处理：使用后的废物及器皿须经 121℃ 高压蒸汽灭菌 30min 或使用液体消毒剂（自制或市售）灭菌。灭菌后器皿方可清洗，废物作为一般废物处置。

3.3.6.10 思考题

① 配制好的培养基存放时应注意哪些事项？
② 为什么采集微生物样品时，采样瓶不能用样品洗涤？
③ 从龙头装置采集样品时，为什么采水前将龙头打开至最大，还要放水 3～5min？
④ 活性氯具有氧化性，能破坏微生物细胞内的酶活性导致细胞死亡，怎样其消除干扰？
⑤ 样品采集时加入乙二胺四乙酸二钠溶液的目的是什么？
扫描二维码可查看粪大肠菌群的测定——滤膜法。

粪大肠菌群的
测定——滤膜法

3.3.7 阴离子表面活性剂

扫描二维码可查看详细内容。

阴离子表面活性剂

3.3.8 石油类

扫描二维码可查看详细内容。

石油类测定

3.3.9　总有机碳

扫描二维码可查看详细内容。

总有机碳测定

 思考与练习 3.3

1. 什么是总有机碳？生化需氧量、高锰酸盐指数、化学需氧量及总有机碳这些指标之间的联系与区别是什么？

2. 纳氏试剂光度法测定水中氨氮时，水样采集后应如何保存？如何配制纳氏试剂？

3. 测定某城镇污水处理厂出水中的氨氮浓度，采用絮凝沉淀法预处理、纳氏试剂光度法测定。氨氮标准系列处理后得到相关系数 r 为 0.9996，截距 a 为 0.0040，斜率 b 为 0.0066。取预处理后水样 10.00mL 定容显色后，以蒸馏水为参比测得吸光度为 0.336，空白溶液吸光度为 0.022。请计算该水样中氨氮浓度（mg/L），并就该指标对出水水质进行评价。已查得《城镇污水处理厂污染物排放标准》（GB 18918—2002）中氨氮（以 N 计）一级标准 A 标准值为 5mg/L，一级标准 B 标准值为 8mg/L，二级标准为 25mg/L。

4. 过硫酸钾消解-钼酸铵分光光度法测定总磷的原理是什么？

5. 为什么在地表水质量标准中改用粪大肠菌群指标代替总大肠菌群？

 阅读与咨询

登录所列的相关咨询网站，可拓展学习有关内容。

模块 4
工业废水监测

学习目标

知识目标 了解工业废水的类型及工业废水采样点位的设置原则和采样频次的确定方法；熟悉工业废水自行监测方案的内容；掌握常规指标样品的采集、保存要求及测定方法和测定注意事项；掌握水污染连续自动监测系统组成及功能，了解系统运行维护技术规范及工作内容。

能力目标 能合理确定工业废水监测点位及采样频次；能根据技术规范完成常规样品采集、保存和运输；能根据标准方法完成常规指标的测定；能正确处理数据，依照有关标准进行一定的分析评价；能识别水污染源在线监测系统组成，能按技术规范协助进行系统运行维护。

素质目标 增强法律意识、社会责任及危险防范意识；培养爱岗敬业、诚实守信的监测职业道德；培养科学严谨、精益求精的工匠精神；培养团结协作、顾全大局的团队精神。

学习引导

工业废水有什么特点？工业废水采样点的设置有什么要求？如何规范排污单位自行监测？

为规范排污单位自行监测工作，生态环境部于 2020 年发布国家环境保护标准《排污单位自行监测技术指南　水处理》（HJ 1083—2020），还同时公布了《排污单位自行监测技术指南　食品制造》（HJ 1084—2020）、《排污单位自行监测技术指南　酒、饮料制造》（HJ 1085—2020）、《排污单位自行监测技术指南　涂装》（HJ 1086—2020）、《排污单位自行监测技术指南　涂料油墨制造》（HJ 1087—2020）、《排污单位自行监测技术指南　磷肥、钾肥、复混肥料、有机肥料和微生物肥料》（HJ 1088—2020）。自行监测标准的实施对于支撑排污许可申请与核发，规范企业自证守法行为具有重要意义。

对工业废水进行监测，需要依据监测方案。

任务 4.1　工业废水监测方案制订

制订工业废水监测方案前，首先需要了解工业废水的类型，熟悉国家相关的标准和技术规范，包括《排污单位自行监测技术指南　总则》（HJ 819—2017）、《污水监测技术规范》（HJ 91.1—2019）、《污水综合排放标准》（GB 8978—1996）及其他相关行业自行监测技术指南和排放标准，对监测对象进行现场调查，收集相关资料，在此基础上制订工业废水监测方案。

国家要求排污单位对所排放的污染物开展自行监测，并依据相关法规向社会公开监测结果。自行监测是指排污单位为掌握本单位的污染物排放状况及其对周边环境质量的影响等情况，按照相关法律法规和技术规范组织开展的环境监测活动。

《排污单位自行监测技术指南　总则》（HJ 819—2017）规定：排污单位应查清所有污染源，确定主要污染源及主要监测指标，制订自行监测方案。自行监测方案内容包括：单位基本情况、监测点位及示意图、监测指标、执行标准及其限值、监测频次、采样和样品保存方法、监测分析方法和仪器、质量保证与质量控制等。

《污水监测技术规范》（HJ 91.1—2019）规定了污水手工监测的监测方案制订、采样点位、监测采样、样品保存及运输和交接，监测项目与分析方法，监测数据处理，质量保证与质量控制等技术要求。

排污单位自行监测的一般要求包括排污单位应查清本单位的污染源、污染物指标及潜在的环境影响、制订监测方案、设置和维护监测设施、按照监测方案开展自行监测、做好质量保证和质量控制、记录和保存监测数据，依法向社会公开监测结果。

4.1.1　工业废水的分类

工业废水是指工业生产企业在各种生产过程中排出的废水的统称，其中含有随水流失的工业生产原料、中间产物、副产品以及生产过程中产生的污染物。一般认为其包括企业的生产废水、冷却水和生活污水。为了区分工业废水的种类，了解其性质，认识其危害，研究其处理措施，通常进行废水的分类，一般有以下几种分类方法。

（1）按行业的产品加工对象分类

按行业的产品加工对象，工业废水分为冶金废水、造纸废水、淀粉废水、制革废水、炼焦煤气废水、金属酸洗废水、纺织印染废水、制药废水等。工业废水排放标准、污水处理技术规范均按此分类，是常见的分类方式。

（2）按所含主要污染物性质分类

按工业废水中所含主要污染物性质，分为无机废水和有机废水。无机废水以无机污染物为主，有机废水以有机污染物为主。例如电镀和矿物加工过程的废水是无机废水，食品或石油加工过程的废水是有机废水。这种分类方法比较简单，对考虑处理方法有利。如对易生物降解的有机废水一般采用生物处理法，对无机废水一般采用物理、化学和物理化学法处理。但在工业生产过程中，一种废水往往既含无机物也含有机物。

（3）按所含污染物的主要成分分类

按废水中所含污染物的主要成分，可分为酸性废水、碱性废水、含酚废水、含镉废水、含铬废水、含汞废水、含氟废水、含有机磷废水、含放射性物质废水等。这种分类方法突出了废水的主要污染成分，可有针对性地考虑处理方法或进行回收利用。

实际上，一种工业可以排出几种不同性质的废水，而一种废水又可能含有多种不同的污染物。例如染料工业，既排出酸性废水，又排出碱性废水。纺织印染废水由于织物和染料的不同，其中的污染物和浓度往往有很大差别。

不同类型的工业废水，具体含有哪些污染物、浓度大小，都需要通过监测得到。

4.1.2　现场调查和资料的收集

排污单位应查清所有水污染源，确定主要的污染源及主要监测指标，具体调查收集的排污单位基本情况包括单位基本信息、废水类别、水污染物种类、污染治理设施、排放去向、排放方式、污水排放规律、排放口编号及名称、排放口类型，还应包括全厂及各工序的生产工艺流程图及产排污节点、厂区总平面布置图。生产工艺流程图应至少包括主要生产设施设备、主要原辅材料的流向、生产工艺流程等内容；厂区总平面布置图应至少包括主体设施、公辅设施、全厂污水处理站等，同时注明厂区雨水和污水排放口位置。

排污单位基本信息主要包括单位名称、生产经营场所中心经度和纬度、所属地是否属于环境敏感区、所属工业园区名称等。

废水类别分为对应工艺或工序的生产废水、综合废水、生活污水、初期雨水、循环冷却水等。污染物种类为排放标准中的各污染物项目，依据国家和地方污染物排放标准确定。废水污染治理设施包括设施编号、名称、工艺等，污染治理设施应与废水类别相对应。

废水排放去向包括不外排、排至厂内综合污水处理站、直接进入海域、直接进入江湖库等水环境、进入城市下水道再入江河湖库、进入城市污水处理厂、进入工业废水集中处理厂等。对于工艺、工序产生的废水，"不外排"指全部在工序内部循环使用；对于综合污水处理站，"不外排"指全厂废水经处理后全部回用不向环境排放。

排放方式分为间接排放、直接排放和不外排三种方式。

污水排放规律有多种，包括：连续排放，流量稳定；连续排放，流量不稳定，但有周期性规律；连续排放，流量不稳定，但有规律，且不属于周期性规律等。

根据排污单位废水排放特点，废水排放口类型包括车间或生产设施排放口、废水总排放口。每个排放口均有编号，根据《排污单位编码规则》（HJ 608）编号。

4.1.3　监测项目及分析方法选择

（1）监测项目选择

自行监测技术指南总则中规定：各外排口监测点位的监测指标应至少包括所执行的国家或地方污染物排放（控制）标准、环境影响评价文件及其批复、排污许可证等相关管理规定明确要求的污染物指标。排污单位还应根据生产过程的原辅用料、生产工艺、中间及最终产品，确定是否排放纳入相关有毒有害或优先控制污染物名录中的污染物指标，或其他有毒污染物指标，这些指标也应纳入监测指标。

《污水综合排放标准》（GB 8978—1996）规定了水污染物最高允许排放浓度及部分行业最高允许排放量，见表4-1、表4-2。各行业排放标准规定了该行业所排放的各污染物的浓度限值及允许排放量，如《制革及毛皮加工工业水污染物排放标准》（GB 30486—2013）规定了该行业企业水污染物排放标准限值，部分指标见表4-3。

在确定某工业企业废水监测指标时，首先查阅是否有该行业国家或地方污染物排放标准，如没有，则根据《污水综合排放标准》中的规定来确定监测指标。

表 4-1　第一类污染物最高允许排放浓度（摘自 GB 8978—1996）　　单位：mg/L

序号	污染物	最高允许排放浓度	序号	污染物	最高允许排放浓度
1	总汞	0.05	8	总镍	1.0
2	烷基汞	不得检出	9	苯并[a]芘	0.00003
3	总镉	0.1	10	总铍	0.005
4	总铬	1.5	11	总银	0.5
5	六价铬	0.5	12	总 α 放射性	1Bq/L
6	总砷	0.5	13	总 β 放射性	10Bq/L
7	总铅	1.0			

注：第一类污染物是指对于环境中难以降解或能在动植物体内蓄积，对人体健康和生态环境产生长远不良影响具有致癌、致畸、致突变的污染物，也称为优先污染物。其他污染物为第二类污染物。

表 4-2　部分第二类污染物最高允许排放浓度（摘自 GB 8978—1996）

（1998 年 1 月 1 日后建设的单位）　　单位：mg/L

序号	污染物	适用范围	一级标准	二级标准	三级标准
1	pH 值	一切排污单位	6～9	6～9	6～9
2	色度（稀释倍数）	一切排污单位	50	80	—
3	悬浮物(SS)	采矿、选矿、选煤工业	70	300	—
		脉金选矿	70	400	—
		边远地区砂金选矿	70	800	—
		城镇二级污水处理厂	20	30	—
		其他排污单位	70	150	400
4	五日生化需氧量（BOD_5）	甘蔗制糖、湿法纤维板、染料、洗毛工业	20	60	600
		甜菜制糖、酒精、味精、皮革、化纤浆粕工业	20	100	600
		城镇二级污水处理厂	20	30	—
		其他排污单位	20	30	300
5	化学需氧量（COD）	甜菜制糖、合成脂肪酸、湿法纤维板、染料、洗毛、有机磷农药工业	100	200	1000
		味精、酒精、医药原料药、生物制药、苎麻脱胶、皮革、化纤浆粕工业	100	300	1000
		石油化工工业(包括石油炼制)	60	120	500
		城镇二级污水处理厂	60	120	—
		其他排污单位	100	150	500
6	石油类	一切排污单位	5	10	20
7	动植物油	一切排污单位	10	15	100
8	挥发酚	一切排污单位	0.5	0.5	2.0
9	总氰化合物	一切排污单位	0.5	0.5	1.0
10	硫化物	一切排污单位	1.0	1.0	1.0
11	氨氮	医药原料药、染料、石油化工工业	15	50	—
		其他排污单位	15	25	—
12	氟化物	黄磷工业	10	15	20
		低氟地区(水体含氟量<0.5mg/L)	10	20	30
		其他排污单位	10	10	20
13	磷酸盐(以 P 计)	一切排污单位	0.5	1.0	—
…	…	…	…	…	…
17	阴离子表面活性剂(LAS)	一切排污单位	5.0	10	20
…	…	…	…	…	…
54	粪大肠菌群数	医院①、兽医院及医疗机构含病原体污水	500 个/L	1000 个/L	5000 个/L
		传染病、结核病医院污水	100 个/L	500 个/L	1000 个/L

续表

序号	污染物	适用范围	一级标准	二级标准	三级标准
55	总余氯（采用氯化消毒的医院污水）	医院[①]、兽医院及医疗机构含病原体污水	<0.5[②]	≥3（接触时间≥1h）	≥2（接触时间≥1h）
		传染病、结核病医院污水	<0.5[②]	≥6.5（接触时间≥1.5h）	≥5（接触时间≥1.5h）

① 指 50 个床位以上的医院。

② 加氯消毒后须进行脱氯处理，达到本标准。

注：一切排污单位：指本标准适用范围所包括的一切排污单位。其他排污单位：指在某一控制项目中，除所列行业外的一切排污单位。

表 4-3　制革及毛皮加工工业新建企业水污染物排放浓度限值及单位产品基准排水量

（摘自 GB 30486—2013）　　单位：mg/L（pH、色度除外）

序号	污染物项目	直接排放[③]限值		间接排放[③]限值	污染物排放监控位置
		制革企业	毛皮加工企业		
1	pH 值	6～9	6～9	6～9	企业废水总排放口
2	色度	30	30	100	
3	悬浮物	50	50	120	
4	五日生化需氧量（BOD_5）	30	30	80	
5	化学需氧量（COD_{Cr}）	100	100	300	
6	动植物油	10	10	30	
7	硫化物	0.5	0.5	1.0	
8	氨氮	25	15	70	
9	总氮	50	30	140	
10	总磷	1	1	4	
11	氯离子	3000	4000	4000	
12	总铬	1.5			车间或生产设施废水排放口
13	六价铬	0.1			
	单位产品基准排放量[②]（m³/t 原料皮）	55	70	①	排水量计量位置与污染物排放监控位置相同

① 制革企业和毛皮加工企业的单位产品基准排放量的间接排放限值与各自的直接排放限值相同。

② 单位产品基准排水量是指用于核定水污染物排放浓度而规定的加工单位原料皮的废水排放量上限值。

③ 直接排放是指排污单位直接向环境排放水污染物的行为；间接排放是指排污单位向公共污水处理系统排放水污染物的行为。

（2）分析方法选择

监测分析方法的选择应充分考虑相关排放标准的规定、排污单位的排放特点、污染物排放浓度的高低、所采用监测分析方法的检出限和干扰等因素。所选用分析方法的测定下限应低于排污单位的污染物排放限值。

监测分析方法应优先选用所执行的污染物排放标准中规定的方法。选用其他国家、行业标准方法的，方法的主要特性参数（包括检出限、精密度、准确度、干扰消除等）需符合标准要求。尚无国家和行业标准分析方法的，或采用国家和行业标准方法不能得到合格测定数据的可选用其他方法，但必须做方法验证和对比试验，证明该方法主要特性参数的可靠性。

对每项监测指标都应注明其选用的监测分析方法名称、来源依据、检出限等内容。各行业污染物排放标准中列出了水污染物分析方法标准，部分监测项目分析方法见表 4-4。

表 4-4　部分监测项目分析方法

序号	监测项目	分析方法标准名称	方法标准编号
1	pH 值	水质　pH 值的测定　电极法	HJ 1147—2020
2	悬浮物	水质　悬浮物的测定　重量法	GB/T 11901—89

序号	监测项目	分析方法标准名称	方法标准编号
3	色度	水质　色度的测定　稀释倍数法	HJ 1182—2021
4	化学需氧量	水质　化学需氧量的测定　重铬酸盐法	HJ 828—2017
		氯气校正法(高氯废水)	HJ/T 70—2001
5	五日生化需氧量	水质　五日生化需氧量的测定　稀释与接种法	HJ 505—2009
6	动植物油类	水质　石油类和动植物油类的测定　红外分光光度法	HJ 637—2018
7	硫化物	水质　硫化物的测定　亚甲基蓝分光光度法	HJ 1226—2021
		水质　硫化物的测定　碘量法	HJ/T 60—2000
8	氨氮	水质　氨氮的测定　纳氏试剂分光光度法	HJ 535—2009
		水质　氨氮的测定　水杨酸分光光度法	HJ 536—2009
		水质　氨氮的测定　蒸馏-中和滴定法	HJ 537—2009
		水质　氨氮的测定　气相分子吸收光谱法	HJ/T 195—2005
9	总磷	水质　总磷的测定　钼酸铵分光光度法	GB 11893—89
10	总氮	水质　总氮的测定　碱性过硫酸钾消解紫外分光光度法	HJ 636—2012
		水质　总氮的测定　流动注射-盐酸萘乙二胺分光光度法	HJ 668-2013
11	总铬	水质　总铬的测定　分光光度法	GB 7466—87
12	六价铬	水质　六价铬的测定　二苯碳酰二肼分光光度法	GB 7467—87

4.1.4　采样点设置

在污染物排放标准规定的监控位置设置监测点位。

（1）采样点设置方法

水污染源经管道或沟、渠排放，水流截面积较小，因此不需要设置监测断面而直接设置采样点位即可。排污单位采样点设置分以下三种情况。

① 污染物排放监测点位

a. 第一类污染物采样点位应在车间或车间处理设施排放口或专门处理此类污染物设施的排放口。第一类污染物包括汞、镉、铅、六价铬、苯并[a]芘等13类监测指标，这些污染物毒性大、在环境中不易降解，具有生物累积性。

b. 第二类污染物的采样点位一律设在排污单位的总排污口。这类指标包括 pH、COD、BOD_5、悬浮物、氰化物、氨氮等。

② 污水处理设施处理效率监测点位

a. 监测污水处理设施的整体处理效率时，在各污水进入污水处理设施的进水口和污水处理设施的出水口设置监测点位。

b. 监测各污水处理单元的处理效率时，在各污水进入污水处理单元的进水口和污水处理单元的出水口设置监测点位。

③ 雨水排放监测点位　排污单位应雨污分流，雨水经收集后由雨水管道排放，监测点位设在雨水排放口。

（2）排放口设置要求

① 排放口应满足现场采样和流量测定的要求，原则上设在厂界内，或厂界外不超过10m 的范围内。

② 污水排放管道或渠道监测断面应为矩形、圆形、梯形等规则形状。测流段水流应平直、稳定、有一定水位高度；用暗管或暗渠排污的，须设置一段能满足采样条件和流量测量的明渠。

③ 污水面在地面以下超过 1m 的排放口，应配建取样台阶或梯架。监测平台面积应不

小于 $1m^2$，平台应设置不低于 1.2m 的防护栏。

④ 排放口应按要求设置明显的标志，并应加强日常管理和维护，确保监测人员的安全，经常进行排放口的清障、疏通工作；保证污水监测点位场所通风、照明正常；产生有毒有害气体的监测场所应强制设置通风系统，并安装相应的气体浓度安全报警装置。

⑤ 经生态环境主管部门确认的排放口不得随意改动，因生产工艺或其他原因需变更排放口时，须按要求重新确认。

4.1.5 采样频次确定

工业废水中的污染物含量和排放量常随工艺条件不同而有很大差异，因此采样频率确定是一个比较复杂的问题。

（1）排污单位自行监测采样频次确定

排污单位自行监测的采样频次确定，依据该行业排污单位自行监测技术指南中规定的各监测指标监测频次，包括重点监控指标的自动监测及其他指标的日、周、月、季度及半年监测等频次，各排放口废水流量和污染物浓度同步监测。《排污单位自行监测技术指南　制革及毛皮加工工业》（HJ 946—2018）规定了其废水总排放口监测指标及最低监测频次，按照表 4-5 执行。

表 4-5　制革及毛皮加工工业自行监测废水排放口监测指标及最低监测频次

排污单位级别	监测点位	监测指标	监测频次	
			直接排放	间接排放
重点排污单位	废水总排放口	流量、pH 值、化学需氧量、氨氮	自动监测	
		总氮	日（自动监测①）	
		五日生化需氧量、悬浮物、色度、硫化物、动植物油、氯离子、总磷	月	季度
	车间或生产设施废水排放口	总铬、流量	周	
		六价铬	月	
	雨水排放口	化学需氧量、悬浮物	日②	
非重点排污单位	废水总排放口	流量、pH 值、化学需氧量、氨氮、总氮、总磷、五日生化需氧量、悬浮物、色度、硫化物、动植物油、氯离子	季度	半年

① 总氮自动监测技术规范发布后，须采取自动监测；
② 在雨水排放期间按日监测。
注：设区的市级及以上环境保护主管部门明确要求安装自动监测设备的污染物指标，须采取自动监测。

（2）排污单位污水手工采样频次确定

排污单位污水手工监测频次的确定，依据以下规定。

① 对于排污单位的排污许可证、相关污染物排放标准、环境影响评价文件及其审批意见、其他相关环境管理规定等对采样频次有规定的，按规定执行。

② 如相关文件中未明确采样频次的，按照排污单位生产周期确定采样频次。生产周期在 8h 以内的，采样时间间隔应不小于 2h；生产周期大于 8h，采样时间间隔应不小于 4h；每个生产周期内采样频次应不少于 3 次。如无明显生产周期、稳定、连续生产，采样时间间隔应不小于 4h，每个生产日内采样频次应不少于 3 次。排污单位间歇排放或排放污水的流量、浓度、污染物种类有明显变化的，应在排放周期内增加采样频次。雨水排放口有明显水流动时，可采集一个或多个瞬时水样。

③ 为确认自行监测的采样频次，排污单位也可在正常生产条件下的一个生产周期内进行加密监测：周期在 8h 以内的，每小时采 1 次样，周期大于 8h 的，每 2h 采 1 次样，但每

个生产周期采样次数不少于 3 次，采样的同时测定流量。

监测频次应与监测点位、监测指标相对应，每个监测点位的每项监测指标的监测频次都应详细注明。

对于污染治理、污染源调查、环评等工作中的污水监测，采样频次根据工作方案要求另确定。

思考与练习 4.1

1. 工业废水是怎样分类的？
2. 如何确定工业废水的监测项目？
3. 对于工业废水，采样点位怎样确定？
4. 工业废水排污单位自行监测的采样频次如何确定？
5. 对于排污单位废水手工监测，如何确定采样频次？

环境监测数据
弄虚作假行为判定
及处理办法

阅读与咨询

扫描二维码可查看［拓展阅读 4-1］环境监测数据弄虚作假行为判定及处理办法。

任务 4.2　水样的采集与保存

4.2.1　采样方法

污水一般流量相对较小，且都有固定的排污口，所处位置也不复杂，因此所用采样方法和采样器比较简单。采样方法一般包括以下几类：

（1）浅水采样

水面距地面很近时，可用容器直接采集，或用聚乙烯塑料长把勺采样，注意手不要接触污水。

（2）深水采样

水面距地面有一定距离时，可将聚乙烯塑料样品容器、玻璃试剂瓶固定于负重架内，或用金属桶沉入一定深度的污水中采样。

（3）自动采样

自动采样是指通过仪器设备按预先编定的程序自动连续或间歇式采集水样的过程。自动采样由自动采样器完成，所用的自动采样器必须符合相关标准要求。

每项监测指标都应注明其选用的采样方法。

4.2.2　采样类型

（1）基本要求

采集的水样应具有代表性，能反映污水的水质情况，满足水质分析的要求。水样采集方式可通过手工或自动采样，自动采样时所用的水质自动采样器应符合相关要求。

（2）瞬时采样

从污水中随机手工采集的单一水样称为瞬时水样。当排污单位的生产工艺过程连续且稳定，有污水处理设施并正常运行，其污水能稳定排放的（浓度变化不超过10%），瞬时水样具有较好的代表性，可用瞬时水样的浓度代表采样时间段内的采样浓度。

下列情况适用瞬时采样：①所测污染物性质不稳定，易受到混合过程的影响；②不能连续排放的污水，如间歇排放；③需要考察可能存在的污染物，或特定时间的污染物浓度；④需要得到污染物最高值、最低值或变化情况的数据；⑤需要得到短期（15min内）的数据以确定水质的变化规律；⑥污染物排放标准等相关环境管理工作中规定可采集瞬时水样的情况。

（3）混合水样

混合采样包括等时混合水样和等比例混合水样两种。等时混合水样是指在某一时段内，在同一采样点位按等时间间隔所采等体积水样的混合水样。等比例混合水样是指在某一时段内，在同一采样点位所采水样量随时间或流量成比例的混合水样。

当污水流量变化小于平均流量的20%，污染物浓度基本稳定时，可采集等时混合水样。

当污水的流量、浓度甚至组分都有明显变化，可采集等比例混合水样。等比例混合水样一般采用与流量计相连的水质自动采样器采集，分为连续比例混合水样和间隔比例混合水样两种。连续比例混合水样是在选定采样时段内，根据污水排放流量按一定比例连续采集的混合水样。间隔比例混合水样是根据一定的排放量间隔，分别采集与排放量有一定比例关系的水样混合而成。

下列情况适用混合采样：①计算一定时间的平均污染物浓度；②计算单位时间的污染物质量负荷；③污水特征变化大；④污染物排放标准等相关环境管理工作中规定可采集混合水样的情况。

如果测试成分在水样储存过程中易发生明显变化，则不适用混合水样，如测定挥发酚、油类、硫化物等。

4.2.3 采样注意事项

① 采样前要认真检查采样器具、样品容器及其瓶塞（盖），及时维修并更换采样工具中破损和不牢固的部件。样品容器确保已盖好，减少污染的机会并安全存放。注意用于微生物等组分测试的样品容器在采样前应保证包装完整，避免采样前造成容器污染。

② 到达监测点位，采样前先将采样容器及相关工具排放整齐。

③ 对照监测方案采集样品，同时采样时应去除水面的杂物、垃圾等漂浮物，不可搅动水底部的沉积物。

④ 采样前先用水样荡涤采样容器和样品容器2~3次。

⑤ 对不同的监测项目选用的容器材质、加入的保存剂及其用量、保存期限和采集的水样体积等，须按照监测项目的分析方法要求执行。

⑥ 采样完成后应在每个样品容器上贴上标签，标签内容包括样品编号或名称、采样日期和时间、监测项目名称等，同步填写现场记录。

⑦ 采样结束后，核对监测方案、现场记录与实际样品数，如有错误或遗漏，应立即补采或重采。如采样现场未按监测方案采集到样品，应详细记录实际情况。

⑧ 监测项目采样相关要求

a. 部分监测项目采样前不能荡洗采样器具和样品容器，如动植物油类、石油类、挥发性有机物、微生物等。

b. 部分监测项目在不同时间采集的水样不能混合测定，如水温、pH 值、色度、动植物油类、石油类、生化需氧量、硫化物、挥发性有机物、氰化物、余氯、微生物、放射性等。

c. 部分监测项目保存方式不同，须单独采集储存，如动植物油类、石油类、硫化物、挥发酚、氰化物、余氯、微生物等。

d. 部分监测项目采集时须注满容器，不留顶上空间，如溶解氧、生化需氧量、挥发性有机物等。

⑨ 采样安全

a. 现场监测人员须考虑相应的安全预防措施，采样过程中采取必要的防护措施。

b. 监测人员应身体健康，适应工作要求，现场采样时至少两人同时在场。

c. 监测过程中配备必要的防护设备、急救用品。现场采样时，若采样位置附近有腐蚀性、高温、有毒、挥发性、可燃性物质，须穿戴防护用具；现场监测人员要特别注意安全，避免滑倒落水，必要时应穿戴救生衣。

4.2.4　现场监测项目的测定

（1）现场监测项目的测定

水温、pH 值等能在现场测定的监测项目或分析方法中要求须在现场完成测定的监测项目，应在现场测定。

（2）流量测量

① 自动污水流量计　已安装自动污水流量计，且通过计量部门检定或通过验收的，可采用流量计的流量值。排污渠道的截面底部须硬质平滑，截面形状为规则几何形，排放口处须有 3～5m 的平直过流水段，且水位高度不小于 0.1m。通过测量排污渠道的过水截面积，以流速仪测量污水流速，计算污水量。

② 超声波式流量计　采用明渠超声波式流量计测定流量，应按照相关技术要求修建标准化计量堰槽。超声波式流量计是采用超声波通过空气以非接触的方式测量明渠内堰槽前指定位置的水位高度，再根据标准规定的液位-流量换算公式计算水的流量，仪器能自动显示流量。适用于水利、水电、环保及其他各种明渠条件下的流量测量，该方法为常用方法。

（3）水样感官指标的描述

用文字定性描述水的颜色、浑浊度、气味（嗅）等样品状态、水面有无油膜等表观特征，并均应做现场记录。

4.2.5　样品保存、运输、记录及交接

（1）样品保存与运输

① 样品采集后应尽快送实验室分析，并根据监测项目所采用分析方法的要求确定样品的保存方法，确保样品在规定的保存期限内分析测试。

② 根据采样点的地理位置和监测项目保存期限，选用适当的运输方式。样品运输前应将容器的内外盖盖紧。装箱时应用泡沫塑料等减震材料分隔固定，以防破损。除防震、避免

日光照射和低温运输外，还应防止沾污。

③ 同一采样点的样品应尽量装在同一样品箱内，运输前应核对现场采样记录上的所有样品是否齐全，应有专人负责样品运输。

（2）现场记录

采样时要做好现场记录，现场记录应包含以下内容：监测目的、排污单位名称、气象条件、采样日期、采样时间、现场测试仪器型号与编号、采样点位、生产工况、污水处理设施处理工艺、污水处理设施运行情况、污水排放量/流量、现场测试项目和监测方法、水样感官指标的描述、采样项目、采样方式、样品编号、保存方法、采样人、复核人、排污单位人员及其他需要说明的有关事项等，具体格式可自行制订。

（3）样品交接

现场监测人员与实验室接样人员进行样品交接时，须清点和检查样品，并在交接记录上签字。样品交接记录内容包括交接样品的日期和时间、样品数量和性状、测定项目、保存方式、交样人、接样人等。

思考与练习 4.2

1. 工业废水采样方法有哪些？常用的采样器是哪种？
2. 工业废水采样应注意哪些问题？
3. 工业废水水样类型有哪些？各适于怎样的情况？
4. 采样安全应注意哪些问题？
5. 样品交接注意哪些问题？

任务 4.3　指标测定

4.3.1　六价铬

4.3.1.1　概述

（1）危害及来源

铬是生物体必需的微量元素之一，适量铬对人体是无害的，缺乏铬反而会引起动脉粥样硬化。自然形成的铬常以元素或三价状态存在，污染的水中铬有三价和六价两种价态，铬的毒性与其存在价态有关，六价铬毒性比三价铬高约 100 倍，而且六价铬更易被人体吸收，并在体内蓄积导致肝癌。铬会抑制水体自净，易累积于鱼体内，也可使水生生物致死。用含铬的水灌溉农作物，铬会富集于果实中。

铬的污染来源主要是含铬矿石的加工、金属表面处理、皮革鞣制、印染、制药、化工等行业的工业废水。铬为第一类污染物，对于工业废水，需在车间排放口或车间处理设施排放口采样。《污水综合排放标准》规定最高允许排放浓度总铬为 1.5mg/L，六价铬为 0.5mg/L。

（2）方法选择

铬的测定方法有二苯碳酰二肼分光光度法（GB 7467—87）、原子吸收分光光度法、等离子发射光谱法和硫酸亚铁铵滴定法等。二苯碳酰二肼分光光度法适用于地表水和工业废水中六价铬的测定。硫酸亚铁铵滴定法（测定总铬）适用于总铬浓度大于 1mg/L 的水样。

下面重点介绍二苯碳酰二肼分光光度法（GB 7467—87）。

4.3.1.2　方法原理

在酸性溶液中，水样中的六价铬与二苯碳酰二肼反应生成紫红色化合物，在其最大吸收波长 540nm 处测定吸光度，利用标准曲线法求出水样中六价铬的含量。

当取样体积为 50mL，使用光程为 30mm 比色皿时，方法最小检出量为 0.2μg 六价铬，最低检出浓度为 0.004mg/L；使用光程为 10mm 比色皿时，测定上限为 1.0mg/L。

4.3.1.3　仪器试剂

所用试剂均使用符合国家标准的分析纯化学试剂（另有说明的除外），实验用水为新制备的蒸馏水或去离子水。

① 主要仪器：可见分光光度计（配 10mm 和 30mm 比色皿）；实验室常用仪器等（具体见试剂配制及分析步骤）。

② （1+1）硫酸溶液：将浓硫酸（ρ＝1.84g/mL，优级纯）缓缓加入到同体积水中，混匀。

③ （1+1）磷酸溶液：将浓磷酸（ρ＝1.69g/mL，优级纯）与等体积水混合。

④ 0.2%氢氧化钠溶液：称取氢氧化钠 1g，溶于 500mL 新煮沸放冷的水中。

⑤ 氢氧化锌共沉淀剂：称取硫酸锌（$ZnSO_4 \cdot 7H_2O$）8g，溶于水并稀释至 100mL；称取氢氧化钠 2.4g，溶于新煮沸放冷的水中至 120mL，将以上两溶液混合。

⑥ 20%尿素溶液：将尿素［$(NH_2)_2CO$］20g 溶于水并稀释至 100mL。

⑦ 2%亚硝酸钠溶液：将亚硝酸钠 2g 溶于水并稀释至 100mL。

⑧ 铬标准贮备液：称取于 120℃ 干燥 2h 的重铬酸钾（优级纯）0.2829g，用水溶解后，移入 1000mL 容量瓶中，用水稀释至标线，摇匀。每毫升溶液含 0.10mg 六价铬。

六价铬测定
操作——铬标
准液配制

⑨ 铬标准使用液 A：吸取 5.00mL 铬标准贮备液于 500mL 容量瓶中，用水稀释至标线，摇匀。每毫升标准使用液含 1.00μg 六价铬，使用当天配制。该标液用于低含量六价铬水样校准曲线的制作，显色及测定时使用显色剂 A 和 30mm 比色皿。

⑩ 铬标准使用液 B：吸取 25.00mL 铬标准贮备液于 500mL 容量瓶中，用水稀释至标线，摇匀。每毫升标准使用液含 5.00μg 六价铬，使用当天配制。该标液用于高含量六价铬水样校准曲线的制作，显色及测定时使用显色剂 B 和 10mm 比色皿。

⑪ 显色剂 A：称取二苯碳酰二肼（$C_{13}H_{14}N_4O$）0.2g，溶于 50mL 丙酮中，加水稀释至 100mL，摇匀，贮于棕色瓶置冰箱中保存，颜色变深后不能使用。该显色剂与铬标准使用液 A 配套使用。

⑫ 显色剂 B：称取二苯碳酰二肼 1g 溶于 50mL 丙酮中，加水稀释至 100mL，摇匀。贮于棕色瓶置冰箱中保存，颜色变深后不能使用。与铬标准使用液 B 配套使用。

4.3.1.4　分析步骤

（1）水样采集和保存

水样应用瓶壁光洁的玻璃瓶采集，采样之前要洗涤干净，并用即将采集的水样润洗三次。采样后加入氢氧化钠调节水样 pH 约为 8。所采水样应尽

六价铬测定
操作——水样测定

快测定，如放置，不得超过 24h。

（2）样品预处理

根据水样干扰情况选择下述合适的预处理方法。

① 直接测定：对于不含悬浮物、低色度的清洁地表水，可直接进行测定，不需预处理。

六价铬测定操作
——标准系列制备

② 色度校正：如果水样有色但不深时，可进行色度校正。即另取一份水样，加入除显色剂以外的各种试剂，以 2mL 丙酮代替显色剂，最后以此代替蒸馏水作为参比来测定待测水样的吸光度。

③ 锌盐沉淀分离法：对浑浊、色度较深的水样用此法预处理。准确移取适量水样（六价铬含量少于 100μg）置于 150mL 烧杯中，加水至 50mL，滴加 0.2％氢氧化钠溶液，调节溶液 pH 为 7～8。在不断搅拌下，滴加氢氧化锌共沉淀剂至溶液 pH 为 8～9。将此溶液转移至 100mL 容量瓶中，用水稀释至标线。用慢速滤纸干过滤，弃去 10～20mL 初滤液，取其中 50.0mL 滤液供测定。

六价铬测定
操作——比色皿
配套性检查

④ 二价铁、亚硫酸盐、硫代硫酸盐等还原性物质的消除：取适量水样（六价铬含量少于 50μg）置于 50mL 比色管中，用水稀释至标线，加入 4mL 显色剂 B，混匀。放置 5min 后加入（1＋1）硫酸溶液 1mL，摇匀。5～10min 后，于 540nm 波长处，用 10mm 或 30mm 的比色皿，以水为参比，测定吸光度，减去空白试验吸光度后，从标准曲线上查得六价铬含量。用同法作校准曲线。

⑤ 次氯酸盐等氧化性物质的消除：取适量水样（六价铬含量少于 50μg）置于 50mL 比色管中，用水稀释至标线，加入（1＋1）硫酸和（1＋1）磷酸溶液各 0.5mL，再加入尿素溶液 1.0mL，摇匀。逐滴加入 1mL 亚硝酸钠溶液，边加边摇以除去过量的亚硝酸钠与尿素反应生成的气泡，待气泡除尽后，以下步骤同样品测定（免去加硫酸溶液和磷酸溶液）。

六价铬
测定操作——标准
系列吸光度值

（3）显色与测定

① 准确取适量（含六价铬少于 50μg）无色透明或经预处理的已调至中性的水样，置于 50mL 比色管中，用水稀释至 50mL 刻线。

② 加入（1＋1）硫酸和（1＋1）磷酸各 0.5mL，摇匀。加入 2mL 显色剂溶液 A 或 B，摇匀。5～10min 后，于 540nm 波长处，用 30mm（铬标准使用液 A）或 10mm（铬标准使用液 B）比色皿，以水为参比测定吸光度，并做空白校正，从校准曲线上查得六价铬含量。

用 50mL 水代替样品，同步做空白试验，测定空白液吸光度值。

（4）绘制校准曲线

① 向一组 50mL 比色管中分别加入 0mL、0.20mL、0.50mL、1.00mL、2.00mL、4.00mL、6.00mL、8.00mL 和 10.00mL 铬标准使用液 A 或铬标准使用液 B（如经锌盐沉淀分离法预处理，则应加倍吸取），用水稀释至标线，然后按照与水样同样的预处理和显色及测定步骤操作。

② 测得的吸光度值减去零浓度空白吸光度值后，绘制吸光度值对六价铬含量的校准曲线，或计算回归方程。

4.3.1.5　注意事项

① 本实验中包括采样瓶在内的所有玻璃仪器不能用重铬酸钾洗液洗涤，可用硝酸、硫酸混合液或洗涤剂洗涤，冲洗干净。

② 铬标准使用液有两种浓度，其中每毫升含 5.00μg 六价铬的标准溶液适用于铬含量高的水样测定，显色及测定时使用显色剂 B 和 10mm 比色皿。

③ 显色时，温度和放置时间对显色有影响，在 15℃时，5～15min 颜色即可稳定。

④ 校准曲线的相关系数应不小于 0.9990。

4.3.1.6　数据记录与处理

数据记录参考表见表 4-6（以铬标准使用液 B 为例）。

表 4-6　绘制校准曲线数据记录参考表

铬标准使用液 B/mL	0	0.20	0.50	1.00	2.00	4.00	6.00	8.00	10.00
六价铬含量/μg	0	1.00	2.50	5.00	10.00	20.00	30.00	40.00	50.00
空白校正后吸光度值									

样品中六价铬浓度按下式计算：

$$六价铬浓度(mg/L)=\frac{m}{V_{样}}$$

式中　m——从标准曲线上查得的或利用回归方程计算得到的六价铬含量，μg；

$V_{样}$——显色测定时所取水样的体积，mL。

六价铬浓度计算结果表示：根据规范要求小数点后最多三位数、有效数字最多三位数。

4.3.1.7　思考题

① 六价铬水样的采集及保存应该注意哪些问题？

② 测定六价铬的水样预处理方法有哪些？分别针对什么样的水样？

③ 铬标准使用液 A（每毫升含 1μg 六价铬）和铬标准使用液 B（每毫升含 5μg 六价铬）分别适用什么水样校准曲线的制作？其显色和测定操作有何不同？

④ 绘制标准曲线时用 10mm 比色皿，水样测定时是否也必须用 10mm 比色皿？

4.3.2　铜、锌、铅、镉

4.3.2.1　概述

（1）污染来源及危害

铜、锌是人体必不可少的微量元素，但摄入过量会对人体有害。镉（Cd）不是人体的必需元素，毒性很强，可在人体的肝、肾、骨骼等组织中积蓄，造成各内脏器官组织的损害，尤以对肾脏的损害最大，还可以导致骨质疏松和软化。铅是可在人体和动植物组织中蓄积的有毒金属，其主要毒性效应是导致贫血、神经机能失调和肾损伤。铅、镉属于第一类污染物，是重要的控制指标。

铜、锌、铅、镉等重金属污染主要来自采矿、电镀、冶炼、五金、石油化工和化学工业等排放的污水。

117

（2）测定方法

测定水体中铜、锌、铅、镉的方法基本相同，常用的有原子吸收分光光度法、极谱法等。一般采用消解法来预处理水样去除干扰，以下依据《水质　铜、锌、铅、镉的测定　原子吸收分光光度法》（GB 7475—87），着重介绍原子吸收分光光度法。该方法分为两部分，第一部分为直接法，适用于测定地下水、地面水和废水中的铜、锌、铅、镉；第二部分为螯合萃取法，适用于测定地下水和清洁地面水中低浓度的铜、锌、铅、镉。这里主要介绍直接法，测定浓度范围与仪器的特性有关，表 4-7 列出一般仪器的测定范围。

表 4-7　直接法测定铜、锌、铅、镉范围

元　素	浓度范围/（mg/L）	元　素	浓度范围/（mg/L）
铜	0.05～5	铅	0.2～10
锌	0.05～1	镉	0.05～1

4.3.2.2　测定原理

将水样或消解处理好的试样直接吸入火焰，火焰中形成的原子对光源发射的特征辐射产生吸收。将测得的样品吸光度和标准溶液吸光度进行比较，确定出样品中被测元素含量。

4.3.2.3　试剂

① 硝酸（优级纯，$\rho=1.42$g/mL）。

② 硝酸（分析纯，$\rho=1.67$g/mL）。

③ 高氯酸（优级纯）。

④ 燃气：乙炔，用钢瓶或乙炔发生器供给，纯度不低于 99.6％。

⑤ 助燃气：空气。由空气压缩机供给，进入燃烧器之前要过滤，以除去其中的水、油和其他杂质。

⑥ 硝酸（1+1）：用硝酸（分析纯）配制。

⑦ 硝酸（1+499，即 0.2％）：用硝酸（优级纯）配制。

⑧ 金属贮备液（1.000g/L）：称取 1.000g 光谱纯金属，准确到 0.001g，用硝酸（优级纯）溶解，必要时加热，直至溶解完全，然后用水稀释定容至 1000mL。

⑨ 中间标准溶液：用硝酸溶液（1+499）稀释金属贮备液配制，使此溶液中铜、锌、铅、镉的浓度分别为 50.00mg/L、10.00mg/L、100.0mg/L 和 10.00mg/L。

4.3.2.4　仪器

① 原子吸收分光光度计及相应的辅助设备，配有乙炔-空气燃烧器。仪器操作参数可参照厂家的说明进行选择。

② 元素灯：铜、锌、铅、镉空心阴极灯。

③ 一般实验室仪器。实验用的玻璃或塑料器皿用洗涤剂洗净后，在硝酸溶液（1+1）中浸泡，使用前用水冲洗干净。

4.3.2.5　步骤

（1）样品采集与保存

用聚乙烯塑料瓶采集样品。采样瓶先用洗涤剂洗净，再在（1+1）硝酸溶液中浸泡，使

用前用水冲洗干净。测定金属总量的样品，采集后立即加硝酸（优级纯）酸化至 pH 为 1～2，正常情况下，每 1000mL 样品加 2mL 硝酸（优级纯）。

（2）试样的制备

① 测定溶解的金属（指未酸化的样品中能通过 0.45μm 滤膜的金属成分）时，样品采集后立即通过 0.45μm 滤膜过滤，得到的滤液再按步骤"（1）样品采集与保存"中的要求酸化。

原子吸收法

② 测定金属总量（指未经过滤的样品经强烈消解后测得的金属浓度，或样品中溶解和悬浮的两部分金属浓度总量）需对样品进行预处理。

取 100.0mL 水样放入 200mL 烧杯中，加入硝酸（优级纯）5mL，在电热板上加热消解，确保样品不沸腾，蒸至 10mL 左右，加入 5mL 硝酸（优级纯）和 2mL 高氯酸（优级纯），继续消解，直至 1mL 左右。如果消解不完全，再加入 5mL 硝酸（优级纯）和 2mL 高氯酸（优级纯），再蒸至 1mL 左右。取下冷却，加水溶解残渣，通过中速滤纸（预先用酸洗）滤入 100mL 容量瓶中，用水稀释至标线。

【注意】消解中使用高氯酸有爆炸危险，整个消解要在通风橱中进行！

③ 空白样：取 0.2％硝酸 100mL，按上述相同的程序操作，以此为空白样。

（3）仪器调试

选择与待测元素相应的空心阴极灯，按表 4-8 的工作条件将仪器调试到工作状态（调试操作按仪器说明书进行）。

表 4-8　元素的特征谱线

元素	特征谱线/nm	非特征吸收谱线/nm	元素	特征谱线/nm	非特征吸收谱线/nm
铜	324.7	324（锆）	铅	283.3	283.7（锆）
锌	213.8	214（氘）	镉	228.8	229（氘）

（4）校准曲线

吸取中间标准溶液 0mL、0.50mL、1.00mL、3.00mL、5.00mL 和 10.00mL，分别放入 6 个 100mL 容量瓶中，用 0.2％硝酸溶液稀释定容。此混合标准系列各金属的浓度见表 4-9。接着按样品测定的步骤测量吸光度。用经空白校正的各标准溶液的吸光度对相应的浓度作图，绘制校准曲线。

表 4-9　标准工作溶液各金属浓度

中间标准溶液体积/mL		0	0.50	1.00	3.00	5.00	10.00
标准系列各金属浓度 /(mg/L)	镉	0	0.05	0.10	0.30	0.50	1.00
	铜	0	0.25	0.50	1.50	2.50	5.00
	铅	0	0.50	1.00	3.00	5.00	10.00
	锌	0	0.05	0.10	0.30	0.50	1.00

（5）样品测定

仪器用 0.2％硝酸调零，然后吸入空白样和试样，测量其吸光度。扣除空白样吸光度后，从校准曲线上查出试样中的金属浓度。如可能，也可从仪器上直接读出试样中的金属浓度。

4.3.2.6　注意事项

① 采样用的聚乙烯瓶、采样瓶应先酸洗，使用前用水洗净。

② 地下水和地表水中的共存离子和化合物，在常见浓度下不干扰测定。当钙浓度高于 1000mg/L 时，对镉测定有干扰；铁浓度高于 100mg/L 时，对锌测定有干扰。

③ 当样品中含盐量很高，特征谱线波长又低于 350nm 时，可能出现非特征吸收。如高浓度的钙，因产生背景吸收，使铅的测定结果偏高。为了检验是否存在基体干扰或背景吸收，一般通过测定加标回收率判断基体干扰的程度，通过测定特征谱线附近 1nm 内的一条非特征吸收谱线处的吸收可判断背景吸收的大小。与特征谱线对应的非特征吸收谱线可根据表 4-10 选择。

表 4-10　特征谱线对应的非特征吸收谱线

元素	特征谱线/nm	非特征吸收谱线/nm	元素	特征谱线/nm	非特征吸收谱线/nm
铜	324.7	324(锆)	铅	283.3	283.7(锆)
锌	213.8	214(氘)	镉	228.8	229(氘)

如果存在基体干扰，用标准加入法测定并计算结果。如果存在背景吸收，用自动背景校正装置或邻近非特征吸收谱线法进行校正。后一种方法是从特征谱线处测得的吸收值中扣除邻近非特征吸收谱线处的吸收值，得到被测元素原子的真正吸收。此外，也可使用螯合萃取法或样品稀释法降低或排除产生基体干扰背景吸收的组分。

④ 在测定过程中，要定期复测空白和工作标准溶液，以检查基线的稳定性和仪器的灵敏度是否发生了变化。

⑤ 报告结果时，要指明测定的是溶解的金属还是金属总量。

4.3.2.7　思考题

① 原子吸收法测定水样中铜锌铅镉时，采样和样品消解预处理过程中需注意哪些问题？

② 原子吸收分光光度法的定量方法有哪些？采用什么方法消除基体干扰？

4.3.3　氟化物

扫描二维码可查看详细内容。

氟化物测定

4.3.4　挥发酚

4.3.4.1　概述

（1）含义及危害

挥发酚是指能随水蒸气蒸馏出并能和 4-氨基安替比林反应生成有色化合物的挥发性酚类化合物，通常是指沸点在 230℃ 以下的酚类，多属一元酚，以苯酚表示。

酚类有机物属高毒物质，不溶于水，易溶于有机溶剂和脂肪，人体摄入一定量时，可出现急性中毒症状；长期饮用被酚污染的水，可引起头昏、出疹、贫血及各种神经系统疾病；水中含低浓度（0.1～0.2mg/L）酚类时，可使生长鱼的鱼肉有异味，高浓度（>5mg/L）时则造成中毒死亡；含酚浓度高的废水不宜用于农田灌溉，否则会使农作物枯死或减产；水中含微量酚类，在加氯消毒时，可产生特异的氯酚臭。

酚类主要来自炼油、煤气洗涤、炼焦、合成氨、造纸、木材防腐和化工等废水。

（2）测定方法选择

酚类的分析方法主要有 4-氨基安替比林分光光度法（HJ 503—2009）、溴化容量法（HJ 502—2009）、流动注射-4-氨基安替比林分光光度法（HJ 825—2017）等。

① 4-氨基安替比林分光光度法（HJ 503—2009）　是普遍采用的测定方法，适用于地表水、地下水、饮用水、工业废水和生活污水中挥发酚的测定，国际标准化组织颁布的测酚方

法亦为此。

该方法分为萃取分光光度法和直接分光光度法。地表水、地下水和饮用水宜用萃取分光光度法测定，检出限为 0.0003mg/L，测定下限为 0.001mg/L，测定上限为 0.04mg/L。工业废水和生活污水宜用直接分光光度法测定，检出限为 0.01mg/L，测定下限为 0.04mg/L，测定上限为 2.50mg/L，对于浓度高于测定上限的样品，可适当稀释后进行测定。

② 溴化容量法（HJ 502—2009）　适用于含高浓度挥发酚工业废水中挥发酚的测定，比如车间排放口或未经处理的总排污口废水，该法测定下限为 0.1mg/L，测定上限为 45.0mg/L。对于浓度高于测定上限的样品，可适当稀释后进行测定。

以下主要介绍 4-氨基安替比林分光光度法（HJ 503—2009）。

4.3.4.2　方法原理

（1）萃取分光光度法测定原理

用蒸馏法使挥发性酚类化合物蒸馏出，并与干扰物质和固定剂分离（馏出液体积需与试样体积相等）。被蒸馏出的酚类化合物，于 pH 为 10.0±0.2 介质中，在铁氰化钾存在下，与 4-氨基安替比林反应，生成橙红色的安替比林染料，用三氯甲烷萃取后，在 460nm 波长处测定吸光度。

（2）直接分光光度法测定原理

用蒸馏法使挥发性酚类化合物蒸馏出，并与干扰物质和固定剂分离（馏出液体积需与试样体积相等）。被蒸馏出的酚类化合物，于 pH 为 10.0±0.2 介质中，在铁氰化钾存在下，与 4-氨基安替比林反应，生成橙红色的安替比林染料。显色后，在 30min 内，于 510nm 波长处测定吸光度。

4.3.4.3　干扰及消除

氧化剂、油类、硫化物、有机或无机还原性物质和苯胺类干扰酚的测定。

（1）氧化剂的消除

样品滴于淀粉-碘化钾试纸上，如出现蓝色，说明存在氧化剂（如游离氯），可加入过量硫酸亚铁去除。

（2）硫化物的消除

取一滴样品滴在乙酸铅试纸上，若试纸变黑色，说明有硫化物存在。此时样品中加磷酸酸化，硫化物含量高时置通风柜内进行搅拌曝气，直至生成的硫化氢完全逸出。

（3）甲醛、亚硫酸盐等有机或无机还原性物质的消除

可分取适量样品于分液漏斗中，加硫酸溶液使呈酸性，分次加入 50mL、30mL、30mL 乙醚以萃取酚，合并乙醚层于另一分液漏斗，分次加入 4mL、3mL、3mL 氢氧化钠溶液进行反萃取，使酚类转入氢氧化钠溶液中。合并碱萃取液，移入烧杯中，置水浴上加温，以除去残余乙醚，然后用水将碱萃取液稀释到原分取样品的体积。

同时应以水做空白试验。

（4）油类的消除

样品静置分离出浮油后，按照上述甲醛干扰消除的操作步骤进行。

（5）苯胺类消除

苯胺类可与 4-氨基安替比林发生显色反应而干扰酚的测定，一般在酸性（pH＜0.5）条件下，可以通过预蒸馏分离。

4.3.4.4　仪器

除非另有说明，分析时均使用符合国家 A 级标准的玻璃量器。

① 分光光度计：具 460nm 和 510nm 波长，并配有光程为 30mm 比色皿（萃取光度法使用）和 20mm 的比色皿（直接光度法使用）。

② 500mL 全玻璃蒸馏装置（带加热装置）。

③ 500mL 分液漏斗（萃取光度法使用）。

④ 50mL 比色管及配套比色管架（直接光度法使用）。

⑤ 一般实验室常用仪器。

4.3.4.5　试剂

所用试剂均使用符合国家标准的分析纯化学试剂（另有说明的除外），实验用水为新制备的符合要求的无酚水。

① 无酚水（实验用水均为无酚水）：于每升水中加入 0.2g 经 200℃ 活化 30min 的活性炭粉末，充分振摇后，放置过夜，用双层中速滤纸过滤。或加氢氧化钠使水呈强碱性，并滴加高锰酸钾至溶液呈紫红色，移入全玻璃蒸馏瓶中加热蒸馏，收集馏出液备用。

【注意】无酚水应贮于玻璃瓶中，取用时应避免与橡胶制品（橡胶塞或乳胶管）接触。

② 硫酸亚铁（$FeSO_4 \cdot 7H_2O$）。

③ 碘化钾（KI）。

④ 硫酸铜（$CuSO_4 \cdot 5H_2O$）（用于样品保存，抑制微生物对酚类的氧化作用）。

⑤ 三氯甲烷（$CHCl_3$）（萃取光度法使用）。

⑥ 盐酸：$\rho(HCl) = 1.19g/mL$。

⑦ 10% 硫酸铜溶液：称取 50g 硫酸铜（$CuSO_4 \cdot 5H_2O$）溶于水，稀释至 500mL。

⑧ 磷酸溶液（1+9）：量取 50mL 磷酸（$\rho_{20} = 1.69g/mL$），用水稀释至 500mL。

⑨ 甲基橙指示液 0.5g/L：称取 0.1g 甲基橙溶于水，溶解后移入 200mL 容量瓶中，用水稀释至标线。

⑩ 缓冲溶液（pH＝10.7）：称取 20g 氯化铵（NH_4Cl）溶于 100mL 氨水（0.90g/mL）中，密塞，置冰箱中保存。为避免氨挥发所引起 pH 值的改变，应注意在低温下保存，且取用后应立即加塞盖严，并根据使用情况适量配制。

⑪ 4-氨基安替比林溶液：称取 2.0g 4-氨基安替比林溶于水，溶解后移入 100mL 容量瓶中，稀释至标线。置冰箱中冷藏，可保存 7d。

【注意】固体试剂易潮解、氧化，应保存在干燥器中。

⑫ 铁氰化钾溶液：$\rho\{K_3[Fe(CN)_6]\} = 80g/L$。称取 8g 铁氰化钾溶于水，稀释至 100mL，置冰箱内冷藏，可保存一周。

⑬ 溴酸钾-溴化钾溶液：$c(1/6KBrO_3) = 0.1mol/L$。称取 2.784g 溴酸钾（$KBrO_3$）溶于水，加入 10g 溴化钾（KBr），溶解后移入 1000mL 容量瓶中，用水稀释至标线。

⑭ 硫代硫酸钠溶液：$c(Na_2S_2O_3) \approx 0.0125mol/L$。称取 3.1g 硫代硫酸钠（$Na_2S_2O_3 \cdot 5H_2O$），溶于煮沸放冷的水中，加入 0.2g 碳酸钠，溶解后稀释至 1000mL。临用前按照 GB

7489 用碘酸钾溶液标定，标定方法如下：分取 20.00mL 碘酸钾溶液置于 250mL 碘量瓶中，加水稀释至 100mL，加 1g 碘化钾，再加（1+5）硫酸 5mL，加塞，轻轻摇匀。置暗处放置 5min，用硫代硫酸钠溶液滴定至淡黄色时，加 1mL 淀粉溶液，继续滴定至蓝色刚好褪去为止，记录硫代硫酸钠溶液用量。

按下式计算硫代硫酸钠溶液浓度（mol/L）：

$$c(\mathrm{Na_2S_2O_3}) = \frac{0.0125 \times V_1}{V_2} \tag{4-1}$$

式中　V_1——移取碘酸钾标准溶液量，mL；

　　　V_2——硫代硫酸钠标准滴定溶液滴定用量，mL；

　0.0125——碘酸钾标准溶液浓度，mol/L。

⑮ 碘酸钾标准溶液：$c(1/6\mathrm{KIO_3})=0.0125\mathrm{mol/L}$。称取预先经 180℃ 烘干的碘酸钾 0.44585g 溶于水，移入 1000mL 容量瓶中，稀释至标线。

⑯ 淀粉溶液：$\rho=0.01\mathrm{g/mL}$。称取 1g 可溶性淀粉，用少量水调成糊状，加沸水至 100mL，冷却后转移至试剂瓶，置冰箱内冷藏保存。

⑰ 酚标准贮备液：$\rho(\mathrm{C_6H_5OH})\approx1.00\mathrm{g/L}$。称取 1.00g 无色精制苯酚（$\mathrm{C_6H_5OH}$）溶于水，移入 1000mL 容量瓶中，用水稀释至标线，按下述方法进行标定，置 4℃ 冰箱内保存，至少稳定一个月。使用前应标定其准确浓度（实际工作中可直接购买苯酚标准溶液，使用时稀释为要求的浓度）。

标定方法：吸取 10.00mL 酚贮备液于 250mL 碘量瓶中，加水稀释至 100mL，再加 10.0mL 0.1mol/L 溴酸钾-溴化钾溶液，立即加入 5mL 浓盐酸，密塞，轻轻摇匀，于暗处放置 15min。再加入 1g 碘化钾，密塞，摇匀，放置暗处 5min。用 0.0125mol/L 硫代硫酸钠溶液滴定至淡黄色时，加入 1mL 淀粉溶液，继续滴定至蓝色刚好褪去，记录用量。

同时以水代替酚贮备液做空白试验，记录硫代硫酸钠标准溶液用量。

酚贮备液浓度按下式计算：

$$\rho = \frac{(V_1-V_2)c \times 15.68}{V} \tag{4-2}$$

式中　ρ——酚贮备液浓度，mg/L；

　　　V_1——空白实验中硫代硫酸钠标准溶液用量，mL；

　　　V_2——滴定酚贮备液时硫代硫酸钠溶液的用量，mL；

　　　V——酚贮备液体积，mL；

　　　c——硫代硫酸钠标准溶液浓度，mol/L；

　15.68——苯酚（$1/6\mathrm{C_6H_5OH}$）摩尔质量，g/mol。

⑱ 酚标准中间液：$\rho(\mathrm{C_6H_5OH})=10.0\mathrm{mg/L}$。取适量苯酚贮备液，用水稀释至每毫升含 10.00μg 苯酚。使用时当天配制（4-氨基安替比林直接光度法中制作标准曲线用）。

⑲ 酚标准使用液：$\rho(\mathrm{C_6H_5OH})=1.00\mathrm{mg/L}$。取适量苯酚标准中间液，用水稀释至每毫升含 1.00μg 苯酚，配制后 2h 内使用（4-氨基安替比林萃取光度法中制作标准曲线用）。

⑳ 淀粉-碘化钾试纸：称取 1.5g 可溶性淀粉置于烧杯中，用少量水调成糊状，加入 200mL 沸水，混匀，冷却。加入 0.5g 碘化钾（KI）和 0.5g 碳酸钠（$\mathrm{Na_2CO_3}$），用水稀释至 250mL。将滤纸条浸渍后，取出晾干，装棕色瓶中密塞保存。

㉑ 乙酸铅试纸：称取乙酸铅 5g 溶于水中，并稀释至 100mL。将滤纸条浸入上述溶液中，1h 后取出晾干，盛于广口瓶中，密塞保存。

㉒ pH 试纸：1～14。

4.3.4.6 萃取分光光度法分析步骤

（1）水样采集与保存

盛样容器为硬质玻璃瓶，用所采集水样润洗三次，样品采集量应大于500mL。

在样品采集现场，用淀粉-碘化钾试纸检测样品中有无游离氯等氧化剂存在。若试纸变蓝，应加入过量硫酸亚铁去除。

采集后的样品应及时加磷酸酸化至pH约4.0，并加适量硫酸铜，使样品中硫酸铜浓度约为1g/L，以抑制微生物对酚类的生物氧化作用。

采集后的样品应在4℃下冷藏，24h内测定。

水中挥发酚
测定操作——
水样蒸馏预处理

（2）样品蒸馏预处理

① 取250mL样品移入500mL全玻璃蒸馏瓶中，加25mL无酚水，加数粒玻璃珠以防暴沸，再加数滴甲基橙指示液，若试样未显橙红色，则需继续补加（1+9）磷酸溶液。

② 连接冷凝器，加热蒸馏，收集馏出液为250mL至容量瓶中。

【注意】 蒸馏过程中，如发现甲基橙红色褪去，应在蒸馏结束后，放冷，再加一滴甲基橙指示液。如发现蒸馏后残液不呈酸性，则应重新取样，增加磷酸溶液加入量进行蒸馏。

使用的蒸馏设备不宜与测定工业废水或生活污水的蒸馏设备混用。每次试验前后，应清洗整个蒸馏设备。

不得用橡胶塞、橡胶管连接蒸馏瓶及冷凝器，以防止对测定产生干扰。

（3）显色

将馏出液250mL移入500mL分液漏斗中，加2.0mL缓冲溶液，混匀，pH值为10.0±0.2。加1.5mL 4-氨基安替比林溶液，混匀；再加1.5mL铁氰化钾溶液，充分混匀后密塞，放置10min。

水中挥发酚
测定操作——显
色及萃取操作

（4）萃取

在上述显色分液漏斗中准确加入10.0mL三氯甲烷，密塞，剧烈振摇2min，倒置放气，静置分层。用干脱脂棉或滤纸拭干分液漏斗颈管内壁，于颈管内塞一小团干脱脂棉或滤纸，将三氯甲烷层放出通过干脱脂棉团或滤纸，弃去最初滤出的数滴萃取液后，将余下的三氯甲烷直接放入光程为30mm的比色皿中。

（5）吸光度测定

于460nm波长，以三氯甲烷为参比，测量三氯甲烷层的吸光度。

（6）空白试验

同时，用水代替试样，按与水样测定相同步骤进行蒸馏、显色、萃取，测定其吸光度值，以其结果作为水样测定的空白值。

（7）校准曲线绘制

① 校准系列的制备 于一组8个分液漏斗中，分别加入100mL水，依次加入0.00mL、0.25mL、0.50mL、1.00mL、3.00mL、5.00mL、7.00mL、10.00mL酚标准使用液，再分别加无酚水至250mL，按水样萃取和显色过程测量吸光度值。

② 校准曲线绘制 由校准系列测得的吸光度值减去零浓度管的吸光度值，绘制吸光度

值对酚含量（μg）的曲线，校准曲线回归方程相关系数应达到 0.999 以上。

（8）数据记录及结果计算

数据记录参考表格见表 4-11。

表 4-11　校准曲线绘制数据记录表

酚标准使用液/mL	0.00	0.25	0.50	1.00	3.00	5.00	7.00	10.00
酚含量/μg	0.00	0.25	0.50	1.00	3.00	5.00	7.00	10.00
空白校正后吸光度								

样品中挥发酚浓度（以苯酚计），按下式计算：

$$\rho = \frac{A_s - A_a - a}{bV} \qquad\qquad (4\text{-}3)$$

或

$$\rho = \frac{m}{V} \qquad\qquad (4\text{-}4)$$

式中　ρ——样品中挥发酚的浓度（以苯酚计），mg/L；

A_s——试样的吸光度值；

A_a——空白试验的吸光度值；

a——校准曲线的截距值；

b——校准曲线的斜率；

V——试样体积，250mL；

m——由水样的校正吸光度，根据校准曲线方程 $y = a + bx$ 计算得到的挥发酚质
量，μg。

当计算结果＜0.1mg/L 时，保留到小数点后四位；计算结果≥0.1mg/L 时，保留三位
有效数字。

（9）质量保证和质量控制

每批样品应带一个中间校核点，中间校核点测定值和校准曲线相应点浓度的相对误差不
超过 10%。

4.3.4.7　直接分光光度法测定步骤

（1）水样采集及测定

① 水样采集与保存　同萃取分光光度法。

② 蒸馏预处理　同萃取分光光度法。

③ 显色　分取馏出液 50mL 加入 50mL 比色管中，加 0.5mL 缓冲溶液，混匀，此时
pH 值为 10.0±0.2，加 1.0mL 4-氨基安替比林溶液，混匀；再加 1.0mL 铁氰化钾溶液，
充分混匀后密塞，放置 10min。

④ 吸光度测定　于 510nm 波长，用光程为 20mm 的比色皿，以无酚水为参比，于
30min 内测定溶液的吸光度值。

⑤ 空白试验　用无酚水代替试样，按与水样测定相同步骤进行蒸馏、显色，并测定其
吸光度值。空白应与试样同时测定。

（2）校准曲线绘制

① 校准系列制备　于一组 8 支 50mL 比色管中，分别加入 0.00mL、0.50mL、1.00mL、

3.00mL、5.00mL、7.00mL、10.00mL 和 12.50mL 酚标准中间液（10.0mg/L），加水至标线。按水样显色、测定过程测量吸光度值。

② 校准曲线绘制 由校准系列测得的吸光度值减去零浓度管的吸光度值，绘制吸光度值对酚含量（mg）的曲线，校准曲线回归方程相关系数应达到 0.9990 以上。

（3）数据记录及结果计算

数据记录参考表格见表 4-12。

表 4-12 校准曲线绘制数据记录表

酚标准中间液/mL	0.00	0.50	1.00	3.00	5.00	7.00	10.00	12.50
酚含量/mg	0.00	0.005	0.010	0.030	0.050	0.070	0.100	0.125
空白校正后吸光度								

样品中挥发酚浓度按下式计算：

$$\rho = \frac{A_s - A_a - a}{bV} \times 1000 \tag{4-5}$$

或

$$\rho = \frac{m}{V} \times 1000 \tag{4-6}$$

式中 ρ——样品中挥发酚的浓度，mg/L；

A_s——试样的吸光度值；

A_a——空白试验的吸光度值；

a——校准曲线的截距值；

b——校准曲线的斜率；

V——用于显色的馏出液体积；

m——由水样的校正吸光度，根据校准曲线或回归方程 $y = a + bx$ 计算得到的挥发酚质量，mg。

当计算结果 $<$1mg/L 时，保留到小数点后 3 位；$\geq$1mg/L 时，保留三位有效数字。

质量保证和质量控制措施，同萃取分光光度法。

4.3.4.8 思考题

① 4-氨基安替比林直接光度法和萃取光度法各适用于测定何种水样中的挥发酚？

② 水中挥发酚测定时，一定要进行预蒸馏吗？为什么？

③ 对测定挥发酚的样品进行蒸馏预处理时，应注意哪些问题？

④ 4-氨基安替比林光度法测定挥发酚时对相关系数有何要求，如何保证相关系数满足要求？

4.3.5 氰化物

4.3.5.1 概述

（1）危害与污染来源

氰化物包括简单氰化物、络合氰化物和有机氰化物（腈）。简单氰化物包括碱金属氰化物和其他金属氰化物，易溶于水，毒性大；络合氰化物包括铁氰、铜氰、钴氰等络合物，在水体中受 pH 值、水温和光照等影响可解离为毒性强的简单氰化物。

氰化物属于剧毒物质，进入人体后，主要与高铁细胞色素氧化酶结合，生成氰化高铁细胞色素氧化酶而使其失去传递氧的能力，引起组织缺氧窒息。中毒轻者出现恶心呕吐、头痛头晕、四肢无力；中毒重者出现呼吸短促、昏厥或死亡；皮肤接触后会溃烂，眼睛接触后会产生刺激、视力模糊。口服致死量为 1～2mg/kg 体重，吸入高浓度氰化氢或吞服一定量氰化物者，会在 2～3min 内呼吸停止，呈"电击样"死亡。

地表水一般不含氰化物，氰化物的主要污染源是金矿开采、冶炼、电镀、有机化工、炼焦、造气、选矿、化肥、石油化工、农药等工业废水。

由于氰化物对人体和水生物的剧毒作用，所以在各种环境水体及工业废水中对氰化物浓度都有严格控制标准。

（2）指标含义

氰化物测定指标分为总氰化物和易释放氰化物。

总氰化物包括全部简单氰化物和绝大部分络合氰化物（不包括钴氰络合物），采用磷酸-EDTA 预蒸馏得到，即在 pH<2 的介质中，在磷酸和 EDTA 存在下加热蒸馏形成氰化氢得到的，总氰化物为常测的控制指标。

易释放氰化物包括全部简单氰化物和锌氰络合物，不包括铁氰、镍氰、铜氰和钴氰等络合物，采用酒石酸-硝酸锌预蒸馏得到，即在 pH=4 的介质中，在硝酸锌存在下加热蒸馏形成氰化氢得到。目前该指标测定较少。

（3）测定方法选择

水中氰化物的测定方法有容量法和分光光度法（HJ 484—2009）、真空检测管-电子比色法（HJ 659—2013）等。

① 容量法和分光光度法（HJ 484—2009）　该法规定了氰化物的四种测定方法，包括硝酸银滴定法、异烟酸-吡唑啉酮分光光度法、异烟酸-巴比妥酸分光光度法、吡啶-巴比妥酸分光光度法，均适用于地表水、生活污水和工业废水中氰化物的测定。

其中，硝酸银滴定法适于高浓度水样，检出限为 0.25mg/L，测定范围 0.25～100mg/L；异烟酸-吡唑啉酮分光光度法灵敏度高，检出限为 0.004mg/L，测定范围 0.016～0.25mg/L，是易于推广应用的测定方法；异烟酸-巴比妥酸分光光度法检出限为 0.002mg/L，测定范围 0.008～0.45mg/L；吡啶-巴比妥酸分光光度法，测定范围 0.008～0.45mg/L，由于吡啶本身的恶臭气味对人的神经系统产生影响，目前该法使用较少。

② 真空检测管-电子比色法（HJ 659—2013）　该法规定了测定水中氰化物、氟化物、硫化物等污染物的真空检测管法，适用于地下水、地表水、生活污水和工业废水中以上污染物的现场快速分析。

下面重点介绍常用的异烟酸-吡唑啉酮分光光度法。

4.3.5.2　方法原理

在中性条件下，水样中的氰化物与氯胺 T 反应生成氯化氰，再与异烟酸作用，经水解生成戊烯二醛，最后与吡唑啉酮缩合生成蓝色染料。在一定浓度范围内，其颜色深浅与氰化物浓度成正比，于最大吸收波长 638nm 处测量吸光度，用标准曲线法定量。

4.3.5.3　仪器和设备

本标准均使用经检定为 A 级的玻璃仪器。

① 600W 或 800W 可调电炉。

② 500mL 全玻璃蒸馏器。

③ 250mL 量筒。

④ 一组 25mL 比色管。

⑤ 恒温水浴装置：控温精度±1℃。

⑥ 可见分光光度计。

⑦ 一般实验室常用仪器。

4.3.5.4 试剂

所用试剂均使用符合国家标准的分析纯化学试剂（另有说明的除外），实验用水为新制备的不含氰化物和活性氯的蒸馏水或去离子水。

① 固体氢氧化钠（用于保存水样）。

② 碳酸镉或碳酸铅固体粉末。

③ 乙酸铅试纸：称取 5g 乙酸铅 $[Pb(C_2H_3O_2)_2 \cdot 3H_2O]$，溶于水中，并稀释至 100mL。将滤纸条浸入上述溶液中，1h 后，取出晾干，贮于广口瓶中，密塞保存（用于采样现场检验硫化物干扰）。

④ 碘化钾-淀粉试纸：称取 1.5g 可溶性淀粉，用少量水搅成糊状，加入 200mL 沸水，混匀，放冷。加入 0.5g 碘化钾和 0.5g 碳酸钠（Na_2CO_3），用水稀释至 250mL，将滤纸条浸渍后，取出晾干，贮于棕色瓶中，密塞保存（除去氧化剂干扰用）。

⑤ 亚硫酸钠溶液：称取 1.26g 亚硫酸钠溶于水中，稀释定容至 100mL，摇匀（除去氧化剂干扰用）。

⑥ (1+5) 硫酸溶液（除去氧化剂干扰用）。

⑦ 氢氧化钠溶液：10g/L。称取 10g 氢氧化钠溶于水，稀释至 1000mL，摇匀，贮于聚乙烯瓶塑料容器中（用作蒸馏时的吸收液）。

⑧ EDTA 二钠溶液：100g/L。称取 10.0g EDTA 二钠（$C_{10}H_{14}N_2O_8Na_2 \cdot 2H_2O$）溶于水中，稀释定容至 100mL，摇匀（用于总氰化物蒸馏）。

⑨ 磷酸：$\rho(H_3PO_4)=1.69g/mL$（用于总氰化物制备）。

⑩ 甲基橙指示剂：称取 0.05g 甲基橙指示剂溶于水中，稀释至 100mL，摇匀（用于易释放氰化物制备）。

⑪ 硝酸锌溶液：称取 10.0g 硝酸锌溶于水中，稀释定容至 100mL，摇匀（用于易释放氰化物制备）。

⑫ 酒石酸溶液：称取 15.0g 酒石酸（$C_4H_6O_6$）溶于水中，稀释定容至 100mL，摇匀（用于易释放氰化物制备）。

⑬ 氢氧化钠溶液：1g/L。称取 10g 氢氧化钠溶于水，稀释至 1000mL，摇匀，贮于聚乙烯瓶塑料容器中（用于光度法校准系列制作）。

⑭ 磷酸盐缓冲溶液（pH=7）：称取 34.0g 无水磷酸二氢钾和 35.5g 无水磷酸氢二钠溶于水，稀释定容至 1000mL，摇匀（用于光度法）。

⑮ 氯胺 T 溶液：10g/L。称取 1.0g 氯胺 T 溶于水，稀释定容至 100mL，摇匀，贮于棕色瓶中，用时现配。氯胺 T 固体试剂受潮发生结块不易溶解，最好冷藏保存。

⑯ 异烟酸-吡唑啉酮溶液

a. 异烟酸溶液：称取 1.5g 异烟酸溶于 25mL 浓度为 20g/L 的氢氧化钠溶液，加水稀释定容至 100mL。

b. 吡唑啉酮溶液：称取 0.25g 吡唑啉酮溶于 20mL *N*,*N*-二甲基甲酰胺中。

c. 异烟酸-吡唑啉酮溶液：将吡唑啉酮溶液和异烟酸溶液按 1:5 混合，用时现配。

【注意】 *异烟酸配成溶液后呈现明显的淡黄色，使空白值增高，可过滤。为降低试剂空白值，实验中以选用无色的 N,N-二甲基甲酰胺为宜。*

⑰ 氰化钾标准贮备液：建议购买标液。注意剧毒！

⑱ 氰化钾标准中间溶液（10.00mg/L）：吸取适量准确体积的氰化钾标准贮备液于 100mL 棕色容量瓶中，用 1g/L 的氢氧化钠溶液稀释至标线，摇匀，避光，用时现配。

⑲ 氰化钾标准使用溶液（1.00mg/L）：吸取 10.00mL 氰化钾标准中间溶液于 100mL 棕色容量瓶中，用 1g/L 的氢氧化钠溶液稀释至标线，摇匀，避光，用时现配。

4.3.5.5　样品采集保存及干扰排除

（1）样品采集及保存

盛样容器为聚乙烯塑料瓶或硬质玻璃瓶。现场采样时需用所采水样淋洗 3 次盛样瓶后采集水样 500mL。样品采集后，必须立即加氢氧化钠固定，一般每升水样中加入约 0.5g 固体氢氧化钠。当水样酸度较高时，则酌情加量，使水样 pH>12，并将样品贮存于聚乙烯瓶中。采集的样品应及时测定。否则必须存放于 4℃的暗处，并在采样后 24h 内测定。

（2）干扰物排除

① 硫化物干扰：先检验是否存在硫化物，如存在，再按下述方法消除干扰。当样品中含有少量硫化物时，可在蒸馏前加入 2mL 0.02mol/L 硝酸银溶液。若样品中含有大量硫化物，应在采样后先加碳酸镉或碳酸铅固体粉末，除去硫化物后再加氢氧化钠固定。水样蒸馏前，将 200mL 试样过滤，沉淀物用 10%氢氧化钠溶液洗涤，合并滤液和洗涤液，然后按蒸馏过程进行操作。

② 活性氯等氧化剂干扰：若样品中存在活性氯等氧化剂，在蒸馏时，氰化物会被分解，使结果偏低。可取两份体积相同的试样，向其中一份试样投加碘化钾-淀粉试纸 1~3 片，加（1+5）硫酸溶液酸化，用亚硫酸钠溶液滴至碘化钾-淀粉试纸由蓝色变为无色为止，记下用量。另一份样品，不加碘化钾-淀粉试纸，仅加上述用量的亚硫酸钠溶液，然后按蒸馏过程进行操作。

③ 亚硝酸离子的干扰：若样品中含有大量亚硝酸离子将干扰测定，可加入适量的氨基磺酸分解亚硝酸离子，一般 1mg 亚硝酸离子需要加 2.5mg 氨基磺酸，然后按蒸馏过程进行操作。

④ 油类干扰：少量油类对测定无影响，中性油或酸性油大于 40mg/L 时会干扰测定，可加入水样体积 20%量的正己烷，在中性条件下短时间萃取，分离出正己烷相后，水相用于蒸馏测定。

4.3.5.6　样品制备

（1）总氰化物样品制备（磷酸-EDTA 预蒸馏）

蒸馏制备原理：向一定量水样中加入磷酸和 EDTA，在 pH<2 的条件下加热蒸馏，可将全部简单氰化物和除钴氰外的绝大部分络合氰化物以氰化氢形式蒸出，用氢氧化钠溶液吸收，取该蒸馏液测得的结果即为总氰化物。

蒸馏制备过程如下。

① 加样品、连装置：洗净蒸馏装置，量筒取 200mL 样品加入蒸馏瓶中，加 2～3 粒玻璃珠（防止爆沸），连接蒸馏装置（参见图 2-4）。同时取 200mL 蒸馏水代替样品按同样过程做空白试验。

② 连接吸收瓶：往 100mL 比色管接收瓶内加 10mg/L NaOH 溶液 10mL 作为吸收液。馏出液导管下端插入接收瓶内吸收液的液面下。检查连接部位，保证连接严密。

③ 加试剂蒸馏：取 10mL EDTA 二钠溶液加入蒸馏瓶，迅速加入磷酸 10mL，或多加使 pH<2，立即盖好瓶塞，打开冷凝水，打开可调电炉，由低档逐渐升高，馏出液以 2～4mL/min 速度蒸馏。

【注意】 在蒸馏过程中一定要时刻检查蒸馏装置的严密性，并使吸收完全。

④ 蒸馏结束：接收瓶内试液体积近 100mL 时停止蒸馏，用少量水冲洗导管，取下接收瓶，用水稀至标线，此样为"A"待测。

同时，以试验用水代替样品，按上述水样同样的蒸馏过程做空白试验，得到空白试验试样"B"待测。

（2）易释放氰化物制备（酒石酸-硝酸锌预蒸馏）

蒸馏原理：向一定量水样中加入酒石酸和硝酸锌，在 pH 为 4 条件下加热蒸馏，则简单氰化物和部分络合氰化物以氰化氢形式被蒸馏出来，用氢氧化钠溶液吸收。取此蒸馏液测得的氰化物为易释放氰化物。该指标测定较少。

蒸馏制备过程如下。

① 加样品、连装置：同总氰化物蒸馏过程。

② 连接吸收瓶：同总氰化物蒸馏过程。

③ 加试剂蒸馏：将 10mL 硝酸锌溶液加入蒸馏瓶内，加入 7～8 滴甲基橙指示剂。再迅速加入 5mL 酒石酸溶液，立即盖好瓶塞，使瓶内溶液保持红色。打开冷凝水，打开可调电炉，由低档逐渐升高，馏出液以 2～4mL/min 速度进行加热蒸馏。

④ 蒸馏结束：同总氰化物蒸馏过程。同时做空白试验，得到空白试验试样"B"待测。

4.3.5.7　分析步骤

（1）校准曲线绘制

① 取 8 支 25mL 具塞比色管，分别加入氰化钾标准使用溶液 0.00mL、0.20mL、0.50mL、1.00mL、2.00mL、3.00mL、4.00mL 和 5.00mL，再加入 1g/L 的氢氧化钾溶液 10mL。

② 向各管中分别加入 5.0mL 磷酸盐缓冲溶液，混匀，迅速加入 0.20mL 氯胺 T 溶液，立即盖塞，混匀，放置 3～5min。

【注意】 当氰化物以 HCN 存在时易挥发，因此，加入缓冲溶液后，每一步操作都要迅速，并随时盖紧盖子。

③ 向各管中加入 5.0mL 异烟酸-吡唑啉酮溶液，混匀。加水稀释到标线，摇匀。在 25～35℃ 水浴装置中放置 40min，立即比色。

④ 用分光光度计在 638nm 波长处，用 10mm 比色皿，以试剂空白（零浓度）作参比，测定吸光度，绘制校准曲线。

水中氰化物
测定操作——标准
系列制备

（2）试样测定

吸取 10.00mL 试样 A 于 25mL 具塞比色管中，按标准曲线的绘制过程进行显色测定操作。从标准曲线上计算出相应的氰化物质量浓度。

【注意】 a. 如果水样中氰化物含量高，可少取试样 A，再加 NaOH 溶液（1g/L）至 10mL。 b. 当用较高浓度的氢氧化钠溶液作吸收液时，加缓冲液之前需要以酚酞为指示剂，滴加盐酸溶液至红色褪去。绘制校准曲线时和水样保持相同的氢氧化钠浓度。

（3）空白实验

另取 10.00mL 空白试验蒸馏试样 B，放于 25mL 具塞比色管中，按与样品相同的步骤进行显色、测定吸光度值。

4.3.5.8　结果计算

氰化物质量浓度 ρ（以氰离子计）计算公式见下式。

$$\rho = \frac{A - A_0 - a}{b} \times \frac{V_1}{V_2 V} \qquad (4\text{-}7)$$

式中　ρ——原水样中氰化物浓度，mg/L；

　　　A——试样的吸光度；

　　　A_0——空白试样的吸光度；

　　　a——校准曲线截距；

　　　b——校准曲线斜率；

　　　V——样品体积，mL（蒸馏时量取的 200mL 原水样）；

　　　V_1——试样 A 体积，mL（水样蒸馏后体积为 100mL）；

　　　V_2——比色时所取试样 A 体积，mL。

4.3.5.9　思考题

① 水样中总氰化物测定的预处理方法及测定方法是什么？

② 测定水样中氰化物时，取 20.00mL 蒸馏预处理后的水样按标准系列制备过程操作，发现显色后吸光度值比标准系列的最大吸光度值还大（即显色后颜色深），此时应怎样操作？

③ 测定氰化物的水样中含有一定量硫化物时是否需要处理？应怎样处理？

④ 水样中总氰化物测定过程中应注意哪些问题？

4.3.6　砷

4.3.6.1　概述

（1）危害及污染来源

砷是一种有毒元素，可以在体内蓄积，已有的研究表明，三价砷毒性比五价砷毒性更强，且有机砷对人体和生物都有剧毒。砷通过呼吸道、消化道和皮肤进入人体，对人的心肺、呼吸、神经、造血、免疫系统会造成不同程度的损伤，甚至产生致癌、致畸、致突变作用，被国际癌症研究机构列为致癌危险性物质。砷是我国实施排放总量控制的指标之一，是水常规必检项目，属于第一类污染物，总砷最高允许排放浓度为 0.5mg/L。

砷污染的主要来源是采矿、冶金、化工、化学制药、农药生产、纺织、玻璃、制革等行业排出的工业废水。不仅生态环境部门对工业排放废水中砷含量有严格限制，我国现行的《生活饮用水卫生标准》（GB 5749—2022）、《地表水环境质量标准》（GB 3838—2002）等多个水标准中也均规定了其浓度限值。砷在饮用水中最高允许浓度为 0.01mg/L。

（2）测定方法选择

目前测定水中砷的方法包括二乙基二硫代氨基甲酸银分光光度法、硼氢化钾-硝酸银分光光度法、原子吸收光谱法、原子荧光法、电感耦合等离子体质谱法等，这些方法各有其特点。

原子吸收光谱法简便快捷、灵敏度高，但干扰因素较多。电感耦合等离子体质谱技术（ICP-MS），具有其他仪器无可比拟的性能，灵敏、准确、干扰少、动态范围宽、谱线简单、分析速度快，但仪器价格昂贵，维护成本高。目前水体中砷的标准分析方法是二乙基二硫代氨基甲酸银分光光度法、硼氢化钾-硝酸银分光光度法和原子荧光法。原子荧光法与前两种方法相比，具有操作简便、灵敏度和准确度高、测量重现性好、自动化程度高、适合大批量分析等特点。

以下依据《水质　汞、砷、硒、铋和锑的测定　原子荧光法》（HJ 694—2014）介绍原子荧光法。该方法适用于地表水、地下水、生活污水和工业废水中汞、砷、硒、铋和锑的测定。砷的检出限为 $0.3\mu g/L$，测定下限为 $1.2\mu g/L$。

4.3.6.2　方法原理

样品经预处理，其中各种形态的砷均转变成三价砷；在酸性条件硼氢化钾（或硼氢化钠）与其反应，生成气态砷化氢，用氩气将气态砷化氢载入原子化器进行原子化，以砷高强度空心阴极灯作激发光源，砷原子受光辐射激发产生荧光，利用荧光强度在一定范围内与溶液中砷含量成正比的关系计算样品中的砷含量。

4.3.6.3　试剂和材料

除非另有说明，分析时均使用符合国家标准的分析纯化学试剂，实验用水为新制备的去离子水或蒸馏水。

① 盐酸：$\rho(HCl)=1.19g/mL$，优级纯。

② 硝酸：$\rho(HNO_3)=1.42g/mL$，优级纯。

③ 高氯酸：$\rho(HClO_4)=1.68g/mL$，优级纯。

④ 氢氧化钠（NaOH）。

⑤ 硼氢化钾（KBH_4）。

⑥ 硫脲（CH_4N_2S）。

⑦ 抗坏血酸（$C_6H_8O_6$）。

⑧ 三氧化二砷（As_2O_3）：优级纯。

⑨ 盐酸溶液（1+1）。

⑩ 盐酸溶液（5+95）。

⑪ 盐酸-硝酸溶液：分别量取 300mL 盐酸和 100mL 硝酸，加入 400mL 水中，混匀。

⑫ 硝酸-高氯酸混合酸：用等体积硝酸和高氯酸混合配制，临用时现配。

⑬ 硼氢化钾溶液（还原剂）：称取 0.5g 氢氧化钠溶于 100mL 水中，加入 2.0g 硼氢化钾，混匀。临用时现配，存于塑料瓶中。

⑭ 硫脲-抗坏血酸溶液：称取硫脲和抗坏血酸各 5.0g，用 100mL 水溶解，混匀，测定当日配制。

⑮ 砷标准溶液

a. $\rho(As)=100mg/L$ 砷标准贮备液：购买市售有证标准物质，或称取 0.1320g 于 105℃

干燥 2h 的优级纯三氧化二砷溶解于 5mL 1mol/L 氢氧化钠溶液中，用 1mol/L 盐酸溶液中和至酚酞红色褪去，移入 1000mL 容量瓶中，用水稀释至标线，混匀。贮存于玻璃瓶中，4℃下可存放 2 年。

b. $\rho(As)=1.00mg/L$ 砷标准中间液：移取 5.00mL 砷标准贮备液于 500mL 容量瓶中，加入 100mL 盐酸，用水稀释至标线，混匀，4℃下可存放 1 年。

c. $\rho(As)=100\mu g/L$ 砷标准使用液：移取 10.00mL 砷标准中间液于 100mL 容量瓶中，加入 20mL 盐酸，用水稀释至标线，混匀，4℃下可存放 30d。

⑯ 氩气：纯度≥99.999%。

4.3.6.4　仪器和设备

① 原子荧光光谱仪。
② 砷元素灯。
③ 可调温电热板。
④ 恒温水浴装置：温控精度±1℃。
⑤ 分析天平：精度为 0.0001g。
⑥ 采样容器：硬质玻璃瓶或聚乙烯瓶（桶）。
⑦ 实验室常用器皿：符合国家标准的 A 级玻璃量器和玻璃器皿。

4.3.6.5　操作步骤

（1）样品的采集与保存
样品参照地表水和污水监测技术规范等相关规定进行样品的采集。样品采集用硬质玻璃瓶或聚乙烯瓶（桶），按每升水样中加入 2mL 盐酸 [$\rho(HCl)=1.19g/mL$，优级纯] 的比例加入盐酸，样品在 4℃冰箱中保存期为 14d。

（2）试样的制备
① 样品　量取 50.0mL 混匀后的样品于 150mL 锥形瓶中，加入 5mL 硝酸-高氯酸混合酸（1:1，体积比），于电热板上加热至冒白烟，冷却。再加入 5mL 盐酸溶液（1:1，体积比），加热至黄褐色烟冒尽，冷却后移入 50mL 容量瓶中，加水稀释定容，混匀，待测。

【注意】 硝酸、盐酸和高氯酸具有强腐蚀性和强氧化性，操作时应佩戴防护器具，避免接触皮肤和衣服。所有样品的预处理过程应在通风橱中进行。
② 空白试样　以水代替样品，按试样制备的步骤制备空白试样。

（3）分析步骤
① 仪器调试　依据仪器使用说明书调节仪器至最佳工作状态。参考测量条件见表 4-13。

表 4-13　参考测量条件

元素	负高压/V	灯电流/mA	原子化器预热温度/℃	载气流量/(mL/min)	屏蔽气流量/(mL/min)	积分方式
As	260~300	40~60	200	400	900~1000	峰面积

② 校准系列配制　分别移取 0.00mL、0.50mL、1.00mL、2.00mL、3.00mL、5.00mL 砷标准使用液于 50mL 容量瓶中，分别加入 10mL 盐酸溶液（1+1）、10mL 硫脲-抗坏血酸溶液，室温放置 30min（室温低于 15℃时，置于 30℃水浴中保温 30min），用水稀

释定容，混匀。砷标准系列质量浓度见表 4-14。

表 4-14　砷标准系列质量浓度

元素	标准系列质量浓度/(μg/L)					
As	0	1.0	2.0	4.0	6.0	10.0

③ 校准曲线的绘制　参考前面提供的测量条件或采用自行确定的最佳测量条件，以盐酸溶液（5+95）为载流，硼氢化钾溶液为还原剂，浓度由低到高依次测定砷元素标准系列的原子荧光强度，以原子荧光强度为纵坐标，砷元素的质量浓度为横坐标，绘制校准曲线。

④ 试样的测定　量取 5.0mL 制备好的待测试样于 10mL 比色管中，加入 2mL 盐酸溶液（1+1），2mL 硫脲-抗坏血酸溶液，室温放置 30min（室温低于 15℃时，置于 30℃水浴中保温 30min），用水稀释定容，混匀，按照与绘制校准曲线相同的条件进行测定。超过校准曲线高浓度点的样品，对其消解液稀释后再进行测定，稀释倍数为 f。

⑤ 空白试验　按照与测定校准曲线相同的步骤测定空白试样。

（4）结果计算与表示

① 结果计算

$$\rho = \frac{\rho_1 f V_1}{V} \tag{4-8}$$

式中　ρ——样品中待测砷元素的质量浓度，μg/L；

ρ_1——由校准曲线上查得的试样中砷元素的质量浓度，μg/L；

f——试样稀释倍数（样品若有稀释）；

V_1——分取后测定试样的定容体积，mL；

V——分取试样的体积，mL。

② 结果表示　当砷的测定结果小于 10μg/L 时，保留小数点后一位；当测定结果大于 10μg/L 时，保留三位有效数字。

4.3.6.6　注意事项

① 硼氢化钾是强还原剂，极易与空气中的氧气和二氧化碳反应，在中性和酸性溶液中易分解产生氢气，所以配制硼氢化钾还原剂时，要将硼氢化钾固体溶解在氢氧化钠溶液中，并临用现配。

② 实验室所用的玻璃器皿均需用硝酸溶液（1+1）浸泡 24h，清洗时依次用自来水、去离子水洗净。

③ 实验中产生的废液和废物不可随意倾倒，应置于密闭容器中保存，委托有资质的单位进行处理。

④ 每次样品分析应绘制校准曲线，校准曲线的相关系数应大于或等于 0.995。

⑤ 每测定 20 个样品要增加测定实验室空白一个，当一批不满 20 个样品时，要测定实验室空白两个。全程空白的测试结果应小于方法检出限。

⑥ 每测完 20 个样品进行一次校准曲线零点和中间点浓度的核查，测试结果的相对偏差应不大于 20%。

⑦ 每批样品至少测定 10% 的平行双样，样品数小于 10 时，至少测定一个平行双样。测试结果的相对偏差应不大于 20%。

⑧ 每批样品至少测定 10％的加标样，样品数小于 10 时，至少测定一个加标样。加标回收率控制在 70％～130％之间。

4.3.6.7　思考题

① 原子荧光法测砷的基本原理是什么？硼氢化钾溶液浓度对测定有没有影响？
② 砷测定过程中为什么要加入硫脲-抗坏血酸溶液？
③ 实验室所用的玻璃器皿均需用硝酸溶液（1＋1）浸泡 24h，清洗时依次用自来水、去离子水洗净，为什么？

4.3.7　汞

扫描二维码可查看详细内容。

汞的测定

原子荧光法

> **思考与练习 4.3**
>
> 1. 测定六价铬、铅、汞的水样，在采集及保存时该怎样操作？
> 2. 分光光度法中，绘制标准曲线时用 10mm 比色皿，水样测定时是否也必须用 10mm 比色皿？
> 3. 二苯碳酰二肼分光光度法测定城镇污水处理厂出水中六价铬，所得校准曲线相关系数为 0.9998，截距和斜率分别为 0.001 和 0.016。取预处理后水样 25.00mL 于比色管中，加入酸及显色剂显色。于 540nm 用 1cm 比色皿，以蒸馏水为参比，测得样品吸光度为 0.184，空白吸光度为 0.003。在另一份 25.00mL 水样中加入 2.00mL 铬标准溶液（5.00μg/mL），定容至 50.0mL 后加酸显色，测得加标后试样吸光度为 0.318，试计算：（1）水样中六价铬的浓度；（2）加标回收率。

任务 4.4　水污染源连续自动监测运行维护

4.4.1　水污染源在线自动监测系统

4.4.1.1　水污染源在线自动监测系统含义及功能

水污染源在线自动监测系统是一套以在线自动分析仪器为核心，运用现代传感器技术、自动测量技术、自动控制技术及计算机应用技术并搭配相关专用分析软件和通信网络所组成的综合性在线自动监测系统。该系统可实现如下功能。

① 监测数据自动获取、上传平台与统计处理，如针对日、周、月、季、年统计相应测

量周期的平均数、极值等，并报出相应统计报告及图表。

② 收集监测数据、系统运行资料及环境资料，并长期存储于指定位置以备检索。

③ 系统具有监测项目超标及子站状态信号显示、报警功能，如正常运行、停电保护、来电自动恢复、远程故障诊断等功能，便于例行维修和应急故障处理。

水污染源在线自动监测系统的运用，可实现对水质情况的实时连续监测和远程监控，及时掌握监测点位水质状况，对预警预报重大水污染事故、监督总量控制制度落实情况、排放达标情况等提供帮助。

4.4.1.2 水污染源在线监测系统组成

水污染源在线监测系统是指由实现废水流量监测、废水水样采集、水样分析及分析数据统计与上传等功能的软硬件设施组成的系统。

水污染源在线监测系统主要由以下部分组成，包括：流量监测单元、水质自动采样单元、水污染源在线监测仪器、数据控制单元以及相应的建筑设施等，见图 4-1。

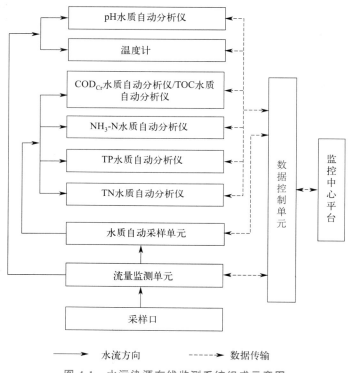

图 4-1 水污染源在线监测系统组成示意图

① 流量监测单元：用于监测污水排放流量的监测系统。

② 水质自动采样单元：水污染源在线监测中用于实现采集实时水样及混合水样、超标留样、平行监测留样、比对监测留样的系统，供水污染源在线监测仪器分析测试，同时设置有混合水样的人工比对采样口。

③ 水污染源在线监测仪器：指水污染源在线监测系统中用于在线连续监测污染物浓度和排放量的仪器、仪表，包括：pH 水质自动分析仪、温度计、化学需氧量（COD_{Cr}）水质自动分析仪/总有机碳（TOC）水质自动分析仪、氨氮（NH_3-N）水质自动分析仪、总磷（TP）水质自动分析仪、总氮（TN）水质自动分析仪等。

【注意】　根据污染源现场排放水样不同，COD_{Cr} 参数测定可以选择 COD_{Cr} 水质自动分析仪或 TOC 水质自动分析仪，TOC 水质自动分析仪通过转换系数报 COD_{Cr} 值。

④ 数据控制单元　是指实现控制整个水污染源在线监测系统内部仪器设备联动，自动完成水污染源在线监测仪器的数据采集、整理、输出及上传至上位机，接受上位机命令控制水污染源在线监测仪器运行等功能的系统。

⑤ 监测站房

a. 监测站房专室专用，各仪器设备安放合理，方便进行维护维修。

b. 监测站房与采样点距离不大于 50 m，面积不小于 15 m²，空间高度不低于 2.8 m。

c. 监测站房密闭，安装有冷暖空调和排风扇，空调具有来电自启动功能。

d. 监测站房内有安全合格的配电设备，配置有稳压电源，接地线牢固并有明显标志。

e. 监测站房内电源应有明显标志，设有总开关，每台仪器设有独立控制开关。

f. 监测站房内有合格的给、排水设施，能使用自来水清洗仪器及有关装置。

g. 监测站房有完善规范的接地装置和避雷措施、防盗、防止人为破坏以及消防设施。

h. 监测站房不位于通信盲区，应能够实现数据传输。

i. 监测站房内、采样口等区域应有视频监控。

4.4.1.3　水污染源在线监测仪器

水污染源在线监测仪器是指水污染源在线监测系统中用于在线连续监测污染物浓度和排放量的仪器、仪表。水污染源在线监测系统中所采用的仪器设备应符合国家相关标准和技术要求，见表 4-15。

表 4-15　水污染源在线监测仪器技术要求

序号	水污染在线监测仪器	技术要求
1	超声波明渠污水流量计	HJ 15《超声波明渠污水流量计技术要求及检测方法》
2	电磁流量计	HJ/T 367《环境保护产品技术要求 电磁流量计》
3	化学需氧量（COD_{Cr}）水质在线自动监测分析仪	HJ 377《化学需氧量（COD_{Cr}）水质在线自动监测分析仪技术要求及检测方法》
4	氨氮水质在线自动监测仪	HJ 101《氨氮水质在线自动监测仪技术要求及检测方法》
5	总氮水质自动分析仪	HJ/T 102《总氮水质自动分析仪技术要求》
6	总磷水质自动分析仪	HJ/T 103《总磷水质自动分析仪技术要求》
7	pH 水质自动分析仪	HJ/T 96《pH 水质自动分析仪技要求》
8	水质自动采样器	HJ/T 372《水质自动采样器技术要求及检测方法》
9	污染源在线自动监控（监测）数据采集传输仪	HJ 477《污染源在线自动监控（监测）数据采集传输仪技术要求》

在水污染源自动监测系统中，水质自动分析仪是监测系统中的核心部分，对监测结果影响最大，通常这些分析仪主要包含以下单元。

（1）进样/计量单元

① 由耐腐蚀和吸附性较差的材料构成，不会因为试剂或样品的腐蚀或吸附影响测定结果；②计量单元保证试剂和样品进样稳定、准确；③进样、计量部分方便清洗。

（2）试剂单元

①材质稳定，不受贮存试剂腐蚀；②贮存试剂量能保证运行 168h 以上。

（3）分析单元

①反应单元采用耐腐蚀、耐高温材料，且便于清洗；②检测单元的输出信号稳定；③分析周期不大于60min。

（4）控制单元

① 具有手动和自动的方法进行零点和量程点校正功能，能设置自动校正周期。

② 具有异常信息记录、反馈功能，如超量程报警、缺试剂报警、故障报警。

③ 具有手动和自动清洗功能。

④ 具有定时启动、定时做样功能。

⑤ 具有意外断电且再度通电时，能自动排出断电前测试的水样和试剂、自动清洗、复位到重新开始测试的状态。

4.4.1.4 依据的相关技术规范

水污染源在线监测系统运营服务活动必须遵守国家相关的法律法规、技术规范及标准，国家近几年更新了一系列水污染源在线监测行业技术规范，以最新的有效版本为准，主要包括：

①《水污染源在线监测系统（COD$_{Cr}$、NH$_3$-N等）安装技术规范》（HJ 353—2019）；

②《水污染源在线监测系统（COD$_{Cr}$、NH$_3$-N等）验收技术规范》（HJ 354—2019）；

③《水污染源在线监测系统（COD$_{Cr}$、NH$_3$-N等）运行技术规范》（HJ 355—2019）；

④《水污染源在线监测系统（COD$_{Cr}$、NH$_3$-N等）数据有效性判别技术规范》（HJ 356—2019）；

⑤《污染物在线监控（监测）系统数据传输标准》（HJ 212—2017）等。

4.4.2 水污染源在线监测系统质量管理

水污染源在线监测系统质量管理是一个系统工程，按照类别可以分为水污染源在线监测仪器质量控制和系统的质量控制，其中水污染源在线监测系统的质量控制又分为安装、验收以及运行维护三个环节，各个环节的质量控制均应参照相关的技术规范开展工作。

4.4.2.1 水污染源在线监测仪器质量控制

生态环境部发布的水污染源在线监测仪器技术要求规定了水质在线自动监测仪的技术要求、性能指标及检测方法，适用于地下水、地表水、生活污水和工业废水的水质在线自动监测仪的指导生产设计、指导应用选型和开展性能检测。这类技术要求在准确度、精密度、稳定度等计量性能指标，环境温湿度影响、电压变化影响、干扰物质影响、实际水样比对等分析方法性能指标，最小维护周期、数据有效率等环境管理性能指标这三个维度上，对水质在线自动监测仪提出了要求。

各类水质在线自动监测仪应符合相应运行技术标准的要求，具体见140页表4-17。

4.4.2.2 水污染源在线监测系统安装质量控制

《水污染源在线监测系统（COD$_{Cr}$、NH$_3$-N等）安装技术规范》（HJ 353—2019）规定了水污染源在线监测系统的组成部分，水污染源排放口、流量监测单元、监测站房、水质自

138

动采样单元及数据控制单元的建设要求，流量计、水质自动采样器及水质自动分析仪的安装要求，以及水污染源在线监测系统的调试、试运行技术要求。

该规范适用于水污染源在线监测系统各组成部分的建设，以及所采用的流量计、水质自动采样器、化学需氧量（COD_{Cr}）水质自动分析仪等水污染源在线监测仪器的安装、调试及试运行。

水污染源在线监测系统参照该标准进行建设安装，并按照标准规定的项目进行逐项调试，调试后的设备应满足规范中规定的调试期性能指标的要求。

调试过程中需要进行实际水样比对的项目，应采用指定的国家环境监测标准分析方法，见表 4-16。

表 4-16　实际水样国家环境监测分析方法标准

项目	分析方法	标准号
COD_{Cr}	水质　化学需氧量的测定　重铬酸盐法	HJ 828
	高氯废水　化学需氧量的测定　氯气校正法	HJ/T 70
$NH_3\text{-}N$	水质　氨氮的测定　纳氏试剂分光光度法	HJ 535
	水质　氨氮的测定　水杨酸分光光度法	HJ 536
TP	水质　总磷的测定　钼酸铵分光光度法	GB 11893
TN	水质　总氮的测定　碱性过硫酸钾消解紫外分光光度法	HJ 636
pH 值	水质　pH 值的测定　电极法	HJ 1147
水温	水质　水温的测定　温度计或颠倒温度计测定法	GB 13195

4.4.2.3　水污染源在线监测系统验收质量控制

《水污染源在线监测系统（COD_{Cr}、$NH_3\text{-}N$ 等）验收技术规范》（HJ 354—2019）规定了水污染源在线监测系统的验收条件及验收程序，水污染源排放口、流量监测单元、监测站房、水质自动采样单元及数据控制单元的验收要求，流量计、水质自动采样器及水质自动分析仪的验收方法和验收技术指标，以及水污染源在线监测系统运行与维护方案的验收内容。

该规范适用于按照 HJ 353 建设安装的水污染源在线监测系统各组成部分以及所采用的流量计、水质自动采样器、化学需氧量（COD_{Cr}）水质自动分析仪、总有机碳（TOC）水质自动分析仪、氨氮（$NH_3\text{-}N$）水质自动分析仪、总磷（TP）水质自动分析仪、总氮（TN）水质自动分析仪、温度计、pH 水质自动分析仪等水污染源在线监测仪器的验收。

验收工作包含四个环节，分别是建设验收、仪器设备验收、联网验收及运行与维护方案验收，其中仪器设备验收是最重要的环节，验收所采用的方法以及指标应满足验收技术规范中的要求。

4.4.2.4　水污染源在线监测系统运行质量控制

《水污染源在线监测系统（COD_{Cr}、$NH_3\text{-}N$ 等）运行技术规范》（HJ 355—2019）规定了为保障水污染源在线监测设备稳定运行所要达到的运行单位及人员要求、参数管理及设置、采样方式及数据上报、检查维护、运行技术及质控、系统检修和故障处理、档案记录等方面的要求，并规定了运行比对监测的具体内容。

该规范适用于通过 HJ 354 验收的水污染源在线监测系统各组成部分以及所采用的流量计、水质自动采样器及化学需氧量（COD_{Cr}）水质自动分析仪等水污染源在线监测各分析仪的运行，适用于水污染源在线监测系统运行单位的日常运行和管理。

运行单位及运行人员应全面做到该规范提出的相关要求及规定的"运行技术及质量控制

要求"，并达到运行技术指标要求（见表 4-17），以确保运行单位的运行质量，这将直接影响该单位所运行的水污染源在线监测系统所产生监测数据的有效性，有效数据的具体判别方法执行《水污染源在线监测系统（COD_{Cr}、NH_3-N 等）数据有效性判别技术规范》（HJ 356—2019）。

表 4-17　水污染源在线监测仪器运行技术指标

仪器类型	技术指标要求	试验指标限值	样品数量要求
COD_{Cr}、TOC 水质自动分析仪	采用浓度约为现场工作量程上限值 0.5 倍的标准样品	±10%	1
	实际水样 COD_{Cr}＜30mg/L（用浓度为 20～25mg/L 的标准样品替代实际水样进行测试）	±5mg/L	比对试验总数应不少于 3 对。当比对试验数量为 3 对时应至少有 2 对满足要求；4 对时应至少有 3 对满足要求；5 对以上时至少需 4 对满足要求
	30mg/L≤实际水样 COD_{Cr}＜60mg/L	±30%	
	60mg/L≤实际水样 COD_{Cr}＜100mg/L	±20%	
	实际水样 COD_{Cr}≥100mg/L	±15%	
NH_3-N 水质自动分析仪	采用浓度约为现场工作量程上限值 0.5 倍的标准样品	±10%	1
	实际水样氨氮＜2mg/L（用浓度为 1.5mg/L 的标准样品替代实际水样进行测试）	±0.3mg/L	同化学需氧量比对试验数量要求
	实际水样氨氮≥2mg/L	±15%	
TP 水质自动分析仪	采用浓度约为现场工作量程上限值 0.5 倍的标准样品	±10%	1
	实际水样总磷＜0.4mg/L（用浓度为 0.2mg/L 的标准样品替代实际水样进行测试）	±0.04mg/L	同化学需氧量比对试验数量要求
	实际水样总磷≥0.4mg/L	±15%	
TN 水质自动分析仪	采用浓度约为现场工作量程上限值 0.5 倍的标准样品	±10%	1
	实际水样总氮＜2mg/L（用浓度为 1.5mg/L 的标准样品替代实际水样进行测试）	±0.3mg/L	同化学需氧量比对试验数量要求
	实际水样总氮≥2mg/L	±15%	
pH 水质自动分析仪	实际水样比对	±0.5	1
温度计	现场水温比对	±0.5℃	1
超声波明渠流量计	液位比对误差	12mm	6 组数据
	流量比对误差	±10%	10 分钟累计流量

（1）COD_{Cr}、TOC、NH_3-N、TP、TN 水质自动分析仪

① 自动标样核查和自动校准

a. 选用浓度约为现场工作量程上限值 0.5 倍的标准样品定期进行自动标样核查。如果自动标样核查结果满足表 4-17 水污染源在线监测仪器运行技术指标中限值±10%的规定，说明仪器测定准确，如不满足则应对仪器进行自动校准。仪器自动校准完成后应使用标准溶液再进行验证（可使用自动标样核查代替该操作），验证结果仍应符合表 4-17 中的规定，如不符合则应重新进行一次校准和验证，如 6h 内仍不符合规定，则应进入人工维护状态。标样自动核查计算公式如下。

$$\Delta A = \frac{x-B}{B} \times 100\%$$

式中　ΔA——相对误差；

$\quad\quad B$——标准样品标准值，mg/L；

$\quad\quad x$——分析仪测量值，mg/L。

b. 在线监测仪器自动校准及验证时间如果超过 6 h，则应采取人工监测方法向相应环境保护主管部门报送数据，数据报送每天不少于 4 次，间隔不超过 6h。

　　c. 自动标样核查周期最长间隔不得超过 24 h，校准周期最长间隔不得超过 168 h。

　　② 实际水样比对试验

　　a. 针对 COD_{Cr}、TOC、NH_3-N、TP、TN 水质自动分析仪，应每月至少进行一次实际水样比对试验，试验结果应满足表 4-17 中规定的性能指标限值要求，如果不满足，应对仪器进行校准和标准溶液验证后再次进行实际水样比对试验，直到满足要求。

　　b. 如第二次实际水样比对试验结果仍不符合表 4-17 中规定时，仪器应进入维护状态。

　　c. 仪器维护时间超过 6h 时，应采取人工监测的方法向相应环境保护主管部门报送数据，数据报送每天不少于 4 次，间隔不得超过 6h。

　　d. 实际水样比对试验操作：在水样采集口采集实际废水排放样品，采用水质自动分析仪与国家环境监测标准分析方法分别对相同水样进行分析，两者测量结果组成测定数据对，至少获得 3 个测定数据对（以 1h 为周期，测定 3 个实际废水样品，每个水样平行测定 2 次）。计算实际水样比对试验的绝对误差或相对误差，其结果应符合表 4-17 水污染源在线监测仪器运行技术指标中的限值规定。

$$C = x_n - B_n$$
$$\Delta C = \frac{x_n - B_n}{B_n} \times 100\%$$

式中　　C——实际水样比对试验绝对误差，mg/L；

　　　　x_n——第 n 次分析仪测量值，mg/L；

　　　　B_n——第 n 次实验室标准方法测定值，mg/L；

　　　　ΔC——实际水样比对试验相对误差。

　　（2）pH 水质自动分析仪和温度计

　　① 每月至少进行 1 次实际水样比对试验，如果比对结果不符合要求，应对 pH 水质自动分析仪和温度计进行校准，校准完成后需再次进行比对，直至合格。

　　② 按照 HJ 353 规定的水样采集口采集实际废水排放样品，采用 pH 水质自动分析仪和温度计分别与国家环境监测分析方法标准分别对相同的水样进行分析，计算仪器测量值与国家环境监测分析方法标准测定值的绝对误差。

　　（3）超声波明渠流量计

　　① 每季度至少用已校准过的便携式明渠流量计比对装置对现场安装使用的超声波明渠流量计进行 1 次比对试验，如比对结果不符合运行技术指标表中的要求，应对超声波明渠流量计进行校准，校准完成后需再次进行比对，直至合格。

　　② 除国家颁布的超声波明渠流量计检定规程所规定的方法外，可按以下方法进行现场比对试验，具体按现场实际情况执行。

　　a. 液位比对：分别用便携式明渠流量计比对装置（液位测量精度 1mm）和超声波明渠流量计测量同一水位观测断面处的液位值，进行比对试验，每 2min 读取一次数据，连续读取 6 次，第 i 次明渠流量比对装置测量液位值与第 i 次超声波明渠流量计测量液位值之差绝对值 H_i，即为每组数据的误差值，选取最大的 H_i 作为流量计的液位误差。

　　b. 流量比对：分别用已校准过的便携式明渠流量计比对装置和超声波明渠流量计测量同一水位观测断面处的瞬时流量，进行比对试验，待数据稳定后开始计时 10min，分别读取明渠流量比对装置该时段内的累积流量和超声波明渠流量计该时段内的累积流量，按公式计算流量误差。

$$\Delta F = \frac{F_1 - F_2}{F_1} \times 100\%$$

式中　ΔF——流量比对误差；

F_1——明渠流量比对装置累积流量，m^3；

F_2——超声波明渠流量计累积流量，m^3。

（4）有效数据率

以月为周期，计算每个周期内水污染源在线监测仪实际获得的有效数据个数占应获得的有效数据个数的百分比不得小于 90％，有效数据的判定参见《水污染源在线监测系统（COD_{Cr}、NH_3-N 等）数据有效性判别技术规范》（HJ 356—2019）的相关规定。

（5）其他质量控制要求

① 应按照《污水监测技术规范》《水质采样　样品的保存和管理技术规定》以及相关要求对水样分析、自动监测实施质量控制。

② 对某一时段、某些异常水样，应不定期进行平行监测、加密监测和留样比对试验。

③ 水污染源在线监测仪器所使用的标准溶液应正确保存且经有证的标准样品验证合格后方可使用。

4.4.3　水污染源在线监测仪器原理及操作维护

主要介绍化学需氧量、氨氮在线监测仪、水质自动采样器等。

4.4.3.1　化学需氧量水质在线自动监测仪

《化学需氧量水质在线自动监测仪技术要求及检测方法》（HJ 377—2019）规定了 COD 水质在线自动监测仪的技术要求、性能指标及检测方法。

依据氧化方法及检测方式不同，COD 水质自动在线分析仪主要有：重铬酸钾氧化分光光度法、重铬酸钾氧化库仑滴定法、重铬酸钾流动注射法、燃烧氧化-红外测量 TOC 换算 COD_{Cr} 法等。

目前 COD_{Cr} 水质在线监测仪种类繁多且性能各异，重点介绍常用的重铬酸钾氧化分光光度法自动监测仪。

（1）仪器基本原理

水样中加入一定量重铬酸钾溶液，以硫酸作为酸化剂，硫酸银作为催化剂，硫酸汞作为氯的掩蔽剂，经过 165℃条件氧化消解后，在 600nm±20nm 波长处测定重铬酸钾还原产生的三价铬（Cr^{3+}）的吸光度，或在 440nm±20nm 波长处测定重铬酸钾未被还原的六价铬（Cr^{6+}）的吸光度。根据试样 COD_{Cr} 值与吸光度值比例关系计算试样 COD_{Cr} 浓度。

（2）仪器组成

化学需氧量（COD_{Cr}）水质在线自动监测仪的仪器基本组成单元如图 4-2 所示，主要包含以下单元。

① 进样/计量单元：包括试样、标准溶液、试剂等导入部分（含试样水样通道和标准溶液通道）及计量部分，应保证试剂和试样进样的稳定和准确。

② 试剂储存单元：存放各种标准溶液、试剂的功能单元，确保各种标准溶液和试剂存

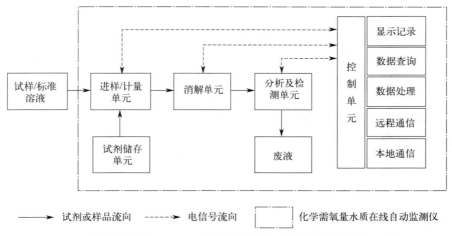

图 4-2　化学需氧量（COD$_{Cr}$）水质在线自动监测仪的基本结构组成图

放安全和质量；储存的试剂量能保证仪器检测不少于 168 个试样。

③ 消解单元：采用合适的消解方式和强氧化剂，将水样中的有机物和无机还原性物质氧化到相应要求的功能单元。

④ 分析及检测单元：由反应模块和检测模块组成，通过控制单元完成对待测物质的自动在线分析，并将测定值转换成电信号输出的部分；检测周期不大于 60min。

⑤ 控制单元：包括系统控制硬件和软件，实现进样、消解和排液等操作的部分。具有数据采集、处理、显示存储、安全管理、数据和运行日志查询输出等功能，同时具备输出留样、触发采样、手动和自动校准、自动标准样品核查等功能，应储存至少 12 个月的原始数据和运行日志。控制单元实现以上功能时均能提供对应的通信协议，且通信协议满足《污染物在线监控（监测）系统数据传输标准》HJ 212 的要求。

（3）仪器基本操作

仪器操作之前需认真阅读仪器使用说明书，在进行仪器操作前应经过生产厂家的认真培训。一般的 COD$_{Cr}$ 在线监测仪操作内容包括仪器参数设定、仪器校准、仪器维护和故障处理等。

① 仪器调试　仪器安装完成后做好各项准备工作，按照说明书准备仪器所需的各种试剂，仪器开机稳定半小时。按照说明书设置反应时间、反应温度、进样量等参数，稳定一段时间后，对仪器进行标定，具体标定方法参考仪器说明书。完成标定后，按照规定的调试内容进行调试，以满足相关要求。

② 仪器参数设置　完成安装调试后，根据现场工况在系统配置时设定仪器的采水时间及分析周期等运行参数。各参数确认无误后，即可采用自动方式进行 COD$_{Cr}$ 在线自动监测。

③ 工作曲线校准　仪器使用前需对工作曲线进行校准，以确定工作参数。校准前应预先配制不同浓度的邻苯二甲酸氢钾标准溶液，根据仪器需要进行单点或多点校准。使用中的 COD$_{Cr}$ 分析仪应定期校准，一般每月校准一次，或者仪器每日自动标定，当仪器部件或试剂更换后应进行校准，确定新的工作曲线参数，保证工作曲线准确。

（4）仪器基本维护

① 所需试剂严格按照说明书配制。

② 定期检查试剂是否出现变色、浑浊，若出现上述情况应立即重新配制试剂并更换，建议整套更换（包括试剂瓶）。

③ 定期检查并拧紧接头，特别是消解模块、通道阀、泄压阀等连接接头。

④ 定期检查采样预处理部分的过滤器和软管，如发现内部较脏应及时拆下并用清水冲洗干净。

⑤ 定期清洗计量模块，若清洗不干净应及时更换。

⑥ 定期检查仪表是否有报警，如有需及时解除，例如检查采样泵采水是否正常、检查管路（试剂管、软管、蠕动泵管等）是否漏液、检查计量光强是否正常等。

4.4.3.2　氨氮水质在线自动监测仪

《氨氮水质在线自动监测仪技术要求及检测方法》（HJ 101—2019）规定了氨氮水质在线自动监测仪的技术要求、性能指标及检测方法，适用于地下水、地表水、生活污水和工业废水的氨氮水质在线自动监测仪的生产设计、应用选型指导及开展性能检测，仪器量程为0.1～150mg/L，测量结果小数点后保留 2 位数字。

目前国内外氨氮水质自动分析仪的测试方法和分析原理种类较多，常见的测试方法主要有纳氏试剂分光光度法、水杨酸分光光度法、蒸馏-中和滴定法、氨气敏电极法、电导法、离子选择电极法等，主要介绍常用分光光度法的分析仪器。

（1）仪器基本原理

① 纳氏试剂分光光度法　仪器将相应体积的样品、酒石酸钾钠和纳氏试剂输送到测量室（流通池）内，充分混合反应后，于 420m 波长处进行分光光度法检测，根据样品的吸光度值计算得到样品的氨氮（NH_3-N）含量。

② 水杨酸分光光度法　首先依次将水样、水杨酸盐、酒石酸钾钠、亚硝基铁氰化钠和次氯酸钠等试剂定量移至反应池，反应一定时间后，于 697nm 波长处进行比色测定，仪器对检测信号进行采集与处理，根据样品的吸光度值计算得到样品的氨氮（NH_3-N）含量。

（2）仪器基本组成

氨氮水质在线自动监测仪的基本组成单元如图 4-3 所示，主要包含以下单元。

① 进样/计量单元：包括试样、标准溶液、试剂等导入部分，含试样通道和标准溶液通道及计量部分；由防腐蚀材料构成，计量单元应保证试剂和试样进样的稳定准确，方便清洗和维护。

② 试剂储存单元：存放各种标准溶液、试剂的功能单元，确保各种标准溶液和试剂存放安全和质量。储存的试剂量能保证仪器检测不少于 168 个试样，在检测时段内保持试剂一直符合仪器说明书中的规定。

③ 物理/化学前处理单元：通过物理、化学手段去除水样基体的干扰，完成待测物富集或稀释等。具有自动加热装置和温度传感器，可设置加热时间和温度；具有冷却和安全防护装置，可保持恒温或恒压。

④ 分析及检测单元：由反应模块和检测模块组成，通过控制单元完成对待测物质的自动在线分析，并将测定值转换成稳定的电信号输出；检测周期不大于 60min。

⑤ 控制单元：包括系统控制硬件和软件，实现进样、消解和排液等操作。具有数据采集、处理、显示存储、安全管理、数据和运行日志查询输出等功能，同时具备输出留样、触发采样、手动和自动清洗及校准、自动标准样品核查、缺试剂报警、部件故障报警、漏液报

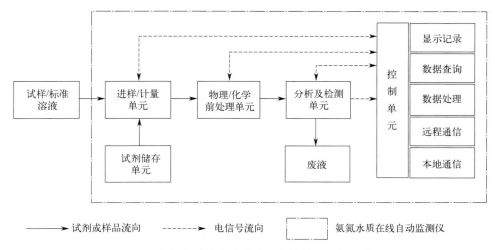

图 4-3　氨氮水质在线自动监测仪的基本结构组成图

警、取样故障报警和超标报警等功能，储存至少 12 个月的原始数据和运行日志，控制单元实现以上功能时均能提供对应的通信协议，且通信协议满足 HJ 212《污染物在线监控（监测）系统数据传输标准》的要求。

（3）仪器基本操作

仪器操作之前需认真阅读仪器使用说明书，最好经过生产厂家的认真培训。一般的氨氮监测仪操作包括仪器参数设定、仪器校准、仪器维护和故障处理等。

① 仪器参数设定　在使用氨氮分析仪之前应进行相关参数设定。设定参数主要有分析周期或分析频次、测量范围、报警限值、系统时间等参数。

② 仪器校准　氨氮分析仪在使用前需要对工作曲线进行校准，在使用中也需要定期校准。校准前应先配制不同浓度的氯化铵标准溶液，可根据仪器需要进行单点校准或者多点校准。使用中的氨氮分析仪应定期校准，一般每 3 个月或者半年校准一次，或者仪器每日自动标定，并与手工方法进行实际水样对比，保证工作曲线准确。

（4）仪器维护

氨氮分析仪在使用中应严格按照说明书要求定期维护，以保证仪器正常工作。仪器的一般性维护操作如下。

① 定期添加试剂，添加频次根据单次试剂用量、分析频次和试剂容器容量来确定。

② 定期更换泵管，防止泵管老化而损坏仪器；更换频次约每 3～6 个月一次，与分析频次有关，主要参照使用说明书。

③ 定期清洗采样头，防止采样头堵塞而采不上水，一般 2～4 周清洗一次，主要根据水质情况而定，水质越差清洗周期越短。

④ 定期校准工作曲线，以保证测量结果准确，一般每 3 个月或者半年校准一次，主要参照使用说明书和现场水质变化情况而定，对于水质变化大的地方，应相应缩短校准周期。

4.4.3.3　水质自动采样器

水质自动采样器与 COD、氨氮、总磷、总氮、重金属等在线监测仪联机使用，可实现超标留样、同步留样和输送混合样等功能，同时还具有密码保护、断电保护功能，可实现定时定量、定时比例、定流定量、流量跟踪、混合采样、超标留样等工作模式，并可实现远程控制留样、远程参数读取及设置、远程查询留样记录等功能。

常用的水质自动采样器有瞬时水质自动采样器和混合水质自动采样器，一般早期安装的设备都采用瞬时采样，现阶段以混合水样自动采样器为主，即 A、B 桶采样器。混合水样自动采样器是为了解决瞬时水样采样器采样量单一、不能完全反映水样变化的缺点而设计的，通过定时混合采样，能更准确地反映水样变化情况，且具备给仪器供样功能。

主要介绍混合水质自动采样器。

（1）仪器基本原理

混合水质自动采样器有 A、B 两个缓存供样瓶，在运行时用计量蠕动泵将水样按定时周期（一般为 10min）以等比例首先将水样抽到集水瓶中（缓存供样瓶）。集水瓶具有进样口、供样口、留样口、溢流口和排放口。在线监测仪器从集水瓶中获得水样（采样器供样泵主动供样或在线仪器自动抽取水样），在线监测仪对水样进行分析后发出是否超标的信号，通过电控阀控制留样或排放。仪器通过恒温系统将水样温度恒定在 4℃，从而完成水样的自动采集、自动分配和恒温保存过程。仪器分 A、B 两个缓冲供样瓶，可相互切换实现仪器的连续混合采样。

（2）仪器结构

采样器设备由主控制器、水样采集机构、混采装置、采样瓶、留样机构、自动分瓶装置、低温存储装置、门禁控制系统及外围接口组成。

① 控制器　现有水质自动采样器一般采用嵌入式控制系统，由微处理器和外围驱动电路组成，是系统智能化运行的核心部分，按照操作人员预先设定的采样程序进行科学采样。

② 水样采集机构　由进水电动球阀或进水蠕动泵、缓存水箱等组成，实现水样的采集、缓存功能。

③ 留样机构　由留样蠕动泵、液位检测装置等组成，实现水样超标时样品的留样采集功能。

④ 分瓶机构　自动完成分瓶动作。

⑤ 低温存储装置　低温存储器的温度自动控制，避免由于温度过高造成水样变质。

⑥ 采样瓶　采样瓶是水样存放容器，采用化学性能十分稳定的聚四氟乙烯材质。

⑦ 门禁控制系统　由刷卡模块及机械锁组成，操作人员可通过刷卡开启低温存储装置。

⑧ 外围接口　水质自动采样器的外围接口包括水路接口和电路接口两部分。

（3）仪器操作

① 定时定量采样　按照采样定时表设定，水质自动采样器将定量水样从采样点采集到混合采样桶中，并按照设定参数（采样设置、留样设置）将采集的水样排空或保存到留样瓶中。

② 定时比例采样　按照设定采样时间间隔，水质自动采样器将定量水样从采样点采集到混合采样桶中，并按照设定参数（采样设置、留样设置）将采集的水样排空或保存到留样瓶中。

③ 定流定量采样　每流过一定体积水样，水质自动采样器自动将定量水样从采样点采集到混合采样桶中，并按照设定参数将采集的水样排空或保存到留样瓶中。

④ 流量跟踪采样　水质自动采样器根据流量大小自动调节采样速率，不间断地将水样从采样点采集到混合采样桶中，并按照设定参数将采集的混合水样排空或保存到留样瓶中。

⑤ 外控采样 水质自动采样器接收到仪表端的采样触发信号时，水质自动采样器将定量水样从采样点采集到混合采样桶中，并按照设定参数将采集的水样排空或保存到留样瓶中。

（4）仪器维护

① 定期检查并清洗采样头，防止采样头被堵死，检查周期根据实际水样情况定。

② 定期检查分配悬臂是否在零位，若不在零位，应手动操作将悬臂回到零位。运行中频繁断电会产生分配悬臂旋转误差，导致水样不能准确导入指定的采样瓶。

③ 定期更换采样泵管，采样泵管老化速度与使用频率有关，原则上至少半年更换一次。

④ 定期清洗分配盘，以保证所采集水样互不干扰。

⑤ 应定期除霜，因采样器采用直冷方式，局部可能结冰。

4.4.3.4 流量计

流量测量方法和仪表的种类很多，水污染源监测根据安装使用工况不同主要分为明渠式安装流量计和管道式安装流量计，常用的明渠流量计主要为超声波明渠流量计，仪器技术要求及检测方法见《超声波明渠污水流量计技术要求及检测方法》（HJ 15—2019）。

（1）超声波明渠流量计测定原理

采用超声波通过空气以非接触的方式测量明渠内堰槽前指定位置的水位高度，再根据标准规定的水位-流量换算公式得到水的流量。测量原理见图 4-4。

该仪器适用于水利、水电、环保及其他各种明渠条件下的流量测量，尤其适用于有黏污、腐蚀性强的污水流量的测量。

（2）超声波明渠流量计操作维护

操作仪器前应认真阅读说明书，经过厂家认真培训。操作主要包括以下几方面。

① 安装：安装场地、电源、管路等按仪器说明书要求。

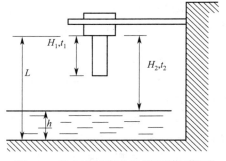

② 设置：按实际情况设置堰槽类型、堰槽规格、报警参数、仪表的水位-流量公式等。

图 4-4 超声波明渠流量计测量原理图

③ 液位校准：校准仪表的示值液位等于实测的量水堰槽液位，实测液位一定准确。

④ 维护保养：不定期检查探头下方是否有杂物，保证探头清洁、探头和渠道无杂物；保证探头固定无松动；定期校准液位，确保液位和流量准确，每季度或半年校准一次，或根据实际选择。

4.4.4 水污染源在线监测系统运行维护

4.4.4.1 运行单位要求

运行单位应具备与监测任务相适应的技术人员、仪器设备和实验室环境，明确监测人员和管理人员的职责、权限和相互关系，有适当的措施和程序保证监测结果准确可靠；应备有运行在线监测仪器的备用仪器，同时配备相应仪器参比方法实际水样比对试验装置。

运行单位一般由总经理、运管总监、技术总监、质量总监、技术档案管理员、财务人员、人力资源人员、采购人员、化验员、仓库管理员、专业运营工程师、司机等组成。人员数量可根据运营规模、业务量大小来确定，也可根据人员素质情况一人兼多职。运营工程师人员的数量可依据运营台套及仪器分布状况来确定。按每周巡查一次，每天巡查 2～3 个站点，每周工作 6 天进行计算，一般 15 个站点需要专业运营人员 2 名。

4.4.4.2 运维管理制度及岗位职责

运行单位通过运维管理平台，实现在线监测运维全过程管理，以技术手段提升运维质量，确保运维人员按照规范要求完成运维工作，并实现对现场设备运行状态的掌控，做到及时响应，避免人为因素导致设备不正常运行，切实保障运维质量。

（1）监测站房管理制度

① 监测站房由专人负责管理，外来人员未经许可不得入内。

② 爱护监测站房内各类设备，遵守操作规程，保持室内清洁，设备布线排列整齐。

③ 任何人不得在监测站房内从事与监测工作无关的活动。

④ 严禁在监测房内吸烟、饮食，严禁携带易燃、易爆物品进入监测站房。

⑤ 监测站房内，除运维及专业技术人员外，其他人员禁止操作任何设备。

⑥ 运维人员须每周对仪器、仪表设备进行巡检，保证设备处于良好的工作状态。

⑦ 运维人员及监测站房管理人员须严守机密，未经批准不得将工作记录或其他保密资料带出监测站房。

⑧ 运维人员须每月对仪器、仪表、监测系统软件、硬件及相关计算机网络进行保养，不得擅自更改监测站房线路。

（2）运维人员岗位职责

① 严格按照生态环境部和省生态环境厅制定的污染源在线监测系统运行维护技术规范开展运维工作。

② 运行维护人员应熟悉系统的仪器设备性能，严格按照仪器操作规程，正确、规范地使用仪器设备，认真执行系统运行维护的各项规定。

③ 每周对监测点进行一次例行巡检维护，切实做好维护和预防性检修工作，并认真填好维护情况记录；保证仪器良好的运行环境，及时更换仪器耗品；确保系统长期、连续、稳定运行；保证数据完整上传至各级生态环境部门的监控平台。

④ 严格按照定期维护工作要求，填写运行记录。

⑤ 认真做好仪器设备的维护保养工作，定期更换各类易损部件。

⑥ 要求各运维点采用统一格式的维护记录表，并独立成册。

⑦ 运维人员应服从管理和调配，接到排除故障任务或发现故障时应及时处理，不能解决时应及时向上级和当地生态环境部门报告，便于专业维修人员及时进行维修和处理。

⑧ 所有运行维护的自动监测仪器必须按规定的时间要求进行校正和校验，确保监测数据准确率能达到各级生态环境部门的规定要求。

⑨ 建立仪器设备档案并按公司要求归档。

（3）运营技术工程师工作职责

① 按照运维计划，认真负责好本组在线监测系统的运行维护工作。

② 确保所承担的在线监测系统正常运行，做好系统运维日志记录，保障企业联网率、数据完整率达到当地生态环境部门的运行考核要求。

③ 负责在线监测系统运维技术档案的规范、完整。

④ 接受运营维护站负责人的管理考核，对于提出整改的事项应及时改正。

⑤ 做好运维企业停机、维修等协调工作，对本组运维所需材料按计划提前申购，对现场运维工作质量负直接责任。当所负责的在线监测系统发生故障时，应及时排除或向运营维护单位负责人汇报。

4.4.4.3　监测数据与运行要求

（1）连续排放情况

在连续排放模式下，化学需氧量、总有机碳、氨氮、总磷、总氮等水质自动分析仪至少每小时获得一个监测值，即每 1h 需采样一次，为该时段混合水样，其测定结果为该时段水污染源连续排放的平均浓度，每天保证至少有 24 组测定数据；pH 值、温度和流量等瞬时监测指标至少每 10min 获得一个监测值。

（2）间歇排放情况

间歇排放时，每 1h 为一个时间段，水质自动采样系统在该时段进行时间等比例或流量等比例采样，采样结束后由水质自动分析仪测试该时段的混合水样，其测定结果计为该时段的水污染源排放平均浓度。如果某个采样周期内所采集样品量无法满足仪器分析之用，则对该时段作无数据处理。

（3）设备运转率要求

对于化学需氧量、总有机碳、氨氮、总磷、总氮等水质自动分析仪等具有较长测量周期的仪器，监测数据量不小于污水累计排放小时数。

对于 pH 值、水温和流量等瞬时监测指标，监测数据量不小于污水累计排放小时数的 6 倍，且水质自动分析仪在一个月内的运转率应大于 90%，以保证监测数据的数量要求。设备运转率公式如下：

$$设备运转率 = \frac{实际运行小时数}{企业排放小时} \times 100\%$$

4.4.4.4　检查维护工作

（1）日检查维护

每天通过远程或现场查看数据的方式检查仪器运行状态、数据传输系统以及视频监控系统是否正常、并判断水污染在线监测系统运行是否正常。如发现数据有持续异常等情况，应前往站点检查。

（2）周检查维护

① 至少每 7d 对水污染在线监测系统进行 1 次现场维护。

② 检查自来水供应、泵取水情况，检查内部管路是否通畅、仪器自动清洗装置是否运行正常、检查各仪器的进样水管和排水管是否清洁，必要时进行清洗。定期对水泵和过滤网进行清洗。

③ 检查监测站房内电路系统、通信系统是否正常。

④ 对于用电极法测量的仪器，检查电极填充液是否正常，必要时对电极探头进行清洗。

⑤ 检查各水污染在线监测仪器标准溶液和试剂是否在有效使用期内，保证按相关要求定期更换标准溶液和试剂。

⑥ 检查数据采集传输仪运行情况，并检查连接处有无损坏，对数据进行抽样检查，对比水污染源在线监测仪、数据采集传输仪及监控中心平台接收到的数据是否一致。

⑦ 检查水质自动采样系统管路是否清洁，采样泵、采样桶和留样系统是否正常工作，留样保存温度是否正常。

⑧ 若部分站点使用气体钢瓶，应检查载气气路系统是否密封、气压是否满足使用要求。

（3）月检查维护

① 每月的现场维护应包括：对水污染在线监测仪器进行一次保养，对仪器分析系统进行维护，对数据存储和控制系统的工作状态进行一次检查；检查监测仪器接地情况及监测站房防雷措施。

② 水污染在线监测仪器：根据相应仪器操作维护说明，检查和保养易损耗件，必要时更换；检查及清洗取样单元、消解单元、检测单元和计量单元等。

③ 水质自动采样系统：根据情况更换蠕动泵管、清洗混合采样瓶等。

④ pH水质自动分析仪：用酸液清洗电极，检查pH电极是否钝化，必要时进行校准或更换。

⑤ 温度计：每月至少进行一次现场水温比对试验，必要时进行校准或更换。

⑥ 超声波明渠流量计：检查流量计液位传感器高度是否发生变化，检查超声波探头与水面之间是否有干扰测量的物体，对堰体内影响流量计测定的干扰物进行清理。

⑦ 管道电磁流量计：检查管道电磁流量计的检定证书是否在有效期内。

（4）季度检查维护

① 水污染在线监测仪器：根据相应仪器的操作维护说明，检查及更换易损耗件，检查关键零部件的可靠性，如计量单元准确性、反应室密封性等，必要时进行更换。

② 水污染在线监测仪器所产生的废液：应以专用容器予以回收，并按照GB 18597《危险废物贮存污染控制标准》的有关规定，交由有危险废物处理资质的单位处理，不得随意排放或回流入污水排放口。

（5）其他检查维护

① 保证监测站房的安全性，进出监测站房应进行登记，包括出入时间、人员、出入站房原因等，应设置视频监控系统。

② 保持监测站房及设备的清洁，保证监测站房内的温度、湿度满足仪器正常运行的需求。

③ 保持各仪器管路通畅、出水正常无漏液。

④ 对电源控制器、空调、排风扇、供暖、消防设备等辅助设备要进行经常性检查。

⑤ 其他维护按相关仪器说明书要求进行仪器维护保养、易耗品的定期更换工作。

（6）检查维护记录

运行人员在对水污染在线监测系统进行故障排查与检查维护时，应做好记录。

思考与练习 4.4

1. 填空题：水污染源在线监测系统质量管理按照类别可分为水污染源在线监测（　　　　）和系统质量控制，其中水污染源在线监测系统质量控制又分为安装、验收及（　　　　）三个环节。

2. 填空题：在水污染源自动监测系统中，水质自动分析仪是监测系统的核心部分，试剂单元贮存试剂量应能保证运行（　　　）h以上，分析单元分析周期不大于（　　　）min。

3. 水污染源自动在线监测系统主要由哪几部分组成？各部分的主要功能是怎样的？

4. 水污染源自动在线监测系统的主要仪器及对应的功能是怎样的？

5. 水污染源在线监测系统运行维护的技术指南是什么？规定了哪些内容？

6. 对于 COD_{Cr}、NH_3-N、TN、TP 水质自动分析仪，如何进行仪器的自动标样核查及实际水样比对试验？

7. 化学需氧量和氨氮水质在线自动监测仪主要测定方法有哪些？自动监测仪的基本组成单元是怎样的？

8. 简述水质自动采样器的功能、结构、采样类型及仪器维护的工作内容。

9. 简述水污染源在线监测系统运维人员岗位职责。

10. 用思维导图整理水污染源在线监测仪器运行技术指标及标准限值。

11. 用思维导图整理水污染源在线监测系统检查维护的工作内容。

 阅读与咨询

1. 扫描二维码可查看［拓展阅读4-2］比对监测（水污染源）、［拓展阅读4-3］环境监测执法违法案例（一）、COD连续自动监测、氨氮连续自动监测。

比对监测（水污染源）

环境监测执法违法案例（一）

COD 连续自动监测

氨氮连续自动监测

2. 登录所列的相关咨询网站，可拓展学习相关内容。

模块 5
空气质量监测

 学习目标

　　知识目标　熟悉空气监测的布点、采样原则及要求；掌握空气样品的采集方法、采样仪器的结构、原理及操作规程；掌握常规指标的测定原理、测定方法及质量评价方法；了解空气质量连续自动监测及其作用。

　　能力目标　能够正确表述常用的采样布点方法及要求；能正确使用和维护常用仪器；能根据技术规范完成常规污染物样品的采集与保存；能根据标准方法完成样品测定，正确处理数据，表达结果，并作出质量评价。

　　素质目标　增强实现绿水青山、蓝天净土的责任意识，激发生态环境责任感和使命感；培养认真严谨、吃苦耐劳、精益求精的工作态度；培养团结协作、顾全大局的团队精神。

学习引导

　　碳达峰、碳中和与环境监测有什么关系？如何评价空气质量？空气质量常规指标有哪些？环境空气质量自动监测的作用是什么？

任务 5.1　空气质量监测方案的制订

5.1.1　常用专业术语

（1）空气和空气污染

　　大气是指包围在地球周围的气体，其厚度达 1000km 以上。其中，近地面约 10km 内的气体层（又称对流层），对人类及生物生存起着重要作用，称为空气层。空气是由多种物质组成的混合物，其主要成分包括干洁空气、水汽及固体杂质。

　　随着工业及交通运输业等的快速发展，特别是煤炭和石油等化石能源的大量使用，引起烟尘、硫氧化物、氮氧化物和碳氧化物等有害物质大量排放到空气环境中，导致空气环境质量恶化，即空气污染。按照国际标准化组织（ISO）的定义，空气污染通常是指由于人类活动或自然过程引起某些物质进入空气中，呈现出足够的浓度，达到足够的时间，并因此危害

152

了人类的舒适、健康和福利或环境的现象。

空气污染是由污染源、空气作用（如受风速、风向、气压温度等作用）和承受体（人体、动植物、物品）三个环节组成，称之为空气污染三要素。

（2）空气污染源

空气污染源指造成环境污染的发生源，一般指向环境排放有害物质或对环境产生有害影响的场所、设备、装置等，可分为天然源和人为源两类。天然源是由自然现象（如火山喷发、海啸等）造成的；人为污染源是由人类的生产和生活活动造成的，是空气污染的主要来源，主要包括工业排放的废气、交通运输工具排放的废气及室内空气污染源等。

（3）空气污染物

人类活动所产生的某些有害颗粒物和废气进入空气环境，给空气增添了外来组分，并引起空气污染现象，这些物质称为空气污染物。根据空气污染物存在的状态，可将空气污染物分为两大类：分子状态污染物和粒子状态污染物（颗粒物）。分子状态污染物是指那些常温常压下以气体分子形式存在的物质，如二氧化硫、一氧化碳等；粒子状态污染物是指分散在空气中的微小液体或固体颗粒，如可吸入颗粒物 PM_{10}（指环境空气中空气动力学当量直径小于或等于 $10\mu m$ 的颗粒物）、细颗粒物 $PM_{2.5}$（指环境空气中空气动力学当量直径小于或等于 $2.5\mu m$ 的颗粒物）。依据大气污染物的形成过程，可将其分为：一次污染物和二次污染物，一次污染物是指直接从各种污染源排放到大气中的有害物质（如氮氧化物），二次污染物是指一次污染物自身在空气中相互作用或它们与环境空气中基本组分发生反应所生成的新污染物（如硫酸盐）。

（4）空气污染的危害

空气污染的危害主要体现在：①会对人体健康产生危害，可分为急性作用和慢性作用。急性作用是指人体接触或吸入受到污染的空气后，在短时间内立即表现出严重不适或中毒症状，如伦敦烟雾事件；慢性作用是指人体在污染空气的长期作用下产生慢性危害，如加重高血压的病情。②会对动植物产生危害，对动物的危害与对人体的危害情况相似，对植物的危害可分为急性、慢性和不可见三种。③会对材料产生损害，主要是因为空气污染会因腐蚀、氧化等导致某些物质发生质的变化，如光化学烟雾能使橡胶轮胎龟裂。

（5）空气质量指数（AQI）

空气质量指数是指将环境空气中污染物的质量浓度，依据适当的分级质量浓度限值进行等标化计算得到的简单的无量纲指数，可以直观、简明、定量地描述和比较环境污染的程度，简写为 AQI（air quality index）。根据我国当前城市空气污染的特点，把 SO_2、NO_2、PM_{10}、$PM_{2.5}$、CO 的 24h 平均质量浓度值和 O_3 最大 1h 平均质量浓度值、O_3 最大 8h 滑动平均质量浓度值作为城市空气质量日报和预报的报告参数，其具体计算方法见下文详细介绍。

（6）标准气体

标准气体是指浓度已知、准确的气体，且浓度均匀、稳定。在空气和废气监测中，标准气体如同标准物质、标准溶液一样重要，是检验监测方法、评价采样效率、绘制标准曲线、校准分析仪器及进行监测质量控制的重要依据。

低浓度标准气体的配制方法，通常包括静态配气法和动态配气法。静态配气法是把一定量的气态或蒸气态的原料气加入已知容积的容器中，再充入稀释气，混匀制得；动态配气法是指把已知浓度的原料气和稀释气按恒定比例连续不断地流入混合器混合，以获得连续的、一定浓度的标准气，可根据流量比依次确定稀释倍数、标准气浓度。

关于常用的专业术语，上面仅介绍了部分常用的，其他更多内容请查阅《空气质量　词汇》（HJ 492—2009）。

5.1.2　环境空气质量指标

（1）监测指标

环境空气中污染物种类繁多，应根据环境空气质量实际状况及环境管理工作需要出发，来确定具体监测指标（监测项目）。环境空气质量常规监测项目，应依据《环境空气质量标准》（GB 3095—2012）中规定的污染物项目来确定监测项目，包括基本项目和其他项目。此外，根据《环境空气质量监测点位布设技术规范（试行）》（HJ 664—2013）规定：环境空气质量评价区域点、背景点的监测项目除《环境空气质量标准》中规定的基本项目外，由国务院环境保护行政主管部门根据国家环境管理需求和点位实际情况增加其他特征监测项目，包括湿沉降、有机物、温室气体、颗粒物组分和特殊组分等，具体见表5-1。

表5-1　环境空气质量评价区域点、背景点监测项目

监测类型	监测项目
基本项目	二氧化硫（SO_2）、二氧化氮（NO_2）、一氧化碳（CO）、臭氧（O_3）、可吸入颗粒物（PM_{10}）、细颗粒物（$PM_{2.5}$）
湿沉降	降雨量、pH、电导率、氯离子、硝酸根离子、硫酸根离子、钙离子、镁离子、钾离子、钠离子、铵离子等
有机物	挥发性有机物 VOCs、持久性有机物 POPs 等
温室气体	二氧化碳（CO_2）、甲烷（CH_4）、氧化亚氮（N_2O）、六氟化硫（SF_6）、氢氟碳化物（HFCs）、全氟化碳（PFCs）
颗粒物主要物理化学特性	颗粒物数浓度谱分布、$PM_{2.5}$ 或 PM_{10} 中的有机碳、元素碳、硫酸盐、硝酸盐、氯盐、钾盐、钙盐、钠盐、镁盐、铵盐等

（2）监测分析方法

对于环境空气质量监测而言，与水质监测相同，为了获得准确的、有可比性的监测结果，应采用规范化的统一监测方法。监测分析方法首先选择国家颁布的标准分析方法，其次选择生态环境部颁布的标准分析方法。对没有标准分析方法的监测项目，可采用《空气和废气监测分析方法》中推荐的方法。在空气污染监测中，目前应用最多的方法是分光光度法和气相色谱法。部分环境空气污染物的监测方法标准见表5-2所列。

表5-2　部分环境空气污染物的监测方法标准一览表

序号	污染物项目	手工分析方法 分析方法	标准编号	自动分析方法
1	二氧化硫（SO_2）	环境空气　二氧化硫的测定　甲醛吸收-副玫瑰苯胺分光光度法	HJ 482	紫外荧光法、差分吸收光谱分析法
		环境空气　二氧化硫的测定　四氯汞盐吸收-副玫瑰苯胺分光光度法	HJ 483	
2	二氧化氮（NO_2）	环境空气　氮氧化物（一氧化氮和二氧化氮）的测定 盐酸萘乙二胺分光光度法	HJ 479	化学发光法、差分吸收光谱分析法
		环境空气　二氧化氮的测定　Saltzman 法	GB/T 15435	
3	一氧化碳（CO）	空气质量　一氧化碳的测定　非分散红外法	GB 9801	气体滤波相关红外吸收法、非分散红外吸收法

序号	污染物项目	手工分析方法		自动分析方法
		分析方法	标准编号	
4	臭氧（O_3）	环境空气　臭氧的测定　靛蓝二磺酸钠分光光度法	HJ 504	紫外荧光法、差分吸收光谱分析法
		环境空气　臭氧的测定　紫外光度法	HJ 590	
5	颗粒物（粒径小于等于 $10\mu m$）	环境空气　PM_{10} 和 $PM_{2.5}$ 的测定　重量法	HJ 618	微量振荡天平法、β 射线法
6	颗粒物（粒径小于等于 $2.5\mu m$）	环境空气　PM_{10} 和 $PM_{2.5}$ 的测定　重量法	HJ 618	微量振荡天平法、β 射线法
		《环境空气颗粒物（$PM_{2.5}$）手工监测方法（重量法）技术规范》及其修改单	HJ 656	
7	总悬浮颗粒物（TSP）	环境空气　总悬浮颗粒物的测定　重量法	HJ 1263	—
8	氮氧化物（NO_x）	环境空气　氮氧化物（一氧化氮和二氧化氮）的测定　盐酸萘乙二胺分光光度法	HJ 479	化学发光法、差分吸收光谱分析法
9	铅（Pb）	《环境空气　铅的测定　石墨炉原子吸收分光光度法》及其修改单	HJ 539	—
		环境空气　铅的测定　火焰原子吸收分光光度法	GB/T 15264	
10	苯并[a]芘	空气质量　飘尘中苯并[a]芘的测定　乙酰化滤纸层析荧光分光光度法	GB 8971	—
		环境空气　苯并[a]芘的测定　高效液相色谱法	GB/T 15439	

5.1.3　有关资料收集

在进行采样点布设之前，应进行详细的调查研究，收集必要的基础资料，主要包括以下方面。

（1）污染源分布及排放情况

通过调查，收集监测区域内的污染源类型、数量、位置、排放的主要污染物及排放量等资料，同时还应了解其所用原料、燃料及消耗量。在充分了解各类型污染源对空气环境影响的基础上，初步分析出各块地域的污染源概况。

（2）气象资料

了解本地区气象资料，包括风向、风速、气温、气压、降水、日照时间、相对湿度、温度垂直梯度等，有助于估计出污染物的可能扩散、输送和一系列的物理、化学变化等概况。

（3）地形资料

地形（山谷、丘陵、海陆等）影响空气污染物扩散、运输，是设置监测网点需要考虑的重要因素。为掌握污染物的实际分布状况，若监测区域地形复杂，需适当增加监测点位个数。

（4）土地利用和功能区划分

不同功能区的污染状况是不同的，如工业区、商业区、混合区、居民区等。因此，监测区域内的土地利用和功能区划分情况也是设置监测网点需要考虑的重要因素之一。

（5）人口分布及健康情况

环境保护是为创建良好的人类生存环境而采取的宏观控制方案。因此，掌握监测区域的人口分布、居民和动植物受空气污染的危害情况及流行性疾病等资料，有助于更加合理制订监测方案、分析监测结果。

此外，对于监测区域以往的空气环境监测方案、监测结果及研究报告等资料也应积极收集分析，以供参考。

5.1.4　监测网络的设计与布点

5.1.4.1　布设监测站（点）和采样点的原则及要求

环境空气质量监测点位布设原则一般应满足如下要求：

① **代表性**　具有较好的代表性，能客观反映一定空间范围内的环境空气质量水平和变化规律，客观评价城市、区域环境空气状况，污染源对环境空气质量影响，满足为公众提供环境空气状况健康指引的需求。

② **可比性**　同类型监测点设置条件尽可能一致，从各个监测点获取的数据具有可比性。

③ **整体性**　环境空气质量评价城市点应考虑城市自然地理、气象等综合环境因素，以及工业布局、人口分布等社会经济特点，在布局上应反映城市主要功能区和主要大气污染源的空气质量现状及变化趋势，从整体出发合理布局，监测点之间相互协调。

④ **前瞻性**　应结合城乡建设规划考虑监测点的布设，使确定的监测点能兼顾未来城乡空间格局变化趋势。

⑤ **稳定性**　监测点位置一经确定，原则上不应变更，以保证监测资料的连续性和可比性。

（1）环境空气质量采样点数目

我国现阶段的环境空气质量监测点位按监测目的可分为：环境空气质量评价城市点、环境空气质量评价区域点及环境空气质量背景点。就环境空气质量评价城市点来说，它是以监测城市建成区的空气质量整体状况和变化趋势为目的而设置的监测点，参与城市环境空气质量评价。其设置的最少数量根据本标准由城市建成区面积和人口数量确定，具体可参照表5-3，按城市人口和按建成区面积确定的最少点位数不同时，取两者中的较大值。每个环境空气质量评价城市点代表范围一般为半径500米至4千米，有时也可扩大到半径4千米至几十千米（如对于空气污染物浓度较低，其空间变化较小的地区）的范围。

表5-3　环境空气质量评价城市点设置数量要求

建成区城市人口/万人	建成区面积/km²	监测点数
<25	<20	1
25~50	20~50	2
50~100	50~100	4
100~200	100~200	6
200~300	200~400	8
>300	>400	按每50~60km²建成区面积设1个监测点，并且不少于10个点

关于环境空气质量评价区域点、环境空气质量背景点的点位布设数量要求，在此不再赘述，具体可查阅《**环境空气质量监测点位布设技术规范（试行）**》（HJ 664—2013）相关规定。

国家环境空气质量监测网中的空气质量评价点、国家环境空气质量背景点上的环境空气质量监测应优先选用自动监测方法，并按自动监测技术规范所规定的方法和技术要求进行，国家环境空气质量背景点上的环境空气质量监测还应具备完善的手工监测能力，并可用手工监测方法进行非常规项目监测。采用手工监测方法进行环境空气质量监测，应按《**环境空气质量手工监测技术规范**》（HJ 194—2017）所规定的方法和技术要求进行。

（2）环境空气质量监测点周围环境

① 监测点周围 50m 范围内不应有污染源。

② 点式监测仪器采样口周围，监测光束附近或开放光程监测仪器发射光源到监测光束接收端之间不能有阻碍环境空气流通的高大建筑物、树木或其他障碍物。从采样口或监测光束到附近最高障碍物之间的水平距离，应为该障碍物与采样口或监测光束高度差的两倍以上。

③ 采样口周围水平面应保证 270°以上的捕集空间，如果采样口一边靠近建筑物，采样口周围水平面应有 180°以上的自由空间。

④ 监测点周围环境状况相对稳定，安全和防火措施有保障。

⑤ 监测点附近无强大的电磁干扰，周围有稳定可靠的电力供应，通信线路容易安装和检修。

⑥ 监测点周围应有合适的车辆通道。

（3）采样口位置

① 对于手工间断采样，其采样口离地面的高度应在 1.5～15m 范围内。

② 对于自动监测，其采样口或监测光束离地面的高度应在 3～15m 范围内。

③ 针对道路交通的污染监控点，其采样口离地面的高度应在 2～5m 范围内。

④ 在保证监测点具有空间代表性的前提下，若所选点位周围半径 300～500m 范围内建筑物平均高度为 20m，无法按满足手工间断采样和自动监测的高度要求设置时，其采样口高度可以在 15～25m 范围内选取。

⑤ 在建筑物上安装监测仪器时，监测仪器的采样口离建筑物墙壁、屋顶等支撑物表面的距离应大于 1m。

⑥ 使用开放光程监测仪器进行空气质量监测时，在监测光束能完全通过的情况下，允许监测光束从日平均机动车流量少于 10000 辆的道路上空、对监测结果影响不大的小污染源和少量未达到间隔距离要求的树木或建筑物上空穿过，穿过的合计距离，不能超过监测光束总光程长度的 10%。

⑦ 当某监测点需设置多个采样口时，为防止其他采样口干扰颗粒物样品的采集，颗粒物采样口与其他采样口之间的直线距离应大于 1m。若使用大流量总悬浮颗粒物（TSP）采样装置进行并行监测，其他采样口与颗粒物采样口的直线距离应大于 2m。

⑧ 对于空气质量评价点，应避免车辆尾气或其他污染源直接对监测结果产生干扰，点式仪器采样口与交通道路之间最小间隔距离应按表 5-4 的要求确定。

表 5-4 点式仪器采样口与交通道路之间最小间隔距离

道路日平均机动车流量（日平均车辆数）	采样口与交通道路边缘之间最小距离/m	
	PM_{10}	SO_2、NO_2、CO 和 O_3
≤3000	25	10
3000～6000	30	20
6000～15000	45	30
15000～40000	80	60
>40000	150	100

⑨ 污染监控点的具体设置原则根据监测目的由地方环境保护行政主管部门确定。针对道路交通的污染监控点，采样口距道路边缘距离不得超过 20m。

⑩ 开放光程监测仪器的监测光程长度的测绘误差应在±3m 内（当监测光程长度小于

200m 时，光程长度的测绘误差应小于实际光程的±1.5％）。

⑪ 开放光程监测仪器发射端到接收端之间的监测光束仰角不应超过 15°。

5.1.4.2　布设监测站（点）和采样点的方法

在确定监测区域内的监测站（点）数目后，可采用经验法、统计法、模拟法等进行监测站（点）布设。其中，经验法是最常用的方法，具体主要有如下几种类型。

（1）功能区布点法

多用于区域性常规监测。布点时，首先将监测地区按环境空气质量标准划分成若干功能区，如居住区、商业交通居民混合区、文化区、工业区和农村地区、清洁区等，再按具体污染情况和人力、物力条件在各区域内设置一定数目的采样点。各功能区的采样点数目的设置不要求平均，通常在污染集中的工业区、人口密集的居民区、交通稠密区应多设采样点。同时应在对照区或清洁区设置 1～2 个对照点。

（2）网格布点法

这种布点方法适用于有多个污染源，且污染源分布比较均匀的情况。这种方法将监测区域地面划分成若干均匀网状方格，采样点设在两条直线的交点处或方格中心。每个方格为正方形，可从地图上均匀描绘，方格实地面积视所测区域大小、污染源强度、人口分布、监测目的和监测力量而定，一般 1～9km^2 布一个点。若主导风向明确，下风向设点应多一些，一般约占采样点总数的 60％。如图 5-1 所示。

（3）同心圆布点法

主要用于多个污染源构成的污染群，或污染集中的地区。布点是以污染源为中心画出同心圆，半径视具体情况而定，再从同心圆画 45°夹角的射线若干，放射线与同心圆圆周的交点即是采样点。如图 5-2 所示。

（4）扇形布点法

此种方法适用于主导风向明显的地区，或孤立的高架点源。以点源为顶点，主导风向为轴线，在下风向地面上划出一个扇形区域作为布点范围。扇形角度一般为 45°～90°。采样点设在距点源不同距离的若干弧线上，相邻两点与顶点连线的夹角一般取 10°～20°。如图 5-3 所示。

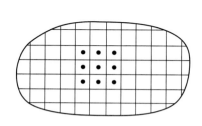 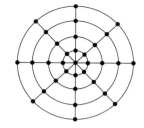 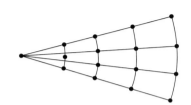

图 5-1　网格布点法　　图 5-2　同心圆布点法　　图 5-3　扇形布点法

对于高架点源，在采用同心圆布点法和扇形布点法时，应考虑其排放污染物在环境中的扩散物点，在靠近地面最大浓度值的地方加密点位，以防漏测污染物浓度最大的位置。

上述几种采样布点方法，可以单独使用，也可综合使用，目标是获得有代表性的点位，为空气环境监测提供可靠的样品。在一个监测区域内，采样点数目与经济投资、数据代表性、结果准确度等有直接关系，应根据监测范围大小、污染物的空间分布特征、人口分布密度及气象、地形、经济条件等因素综合分析考虑确定。

5.1.5　采样时间与采样频率

采样时间指每次从开始到结束所经历的时间，也称采样时段。采样频率指一定时间范围内的采样次数。采样时间和频率要根据监测目的、污染物分布特征及人力物力因素决定。短时间采样，试样缺乏代表性，监测结果不能反映污染物浓度随时间的变化，仅适用于事故性污染、初步调查等情况的应急监测。

为增加采样时间，可行的措施有：增加采样频率，也就相应地增加了采样时间，积累足够多的数据，样品就具有较好的代表性；使用自动采样仪器进行连续自动采样，再配以污染组分连续或间歇自动监测仪器，其监测结果能很好地反映污染物浓度的变化，能取得任意一段的代表值（平均值）。

《环境空气质量标准》（GB 3095—2012）对各项污染物数据统计的有效性作了规定，是确定相应污染物采样频次及采样时间的依据，见表 5-5。任何情况下，有效的污染物浓度数据均应符合表中的最低要求，否则应视为无效数据。

表 5-5　污染物浓度数据有效性的最低要求

污染物项目	平均时间	数据有效性规定
SO_2、NO_2、PM_{10}、$PM_{2.5}$、NO_x	年平均	每年至少有 324 个日平均浓度值
		每月至少有 27 个日平均浓度值（二月至少有 25 个日平均浓度值）
SO_2、NO_2、CO、PM_{10}、$PM_{2.5}$、NO_x	24h 平均	每日至少有 20h 平均浓度值或采样时间
O_3	8h 平均	每 8h 至少有 6h 平均浓度值
SO_2、NO_2、CO、O_3、NO_x	1h 平均	每小时至少有 45min 的采样时间
TSP、B[a]P、Pb	年平均	每年至少有分布均匀的 60 个日平均浓度值
		每月至少有分布均匀的 5 个日平均浓度值
Pb	季平均	每季至少有分布均匀的 15 个日平均浓度值
		每月至少有分布均匀的 5 个日平均浓度值
TSP、B[a]P、Pb	24h 平均	每日应有 24h 的采样时间

 思考与练习 5.1

1. 简述什么是空气质量监测。

2. 结合本书所讲点位布设方法，参阅《环境空气质量监测点位布设技术规范（试行）》（HJ 664—2013），试说出点位布设有哪些方法及要求。

3. 查阅《环境空气质量评价技术规范（试行）》（HJ 663—2013），简述当前我国对环境空气质量评价的项目种类及要求。

4. 若以学校所在城市为对象进行常规空气环境质量监测，请你尝试以经验法对其进行监测点位布设。

 阅读与咨询

扫描二维码可查看［拓展阅读 5-1］双碳与碳监测。

双碳与碳监测

任务 5.2 空气样品的采集

环境空气样品的采集方法需要根据污染物的存在状态、浓度、物理化学性质及所用监测方法特点等多种因素来选择，在已有的各类污染物监测方法中都明确规定了样品相应的采样具体方法，当然所用的采样仪器也有具体说明，在本书 5.3 部分的指标测定中会有具体介绍。但总体上而言，环境空气样品的主要采样方法和采样仪器类型如下所述。

5.2.1 采样方法

环境空气样品的采样方法可分为两类：直接采样法和富集（或浓缩）采样法。

5.2.1.1 直接采样法

当环境空气污染物浓度较高，或测定方法较灵敏，用少量气样就可以满足监测分析要求时，用直接采样法。常用的采样仪器有注射器、塑料袋、采样管等。

（1）注射器采样

常用 100mL 注射器（图 5-4）采集空气中的试样。采样时，先用现场气体抽洗 2～3 次，然后抽取 100mL，密封进气口，送实验室分析。样品存放时间不宜过长，一般应当天分析完。此法多用于有机蒸气样品的采集。

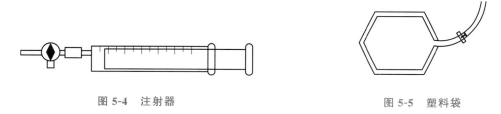

图 5-4　注射器　　　　　　　　　　　　　　　　图 5-5　塑料袋

（2）塑料袋采样

选择与气样中污染组分既不发生化学反应或吸附，也不渗漏的塑料袋（图 5-5）。如聚四氟乙烯袋、聚乙烯袋、聚酯袋等。为减少对被测组分的吸附，可在袋的内壁衬银、铝等金属膜。采样时，先用二联球打进现场气体冲洗 2～3 次，再充满样气，夹封进气口，送实验室尽快分析。

（3）采气管采样

采气管（图 5-6）是两端带有活塞的玻璃管，其容积为 100～500mL。采样时，采气管的一端接抽气泵，打开两端活塞，抽进比采气管容积大 6～10 倍的欲采气体，使采气管中原有气体完全被置换出，关上两端活塞，带回实验室分析。

（4）真空瓶采样

真空瓶（图 5-7）是一种用耐压玻璃制成的容器，容积为 500～1000mL。采样前先用真空泵将瓶内抽成真空（瓶外套有安全保护套），并测出瓶内剩余压力。采样时打开瓶口上的旋塞，被采气样即入瓶内，关闭旋塞，带回实验室分析。具体技术细节可查阅《环境空气 65 种挥发性有机物的测定　罐采样/气相色谱-质谱法》（HJ 759—2023），《环境空气和废气　恶臭的测定　三点比较式臭袋法》（HJ 1262—2022）等。

图 5-6　采气管

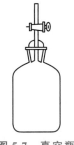

图 5-7　真空瓶

5.2.1.2　富集采样法（浓缩采样法）

当环境空气中被测物质浓度很低，或所用分析方法灵敏度不高时，需用富集采样法对空气中的污染物进行浓缩。富集采样的时间一般都比较长，测得结果是在采样时段内的平均浓度。富集采样法有溶液吸收法、低温冷凝法、固体阻留法、自然积集法等。

（1）溶液吸收法

溶液吸收法是采集环境空气中气态、蒸气态及某些气溶胶态污染物质的常用方法。采样时，用抽气装置将欲测空气以一定流量抽入装有吸收液的吸收管（瓶），采样后，测定吸收液中待测物质的量，根据采样体积计算大气中污染物的浓度。

首先，溶液吸收法的吸收效率主要取决于吸收速度和样气与吸收液的接触面积。要提高吸收速度，必须根据被吸收污染物的性质选择效能好的吸收液。吸收液的选择原则包括：对被采集物质溶解度要大或与被采集物质的化学反应速率快；稳定时间长；有利于下一步分析；毒性小，价格低，易购买，可回收。

其次，选择结构适宜的吸收管（瓶），是增大被采气体与吸收液接触面积的有效措施。下面介绍几种常用的吸收管（瓶），结构见图 5-8。

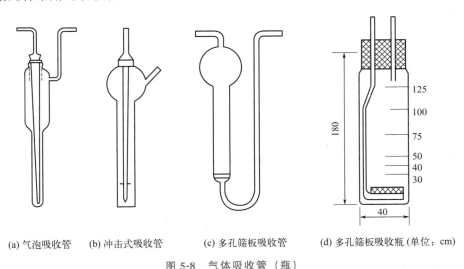

(a) 气泡吸收管　　(b) 冲击式吸收管　　(c) 多孔筛板吸收管　　(d) 多孔筛板吸收瓶（单位：cm）

图 5-8　气体吸收管（瓶）

① 气泡式吸收管　主要用于吸收气态或蒸气态物质，管内可装 5～10mL 吸收液。

② 冲击式吸收管　主要用于采集气溶胶样品或易溶解的气体样品，不适于采集气态或蒸气态物质。有小型和大型两种，该管的进气管喷嘴孔径小，距瓶底又近，采样时，气样迅

速从喷嘴冲向管底，气溶胶颗粒则因惯性作用冲击到管底被分散，从而易被吸收液吸收。

③ 多孔筛板吸收管（瓶） 可用于采集气态、蒸气态及雾态气溶胶物质。有小型和大型两种，管（瓶）出气口处熔接一块多孔性砂芯玻璃板。当气体通过时，被分散成很小的气泡，且阻留时间长，大大增加了气液接触面积，提高了吸收效率。

（2）低温冷凝法

低温冷凝法可提高低沸点气态污染物的采集效率。此法是将 U 形或蛇形管插入冷肼中（见图 5-9），分别连接采样入口和泵，当空气样品流经采样管时，被测组分因冷凝而凝结在采样管底部。收集后，可送实验室移去冷阱进行分析测试，如测定烯烃类、醛类等。制冷方法有制冷剂法和半导体制冷器法。

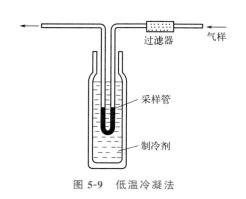

图 5-9 低温冷凝法

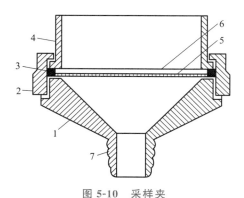

图 5-10 采样夹

1—底座；2—紧固圈；3—密封圈；4—接座圈；
5—支撑网；6—滤膜；7—抽气装置接口

采样过程中，为了防止气样中的微量水、二氧化碳在冷凝时同时被冷凝下来，产生分析误差，在采样管的进气端装过滤器（内装氯化钙、碱石灰、高氯酸镁等）以除去水分和二氧化碳。

（3）固体阻留法

① 填充柱阻留法 用一根内径 3～5mm、长 6～10cm 的玻璃管或塑料管，内装颗粒状填充剂。采样时，气体以一定流速通过填充柱，被测组分因吸附、溶解或化学反应等作用而被阻留在填充剂上。采样后，通过解吸或溶剂洗脱使被测物从填充剂上分离释放出来，然后进行分析测试。根据填充剂作用原理的不同可将填充柱分为吸附型、分配型、反应型三种。

② 滤料阻留法 滤料（滤纸或滤膜）夹在采样夹上（见图 5-10），用抽气泵抽气，则空气中的颗粒物被阻留在滤料上，称量滤料上富集的颗粒物质量，根据采样体积，即可计算出空气中颗粒物的浓度。如环境空气中的颗粒物指标（PM_{10}、$PM_{2.5}$ 及 TSP）均采用滤料阻留法进行样品采集。需要说明的是：滤料的采集效率与滤料的性质、采集速度、颗粒物大小有关。

常用的滤料有纤维状滤料，如滤纸、玻璃纤维滤膜、聚氯乙烯合成纤维膜等；也有筛孔状滤膜，如微孔滤膜、核孔滤膜、银薄膜等。在实际监测工作中，综合考虑滤料特性、待采集成分特点及分析方法等因素进行选用。例如聚氯乙烯合成纤维膜具有通气阻力小，并可用有机溶剂溶解成透明溶液便于进行颗粒物中化学组分的成分分析，如可用于采集细颗粒物 $PM_{2.5}$ 进行主要组分的分析。

（4）自然积集法

自然积集法是利用物质的自然重力、空气动力和浓差扩散作用采集空气中的补测物质，如空气中氟化物、自然降尘量、硫酸盐化速率等样品的采集。此方法不需动力设备，采样时间长，测定结果能较真实地反映空气污染情况。下面以降尘样品采集为例介绍之。

采集空气中降尘的方法分湿法和干法两种，其中湿法应用较为普遍。

① 湿法　湿法采样是在一定大小的圆筒形玻璃（或塑料、瓷、不锈钢）缸（集尘缸）中加入一定量的水，放置在距地面 5～12m 高，且附近无高大建筑物及局部污染源的地方（如空旷的屋顶上），采样口距基础面 1～1.5m，以避免基础面扬尘的影响。我国集尘缸的尺寸多为内径 15cm、高 30cm，一般加水 100～300mL（视蒸发量和降水量而定）。为防止冰冻和抑制微生物及藻类的生长、保持缸底湿润，需加入适量乙二醇。采样时间为（30±2)d，多雨季节注意及时更换集尘缸，防止水满溢出。各集尘缸采集的样品合并后测定。如图 5-11 所示。

② 干法　干法采样一般使用标准集尘器，夏季也需加除藻剂。我国干法采样集尘缸示于图 5-12，在缸底放入塑料圆环，圆环上再放置塑料筛板。

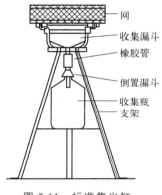

图 5-11　标准集尘缸

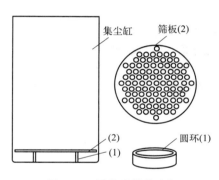

图 5-12　干法采样集尘缸

（5）综合采样法

空气中的污染物并不是以单一状态存在的，可采用不同采样方法相结合的综合采样法，将不同状态的污染物同时采集下来。比如在滤料阻留法的采样夹后接上气体吸收管或填充柱，则颗粒物收集在滤料上，而气体污染物收集在吸收管或填充柱中。例如无机氟化物以气态（HF、SiF$_4$）和颗粒态（NaF、CaF$_2$ 等）存在，两种状态毒性差别很大，需分别测定。此时可将两层滤料串联起来采集：第一层滤料用微孔滤膜，采集颗粒态氟化物；第二层滤料用碳酸钠浸渍的滤膜，采集气态氟化物。

（6）静电沉降法

空气样品通过 12000～20000V 高压电场时，气体分子电离，所产生的离子附着在气溶胶颗粒物上，使颗粒物带电荷，并在电场作用下沉降到集尘极上，然后将集尘极表面的沉降物洗下，供分析用。这种采样方法不能用于易燃、易爆的场合。

（7）扩散（或渗透）法

该方法用于个体采样器采集气态和蒸气态有害物质。采样时不需要采样动力，而是利用被测污染物分子自身扩散或渗透到达吸收层（吸收液、吸附剂或反应性材料）被吸收或吸附，又称无动力采样法。这种采样器小巧轻便，可佩戴在人身上跟踪人的活动，常用作人体接触有害物质量的监测。

5.2.2 采样仪器

5.2.2.1 基本组成部分

空气污染物监测多采用有动力采样法，其采样器主要由收集器、流量计和采样动力三部分组成。下面分别介绍各组成部分及其作用。

（1）收集器

收集器是采集环境空气中待测污染物的装置。前面介绍的气体吸收管（瓶）、填充柱、滤料、低温冷凝法的采样管等都是收集器，需根据被采集物质的存在状态、理化性质及分析方法等选用。

（2）流量计

流量计是测量气体流量的仪器，而流量是计算采气体积的参数。常用的流量计有皂膜流量计、孔口流量计、转子流量计、临界孔稳流器和湿式流量计。

皂膜流量计（图 5-13）是一根标有体积刻度的玻璃管，管的下端有一支管和装满肥皂水的橡胶球。当挤压橡胶球时，肥皂水液面上升，由支管进入的气体便吹起皂膜，并在玻璃管内缓慢上升，准确记录通过一定体积气体所需的时间，即可算得流量。这种流量计精度比较高，在很宽的流量范围内，误差皆小于 1%，所以常用于校正其他流量计。

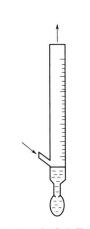

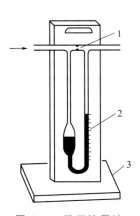

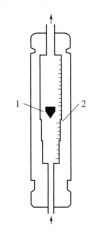

图 5-13 皂膜流量计   图 5-14 孔口流量计   图 5-15 转子流量计
　　　　　　　　　　　1—隔板；2—液柱；3—支架   1—锥形玻璃管；2—转子

孔口流量计（图 5-14）有隔板式和毛细管式两种。当气体通过隔板或毛细管的小孔时，因阻力而产生压差，由下部的 U 形管两侧的液柱液位差可直接读出气体的流量。气体流量越大，阻力越大，产生的压差也越大。

转子流量计（图 5-15）由一个上粗下细的锥形玻璃管和一个金属转子组成。当气体由玻璃管下端进入时，由于转子下端的环形孔隙横截面积大于转子上端的环形孔隙横截面积，所以转子下端气体的流速小于上端的流速，下端的压力大于上端的压力，使转子上升，直到上、下两端所受压力之差与转子所受重力相等时，转子停止不动。气体流量越大，转子升得越高，可直接从转子上沿位置读出流量。当空气湿度大时，转子吸附水分后质量增加，影响测量结果，因此需在进气口前连接一个干燥管。

（3）采样动力

采样动力为抽气装置，要根据所需采样流量、收集器类型及采样点的条件进行选择，并要求其抽气流量稳定、连续运行能力强、噪声小和能满足抽气速度要求。对于采样时间较长和采样量要求较大的场合，需要使用电动抽气泵，如薄膜泵、电磁泵、刮板泵及真空泵等。

薄膜泵的工作原理为：用微电机通过偏心轮带动夹持在泵体上的橡胶膜进行抽气。当微电机转动时，橡胶膜就不断地上下移动；上移时，空气经过进气活门吸入，出气活门关闭；下移时，进气活门关闭，空气由出气活门排出。薄膜泵是一种轻便的抽气泵，采气流量为 $0.5\sim3.0L/min$，广泛用于空气采样器和空气自动分析仪器上。

电磁泵是一种将电磁能量直接转换成被输送流体能量的小型抽气泵。其工作原理是：由于电磁力的作用，使振动杆带动橡胶泵室作往复振动，不断地开启或关闭泵室内的膜瓣，使泵室内产生一定的真空或压力，从而起到抽吸和压送气体的作用，其抽气流量为 $0.5\sim1.0L/min$。这种泵不用电机驱动，克服了电机电刷易磨损、线圈发热等缺点，提高了连续运行能力，广泛用于抽气阻力不大的采样器上。

刮板泵和真空泵用功率较大的电机驱动，抽气速度快，常作为采集空气中颗粒物的采样动力。

5.2.2.2 专用采样仪器

将收集器、流量计、采样动力及气样预处理、流量调节、自动定时控制等部件组装在一起，就构成了专用采样器。有多种型号的商品空气采样器出售，按其用途可分为空气采样器、颗粒物采样器和个体采样器。

空气中气态
污染物采样

（1）空气采样器

用于采集空气中气态和蒸气态物质，采样流量为 $0.5\sim2.0L/min$，一般可用交流、直流两种电源供电，不同厂家提供的仪器型号各不相同，但基本结构相同（如图5-16所示），都包括气样捕集装置、流量计、采样动力及一些配套辅助设备（如干燥装置、流量调节控制器、电子时间控制器等）。

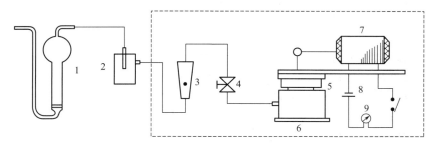

图 5-16　间断气体采样系统装置示意图

1—吸收瓶；2—干燥装置（滤水井）；3—流量计；4—流量调节阀；5—抽气泵；
6—稳流器；7—电动机；8—电源；9—定时器

（2）颗粒物采样器

颗粒物采样器有总悬浮颗粒物（TSP）采样器、可吸入颗粒物（PM_{10}）采样器及细颗粒物（$PM_{2.5}$）采样器。上述各类颗粒物采样器采集的样品粒径范围不同，但仪器的基本组成相同，如图5-17所示。

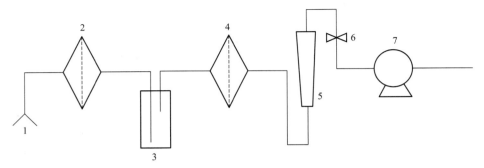

图 5-17 颗粒物采样器系统示意图

1—气样入口；2—颗粒物预过滤器；3—收集器（滤膜夹）；4—保护性过滤器；
5—流量计；6—流量调节阀门；7—采样动力（泵）

① 总悬浮颗粒物采样器　这种采样器按其采气流量大小分为大流量、中流量和小流量三种类型。

大流量采样器的结构，由滤料采样夹、抽气风机、流量控制器、流量记录仪、工作计时器及其程序控制器、壳体等组成。滤料采样夹可安装 20cm×25cm 的玻璃纤维滤膜，采样流量为 $1.1 \sim 1.7 \text{m}^3/\text{min}$，采样时间为 8~24h。当采气量达 1500~2000m^3 时，样品滤膜可用于测定颗粒物中的金属、无机盐及有机污染物等组分。

中流量采样器由采样夹、流量计、采样管及采样泵等组成。这种采样器的工作原理与大流量采样器相似，采样流量在 50~150L/min，我国规定采样夹有效直径为 80mm 或 100mm。小流量采样器流量在 20~30L/min 范围内，常用于室内环境空气颗粒物样品采集。

② 可吸入颗粒物采样器　采集可吸入颗粒物（PM_{10}）广泛使用大流量采样器。在连续自动监测仪器中，可采用静电捕集法、β射线吸收法或光散射法直接测定 PM_{10} 浓度。但 PM_{10} 采样器都装有分离粒径大于 $10\mu m$ 颗粒物的装置（称为分尘器或切割器）。分尘器有旋风式、向心式、撞击式等多种，又分为二级式和多级式。二级式用于采集粒径 $10\mu m$ 以下的颗粒物，多级式可分级采集不同粒径的颗粒物，用于测定颗粒物的粒度分布。

二级旋风式分尘器的工作原理如图 5-18 所示，高速空气沿切向进入分尘器的圆筒体，形成旋转气流，在惯性离心力的作用下，将颗粒物甩到筒壁上并继续向下运动，粗颗粒物在不断与筒壁碰撞中失去前进的能量而落入大颗粒物收集器内，细颗粒物随气流沿气体排出管上升，被后置过滤器的滤膜捕集，从而将粗、细颗粒物分开并获得某粒径范围内细颗粒物样品。

向心式分尘器原理如图 5-19 所示，可设计为多级式分尘器。当气流从气流喷孔高速喷出时，因

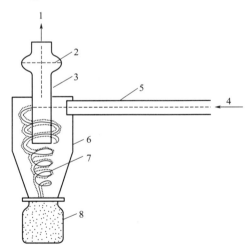

图 5-18 二级旋风式分尘器的工作原理示意

1—空气出口；2—滤膜；3—气体排出管；
4—空气入口；5—气体导管；6—圆筒体；
7—旋转气流轨线；8—大颗粒收集器

所携带的颗粒物质量大小不同，惯性也不同，颗粒物质量越大惯性越大。不同粒径的颗粒物各有一定的运动轨迹，其中质量较大的颗粒物运动轨迹接近中心轴线，最后进入锥形收集器被底部的滤膜收集；质量较小的颗粒物惯性小，离中心轴线较远，偏离锥形收集器入口，随气流进

入下一级，或被后置滤膜直接捕集，或者经过二级向心分尘后进入第三级分尘（图 5-20）。

撞击式分尘器的工作原理如图 5-21 所示：当含颗粒物的气体以一定速度由喷孔喷出后，颗粒物获得一定的动能并且有一定的惯性。在同一喷射速度下，粒径（质量）越大，惯性越大，因此，气流从第一级喷孔喷出后，惯性大的大颗粒物难以改变运动方向，与第一级捕集板碰撞被沉积下来，而惯性较小的小颗粒物则随气流绕过第一级捕集板进入第二级喷孔，或被后置滤膜直接捕集，或者经过二级喷孔分尘后进入第三级喷孔。此分尘器可设计为多级式采样器。

可吸入颗粒物采样器必须用标准粒子发生器制备的标准粒子进行校准，要求在一定采样流量时，切割器对颗粒物的捕集效率符合如下要求：切割粒径 $D_{a50}=(10\pm0.5)\mu m$；捕集效率为 16% 时对应的粒子空气动力学直径 D_{a16} 与捕集效率为 50% 时对应的粒子空气动力学直径 D_{a50} 的比值（即几何标准偏差）在 1.5 ± 0.1。其他性能和技术指标应符合《环境空气颗粒物（PM_{10} 和 $PM_{2.5}$）采样器技术要求及检测方法》（HJ 93—2013）。

③ 细颗粒物 $PM_{2.5}$ 采样器　细颗粒物（$PM_{2.5}$）采样器的基本原理和可吸入颗粒物（PM_{10}）采样器相似，分尘器多采用向心式或撞击式，一般设计成多级的，且切割器对颗粒物的捕集效率符合如下要求：切割粒径 $D_{a50}=(2.5\pm0.2)\mu m$；捕集效率为 50% 时对应的粒子空气动力学直径 D_{a50} 与捕集效率为 84% 时对应的粒子空气动力学直径 D_{a84} 的比值（即几何标准偏差）在 1.2 ± 0.1。其他性能和技术指标应符合《环境空气颗粒物（PM_{10} 和 $PM_{2.5}$）采样器技术要求及检测方法》（HJ 93—2013）。

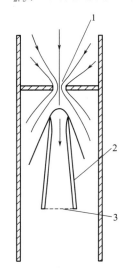

图 5-19　向心式分尘器
原理示意图
1—空气喷孔；2—收集器；
3—滤膜

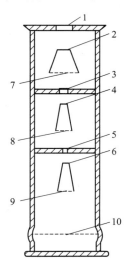

图 5-20　三级向心式
分尘器原理示意图
1,3,5—气流喷孔；
2,4,6—锥形收集器；
7～10—滤膜

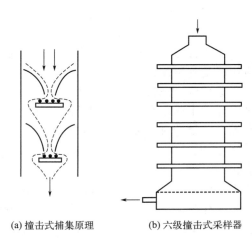

（a）撞击式捕集原理　　（b）六级撞击式采样器

图 5-21　撞击式分尘器的工作原理

（3）个体采样器

个体采样器主要用于研究空气污染物对人体健康的危害。其特点是体积小、质量小，佩戴在人体上可以随人的活动连续地采样，能反映人体实际吸入的污染物量。扩散法采样剂量器由外壳、扩散层和收集剂三部分组成，采样原理为空气通过剂量器外壳通气孔进入扩散层，则被收集组分分子也随之通过扩散层到达收集剂表面被吸附或吸收。渗透法采样剂量器由外壳、渗透膜和收集剂组成，采样过程为待测的气体分子通过渗透膜到达收集剂（吸收液或固体吸附剂），从而被收集。

5.2.3　采样效率和评价方法

5.2.3.1　采样效率

采样效率是针对采样方法或采样仪器而言的，是指在规定的采样条件下（如流量、污染物浓度、采样时间等），所采集到的污染物量占实际总量的百分数。对于空气中不同存在状态的污染物，其采样效率的评价方法是不相同的。一般认为采样效率以90%以上为宜。

为获得比较高的采样效率，应注意以下几个方面：根据污染物存在状态选择合适的采样方法和仪器；根据污染物的理化性质选择吸收液、填充剂或各种滤料；确定合适的抽气速度；确定适当的采气量和采样时间；须考虑气象参数对采样的影响。

5.2.3.2　评价方法

（1）气态和蒸气态污染物

采集气态和蒸气态污染物常用溶液吸收法和填充柱吸附法。评价这些采样方法的效率有绝对比较法和相对比较法。

① 绝对比较法　精确配制已知浓度为 c_0 的标准气体，用所选用的采样方法采集标准气体，测定其浓度为 c_1，则采样效率 K 的计算公式如下：

$$K = \frac{c_1}{c_0} \times 100\% \tag{5-1}$$

用这种方法评价采样效率是比较理想的，但由于配制已知浓度的标准气体有困难，实际应用时受到限制。

② 相对比较法　配制一个恒定浓度的气体样品，其浓度不一定要求已知，然后用2～3个采样管串联起来采集所配样品，分别测定各采样管中的污染物的含量，计算第一个采样管含量占总量的百分数，采样效率 K 为：

$$K = \frac{c_1}{c_1 + c_2 + c_3} \times 100\% \tag{5-2}$$

式中　c_1，c_2，c_3——分别为第一、第二、第三采样管中分析测得的浓度。

采样效率评价公式说明，第一采样管浓度所占比例越高，采样效率越高。一般要求 K 值为90%以上。如果第二、第三采样管的浓度比第一采样管的浓度小得多时，可以将三个管的浓度相加近似等于所配气体浓度。当采样效率过低时，应采取更换采样管、吸收剂或降低抽气速度等措施提高采样效率。

（2）颗粒物（气溶胶颗粒）

有两种表示方法。一种是颗粒采样效率，即所采集到的气溶胶颗粒数目占总颗粒数目的百分数。另一种是质量采样效率，即所采集到的气溶胶（颗粒）的质量占总质量的百分数。由于衡量尺度不同，用上述两种方法计算出的采样效率值是不相同的。在环境空气质量监测工作中，多采用质量采样效率指标。

（3）气态和气溶胶共存物

对于气态和气溶胶态共存的物质的采样更为复杂，评价其采样效率时，两种状态都应加以考虑，以求其总的采样效率。

5.2.4 空气污染物浓度表示

（1）空气中污染物浓度表示方法

环境空气中污染物浓度有两种表示方法：一是单位体积气体内所含污染物的质量数（质量-体积浓度），常用单位为 mg/m^3 或 $\mu g/m^3$；二是污染物体积与气样总体积的比值（体积分数），常用 $\mu L/L$ 或 nL/L 表示。$\mu L/L$ 指在 100 万体积空气中含有害气体或蒸气的体积数，表示百万分之一；nL/L 是 $\mu L/L$ 的 1/1000。显然，第二种浓度表示方法仅适用于气态或蒸气态物质。两种浓度的换算关系如式：

$$c_p = \frac{22.4}{M} \times c \tag{5-3}$$

式中　c_p——以 $\mu L/L$ 表示的气体浓度；

　　　　c——以 mg/m^3 表示的气体浓度；

　　　　M——污染物质的分子量，g；

　　22.4——标准状态下（0℃，101.325kPa）气体的摩尔体积，L。

（2）气体体积换算

气体体积是温度和大气压力的函数，随温度、压力的不同而发生变化。我国空气质量标准是以参比状态下（298.15K，101.325kPa）的气体体积为对比依据。为使计算出的污染物浓度具有可比性，应将监测时的气体采样体积换算成标准状态下的气体体积。根据气体状态方程，换算式如式：

$$V_0 = V_r \times \frac{273}{273+t} \times \frac{p}{101.325} \tag{5-4}$$

式中　V_0——参比状态下的采样体积，L 或 m^3；

　　　　V_r——现场状态下的采样体积，L 或 m^3；

　　　　t——采样时的温度，℃；

　　　　p——采样时的大气压力，kPa。

【例 5-1】　测定某采样点环境空气中的 SO_2 时，用 10mL 吸收液，采样流量 0.50L/min，采样 1h。现场温度 18℃，压力 100kPa。取采样液 10mL，测得吸收液中含 4.0μg 的 SO_2。求该点空气中 SO_2 的浓度。

解　（1）求采样体积 V_t 和 V_r

$$V_t = 0.50 \times 60 = 30(L)$$

$$V_r = V_t \times \frac{298}{273+t} \times \frac{p}{101.325}$$

$$= 30 \times \frac{298}{273+18} \times \frac{100}{101.325} = 30.32 \text{（L）}$$

（2）求 SO_2 的含量

用质量浓度（$\mu g/m^3$）表示

$$\rho(SO_2, \mu g/m^3) = \frac{m}{V_r} = \frac{4.0 \times 10^{-3} mg}{30.32 \times 10^{-3} m^3} = 0.1319 \text{（}mg/m^3\text{）} = 131.9 \text{（}\mu g/m^3\text{）}$$

用体积分数（$\mu L/L$）表示

$$\varphi(SO_2, \mu L/L) = \frac{24.5\rho}{M} = \frac{24.5 \times 131.9 \times 10^{-3}}{64} = 0.050 \text{（}\mu L/L\text{）}$$

5.2.5　空气质量指数（AQI）计算

我国当前规定空气质量监测点位日报和实时报的发布内容除包括评价时段、监测点位置及各污染物浓度外，还要报告各污染物空气质量分指数、空气质量指数、首要污染物及空气质量级别。下面分别介绍之。

（1）空气质量分指数

空气质量分指数（I_{AQI}）指的是单项污染物的空气质量指数。表 5-6 给出了空气质量分指数对应的污染物项目浓度限值。

在确定污染物 P 的质量浓度基础上，依据表 5-6，其空气质量分指数可按下式计算：

$$I_{AQI_P} = \frac{I_{AQI_{Hi}} - I_{AQI_{Lo}}}{c_{P_{Hi}} - c_{P_{Lo}}}(c_P - c_{P_{Lo}}) + I_{AQI_{Lo}} \tag{5-5}$$

式中　I_{AQI_P}——污染物项目 P 的空气质量分指数；

c_P——污染物项目 P 的质量浓度值；

$c_{P_{Hi}}$——表中与 c_P 相近的污染物浓度限值的高位值；

$c_{P_{Lo}}$——表中与 c_P 相近的污染物浓度限值的低位值；

$I_{AQI_{Hi}}$——表中与 $c_{P_{Hi}}$ 对应的空气质量分指数；

$I_{AQI_{Lo}}$——表中与 $c_{P_{Lo}}$ 对应的空气质量分指数。

表 5-6　空气质量分指数对应的污染物项目浓度限值

空气质量分指数 I_{AQI}	污染物项目浓度限值									
	SO$_2$ 24h 平均 /(μg/m³)	SO$_2$ 1h 平均[1] /(μg/m³)	NO$_2$ 24h 平均 /(μg/m³)	NO$_2$ 1h 平均[1] /(μg/m³)	PM$_{10}$ 24h 平均 /(μg/m³)	CO 24h 平均 /(μg/m³)	CO 1h 平均[1] /(μg/m³)	O$_3$ 1h 平均 /(μg/m³)	O$_3$ 8h 滑动平均 /(μg/m³)	PM$_{2.5}$ 24h 平均 /(μg/m³)
0	0	0	0	0	0	0	0	0	0	0
50	50	150	40	100	50	2	5	160	100	35
100	150	500	80	200	150	4	10	200	160	75
150	475	650	180	700	250	14	35	300	215	115
200	800	800	280	1200	350	24	60	400	265	150
300	1600	[2]	565	2340	420	36	90	800	800	250
400	2100	[2]	750	3090	500	48	120	1000	[3]	350
500	2620	[2]	940	3840	600	60	150	1200	[3]	500

[1] SO$_2$、NO$_2$ 和 CO 的 1h 平均浓度限值仅用于实时报，在日报中需使用相应污染物的 24h 平均浓度限值。

[2] SO$_2$ 的 1h 平均浓度值高于 800μg/m³ 的，不再进行其空气质量分指数计算，SO$_2$ 的空气质量分指数按 24h 平均浓度计算的分指数报告。

[3] O$_3$ 8h 平均浓度值高于 800μg/m³ 的，不再进行其空气质量分指数计算，O$_3$ 空气质量分指数按 1h 平均浓度计算的分指数报告。

（2）空气质量指数（AQI）

空气质量指数按下式计算：

$$AQI = \max\{I_{AQI_1}, I_{AQI_2}, I_{AQI_3}, \cdots, I_{AQI_n}\} \tag{5-6}$$

式中　n——污染项目 n；

I_{AQI}——污染项目的空气质量分指数。

需要说明的是：空气质量分指数及空气质量指数的计算结果都应取整数，不保留小数。

（3）首要污染物

关于首要污染物的确定方法，现行技术规范规定如下：①AQI 大于 50 时，I_{AQI} 最大的污染物为首要污染物；若 I_{AQI} 最大的污染物为两项或两项以上时，并列为首要污染物。②I_{AQI} 大于 100 的污染物为超标污染物。

（4）空气质量级别

空气质量指数级别按表 5-7 进行划分。

表 5-7　空气质量指数及相关信息

空气质量指数	空气质量指数级别	空气质量指数类别及表示颜色		对健康影响情况	建议采取的措施
0~50	一级	优	绿色	空气质量令人满意，基本无空气污染	各类人群可正常活动
51~100	二级	良	黄色	空气质量可接受，但某些污染物可能对极少数异常敏感人群健康有较弱影响	极少数异常敏感人群应减少户外活动
101~150	三级	轻度污染	橙色	易感人群症状有轻度加剧，健康人群出现刺激症状	儿童、老年人及心脏病、呼吸系统疾病患者应减少长时间、高强度的户外锻炼
151~200	四级	中度污染	红色	进一步加剧易感人群症状，可能对健康人群心脏、呼吸系统有影响	儿童、老年人及心脏病、呼吸系统疾病患者避免长时间、高强度的户外锻炼，一般人群适量减少户外运动
201~300	五级	重度污染	紫色	心脏病和肺病患者症状显著加剧，运动耐受力降低，健康人群普遍出现症状	儿童、老年人和心脏病、肺病患者应停留在室内，停止户外运动，一般人群减少户外运动
>300	六级	严重污染	褐红色	健康人群运动耐受力降低，有明显强烈症状，提前出现某些疾病	儿童、老年人和病人应当留在室内，避免体力消耗，一般人群应避免户外活动

我国当前实施空气质量监测点位日报和实时报发布制度，其中空气质量指数日报数据格式应符合表 5-8 的要求，空气质量指数实时报数据格式应符合表 5-9 的要求。关于 AQI 的其他更多详细内容可参阅《环境空气质量指数（AQI）技术规定（试行）》（HJ 633—2012）。

 思考与练习 5.2

1. 采用溶液吸收法进行气体样品采集时，如何提高吸收效率？

2. 进行环境空气监测时，专用的采样仪器有哪些类型？各自的适用范围是什么？

3. 测定大气中的 SO_2 浓度时，用 50mL 吸收液，采样流量为 0.20L/min，采样 4h，现场温度为 7℃，压力为 101kPa。取采样液 10mL，测得吸光度为 0.155，已知标准曲线回归方程为 $y = 0.0395x + 0.0048$ [y 为吸光度，x 为 SO_2 的量（μg）]。求 SO_2 的浓度（分别以 μg/m³ 和 μL/L 表示）。

4. 某城市 SO_2、NO_2、PM_{10}、$PM_{2.5}$、CO 的 24h 平均质量浓度值分别为 210μg/m³、200μg/m³、375μg/m³、167μg/m³、21μg/m³，O_3 最大 1h 平均质量浓度值为 280μg/m³，O_3 最大 8h 滑动平均质量浓度值为 263μg/m³。试制作一份该城市的空气质量指数日报表格。

表 5-8　空气质量指数日报数据格式

时间:20____年____月____日

城市名称	监测点位名称	污染物浓度及空气质量分指数(I_{AQI})																	空气质量指数 AQI	首要污染物	空气质量指数级别	空气质量指数类别	
		SO₂ 24h平均		NO₂ 24h平均		PM₁₀ 24h平均		CO 24h平均		O₃ 最大1h平均		O₃ 最大8h滑动平均		PM₂.₅ 24h平均								类别	颜色
		浓度/(μg/m³)	分指数	浓度/(μg/m³)	分指数	浓度/(μg/m³)	分指数	浓度/(μg/m³)	分指数	浓度/(μg/m³)	分指数	浓度/(μg/m³)	分指数	浓度/(μg/m³)	分指数								

注：缺测指标的浓度及分指数均使用 NA 标识。

表 5-9　空气质量指数实时报数据格式

时间:20____年____月____日____时

城市名称	监测点位名称	污染物浓度及空气质量分指数(I_{AQI})																	空气质量指数 AQI	首要污染物	空气质量指数级别	空气质量指数类别	
		SO₂ 24h平均		NO₂ 24h平均		PM₁₀ 1h平均		PM₁₀ 24h滑动平均		CO 1h平均		O₃ 1h平均		O₃ 最大8h滑动平均		PM₂.₅ 1h平均		PM₂.₅ 24h滑动平均					类别	颜色
		浓度/(μg/m³)	分指数	浓度/(μg/m³)	分指数	浓度/(μg/m³)	分指数	浓度/(μg/m³)	分指数	浓度/(μg/m³)	分指数	浓度/(μg/m³)	分指数	浓度/(μg/m³)	分指数	浓度/(μg/m³)	分指数	浓度/(μg/m³)	分指数					

注：缺测指标的浓度及分指数均使用 NA 标识。

任务 5.3　指标测定

空气环境中的污染物多种多样，下面以环境空气质量常规监测项目，如二氧化硫、二氧化氮、可吸入颗粒物（PM_{10}）及细颗粒物（$PM_{2.5}$）等为例，介绍部分指标的测定方法及主要测定过程。

5.3.1　二氧化硫

5.3.1.1　概述

（1）危害及来源

二氧化硫是环境空气中主要的气态污染物之一。它无色、易溶于水、有刺激性气味，通过呼吸进入人体气管，对局部组织产生刺激和腐蚀，导致出现溃疡和肺水肿直至窒息死亡，也是诱发呼吸道疾病的重要原因之一；是形成酸雨的主要原因之一；通常在催化剂和烟尘共存条件下，会迅速被氧化高效生成二次污染物硫酸雾或硫酸盐气溶胶，加重对人体呼吸道的损害。

环境空气中的 SO_2，火山爆发时会喷出该气体，在许多工业过程中也会产生二氧化硫。主要来自于含硫煤和石油的燃烧、含硫产品的工业过程（如硫铁矿冶炼、硫酸生产等）及自然界的火山喷发等。

（2）方法选择

目前测定环境空气中 SO_2 浓度的方法有甲醛吸收-副玫瑰苯胺分光光度法、四氯汞钾-盐酸副玫瑰苯胺分光光度法、紫外荧光光谱法、电导法、库仑滴定法和气相色谱法。下面重点介绍甲醛吸收-副玫瑰苯胺分光光度法（HJ 482—2009）。

5.3.1.2　方法原理

空气中 SO_2 被甲醛缓冲溶液吸收后，生成稳定的羟甲基磺酸加成化合物，在样品溶液中加入氢氧化钠使加成化合物分解，释放出的二氧化硫与副玫瑰苯胺、甲醛作用，生成紫红色化合物，用分光光度计在波长 577nm 处测量吸光度。

这种方法适用于环境空气中二氧化硫的测定。当使用 10mL 吸收液、采样体积为 30L 时，测定空气中 SO_2 的检出限为 $0.007mg/m^3$，测定下限为 $0.028mg/m^3$，测定上限为 $0.667mg/m^3$。当使用 50mL 吸收液、采样体积为 288L、试样为 10mL 时，测定空气中 SO_2 的检出限为 $0.004mg/m^3$，测定下限为 $0.014mg/m^3$，测定上限为 $0.347mg/m^3$。

5.3.1.3　仪器试剂

① 主要仪器和设备

a. 分光光度计。

b. 多孔玻板吸收管：10mL 多孔玻板吸收管，用于短时间采样；50mL 多孔玻板吸收管，用于 24h 连续采样。

c. 恒温水浴：$0\sim40℃$，控制精度为 $\pm1℃$。

d. 具塞比色管：10mL。用过的比色管和比色皿应及时用盐酸-乙醇清洗液浸洗，否则红色难以洗净。

e. 空气采样器：用于短时间采样的普通空气采样器，流量范围 0.1～1L/min，应具有保温装置。用于 24h 连续采样的采样器应具备有恒温、恒流、计时、自动控制开关的功能，流量范围 0.1～0.5L/min。

f. 一般实验室常用仪器。

② 碘酸钾（KIO$_3$）：优级纯，经 110℃干燥 2h。

③ 氢氧化钠溶液，c(NaOH)=1.5mol/L：称取 6.0g NaOH，溶于 100mL 水中。

④ 环己二胺四乙酸二钠溶液，c(CDTA-2Na)=0.05mol/L：称取 1.82g 反式 1,2-环己二胺四乙酸（简称 CDTA），加入氢氧化钠溶液③6.5mL，用水稀释至 100mL。

⑤ 甲醛缓冲吸收贮备液：吸取 36％～38％的甲醛溶液 5.5mL，CDTA-2Na 溶液④20.00mL；称取 2.04g 邻苯二甲酸氢钾，溶于少量水中；将三种溶液合并，再用水稀释至 100mL，贮于冰箱可保存 1 年。

⑥ 甲醛缓冲吸收液：用水将甲醛缓冲吸收贮备液⑤稀释 100 倍。临用时现配。

⑦ 氨磺酸钠溶液 ρ(NaH$_2$NSO$_3$)=6.0g/L：称取 0.60g 氨磺酸（H$_2$NSO$_3$H）置于 100mL 烧杯中，加入 4.0mL 氢氧化钠③，用水搅拌至完全溶解后稀释至 100mL，摇匀。此溶液密封可保存 10d。

⑧ 碘贮备液 c(1/2I$_2$)=0.10mol/L：称取 12.7g 碘（I$_2$）于烧杯中，加入 40g 碘化钾和 25mL 水，搅拌至完全溶解，用水稀释至 1000mL，贮存于棕色细口瓶中。

⑨ 碘溶液 c(1/2I$_2$)=0.010mol/L：量取碘贮备液⑧ 50mL，用水稀释至 500mL，贮于棕色细口瓶中。

⑩ 淀粉溶液 ρ(淀粉)=5.0g/L：称取 0.5g 可溶性淀粉于 150mL 烧杯中，用少量水调成糊状，慢慢倒入 100mL 沸水，继续煮沸至溶液澄清，冷却后贮于试剂瓶中。

⑪ 碘酸钾基准溶液 c(1/6KIO$_3$)=0.1000mol/L：准确称取 3.5667g 碘酸钾溶于水，移入 1000mL 容量瓶中，用水稀至标线，摇匀。

⑫ 盐酸溶液 c(HCl)=1.2mol/L：量取 100mL 浓盐酸，加到 900mL 水中。

⑬ 硫代硫酸钠标准贮备液 c(Na$_2$S$_2$O$_3$)=0.10mol/L：称取 25.0g 硫代硫酸钠，溶于 1000mL 新煮沸但已冷却的水中，加入 0.2g 无水碳酸钠，贮于棕色细口瓶中，放置一周后备用。如溶液呈现混浊，必须过滤。

标定方法：吸取三份 20.00mL 碘酸钾基准溶液⑪分别置于 250mL 碘量瓶中，加 70mL 新煮沸但已冷却的水，加 1g 碘化钾，振摇至完全溶解后，加 10mL 盐酸溶液，立即盖好瓶塞，摇匀。于暗处放置 5min 后，用硫代硫酸钠标准溶液滴定溶液至浅黄色，加 2mL 淀粉溶液，继续滴定至蓝色刚好褪去为终点。硫代硫酸钠标准溶液的浓度按下式计算：

$$c_1(\text{mol/L})=\frac{0.1000\times20.00}{V} \tag{5-7}$$

式中　c_1——硫代硫酸钠标准溶液的浓度，mol/L；
　　　　V——滴定所耗硫代硫酸钠标准溶液的体积，mL。

⑭ 硫代硫酸钠标准溶液 c(Na$_2$S$_2$O$_3$)≈0.01000mol/L：取 50.0mL 硫代硫酸钠贮备液⑬置于 500mL 容量瓶中，用新煮沸但已冷却的水稀释至标线，摇匀。

⑮ 乙二胺四乙酸二钠盐（EDTA-2Na）溶液 ρ(EDTA-2Na)=0.50g/L：称取 0.25g 乙二胺四乙酸二钠盐溶于 500mL 新煮沸但已冷却的水中。临用时现配。

⑯ 亚硫酸钠溶液 $\rho(Na_2SO_3) = 1g/L$：称取 0.2g 亚硫酸钠（Na_2SO_3），溶于 200mL EDTA-2Na 溶液⑮中，缓缓摇匀以防充氧，使其溶解。放置 2～3h 后标定。此溶液每毫升相当于 320～400μg 二氧化硫。

标定方法如下。

a. 取 6 个 250mL 碘量瓶（A_1、A_2、A_3、B_1、B_2、B_3），在 A_1、A_2、A_3 内各加入 25mL 乙二胺四乙酸二钠盐溶液⑮，在 B_1、B_2、B_3 内加入 25.00mL 亚硫酸钠溶液⑯，分别加入 50.0mL 碘溶液⑥和 1.00mL 冰醋酸，盖好瓶盖，摇匀。

b. 立即吸取 2.00mL 亚硫酸钠溶液⑯加到一个已装有 40～50mL 甲醛吸收液⑥的 100mL 容量瓶中，并用甲醛吸收液⑥稀释至标线、摇匀。此溶液即为二氧化硫标准贮备溶液，在 4～5℃下冷藏，可稳定 6 个月。

c. A_1、A_2、A_3、B_1、B_2、B_3 六个瓶子于暗处放置 5min 后，用硫代硫酸钠溶液滴定至浅黄色，加 5mL 淀粉指示剂，继续滴定至蓝色刚刚消失。平行滴定所用硫代硫酸钠溶液的体积之差应不大于 0.05mL。

二氧化硫标准贮备溶液的质量浓度由下式计算：

$$\rho(SO_2) = \frac{(\overline{V}_0 - \overline{V}) \times c_2 \times 32.02 \times 1000}{25.00} \times \frac{2.00}{100} \tag{5-8}$$

式中　$\rho(SO_2)$——二氧化硫标准贮备溶液的质量浓度，$\mu g/mL$；

　　　$\overline{V}_0$——空白滴定所用硫代硫酸钠溶液的体积，mL；

　　　$\overline{V}$——样品滴定所用硫代硫酸钠溶液的体积，mL；

　　　c_2——硫代硫酸钠溶液的浓度，mol/L。

⑰ 二氧化硫标准溶液 $\rho(SO_2) = 1.00\mu g/mL$：用甲醛吸收液⑥将二氧化硫标准贮备溶液稀释成每毫升含 1.0μg 二氧化硫的标准溶液。此溶液用于绘制标准曲线，在 4～5℃下冷藏，可稳定 1 个月。

⑱ 盐酸副玫瑰苯胺溶液，$\rho(PRA) = 0.50g/L$：吸取 25.00mL 副玫瑰苯胺贮备液（2.0g/L，专用试剂）于 100mL 容量瓶中，加 30mL 85％的浓磷酸、12mL 浓盐酸，用水稀释至标线，摇匀，放置过夜后使用。避光密封保存。

⑲ 盐酸-乙醇清洗液：由三份（1+4）盐酸和一份 95％乙醇混合配制而成，用于清洗比色管和比色皿。

5.3.1.4　分析步骤

（1）样品采集与保存

短时间采样采用内装 10mL 吸收液的多孔玻板吸收管，以 0.5L/min 的流量采气 45～60min。吸收液温度保持在 23～29℃的范围。24h 连续采样用内装 50mL 吸收液的多孔玻板吸收瓶，以 0.2L/min 的流量连续采样 24h。吸收液温度保持在 23～29℃的范围。同时做好采样现场记录，见表 5-10。

现场空白是将装有吸收液的采样管带到采样现场，除了不采气之外，其他环境条件与样品相同。

【注意】样品采集、运输和贮存过程中应避免阳光照射。放置在室（亭）内的 24h 连续采样器，进气口应连接符合要求的空气质量集中采样管路系统，以减少二氧化硫进入吸收瓶前的损失。

表 5-10　气态污染物现场采样记录表

市（县）_____　测点_____　污染物_____　采样方法_____　仪器型号_____

日期	采样时间		样品号	气温 /℃	大气压 /kPa	采样流量/(L/min)			采样时间 /min	采样体积 V_s/L	天气状况
	开始	结束				开始	结束	平均			

现场情况及布点示意图：

备注

采样人_____　审核人_____

（2）校准曲线的绘制

取 14 支 10mL 具塞比色管，分 A、B 两组，每组 7 支，分别对应编号。A 组按表 5-11 配制校准系列。

表 5-11　二氧化硫校准系列

管号	0	1	2	3	4	5	6
二氧化硫标准溶液(1.00μg/mL)/mL	0	0.50	1.00	2.0	5.00	8.00	10.00
甲醛缓冲吸收液/mL	10.00	9.50	9.00	8.00	5.00	2.00	0
二氧化硫含量/μg	0	0.50	1.00	2.00	5.00	8.00	10.00

在 A 组各管中分别加入 0.5mL 氨磺酸钠溶液⑦和 0.5mL 氢氧化钠溶液③，混匀。

在 B 组各管中分别加入 1.00mL PRA 溶液⑱。

将 A 组各管溶液迅速全部倒入对应编号并盛有 PRA 溶液的 B 管中，立即加塞混匀后放入恒温水浴装置中显色。在波长 577nm 处，用 10mm 比色皿，以水为参比测量吸光度。以空白校正后各管的吸光度为纵坐标，以二氧化硫的含量（μg）为横坐标，用最小二乘法建立校准曲线的回归方程。

二氧化硫 测定方法—— 标准系列配制 及样品测定

显色温度与室温之差不应超过 3℃。根据季节和环境条件按表 5-12 选择合适的显色温度与显色时间。

表 5-12　显色温度与显色时间

显色温度/℃	10	15	20	25	30
显色时间/min	40	25	20	15	5
稳定时间/min	35	25	20	15	10
试剂空白吸光度 A_0	0.030	0.035	0.040	0.050	0.060

（3）样品测定

样品溶液中如有混浊物，则应离心分离除去。样品放置 20min，以使臭氧分解。

短时间采集的样品：将吸收管中的样品溶液移入 10mL 比色管中，用少量甲醛吸收液洗涤吸收管，洗液并入比色管中并稀释至标线。加入 0.5mL 氨磺酸钠溶液，混匀，放置 10min 以除去氮氧化物的干扰。以下步骤同校准曲线的绘制。

连续 24h 采集的样品：将吸收瓶中样品移入 50mL 容量瓶（或比色管）中，用少量甲醛吸收液洗涤吸收瓶后再倒入容量瓶（或比色管）中，并用吸收液稀释至标线。吸取适当体积的试样（视浓度高低而决定取 2~10mL）于 10mL 比色管中，再用吸收液稀释至标线，加入 0.5mL 氨磺酸钠溶液混匀，放置 10min 以除去氮氧化物的干扰，以下步骤同校准曲线的绘制。

（4）结果表示

空气中二氧化硫的质量浓度，按下式计算：

$$\rho(SO_2) = \frac{A - A_0 - a}{bV_r} \times \frac{V_t}{V_a} \times 1000 \tag{5-9}$$

式中　$\rho(SO_2)$——空气中 SO_2 的质量浓度，$\mu g/m^3$；

　　　　A——样品溶液的吸光度；

　　　　A_0——试剂空白溶液的吸光度；

　　　　b——校准曲线的斜率，吸光度/μg；

　　　　a——校准曲线的截距（一般要求小于 0.005）；

　　　　V_t——样品溶液的总体积，mL；

　　　　V_a——测定时所取试样的体积，mL；

　　　　V_r——换算成参比状态下（101.325kPa，298K）的采样体积，L。

计算结果以 $\mu g/m^3$ 为单位，保留小数位数为零，即结果取整数。

5.3.1.5　注意事项

① 多孔玻板吸收管的阻力为 6.0kPa±0.6kPa，2/3 玻板面积发泡均匀，边缘无气泡逸出。

② 采样时吸收液的温度在 23～29℃时，吸收效率为 100%。10～15℃时，吸收效率偏低 5%。高于 33℃或低于 9℃时，吸收效率偏低 10%。

③ 每批样品至少测定两个现场空白。即将装有吸收液的采样管带到采样现场，除了不采气之外，其他环境条件与样品相同。

④ 当空气中 SO_2 浓度高于测定上限时，可以适当减少采样体积或者减少试料的体积。

⑤ 如果样品溶液的吸光度超过标准曲线的上限，可用试剂空白液稀释，在数分钟内再测定吸光度，但稀释倍数不要大于 6。

⑥ 显色温度低，显色慢，稳定时间长。显色温度高，显色快，稳定时间短。操作人员必须了解显色温度、显色时间和稳定时间的关系，严格控制反应条件。

⑦ 测定样品时的温度与绘制校准曲线时的温度之差不应超过 2℃。

⑧ 在给定条件下校准曲线斜率应为 0.042±0.004，测定样品时的试剂空白吸光度 A_0 和绘制标准曲线时的 A_0 波动范围不超过±15%。

⑨ 六价铬能使紫红色络合物褪色，产生负干扰，故应避免用硫酸-铬酸洗液洗涤玻璃器皿。若已用硫酸-铬酸洗液洗涤过，则需用盐酸溶液（1+1）浸洗，再用水充分洗涤。

⑩ 干扰及消除：主要干扰物为氮氧化物、臭氧及某些重金属元素。采样后放置一段时间可使臭氧自行分解；加入氨磺酸钠溶液可消除氮氧化物的干扰；吸收液中加入磷酸及环己二胺四乙酸二钠盐可以消除或减少某些金属离子的干扰。10mL 样品溶液中含有 50μg 钙、镁、铁、镍、镉、铜等金属离子及 5μg 二价锰离子时，对本方法测定不产生干扰。当 10mL 样品溶液中含有 10μg 二价锰离子时，可使样品的吸光度降低 27%。

5.3.1.6　思考题

① 甲醛缓冲吸收液是如何配制的？在本实验中，它的作用是什么？

② 配制标准系列所用的 1.0$\mu g/mL$ 二氧化硫标准溶液是如何配制的？

③ SO_2 校准曲线斜率和截距应符合什么要求？影响斜率和截距的因素有哪些？

④ SO_2 样品溶液在测定前需要进行哪些前处理？这些前处理的作用是什么？

5.3.2 二氧化氮

5.3.2.1 概述

（1）危害及来源

氮的氧化物有 NO、NO_2、N_2O、N_2O_3、N_2O_4 和 N_2O_5 等，统称 NO_x，其中主要为 NO 和 NO_2。主要来源于石化燃料高温燃烧、硝酸生产、化肥制造等排放的废气以及汽车尾气。NO 是无色、无臭、微溶于水的气体，在大气中易被氧化为 NO_2。NO_2 为红棕色、有强烈刺激性臭味的气体，具有腐蚀性和较强的氧化性，是引起支气管炎等呼吸道疾病的有害气体，也是导致光化学烟雾及雾霾的主要一次污染物。

（2）方法选择

目前测定环境空气中 NO_2 浓度的方法有盐酸萘乙二胺分光光度法、化学发光法和定电位电解法。下面重点介绍盐酸萘乙二胺分光光度法（HJ 479—2009）。

5.3.2.2 方法原理

空气中的 NO_2 被吸收瓶中的吸收液吸收形成亚硝酸（HNO_2），HNO_2 与对氨基苯磺酸起重氮化反应，再与盐酸萘乙二胺偶合生成粉红色偶氮染料。生成的偶氮染料在波长 $540nm$ 处的吸光度与 NO_2 含量成正比，根据吸光度的数值及采样体积，计算出空气中 NO_2 的质量浓度，以 mg/m^3 或 $\mu g/m^3$ 表示。

该方法适用于环境空气中 NO_x、NO_2、NO 的测定。方法检出限为 $0.12\mu g/10mL$ 吸收液。当吸收液总体积为 $10mL$、采样体积为 $24L$ 时，空气中 NO_x 的检出限为 $0.005mg/m^3$。当吸收液总体积为 $50mL$、采样体积为 $88L$ 时，空气中 NO_x 的检出限为 $0.003mg/m^3$。当吸收液总体积为 $10mL$、采样体积为 $12\sim24L$ 时，环境空气中 NO_x 的测定范围为 $0.020\sim2.5mg/m^3$。

5.3.2.3 仪器试剂

① 主要仪器

a. 分光光度计。

b. 空气采样器：流量范围 $0.1\sim1.0L/min$。采样流量为 $0.4L/min$ 时，相对误差小于 $\pm5\%$。

c. 吸收瓶：可装 $10mL$、$25mL$ 或 $50mL$ 吸收液的多孔玻板吸收瓶，液柱高度不低于 $80mm$。使用棕色吸收瓶或采样过程中吸收瓶外罩黑色避光罩。新的多孔玻板吸收瓶或使用后的多孔玻板吸收瓶，应用（1+1）HCl 浸泡 24h 以上，用清水洗净。

d. 一般通用化学分析仪器。

② 实验用水：无亚硝酸根的蒸馏水、去离子水或相当纯度的水。必要时，实验用水可在全玻璃蒸馏器中以每升水加入 0.5g 高锰酸钾（$KMnO_4$）和 0.5g 氢氧化钡 [$Ba(OH)_2$] 重蒸。

③ 冰醋酸。

④ N-(1-萘基) 乙二胺盐酸盐贮备液，$\rho[C_{10}H_7NH(CH_2)_2NH_2 \cdot 2HCl] = 1.00g/L$：称取 0.50g N-(1-萘基) 乙二胺盐酸盐于 500mL 容量瓶中，用水溶解稀释至刻度。此溶液

贮于密闭的棕色瓶中，在冰箱中冷藏，可稳定保存三个月。

⑤ 显色液：称取 5.0g 对氨基苯磺酸（$NH_2C_6H_4SO_3H$）溶解于约 200mL 40～50℃ 热水中，将溶液冷却至室温，全部移入 1000mL 容量瓶中，加入 50mL N-(1-萘基) 乙二胺盐酸盐贮备溶液④和 50mL 冰醋酸，用水稀释至刻度。此溶液贮于密闭的棕色瓶中，在 25℃ 以下暗处存放可稳定三个月。若溶液呈现淡红色，应弃之重配。

⑥ 吸收液：使用时将显色液⑤和水按 4：1（体积分数）比例混合，即为吸收液。吸收液的吸光度应小于或等于 0.005。

⑦ 亚硝酸盐标准贮备液，$\rho(NO_2^-) = 250\mu g/mL$：准确称取 0.3750g 亚硝酸钠（$NaNO_2$，优级纯，使用前在 105℃±5℃ 干燥至恒重）溶于水，移入 1000mL 容量瓶中，用水稀释至标线。此溶液贮于密闭棕色瓶中于暗处存放，可稳定保存三个月。

⑧ 亚硝酸盐标准工作液，$\rho(NO_2^-) = 2.5\mu g/mL$：准确吸取亚硝酸盐标准贮备液⑦ 1.00mL 于 100mL 容量瓶中，用水稀释至标线。临用现配。

5.3.2.4　分析步骤

（1）样品采集与保存

对于短时间采样（1h 以内），取两支内装 10.0mL 吸收液的多孔玻板吸收瓶，以 0.4L/min 流量采气 4～24L。对于长时间采样（24h），取两支大型多孔玻板吸收瓶，装入 25.0mL 或 50.0mL 吸收液，将吸收液恒温于 20℃± 4℃，以 0.2L/min 流量采气 288L。同时，采样时应做好记录。

环境空气中二氧化氮测定——采样及样品测定

采样前应检查采样系统的气密性，用皂膜流量计进行流量校准。采样流量的相对误差应小于±5%。采样期间，样品运输和存放过程中应避免阳光照射。气温超过 25℃ 时，长时间（8h 以上）运输和存放样品应采取降温措施。采样过程中注意观察吸收液颜色变化，避免因 NO_2 浓度过高而穿透。

要求每次采样至少做 2 个现场空白测试：将装有吸收液的吸收瓶带到采样现场，与样品在相同的条件下保存、运输，直至送交实验室分析，运输过程中应注意防止沾污。

样品运输及存放过程中避光保存，样品采集后尽快分析。若不能及时测定，将样品于低温暗处存放，样品在 30℃ 暗处存放，可稳定 8h；在 20℃ 暗处存放，可稳定 24h；于 0～4℃ 冷藏，至少可稳定 3d。

（2）标准曲线的绘制

取 6 支 10mL 具塞比色管，按表 5-13 制备亚硝酸盐标准溶液系列。根据表中数据分别移取相应体积的亚硝酸钠标准工作液⑧，加水至 2.00mL，加入显色液⑤8.00mL。

表 5-13　NO_2^- 标准溶液系列

管号	0	1	2	3	4	5
NO_2^- 标准工作液⑧/mL	0.00	0.40	0.80	1.20	1.60	2.00
水/mL	2.00	1.60	1.20	0.80	0.40	0.00
显色液⑤/mL	8.00	8.00	8.00	8.00	8.00	8.00
NO_2^- 质量浓度/(μg/mL)	0.00	0.10	0.20	0.30	0.40	0.50

各管混匀，于暗处放置 20min（室温低于 20℃ 时放置 40min 以上），用 10mm 比色皿，在波长 540nm 处，以水为参比测量吸光度，扣除 0 号管的吸光度后，对应 NO_2^- 的质量浓度（μg/mL），用最小二乘法计算标准曲线的回归方程。

实验室空白试验：取实验室内未经采样的空白吸收液，用 10mm 比色皿，在波长

540nm 处，以水为参比测定吸光度。实验室空白吸光度 A_0 在显色规定条件下波动范围不超过±15％。

现场空白：同上述方法测定吸光度。将现场空白和实验室空白的测量结果相对照，若现场空白与实验室空白相差过大，查找原因，重新采样。

（3）样品测定

采样后放置 20min，室温 20℃以下时放置 40min 以上，用水将采样瓶中吸收液的体积补充至标线，混匀。用 10mm 比色皿，在波长 540nm 处，以水为参比测量吸光度，同时测定空白样品的吸光度。若样品的吸光度超过标准曲线的上限，应用实验室空白试液稀释，再测定其吸光度。但稀释倍数不得大于 6。

（4）结果表示

环境空气中 NO_2 质量浓度按如下公式计算：

$$\rho(NO_2) = \frac{(A - A_0 - a)VD}{V_r fb} \times 1000 \tag{5-10}$$

式中 A——试样溶液的吸光度；

     A_0——空白液的吸光度；

     a——标准曲线截距；

     b——标准曲线斜率，吸光度·mL/μg；

     V——采样用吸收液体积，mL；

     V_r——换算为参比状态下的采样体积，L；

     f——实验系数（$f = 0.88$），当空气中 NO_2 的浓度高于 $0.720mg/m^3$ 时，取 0.77；

     D——气样吸收液的稀释倍数。

计算结果以 $\mu g/m^3$ 为单位，保留小数位数为零，即结果取整数。

5.3.2.5 注意事项

① 配制吸收液时，应避免在空气中长时间暴露，以免吸收空气中的氮氧化物。光照射能使吸收液显色，因此在采样、运送及存放过程中，都应采取避光措施。

② 采样过程中，如吸收液体积显著缩小，要用水补充到原来的体积（应预先做好标记）。

③ 亚硝酸钠（固体）应妥善保存。部分氧化成硝酸钠或呈粉末状的试剂都不能用直接法配制标准溶液。

④ 标准曲线斜率控制在 0.960～0.978 吸光度·mL/μg，截距控制在 0.000～0.005 之间（以 5mL 体积绘制标准曲线时，标准曲线斜率控制为 0.180～0.195 吸光度·mL/μg，截距控制在±0.003 之间）。若实验时斜率达不到要求，应检查亚硝酸钠试剂的质量、标准溶液的配制，重新配制标准溶液；如果截距达不到要求，应检查蒸馏水及试剂质量，重新配制吸收液。

⑤ 当 $y = A - A_0$ 计算时，零点（0，0）应参加回归计算，即 $n = 7$。

5.3.2.6 思考题

① 实验中所用的显色液，在配制时应注意哪些问题？

② 本实验标准曲线斜率和截距应满足什么条件要求？如果达不到这些要求，如何改善？

③ 采集环境空气中的 NO_2 样品时，需要做哪些采样前准备工作？

④ 本实验中应如何开展现场空白和实验室空白试验？

5.3.3　可吸入颗粒物（PM_{10}）

5.3.3.1　概述

（1）危害及来源

可吸入颗粒物（PM_{10}） 是指空气动力学当量直径小于或等于 $10\mu m$ 的颗粒物，又称 IP。可吸入颗粒物可以被人体吸入，沉积在呼吸道、肺泡等部位从而引发疾病。PM_{10} 对人体的危害程度取决于多方面：颗粒物成分（例如 Pb、Mn、Cd、多环芳烃等含量较高）是主要致病因素，颗粒物的浓度和暴露时间也影响吸入量和对机体的危害程度，颗粒物的粒径和状态决定了其在呼吸道内的滞留或消除。颗粒物的直径越小，进入呼吸道的部位越深。$10\mu m$ 颗粒物通常沉积在上呼吸道，$5\mu m$ 颗粒物可进入呼吸道的深部，$2\mu m$ 以下的可 100% 深入到细支气管和肺泡甚至血液系统中去，直接导致心血管病等疾病。PM_{10} 的危害还包括降低环境大气的能见度、为气溶胶化学反应提供反应床，因此被定为空气质量监测的一个重要指标。

可吸入颗粒物的来源主要有两种：其一，各种工业过程（燃煤、冶金、化工、内燃机等）直接排放的超细颗粒物、未铺沥青（水泥）的路面扬尘、材料破碎碾磨处理过程产生的粉尘等；其二，空气中二次形成的超细颗粒物与气溶胶等。其中，第一种途径是可吸入颗粒物的主要形成源，也是可吸入颗粒物污染控制的重要对象。

（2）方法选择

测定环境空气 PM_{10} 时，首先用切割器将大颗粒物（大于 $10\mu m$）分离，然后用重量法或 β 射线吸收法、压电晶体差频法、光散射法等测定。下面重点介绍重量法（HJ 618—2011）。

5.3.3.2　方法原理

环境空气 PM_{10} 的重量法测定原理为：分别通过具有一定切割特性的采样器，以恒速抽取定量体积空气，使环境空气 PM_{10} 被截留在已知质量的滤膜上，根据采样前后滤膜的质量差和采样体积，计算 PM_{10} 浓度。

重量法适用于手工测定环境空气中的 PM_{10}。该方法的检出限为 $0.010mg/m^3$（以感量 0.1mg 分析天平，样品负载量为 1.0mg，采集 $108m^3$ 空气样品计）。

5.3.3.3　仪器和设备

① 切割器：切割粒径 $D_{a50}=(10\pm0.5)\mu m$；捕集效率的几何标准差为 $\sigma_g=1.5\pm0.1$。其他性能和技术指标符合 HJ 93 的规定。

② 采样系统：采样器孔口流量计或其他符合本标准技术指标要求的流量计，大流量流量计量程 $0.8\sim1.4m^3/min$，误差≤2%；中流量流量计量程 $60\sim125L/min$，误差≤2%；小流量流量计量程 $<30L/min$，误差≤2%。

③ 滤膜：根据样品采集目的可选用无机滤膜（如玻璃纤维滤膜、石英滤膜等）或有机滤膜（如聚氯乙烯、聚丙烯、混合纤维素等）。滤膜对 $0.3\mu m$ 标准粒子的截留效率不低于 99%。空白滤膜应进行平衡处理至恒重，称量

可吸入颗粒物 PM_{10} 测定——原理与仪器

后，放入干燥器中备用。

④ 分析天平：感量 0.1mg 或 0.01mg。

⑤ 恒温恒湿箱（室）：箱（室）内空气温度在 15～30℃ 范围内可调，控温精度 ±1℃。箱（室）内空气相对湿度应控制在 50%±5%。恒温恒湿箱（室）可连续工作。

⑥ 镊子及装滤膜袋（或盒）：袋（盒）上印有编号、采样日期、采样地点、采样人等栏目。

5.3.3.4 分析步骤

（1）流量校准

新购置或维修后的采样器在启用前，需进行流量校准；正常使用的采样器每月需进行一次流量校准。中流量颗粒物采样器一般用标准孔口流量校准器进行流量校准。具体校准过程可按照《环境空气 PM_{10} 和 $PM_{2.5}$ 的测定　重量法》（HJ 618—2011）附录 A 采样器流量校准方法，并结合孔口流量校准器使用说明书进行。

（2）滤膜恒重

将滤膜放在恒温恒湿箱（室）中平衡 24h，平衡条件为：温度取 15～30℃ 中任何一点，相对湿度控制在 45%～55% 范围内，记录平衡温度与湿度。在上述平衡条件下，用感量为 0.1mg 或 0.01mg 的分析天平称量滤膜，记录滤膜质量。同一滤膜在恒温恒湿箱（室）中相同条件下再平衡 1h 后称重。两次质量之差分别小于 0.2mg 为满足恒重要求。

（3）样品采集

可吸入颗粒物 PM_{10} 测定——样品采集测定

采样时，采样器入口距地面高度不得低于 1.5m。采样不宜在风速大于 8m/s 等天气条件下进行。采样点应避开污染源及障碍物。如果测定交通枢纽处，采样点应布置在距人行道边缘外侧 1m 处。采用间断采样方式测定日平均浓度时，其次数不应少于 4 次，累积采样时间不应少于 18h。

采样时，将已称重的滤膜用镊子放入洁净采样夹内的滤网上，滤膜毛面应朝进气方向，同时核查滤膜编号。将滤膜牢固压紧至不漏气。每测定一次浓度，需更换一次滤膜；如测日平均浓度，样品可采集在一张滤膜上。

（4）样品收取

采样结束后，取下滤膜夹，用镊子轻轻夹住滤膜边缘，取下样品滤膜，并检查在采样过程中滤膜是否有破裂现象，或滤膜上尘的边缘轮廓是否有不清晰的现象。若有，则该样品膜作废，需重新采样。确认无破裂后，用镊子取出。将有尘面两次对折，放入样品盒或纸袋，并做好采样记录，见表 5-14。

表 5-14　颗粒污染物现场采样记录表

市（县）＿＿＿＿＿＿　　　　测点＿＿＿＿＿＿　　　污染物＿＿＿＿＿＿

日期	采样时间		样品编号	气温/℃	大气压 /kPa	采样流量 /(L/min)	采样体积 V_s/L	天气状况	仪器名称	仪器编号	备注
	开始	结束									
现场情况及布点示意图：											
备注											

采样人＿＿＿＿＿＿　　　　　　审核人＿＿＿＿＿＿

（5）样品保存

滤膜采集后，如不能立即称重，应在 4℃ 条件下冷藏保存。

（6）样品分析

首先按前述滤膜恒重方法对样品滤膜进行恒重。对于 PM_{10} 颗粒物样品滤膜，两次质量之差分别小于 0.4mg 为满足恒重要求。

（7）结果计算与表示

可吸入颗粒物 PM_{10} 浓度按下式计算：

$$\rho = \frac{w_2 - w_1}{V} \times 1000 \tag{5-11}$$

式中　ρ——PM_{10} 浓度，$\mu g/m^3$；

　　　w_2——采样后滤膜的质量，mg；

　　　w_1——空白滤膜的质量，mg；

　　　V——已换算成参比状态（101.325kPa，298K）下的采样体积，m^3。

计算结果保留到整数位，单位 $\mu g/m^3$。

5.3.3.5　注意事项

① 滤膜使用前均需进行检查，不得有针孔或任何缺陷。滤膜称量时要消除静电的影响，例如称量不带衬纸的过氯乙烯滤膜，应在取放滤膜时，用金属镊子触一下天平盘，以消除静电的影响。

② 取清洁滤膜若干张，在恒温恒湿箱（室），按平衡条件平衡 24h，称重。每张滤膜非连续称量 10 次以上，求每张滤膜的平均值为该张滤膜的原始质量。以上述滤膜作为"标准滤膜"。每次称滤膜的同时，称量两张"标准滤膜"。若标准滤膜称出的质量在原始质量 ±5mg（大流量）、±0.5mg（中流量和小流量）范围内，则认为该批样品滤膜称量合格，数据可用。否则应检查称量条件是否符合要求并重新称量该批样品滤膜。

③ 要经常检查采样头是否漏气。当滤膜安放正确、采样系统无漏气时，采样后滤膜上颗粒物与四周白边之间界限应清晰，如出现界限模糊时，则表明应更换滤膜密封垫。

④ 采样前后，滤膜称量应使用同一台分析天平。当 PM_{10} 含量很低时，采样时间不能过短。对于感量为 0.1mg 和 0.01mg 的分析天平，滤膜上颗粒物负载量应分别大于 1mg 和 0.1mg，以减少称量误差。

⑤ 抽气动力的排气口应放在采样夹的下风方向。必要时将排气口垫高，以免排气将地面上尘土扬起。

⑥ 在采样开始至结束前时间内，采样系统流量值的变化应在额定流量的 ±10% 以内。在同样条件下，三个采样系统浓度测定结果变异系数应小于 15%。

5.3.3.6　思考题

① 为确保采集环境空气 PM_{10} 的采样效率，对采样仪器和设备有哪些技术要求？

② 采集 PM_{10} 样品时，可选用的滤膜有哪些材质？各适用于什么情况？

③ 采集 PM_{10} 样品时，如何进行滤膜恒重？

④ 采集 PM_{10} 样品时，采样现场需要记录哪些内容？为什么？

5.3.4 细颗粒物（$PM_{2.5}$）

5.3.4.1 概述

（1）危害及来源

细颗粒物（$PM_{2.5}$）是指环境空气中空气动力学当量直径小于或等于 $2.5\mu m$ 的颗粒物。$PM_{2.5}$ 的危害主要包括：会对呼吸系统和心血管系统造成伤害，尤其是老人、小孩以及心肺疾病患者是 $PM_{2.5}$ 污染的敏感人群；有强烈的削光能力，易使人心理健康受到影响，如导致抑郁等心理疾病；引起能见度下降严重，可能导致交通受阻等；会影响气候，如浓度太高会导致日照显著减少，还可能改变气温和降水模式等。

$PM_{2.5}$ 的来源包括人为源和自然源。其中，人为源是 $PM_{2.5}$ 严重的主要原因，有直接排放源，如化石燃料、生物质燃烧、垃圾焚烧等燃烧过程排放的废气；有间接排放源，如 SO_2、NO_x、NH_3、VOC 等气体污染物在空气中转变生成的二次污染物；还有其他人为源，如道路扬尘、建筑施工扬尘、工业粉尘、厨房烟气等。

（2）方法选择

环境空气 $PM_{2.5}$ 质量浓度的测定方法有重量法、β 射线吸收法、微量振荡天平法等。下面重点介绍重量法（HJ 618—2011）。

5.3.4.2 方法原理

通过具有一定切割特性的采样器，以恒速抽取定量体积空气，使环境空气 $PM_{2.5}$ 被截留在已知质量的滤膜上，根据采样前后滤膜的质量差和采样体积，计算出 $PM_{2.5}$ 浓度。该方法的检出限为 $0.010mg/m^3$（以感量 0.1mg 分析天平，样品负载量为 1.0mg，采集 $108m^3$ 空气样品计）。具体技术规定可查阅《环境空气颗粒物（$PM_{2.5}$）手工监测方法（重量法）技术规范》（HJ 656）及其修改单。

5.3.4.3 仪器试剂

① 切割器：切割粒径 $D_{a50}=(2.5\pm0.2)\mu m$；捕集效率的几何标准差为 $\sigma_g=1.2\pm0.1$。其他性能和技术指标符合 HJ 93 的规定。

PM$_{2.5}$
采样仪器及校准

② 采样系统：同 5.3.3.3 中②。

③ 滤膜：滤膜对 $0.3\mu m$ 标准粒子的截留效率不低于 99.7%。其他要求同 5.3.3.3 中③。

④ 分析天平：同 5.3.3.3 中④。

⑤ 恒温恒湿箱（室）：同 5.3.3.3 中⑤。

⑥ 镊子及装滤膜袋（或盒）：滤膜盒应使用对测量结果无影响的惰性材料制造，应对滤膜不粘连，方便取放。其他要求同 5.3.3.3 中⑥。

5.3.4.4 分析步骤

（1）流量校准

新购置或维修后的采样器在启用前，需进行流量校准；正常使用的采样器累积采样 168h 需进行一次流量校准，误差应≤±2%。中流量颗粒物采样器一般用标准孔口流量校准器进行流量校准。具体校准过程可按照《环境空气颗粒物（PM$_{2.5}$）手工监测方法（重量法）技术规范》（HJ 656—2013）附录 B 采样器流量校准方法，并结合流量校准器使用说明书进行。

PM$_{2.5}$ 的
测定（重量法）

（2）采样仪器检查

① 切割器　应定期清洗切割器，清洗周期视当地空气污染状况而定，建议累积运行 168h 清洗一次切割器，如遇大风、扬尘、沙尘暴等恶劣天气，应及时清洗切割器。切割器是否涂覆硅油，应按切割器厂家提供的使用说明书执行。

② 环境温度和大气压检查和校准　用温度计检查采样器的环境温度测量值误差，每次采样前检查一次，误差应≤±2℃，否则应校正采样器环境温度测量装置；用气压计检查采样器的环境压力测量值误差，每次采样前检查一次，误差应≤±1kPa，否则应校正采样器环境压力测量装置。

③ 气密性检查　应定期检查，具体可按照《环境空气颗粒物（PM$_{2.5}$）手工监测方法（重量法）技术规范》（HJ 656—2013）附录 A。

（3）滤膜恒重

将滤膜放在恒温恒湿箱（室）中平衡 24h，平衡条件为：温度取 15～30℃中任何一点，相对湿度控制在 45%～55% 范围内，记录平衡温度与湿度。在上述平衡条件下，用感量为 0.1mg 或 0.01mg 的分析天平称量滤膜，记录滤膜质量。同一滤膜在恒温恒湿箱（室）中相同条件下再平衡 1h 后称重。以中流量为例，两次质量之差分别小于 0.04mg 为满足恒重要求。

（4）样品采集

采样时，采样器入口距地面高度不得低于 1.5m。采样不宜在风速大于 8m/s 等天气条件下进行。采样点应避开污染源及障碍物。如果测定交通枢纽处，采样点应布置在距人行道边缘外侧 1m 处。采用间断采样方式测定日平均浓度时，累积采样时间不应少于 20h。

采样时，将已称重的滤膜用镊子放入洁净采样夹内的滤网上，滤膜毛面应朝进气方向，同时核查滤膜编号。将滤膜牢固压紧至不漏气。

采样时间应保证滤膜上的颗粒物负载量不小于称量天平检定分度值的 100 倍。如天平检定分度值为 0.01mg，则滤膜上的颗粒物负载量应满足≥1mg。

（5）样品收取

采样结束后，取下滤膜夹，用镊子轻轻夹住滤膜边缘，取下样品滤膜，并检查在采样过程中滤膜是否有破裂现象，或滤膜上尘的边缘轮廓是否有不清晰的现象。若有，则该样品膜作废，需重新采样。确认无破裂后，用镊子取出。将有尘面两次对折，放入样品盒或纸袋，并做好采样记录，见 5.3.1.4 部分的表 5-10。

（6）样品保存

滤膜采集后，如不能立即平衡称重，应在 4℃ 条件下密闭冷藏保存，最长不超过 30d。

（7）样品分析

首先按前述滤膜恒重方法对样品滤膜进行恒重。对于 $PM_{2.5}$ 颗粒物样品滤膜，两次质量之差小于 0.04mg 为满足恒重要求。

（8）结果计算与表示

可吸入颗粒物 $PM_{2.5}$ 浓度按下式计算：

$$\rho = \frac{w_2 - w_1}{V} \times 1000 \tag{5-12}$$

式中　ρ——$PM_{2.5}$ 浓度，$\mu g/m^3$；

w_2——采样后滤膜的质量，mg；

w_1——空白滤膜的质量，mg；

V——已换算成参比状态（101.325kPa，298K）下的采样体积，m^3。

计算结果保留到整数位，单位 $\mu g/m^3$。

5.3.4.5　注意事项

① 滤膜使用前均需进行检查，不得有针孔或任何缺陷。滤膜称量时要消除静电的影响，并尽量缩短称量时间。装取滤膜时应佩戴实验室专用手套等，使用无锯齿状镊子。

② 需要制作和使用标准滤膜。标准滤膜的制作和标准滤膜的使用同 5.3.3.5②。

③ 要经常检查采样头是否漏气。具体方法同 5.3.3.5③。

④ 采样前后，滤膜称量应使用同一台分析天平，操作天平时应佩戴专用手套。每次称量前按照分析天平操作规程校准分析天平。

⑤ 采样过程应配置空白滤膜，空白滤膜应与采样滤膜一起恒重、称量，并记录相关数据，其前、后质量之差应远小于采样滤膜上的颗粒物负载量。

⑥ 采样时，采样器的排气应不对 $PM_{2.5}$ 浓度测量产生影响。称量时，应尽量保持工作区和工作台清洁，以避免空气中的颗粒物影响滤膜称量。

⑦ 在采样开始至结束前时间内，采样系统流量值的变化应在额定流量的 $\pm 10\%$ 以内。在同样条件下，三个采样系统浓度测定结果变异系数应小于 15%。

5.3.4.6　思考题

① 为确保采集环境空气 $PM_{2.5}$ 的采样效率，对采样仪器和设备有哪些技术要求？

② 采集环境空气 $PM_{2.5}$ 样品前，对采样仪器的检查包括哪些方面？

③ 测定环境空气 $PM_{2.5}$ 日平均浓度时，对采样时间有什么要求？

④ 我国当前对重量法测定环境空气 $PM_{2.5}$ 有专门的技术规范吗？如果有，请列出规范名称，并查阅之。

5.3.5　空气质量连续自动监测

5.3.5.1　基本结构

环境空气质量连续监测是指在监测点位采用连续监测仪器对环境空气质量进行连续的样

品采集、处理、分析的过程。空气质量连续自动监测系统是一套区域性空气质量的实时监测网络，它的组成有各种形式，实时化和自动化程度可有所不同，但它们的基本结构是相同的，如图 5-22 所示。

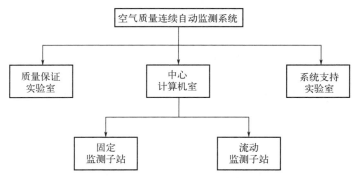

图 5-22　空气质量连续自动监测系统基本结构图

（1）中心计算机室

中心计算机室是整个系统运行的中心，一般由计算机、应用软件、输出设备和通信设备等组成。其主要任务是：定时或随时收取各监测子站的监测数据，并对所收取的监测数据进行判别、检查、取舍和存储等；以报表和图表等形式输出各类监测数据报告；对监测子站的监测仪器进行零点和标点检查校准、多点校准和远程诊断，随时收集仪器设备的工作状态信息等。

（2）质量保证实验室

质量保证实验室是系统质量保证工作的核心，目的是保证系统的正常运行，获得准确可靠的监测数据。因此它担负着控制、监督和改进整个系统运行的重任：按质量保证程序，对系统使用的标准样品进行追踪标定和保管，对系统仪器设备进行标定、校准，在规定的时间内将需要计量认证的仪器设备送至权威计量部门进行检定和对自检的仪器设备组织力量进行检定，对检修后的仪器设备进行校准和主要技术指标的运行考核；对各监测子站运行状况进行检查，配合有关部门实施系统的审核工作；负责监测子站日常运行记录的检查、审核及记录的汇总归档保存；参与对监测数据的检查、检验、确认和对系统运行情况进行分析。

（3）系统支持实验室

系统支持实验室是整个系统的支持保障中心。其任务主要是：根据仪器设备的运行要求定期进行预防性维护和保养、及时对发生故障的仪器设备进行针对性检修和负责系统的仪器设备、备品备件和有关器材的保管和发放。

（4）监测子站

监测子站是整个系统的基础，由采样系统、污染物监测仪、校准设备、气象监测仪、计算机/数据采集器等组成，如图 5-23 所示。任务主要是：实施对环境空气质量和气象状况进行连续自动实时监测；对监测数据进行采集、处理和存储；按中心计算机指令向中心传输监测数据和设备状态信息。

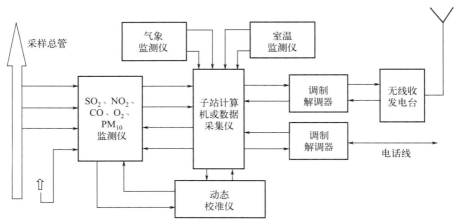

空气质量自动监测——点位布设及外部结构

图 5-23 监测子站设备配置和结构示意图

采样系统由采样头、采样总管室外和室内部分、采样支管与采样抽气风机组成，在设计时都应考虑防雨、防大的颗粒物落入采样总管和防止露水流入采样支管。采样管一般采用对被测物无吸附和反应、无干扰物质释放的硼硅酸玻璃或聚四氟乙烯材料制成。样品气体在总管的滞留时间应小于 10s。应保证在采样口周围一定范围内没有遮挡物、采样口离地面高度应为 3~15m，与支撑物之间的垂直或水平距离应大于 1m，并要充分考虑附近道路上行驶机动车辆的影响。

仪器设备的分析方法、测量范围和各项技术指标必须符合国家颁布的技术标准和规范的要求，获得国际和国内权威机构的认证，具有国内外先进水平，长期运行安全可靠，故障率低。

作为监测子站的站房，应满足以下要求：应为无窗或双层密封窗结构，有一小隔间作为进门与仪器室之间的缓冲，面积 10~25m^2；室内温度应控制为 25℃±5℃、相对湿度在 80% 以下，并避免室外阳光直射仪器设备；周围应有疏通雨水渠道，防止因雨水排泄不及时而进入站房，并采取防雨、防虫、防尘、防渗漏、防雷电和防电磁波干扰的措施；抽气风机排气口与监测仪器排气口应设在靠近站房下部 20~30cm 的位置；电源电压波动不能超过±10%，供电系统应配有电源过压、过载和漏电保护装置；空调的出风不能直对采样管，钢瓶应放置在安全固定装置内等。

空气质量自动监测——站房内部结构

5.3.5.2 气态污染物连续自动监测系统

我国当前环境空气气态污染物连续自动监测系统主要监测 SO_2、NO_2、O_3 和 CO，其监测系统可分为点式连续监测系统和开放光程连续监测系统。在固定点上通过采样系统将环境空气采入并测定空气污染物浓度的监测分析仪器，称为点式分析仪器，它是点式连续监测系统的主要测定设备。采用从发射端发射光束经开放环境到接收端的方法测定该光束上平均空气污染物浓度的仪器，称为开放光程分析仪器，它是开放光程连续监测系统的主要测定设备。下面分别介绍之。

（1）点式连续监测系统

监测系统由采样装置、分析仪器、校准设备、数据采集和传输设备等组成，如图 5-24 所示。

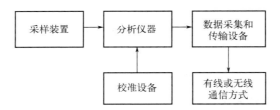

图 5-24　点式连续监测系统组成示意图

① 采样装置　多台点式分析仪器可共用一套多支路采样装置进行样品采集，采样装置的材料和安装应不影响仪器测量。

② 分析仪器　分析仪器用于对采集的环境空气气态污染物样品（SO_2、NO_2、O_3 和 CO）进行测量。各指标测定的方法及原理如下。

a. 紫外荧光仪测定 SO_2　该法的原理是基于紫外灯发出的紫外光（190～230nm）通过 214nm 的滤光片，激发 SO_2 分子使其处于激发态，在 SO_2 分子从激发态衰减返回基态时产生荧光（240～420nm），荧光强度由一个带着滤光片的光电倍增管测得。光电倍增管测得的荧光强度，与 SO_2 浓度呈正比，由此来测定 SO_2 浓度。如果分析仪器的紫外光源以脉冲方式工作，则称为紫外脉冲荧光法 SO_2 分析仪。

b. 化学发光仪测定 NO_2　该法的工作原理是基于 NO 与 O_3 的化学发光反应生成激发态的 NO_2 分子，在返回基态时发出与 NO 浓度成正比的光。用红敏光电倍增管接收此光即可测得 NO 浓度。对于总氮氧化物（NO_x 包括 NO 和 NO_2）的测定，须先将样气中的 NO_2 转换成 NO，再与 O_3 进行测定，即测得 NO_x 浓度，两次测定值的差值（$NO_x - NO$）即为 NO_2 浓度。该法灵敏度高、选择性好、响应快、检出限低。

c. 气体滤波相关红外吸收仪测定 CO　非分散红外吸收光谱法（NDIR）是 CO 浓度测量的主要手段之一，其原理基于 CO 对以 $4.5\mu m$ 为中心的红外辐射具有选择性吸收，在一定浓度范围内，吸收值与 CO 浓度呈线性关系。气体滤波相关红外吸收仪工作原理与红外吸收光谱法相同，采用了气体相关滤光技术。它是基于被测气体红外光谱的结构与其他共存气体红外吸收光谱的结构进行相关比较，比较时使用高浓度的被测气体作为红外光的滤光器，在有其他干扰气体存在的情况下，比较样品气中被测气体红外吸收光谱。该法灵敏度高，稳定性好，检出限低。

d. 紫外光度仪测定 O_3　该法的工作原理是基于臭氧分子内部电子的共振对紫外光（波长 254nm）的吸收，直接测定紫外光通过臭氧时减弱的程度就可计算出臭氧的浓度。该方法线性良好，响应很快；主要干扰是颗粒物和湿气。

③ 校准设备　校准设备用于对分析仪器进行校准，主要由零气发生器和多点动态气体校准仪组成。图 5-25 所示为零气发生器的零气制作流程，空气压缩机提供一定压力的干燥压缩空气作为供气动力，气体通过氧化池和催化装置将 NO 转化为 NO_2、将 CO 和包含甲烷在内的烃类转化成 CO_2 和水；最后通过洗涤池中的洗涤剂，输出符合要求的零气。

多点动态气体校准仪由零气发生器提供零气源及空气动力，标准气由钢瓶气接入口进入，电磁阀控制入口的开启，进入的气体流量由质量流量控制器控制，钢瓶标准气和零气进入混合室进行混合产生所需浓度的标准气，最后经输出口输出。

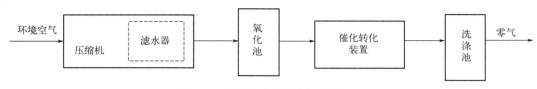

图 5-25 零气发生器的零气制作流程

④ 数据采集和传输设备 用于采集、处理和存储监测数据，并能按中心计算机指令传输监测数据和设备工作状态信息。

（2）开放光程连续监测系统

监测系统由开放测量光路、校准单元、分析仪器、数据采集和传输设备组成，如图 5-26 所示。

① 开放的测量光路 光源发射端到接收端之间的路径。

② 校准单元 运用等效浓度原理，通过在测量光路上架设不同长度的校准池，来等效不同浓度的标准气体，以完成校准工作。

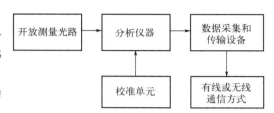

图 5-26 开放光程连续监测系统组成示意图

③ 分析仪器 用于对开放光路上的环境空气气态污染物（SO_2、NO_2 和 O_3）进行测量。

长光程差分吸收光谱仪测定多种成分：该法的工作原理为从氙灯发射出的紫外可见光束，在其光程中的 SO_2、NO_2、O_3 等气体分子会对光产生特征吸收，形成特征吸收光谱，通过对特征吸收光谱的鉴别及朗伯比尔定律进行差分拟合计算得到整段光程内各种气态物质的平均浓度。该方法对自然光强的变化及影响能见度的雨、雾、尘、雪的干扰在一定程度内可作自动修正。但当光强被大雨、浓雾或沙尘大幅度衰减，而使接收端得不到足够的光强信号时，该仪器不能正常运行。

本方法适宜环境空气中 SO_2、NO_2、O_3 测定，其检出限与光程有关。当光程为 500m、平均时间为 1min 时，该方法最低检出浓度：SO_2 为 $1\mu g/m^3$、NO_2 为 $1\mu g/m^3$、O_3 为 $3\mu g/m^3$。

④ 数据采集 用于采集、处理和存储监测数据，并能按中心计算机指令传输监测数据和设备工作状态信息。

5.3.5.3 颗粒污染物连续自动监测系统

我国当前环境空气颗粒物连续自动监测系统主要测 PM_{10} 和 $PM_{2.5}$，PM_{10} 和 $PM_{2.5}$ 监测系统包括样品采集单元、样品测量单元、数据采集和传输单元以及其他辅助设备。

① 样品采集单元 由采样入口、切割器和采样管组成，将环境空气颗粒物进行切割分离，并将目标颗粒物输送到样品测量单元。

② 样品测量单元 对采集到的环境空气中 PM_{10} 或 $PM_{2.5}$ 样品进行测量。PM_{10} 和 $PM_{2.5}$ 连续监测系统所配置监测仪器的测量方法一般为 β 射线吸收法或微量振荡天平法。

a. 微量振荡天平仪 在质量传感器内使用一个振荡空心锥形管，在空心锥形管振荡端上安放可更换滤膜，振荡频率取决于锥形管特性和它的质量。当采样气流通过滤膜，其中的颗粒物沉积在滤膜上，滤膜质量变化导致振荡频率变化，通过测量振荡频率的变化计算出沉积在滤膜上颗粒物的质量，再根据采样流量、采样现场环境温度和气压计算出该时段的颗粒物标态质量浓度。

b. β 射线仪 利用 β 射线衰减量测试采样期间增加的颗粒物质量。环境空气由采样泵吸入采样管，经过滤膜后排出。颗粒物沉淀在采样滤膜上，当 β 射线通过沉积着颗粒物的滤膜时 β 射线能量衰减，通过对衰减量的测定计算出颗粒物的浓度。采用该法时，使用的 β 射线源应符合放射性安全标准。

③ 数据采集和传输单元 用于采集、处理和存储监测数据，并能按中心计算机指令传输监测数据和设备工作状态信息。

④ 其他辅助设备 包括安装仪器设备所需要的机柜或平台、安装固定装置、采样泵等。

5.3.5.4 质量控制措施

（1）注重系统的设施管理

包括监测子站外部环境管理、监测子站内部管理及中心站的管理。

① 监测子站外部环境管理 经常对监测子站周围的环境进行观察，如近距离是否新建高大建筑物，采样口周围的气流情况是否有异常等；加强监测子站周围污染源变化情况的监视；夏季应加强对子站站房周围环境卫生的管理，保证监测子站室外环境空气的通畅，防潮湿环境空气进入室内和采样管中产生冷凝水。

② 监测子站内部管理 监测子站须做到：定期查站房内温度、湿度和电源电压，夏季和多雨季节应加强对各子站的巡检，检查是否有漏水部位；加强对标准钢瓶气的管理，检查钢瓶气的消耗情况，严防气体泄漏做好站房内的清洁工作，做到物品堆放有序，地面、仪器表面等处无明显积灰；检查维护工作应作记录成文并归档保存。

③ 加强中心站的管理 包括中心站计算机室、中心站质量保证室及中心站仪器维修室的管理等方面。

（2）加强系统仪器设备器材管理

系统仪器设备器材管理主要包括监测子站内运行的仪器设备管理、备品备件的管理及标准物品管理等。

① 监测子站内运行的仪器设备管理 对没有启动自动校零和校标的系统，定期（5～7d）对子站运行监测仪器进行零点和标点的检查、校准。建立仪器运行使用档案；所有仪器设备由专人负责管理，并做好全程记录；运行仪器设备发生故障，使用人应及时报告，并立即进行检修排除故障；仪器的故障、维修、调试和校准情况应做记录并归档保存。

② 备品备件的管理 备品备件应造册登记，每年年初及时提出下一年度的备品备件申购目录；建立备品备件领用或借用制度；更换下的关键备品备件应交给备品备件管理人员。

③ 标准物品管理 标准物品使用应做记录；用完后的标准物品应交给标准物品管理人员统一处理；标准物品过有效期后，及时交给质保人员做追踪标定；不用的渗透管应保存在干燥且密封的容器中，并置于冰箱（约 5℃）低温保存；气体钢瓶应置于温度和湿度都适宜的工作环境，且用钢瓶架固定。

（3）强调系统维护

系统维护工作包括：建立系统维护检修制度，有效的预防性维护保养可减少故障的发生；及时地针对性检修、迅速地排除故障是所需的充分条件，同时也是系统质量保证的重要组成部分。

5.3.5.5 思考题

① 什么是气态污染物连续自动监测系统？其作用是什么？

② 什么是颗粒污染物连续自动监测系统？其作用是什么？

 思考与练习 5.3

1. 我国当前环境空气质量常规监测项目主要有哪些？请列出各指标相应的测定方法？

2. 用甲醛吸收-副玫瑰苯胺分光光度法测定环境空气中气态污染物 SO_2 时，为提高测定结果准确度，应注意哪些问题？

3. 用重量法测定环境空气颗粒物（PM_{10} 和 $PM_{2.5}$）时，为提高测定结果准确度，应注意哪些问题？

4. 什么是空气质量连续自动监测系统？其作用是什么？

5. 空气质量连续自动监测工作中应采取的质量控制措施有哪些？

 阅读与咨询

1. 扫描二维码可查看 [拓展阅读 5-2] 遥感监测与卫星生态环境监测。

遥感监测与卫星生态环境监测

2. 登录所列的相关咨询网站，可拓展学习相关内容。

模块 6
固定源废气监测

学习目标

知识目标 掌握锅炉烟尘、烟气监测布点和采样方法；掌握锅炉烟气参数测定、烟尘、烟气监测原理与方法；熟悉锅炉烟尘、烟气在线监测系统组成及功能；掌握 CEMS 的运行管理的主要内容。

能力目标 会锅炉烟尘烟气监测项目选择、方法确定、点位布设；能正确使用和维护常用仪器，能讲述烟气参数测定意义与测定方法；能根据标准方法完成样品测定，正确处理数据并作结果评价；能表述 CEMS 运行管理的主要内容。

素质目标 培养安全意识、社会意识、合作意识；培养踏实肯干、吃苦耐劳、严谨求实的工作态度；培养爱岗敬业、甘于奉献、精益求精的工匠精神。

学习引导

为什么要强化污染源监测？什么是有组织排放源、无组织排放源？为什么要加强重点排污单位自动监控建设？

废气监测属于大气污染源监测。大气污染源是大气中污染物的发生源，常指向大气环境排放有害物质或对环境产生有害影响的场所、设备和装置，包括固定污染源和流动污染源。固定污染源又分为有组织排放源和无组织排放源。燃烧燃料的锅炉、炉窑以及石油化工、冶金、建材等生产过程中产生的废气通过烟道、烟囱、排气筒等向空气中排放的污染源称为有组织排放源。生产装置在生产过程中产生的废气不通过排气筒等设施，而是直接无规律地向外排放的污染源称为无组织排放源。固定污染源排放的废气中既包含固态的烟尘和粉尘，也包含气态和气溶胶态等多种有害物质。为落实《关于加强重点排污单位自动监控建设工作的通知》（环办环监〔2018〕25号）要求，规范污染源挥发性有机物自动监控设施安装、运行维护管理工作，生态环境部办公厅 2020 年 3 月 2 日公布了《固定污染源废气中非甲烷总烃排放连续监测技术指南（试行）》。

任务 6.1　固定源废气监测方案制订

按照《固定源废气监测技术规范》（HJ/T 397—2007）的规定，固定源废气监测方案的内容包括监测目的、污染源概况调查、评价标准、监测项目及要求、样品采集、采样频次及采样时间、采样方法和分析测定技术、监测报告要求、质量保证措施等。对于工艺过程较为简单、监测内容较为单一、经常性重复的监测任务，监测方案可适当简化。

6.1.1 监测目的

通过固定源废气监测可获知固定源排气中污染物的排放量和排放浓度，依据监测结果可核查污染源排放的有害物质是否符合排放标准的要求；评价环境保护设施的性能和运行情况，以了解所采取的污染防治措施效果；可为地方环境管理部门制定区域性环境管理条例、法令、制度、排放标准以及建立区域性的环境管理体系提供依据和基础数据。

6.1.2 污染源概况调查

依据《固定污染源排气中颗粒物测定与气态污染物采样方法》（GB/T 16157—1996）、《固定源废气监测技术规范》（HJ/T 397—2007）及相关排放标准的要求，污染源概况需重点说明污染物的来源、成分、排放方式、处理设施以及现场生产情况等，具体包括以下几个方面。

锅炉烟尘
烟气监测方案
制订——监测目
的与监测项目

① 收集相关的技术资料，了解锅炉类型、燃烧方式、燃料种类、排放的主要污染物种类及排放浓度大致范围，以便确定监测项目和监测方法。

② 调查锅炉废气的排放方式和排放规律，生产设施的运行工况（即装置和生产运行的状态），以确定采样频次及采样时间。

③ 调查污染治理设施的类型、净化原理、工艺过程、主要技术指标等，了解废气排放温度，以确定监测内容和方法。

④ 现场勘察污染源所处位置和数目，废气输送管道的布置及断面的形状、尺寸，废气输送管道周围的环境状况，废气的去向及排气筒高度等，以确定采样位置及采样点数量。

6.1.3 评价标准

针对实际污染源，采用相应的评价标准。有行业标准的采用行业标准，如锅炉烟尘烟气监测，采用《锅炉大气污染排放标准》（GB 13271—2014）；该标准适用于以燃煤、燃油和燃气为燃料的单台出力 65t/h 及以下蒸汽锅炉、各种容量的热水锅炉及有机热载体锅炉；各种容量的层燃炉和抛煤机炉。无行业标准的，采用《大气污染物综合排放标准》（GB 16297—1996）。有地方标准的优先考虑采用地方标准。

6.1.4 监测项目及要求

6.1.4.1 监测项目

监测内容主要是废气排放量（m^3/h）、废气中有害物质的排放浓度（mg/m^3）、有害物质排放量（kg/h）。监测项目应优先选择有标准可比的项目。

依据《固定源废气监测技术规范》（HJ/T 397—2007），监测项目包括以下几个方面：①排气参数，包括排气温度、压力、水分含量、氧含量、排气流速和废气排放量（m^3/h）等；②排气中颗粒物浓度及排放量；③排气中主要气态污染物的排放浓度（mg/m^3）及排放量（kg/h）。

《锅炉大气污染物排放标准》（GB 13271—2014）规定了颗粒物、SO_2、NO_x、汞及其化合物、烟气黑度的排放限值。《火电厂大气污染物排放标准》（GB 13223—2011）规定了烟尘、SO_2、NO_x、汞及其化合物、烟气黑度的排放限值。

需要注意的是，对有害物质排放浓度和废气排放量进行计算时，气样体积要采用现行监测方法中推荐的标准状态下的干燥气体的体积。

6.1.4.2 监测要求

① 对污染源的日常监督性监测，采样期间的工况应与平时的正常运行工况相同。

② 建设项目竣工环境保护验收监测应在工况稳定、生产负荷达到设计生产能力的 75％以上（含 75％）情况下进行。

③ 对因生产过程而引起排放情况发生变化的污染源，应根据变化特点和周期进行系统监测。

④ 对无组织排放污染源进行监测时，通常在监控点采集气体样品，捕捉污染物的最高浓度。

⑤ 在现场监测期间，应有专人负责对被测污染源工况进行监督，保证生产设备和治理设施正常运行，工况条件符合监测要求。

⑥ 通过对监测期间主要产品产量、主要原材料或燃料消耗量的计量和调查统计，以及与相应设计指标的比对，核算生产设备的实际运行负荷和负荷率。

6.1.5 采样点位与采样频率确定

6.1.5.1 采样方法依据

《固定污染源排气中颗粒物测定与气态污染物采样方法》（GB/T 16157—1996）规定了烟道、烟囱及排气筒等固定污染源排气中颗粒物的测定方法和气态污染物的采样方法。包括固定污染源采样位置和采样点的选择，烟气参数如烟温、烟气压力、水分含量、烟气流速流量等测定方法，烟气密度和气体分子量的计算，烟气中颗粒物的测定和排放浓度，排放速率的计算，烟气中气态污染物采样和排放浓度、排放速率的测定等。

另外国家还制定有行业标准《固定源废气监测技术规范》（HJ/T 397—2007）。该标准规定了在烟囱、烟道及排气筒等固定污染源排放废气中，颗粒物与气态污染物监测的手工采样和测试技术方法，以及便携式仪器监测方法；对固定源废气监测的准备、废气排放参数的测定、排气中颗粒物和气态污染物采样与测定方法、监测的质量保证等做了相应的规定。

气态污染物的采样还应遵守有关排放标准和气态污染物分析方法标准的有关规定。

6.1.5.2 采样点布设

固定源烟尘烟气有组织排放监测通常是用采样管从烟道中抽取一定体积的烟气，通过捕集装置将有害物质捕集下来，然后根据捕集的有害物的量和抽取的烟气量，求出烟气中有害物质的浓度。根据有害物质的浓度和烟气的流量计算其排放量。由于烟道内同一断面上各点的烟尘浓度和气流速度的分布通常是不均匀的，因此，要获取具有代表性的样品，必须按照一定的原则在同一断面进行多点采样。采样点的位置和数目主要根据烟道断面的形状、截面积大小和流速分布情况确定。

（1）采样位置选择

① 采样位置应避开对测试人员操作有危险的场所。

② 优先选择在气流分布均匀稳定的垂直管段，避开烟道弯头、阀门、变径管、三通阀

等易产生涡流的阻力构件和断面急剧变化的部位。

③ 采样位置应设置在距弯头、阀门、变径管下游方向不小于 6 倍直径，和距上述部件上游方向不小于 3 倍直径处（如图 6-1 所示）。对矩形烟道，可用当量直径确定采样位置，其当量直径 $D=2AB/(A+B)$，式中 A、B 为边长。采样断面的气流速度最好在 5m/s 以上。

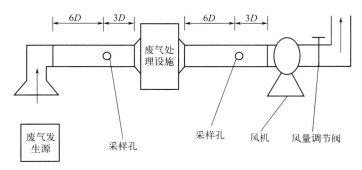

图 6-1 采样点布设示意图

④ 当测试现场空间位置有限，很难满足上述要求时，可选择比较适宜的管段采样，但采样断面与弯头等的距离至少是烟道直径的 1.5 倍，并应适当增加测点的数量和采样频次。

⑤ 对于气态污染物，由于混合比较均匀，其采样位置可不受上述规定限制，但应避开涡流区。如果同时测定烟气流量，采样位置仍按上述要求选取。

⑥ 必要时应设置采样平台，采样平台应有足够的工作面积使工作人员安全、方便地操作。平台面积应不小于 1.5m²，并设有 1.1m 高的护栏和不低于 10cm 的脚部挡板，采样平台的承重应不小于 200kg/m²，采样孔距平台面约为 1.2～1.3m。

（2）采样孔

① 在选定的测定位置上开设采样孔，采样孔内径应不小于 80mm。采样孔管长应不大于 50mm。不使用时应用盖板、管堵或管帽封闭。当采样孔仅用于采集气态污染物时，其内径应不小于 40mm。

② 对正压下输送高温或有毒气体的烟道应采用带有闸板阀的密封采样孔。

③ 对圆形烟道，采样孔应设在包括各测定点在内的互相垂直的直径线上（图 6-2）。对矩形或方形烟道，采样孔应设在包括各测定点在内的延长线上（图 6-3）。

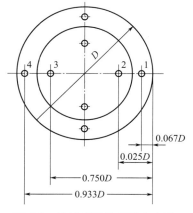

图 6-2 圆形烟道的采样点布设
1～4—采样点

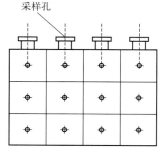

图 6-3 矩形或方形烟道的采样点布设

在满足测压管和采样管可以达到各采样点位置的情况下，要尽可能少开采样孔。当采集有毒或高温烟气，且采样点处烟气呈正压时，采样孔应设置防喷装置；当采样点处烟气呈负压时，应保证采样孔密封。

（3）采样点

① 圆形烟道　将烟道分成适当数量的等面积同心环，各测点选在各环等面积中心线与呈垂直相交的两条直径线的交点上（图 6-2），其中一条直径线应在预期浓度变化最大的平面内，如测点在弯头后，该直径线应位于弯头所在的平面内。测点距烟道内壁的距离见图 6-2，烟道直径乘以系数，系数按表 6-1 确定。当测点距烟道内壁的距离小于 25mm 时，取 25mm。

若采样位置符合"垂直管段，距弯头、阀门、变径管下游方向不小于 6 倍直径，和距上述部件上游方向不小于 3 倍直径处"的规定时，可只选预期浓度变化最大的一条直径线上的测点。

对直径小于 0.3m、流速分布比较均匀、对称的小烟道，可取烟道中心作为测点。不同直径的圆形烟道的等面积环数、测量直径数及测点数见表 6-2，原则上测点不超过 20 个。采样点距烟道内壁的距离见表 6-1。

表 6-1　测点距烟道内壁距离（以烟道直径 D 计）

测 点 号	环　　数				
	1	2	3	4	5
1	0.146	0.067	0.044	0.033	0.026
2	0.854	0.250	0.146	0.105	0.082
3		0.750	0.296	0.194	0.146
4		0.933	0.704	0.323	0.226
5			0.854	0.677	0.342
6			0.956	0.806	0.658
7				0.895	0.774
8				0.967	0.854
9					0.918
10					0.974

测点距烟道内壁的距离如图 6-2 所示，烟道直径乘以系数，系数按表 6-2 确定。当测点距烟道内壁的距离小于 25mm 时，取 25mm。

表 6-2　圆形烟道分环及测点数的确定

烟道直径/m	等面积环数	测量直径数	测点数
＜0.3			1
0.3～0.6	1～2	1～2	2～8
0.6～1.0	2～3	1～2	4～12
1.0～2.0	3～4	1～2	6～16
2.0～4.0	4～5	1～2	8～20
＞4.0	5	1～2	10～20

② 矩形或方形烟道　对于矩形或方形烟道，将烟道断面分成适当数量的等面积小块，各块中心即为测点（图 6-3）。小块的数量按表 6-3 的规定选取。原则上测点不超过 20 个。烟道断面面积小于 $0.1m^2$，且流速分布比较均匀、对称时，可取断面中心作为测点。

当烟道采样位置不能满足"垂直管段，距弯头、阀门、变径管下游方向不小于 6 倍直径，和距上述部件上游方向不小于 3 倍直径处"的规定时，应增加采样线和测点。

表 6-3　矩（方）形烟道的分块和测点数

烟道断面积/m²	等面小块长边长度/m	测点总数
<0.1	<0.32	1
0.1~0.5	<0.35	1~4
0.5~1.0	<0.50	4~6
1.0~4.0	<0.67	6~9
4.0~9.0	<0.75	9~16
>9.0	≤1.0	≤20

当水平烟道内积灰时，测定前应尽可能将积灰清除，原则上应将积灰部分的面积从断面内扣除，按有效断面布设采样点。

6.1.5.3　采样时间和频率

① 若相关标准中对采样频次和采样时间有规定的，按相关标准的规定执行。

② 除相关标准另有规定外，正常情况下，排气筒中废气的采样以连续 1h 的采样获取平均值，或在 1h 内，以等时间间隔采集 3~4 个样品，并计算平均值。若某排气筒的排放为间断性排放，排放时间小于 1h，应在排放时段内实行连续采样，或在排放时段内等间隔采集 2~4 个样品，并计算平均值；若某排气筒的排放为间断性排放，排放时间大于 1h，则应在排放时段内按要求采样。

③ 当进行污染事故排放监测时，应按需要设置采样时间和采样频次，不受上述要求的限制。

④ 一般污染源的监督性监测每年不少于 1 次，如被国家或地方环境保护行政主管部门列为年度重点监管的排污单位，每年监督性监测不少于 4 次。

⑤ 锅炉颗粒物采样，须多点采样，原则上每点采样时间不少于 3min，各点采样时间应相等，或每台锅炉测定时所采集样品累积的总采气量不少于 1m³。每次采样，至少采集 3 个样品，取其平均值。

6.1.6　监测分析方法选择

监测分析方法的选用应充分考虑相关排放标准的规定、被测污染源排放特点、污染物排放浓度的高低、所采用监测分析方法的检出限和干扰等因素。相关排放标准中有规定的监测分析方法时，应采用标准中规定的方法。对相关排放标准未规定监测分析方法的污染物项目，应选用国家环境保护标准、环境保护行业标准规定的方法。在某些项目的监测中，尚无方法标准的，可采用国际标准化组织（ISO）或其他国家的等效方法标准，但应经过验证合格，其检出限、准确度和精密度应能达到质控要求。

《锅炉大气污染物排放标准》（GB 13271—2014）中规定的大气污染物浓度测定方法如表 6-4 所示。

表 6-4　大气污染物浓度测定方法标准

序号	污染物项目	方法标准名称	标准编号
1	颗粒物	锅炉烟尘测定方法	GB 5468
		固定污染源排气中颗粒物测定与气态污染物采样方法	GB/T 16157
2	烟气黑度	固定污染源排放烟气黑度的测定　林格曼烟气黑度图法	HJ/T 398
3	二氧化硫	固定污染源排气中二氧化硫的测定　碘量法	HJ/T 56
		固定污染源排气中二氧化硫的测定　定电位电解法	HJ/T 57
		固定污染源废气　二氧化硫的测定　非分散红外吸收法	HJ 629

序号	污染物项目	方法标准名称	标准编号
4	氮氧化物	固定污染源排气中氮氧化物的测定　紫外分光光度法	HJ/T 42
		固定污染源排气中氮氧化物的测定　盐酸萘乙二胺分光光度法	HJ/T 43
		固定污染源排气中氮氧化物的测定　非分散红外吸收法	HJ 692
		固定污染源排气中氮氧化物的测定　定电位电解法	HJ 693
5	汞及其化合物	固定污染源废气　汞的测定　冷原子吸收分光光度法（暂行）	HJ 543

6.1.7　质量保证措施

（1）控制内容

《固定污染源监测质量保证和质量控制技术规范（试行）》（HJ/T 373—2007）和《固定源废气监测技术规范》（HJ/T 397—2007）均对监测过程的质量保证做了相应的规定，主要从以下几个方面进行控制。

① 监测人员需进行培训，持证上岗。

② 仪器设备需定期检定和校准。定电位电解法烟气（SO_2、NO_x、CO）测定仪应在每次使用前进行校准。采用仪器量程 20%～30%、50%～60%、80%～90% 处浓度或与待测物相近浓度的标准气体校准，若仪器示值偏差不高于 ±5%，则为合格。测氧仪至少每季度检查校验一次，使用高纯氮检查其零点，用干净的环境空气应能调整其示值为 20.9%（在高原地区应按照当地空气含氧量标定）。

③ 监测期间需对工况进行核查。

④ 采样前需对微压计、皮托管和烟气采样系统进行气密性检验。空白滤筒称量前应检查外表有无裂纹、孔隙或破损，有则应更换滤筒，如果滤筒有挂毛或碎屑，应清理干净。当用刚玉滤筒采样时，滤筒在空白称重前，要用细砂纸将滤筒口磨平整，以保证滤筒安装后的气密性。

⑤ 颗粒物的采样必须按照等速采样的原则进行，尽可能使用微电脑自动跟踪采样仪，以保证等速采样的精度，减少采样误差并应注意以下几点：a. 采样嘴应先背向气流方向插入管道，采样时采样嘴必须对准气流方向，偏差不得超过 10°。b. 采样结束，应先将采样嘴背向气流，迅速抽出管道，防止管道负压将尘粒倒吸。c. 滤筒在安放和取出采样管时，必须使用镊子，不得直接用手接触，避免损坏和沾污，若不慎有脱落的滤筒碎屑，须收齐放入滤筒中。d. 滤筒安放要压紧固定，防止漏气。e. 采样结束，从管道抽出采样管时不得倒置，取出滤筒后，轻轻敲打前弯管并用毛刷将附在管内的尘粒刷入滤筒中，将滤筒上口内折封好，放入专用容器中保存，注意在运送过程中切不可倒置。f. 当采集高浓度颗粒物时，发现测压孔或采样嘴被尘粒沾堵时，应及时清除。

⑥ 采集废气样品时，采样管进气口应靠近管道中心位置，连接采样管与吸收瓶的导管应尽可能短，必要时要用保温材料保温，同时应注意以下几点：a. 使用吸收瓶或吸附管系统采样时，吸收装置应尽可能靠近采样管出口，采样前使烟气通过旁路 5min，将吸收瓶前管路内的空气彻底置换。b. 采样期间保持流量恒定，波动不大于 10%。c. 采样结束，应先切断采样管至吸收瓶之间的气路，以防管道负压造成吸收液倒吸。

⑦ 采样前，需对采样仪进行流量校准，误差在 ±2.5% 以内。

⑧ 采样位置应尽可能选择气流平稳的管段，采样断面最大流速与最小流速之比不宜大于 3 倍，以防仪器的响应跟不上流速的变化，影响等速采样的精度。

（2）注意事项

低浓度颗粒物的测定，按照《固定污染源废气　低浓度颗粒物的测定　重量法》（HJ

836）标准要求，还需注意以下事项。

① 开展全程序空白、同步双样测定。全程序空白采样过程中，采样嘴应背对废气气流方向，采样管在烟道中放置时间和移动方式与实际采样相同。全程序空白应在每次测量系列过程中进行一次，保证至少一天一次。为防止在采集全程序空白过程中空气或废气进入采样系统，断开采样管与采样器主机的连接，密封采样管末端接口。采集同步双样时，每个样品均应采集同步双样。

② 称量好或采完样的采样头用聚四氟乙烯材质堵套塞好后装进防静电密封袋或密封盒内，放入样品箱。

③ 当烟气中水分影响采样正常进行时，应开启采样管上采样头固定装置的加热功能。加热应保证采样顺利进行，温度不应超过110℃。

④ 在采样前、采样后称量时，必须进行天平校准。且同一个天平称量前后温度、湿度环境要一致。

⑤ 采样前后，放置、安装、取出、标记、转移采样部件时应戴无粉末、抗静电的一次性手套。

⑥ 任何低于全程序空白增重的样品均无效。全程序空白增重除以对应测量系列的平均体积不应超过排放限值的10%。

⑦ 在现场条件允许的前提下，尽可能选取入口直径大的采样嘴。

⑧ 样品采集时应保证每个样品的增重不小于1mg，或采样体积不小于1m³。

⑨ 颗粒物浓度低于方法检出限时，对应的全程序空白增重应不高于0.5mg，失重应不多于0.5mg。

⑩ 测定同步双样时，同步双样的相对偏差应不大于允许的最大相对偏差。

 思考与练习 6.1

1. 在烟道气监测中，怎样选择采样位置？怎样确定采样点的数目？

2. 某一圆形烟道，直径为1m，欲监测其烟尘烟气浓度，请设计监测点数及监测点到烟道内壁的距离。

任务 6.2　固定源颗粒物及气态污染物测定

6.2.1　烟气基本状态参数的测定

我国有关排放标准规定，污染物排放浓度以标准状态下干烟气量的质量体积比浓度（mg/m^3 或 $\mu g/m^3$）表示。因此，在计算有害物质排放浓度和排放量时，需要将实际状态下的湿气体体积换算成标准状态下（0℃，101.3kPa）的干气体体积。完成换算需要测定烟气的温度（t_s）、压力（p_s）、平均流速（v_s）、体积、排气中水分含量（X_{sw}）等参数。通过这几个基本参数，可计算出污染物的排放浓度和排放量。

6.2.1.1　烟气的温度

① 测量位置和测点　按前述"6.1.5.2　采样点布设要求"确定，一般情况下可在靠近

烟道中心的一点测定。

②　仪器　热电偶或电阻温度计，其示值误差不大于±3℃；水银玻璃温度计，精确度应不低于2.5%，最小分度值应不大于2℃。

③　测定步骤　将温度测量单元插入烟道测点处，封闭测孔，待温度计读数稳定后读数。使用玻璃温度计时，注意不可将温度计抽出烟道外读数。长杆玻璃水银温度计适用于直径小、温度较低的烟道。热电偶温度计适用于直径大、温度高的烟道。

6.2.1.2　烟气的压力

烟气的压力分为全压（p_t）、动压（p_v）和静压（p_s）三种。静压是单位体积气体具有的势能，表现为气体在各个方向上作用于烟道壁的压力，可为正值和负值。动压是单位体积气体具有的动能，是使气体流动的压力，仅作用于气体流动的方向，恒为正值。全压是气体在管道中流动具有的总能量，是静压和动压之和。三者的关系为：$p_t = p_v + p_s$。所以，只要测出三项中的任意两项，即可求出第三项。

测量烟气压力常用测压管和压力计。

（1）测量位置

烟气压力的测定按前述"6.1.5.2　采样点布设要求"，分别设在各采样点上。

（2）测量仪器

①　测压管　常用的测压管有两种，即标准型皮托管和S型皮托管。它们都可以同时测出全压和静压。标准型皮托管构造如图6-4(a)所示。它是一个弯成90°的双层同心圆管，前端呈半圆形，正前方有一开孔，与内管相通，用来测定全压。外管的管口封闭，在距前端6倍直径处外管壁上开有一圈孔径为1mm的小孔，通至后端的侧出口，用于测定烟气静压。标准型皮托管具有较高的测量精度，按照上述尺寸制作的皮托管其修正系数为0.99±0.01，如果未经标定，使用时可取修正系数K_p为0.99。标准型皮托管的测孔很小，当烟道内颗粒物浓度大时，易被堵塞。它适用于测量较清洁的烟气。

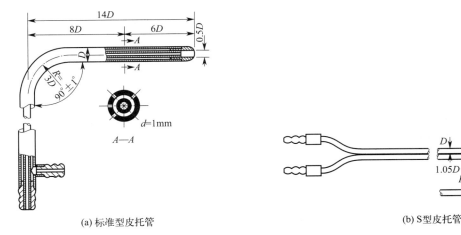

(a) 标准型皮托管　　　　　　　　　(b) S型皮托管

图 6-4　皮托管

S型皮托管的结构见图6-4(b)。它是由两根相同的金属管并联组成。测量端有两个大小相等、方向相反的两个开口。测定烟气压力时，一个开口面向气流，测定气流的全压；另一

个开口背向气流，测定气流的静压。按照图 6-4（b）
设计制作的 S 型皮托管，其修正系数 K_p 为 0.84±
0.01。制作尺寸与上述要求有差别的 S 型皮托管的修
正系数需进行校正。其正、反方向的修正系数相差应
不大于 0.01。S 型皮托管的测压孔开口较大，不易被
颗粒物堵塞，且便于在厚壁烟道中使用。

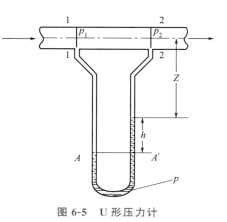

图 6-5　U 形压力计

② 压力计　常用的压力计有 U 形压力计和斜管
式微压计。

U 形压力计是一个内装工作液体的 U 形玻璃管
（如图 6-5 所示）。通常根据被测压力的大小分别选用
水、乙醇或汞作为工作液体，U 形压力计可同时测全
压和静压，使用时应该保持垂直，其最小分压值不得
大于 10Pa。压力计与皮托管相连，测得压力（p）用下式计算。

$$p = \rho g h \tag{6-1}$$

式中　p——测得压力，Pa；

　　　ρ——工作液体的密度，kg/m^3；

　　　g——重力加速度，m/s^2；

　　　h——两液面高度差，m。

上述压力单位为 Pa，但在实际工作中，常用毫米液柱表示，U 形压力计的误差可达
1～2mm 液柱，不适宜测量微小压力。

斜管式微压计的构造如图 6-6 所示，由一截面积较大的容器和一截面积很小的、可调角
度的玻璃管两部分组成。微压计内装工作溶液，玻璃管上有刻度，以指示压力读数。斜管将
读数放大，便于微小压差的测量。测压时，将微压计容器开口与测压系统中压力较高的一端
相连，斜管与压力较低的一端相连，作用在两个液面上的压力差使液柱沿斜管上升，测得压
力（p）按下式计算：

$$p = L \left(\sin\alpha + \frac{f}{F} \right) \rho g \tag{6-2}$$

式中　p——测得压力，Pa；

　　　L——斜管内液柱长度，m；

　　　α——斜臂与水平面夹角，（°）；

　　　f——斜管截面积，mm^2；

　　　F——容器截面积，mm^2；

　　　ρ——工作液密度，kg/m^3；

　　　g——重力加速度，m/s^2。

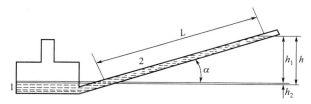

图 6-6　斜管式微压计
1—容器；2—玻璃管

斜管微压计用于测定烟气的动压，其精确度应不低于 2%，其最小分度值应不大于 2Pa。

（3）测量步骤

① 测压前准备工作　测量前将微压计调整至水平位置，检查微压计液柱中有无气泡，并进行漏气检验。

微压计漏气检验：向微压计的正压端（或负压端）入口吹气（或吸气），迅速封闭该入口，如微压计的液柱面位置不变，则表明该通路不漏气。

皮托管漏气检验：用橡胶管将全压管的出口与微压计的正压端连接，静压管的出口与微压计的负压端连接。由全压管测孔吹气后，迅速堵严该测孔，如微压计的液柱面位置不变，则表明全压管不漏气；此时再将静压测孔用橡胶管或胶布密封，然后打开全压测孔，此时微压计液柱将跌落至某一位置，如果液面不继续跌落，则表明静压管不漏气。

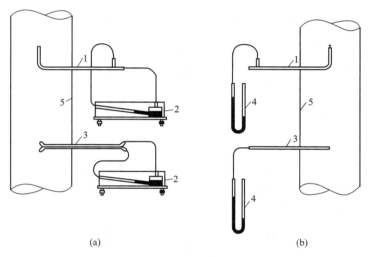

(a)　　　　　　　　　　　　　　(b)

图 6-7　动压和静压的测定装置

1—标准型皮托管；2—斜管式微压计；3—S 型皮托管；4—U 形压力计；5—烟道

② 压力测量　按规定调整好仪器后，在皮托管上标出各测点应插入采样孔的位置，再将皮托管和压力计连接，把测压管的测压口伸进烟道内的测点上，并对准气流方向，其偏差不得超过 10°。从 U 形压力计上读出液面差，或从斜管式微压计上读出斜管液柱长度，按相应公式计算所测压力。图 6-7（a）为标准型皮托管和 S 型皮托管与倾斜式微压计测量烟气压力的连接方法。图 6-7（b）为标准型皮托管和 S 型皮托管与 U 形压力计测量烟气压力的连接方法。图 6-8 显示了烟道中不同压力的测量方式。

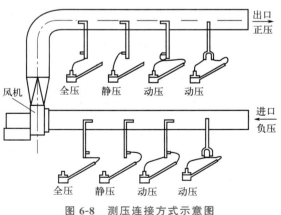

图 6-8　测压连接方式示意图

6.2.1.3 烟气流速和流量测定

（1）测定原理

根据流体力学基本原理，气体的流速与其动压的平方根成正比。因此根据所测得某测点处的动压、静压及温度等参数则可算出烟气的流速。烟气流速乘以测定断面的截面积可算出烟气的流量。

（2）测定方法

根据前述采样点布设要求，在选定的测量位置和测点上，用皮托管和压力计测定各点的动压，重复测定几次取平均值。

（3）测点烟气流速计算

气体的流速与其动压的平方根成正比，可根据下式计算：

$$v_s = K_p \sqrt{\frac{2p_d}{\rho_s}} \tag{6-3}$$

式中　v_s——湿烟气流速，m/s；

　　　K_p——皮托管校正系数；

　　　p_d——烟气动压，Pa；

　　　ρ_s——湿烟气密度，kg/m^3。

标准状态下的烟气密度（ρ_{nd}）和测量状态下的烟气密度（ρ_s）分别按下式计算：

$$\rho_{nd} = \frac{M_s}{22.4} \tag{6-4}$$

$$\rho_s = \rho_{nd} \times \frac{273}{273 + t_s} \times \frac{B_a + p_s}{101325} \tag{6-5}$$

将 ρ_s 代入烟气流速（v_s）计算式后得下式：

$$v_s = 128.9 K_p \sqrt{\frac{(273 + t_s)p_d}{M_s(B_a + p_s)}} \tag{6-6}$$

式中　M_s——烟气的分子量，kg/kmol；

　　　t_s——烟气温度，℃；

　　　B_a——大气压，Pa；

　　　p_s——烟气静压，Pa。

当干烟气成分与空气近似，烟气露点温度在 35～55℃ 之间、烟气的绝对压力在 97～103kPa 之间时，v_s 可按下式简化计算：

$$v_s = 0.076 K_p \sqrt{273 + t_s} \times \sqrt{p_d} \tag{6-7}$$

对于接近常温、常压条件下（$t_s = 20℃$，$B_a + p_s = 101325Pa$），通风管道的空气流速 v_a 按下式计算：

$$v_a = 1.29 K_p \sqrt{p_d} \tag{6-8}$$

式中　v_a——常温常压下通风管道的空气流速，m/s。

（4）烟气平均流速计算

烟道某一断面的平均流速 $\overline{v}_s$ 可根据断面上各测点测出的流速 v_{si}，由下式计算：

$$\overline{v}_s = \frac{v_{s1} + v_{s2} + \cdots + v_{sn}}{n} = 128.9 K_p \sqrt{\frac{(273 + t_s)}{M_s(B_a + p_s)}} \times \frac{\sum\limits_{i=1}^{n} \sqrt{p_{di}}}{n} \tag{6-9}$$

式中　　$\overline{v}_s$——烟气平均流速，m/s；

v_{s1}, v_{s2}, $\cdots$, v_{sn}——断面上 n 个测点烟气流速，m/s；

p_{di}——某一测点的动压，Pa；

n——测点的数目。

（5）烟气流量计算

通过测定断面的湿烟气平均流速和测定断面面积，得到工况下的湿烟气流量。由工况下的湿烟气流量、大气压、烟气静压、烟气温度、烟气中水分含量体积分数，可计算得到标准状态下干烟气流量。

工况下湿烟气流量按下式计算：

$$Q_s = 3600 F \overline{v}_s \tag{6-10}$$

式中　Q_s——工况下湿烟气流量，$\mathrm{m^3/h}$；

F——烟道测定处断面面积，$\mathrm{m^2}$；

$\overline{v}_s$——测定断面烟气平均流速，m/s。

标准状态下干烟气流量按下式计算：

$$Q_{sn} = Q_s \times \frac{273}{273 + t_s} \times \frac{B_a + p_s}{101325} \times (1 - X_{sw}) \tag{6-11}$$

式中　Q_{sn}——标准状态下干烟气流量，$\mathrm{m^3/h}$；

B_a——大气压，Pa；

p_s——烟气静压，Pa；

X_{sw}——湿烟气水分含量（体积分数），％。

6.2.1.4　烟气含湿量测定

与大气相比，烟气中的水蒸气含量通常较高，变化较大。为使测定数据具有可比性，监测方法规定烟气中有害物质的浓度以除去水蒸气后标准状态下的干烟气为基准。烟气含湿量一般以烟气中水蒸气的体积百分含量表示，即：

$$烟气中水蒸气的体积百分含量 = \frac{烟气水蒸气的体积（标准状态下）}{烟气总体积（标准状态下）} \times 100\%$$

（1）测量位置

按前述采样点布设原则确定，一般情况下可在靠近烟道中心的一点测定。

（2）测定方法

含湿量的测定方法有重量法、冷凝法、干湿球法、仪器法等，《固定污染源排气中颗粒物测定与气态污染物采样方法》（GB/T 16157）规定烟气含湿量测定采用重量法、冷凝法、干湿球法，《固定污染源废气 低浓度颗粒物的测定　重量法》（HJ 836）规定，烟气含湿量测定采用冷凝法、重量法和仪器法。以下分别介绍重量法、冷凝法和干湿球法。

① 重量法　从烟道采样点抽取一定体积的烟气，使之通过装有吸湿剂的吸湿管，则烟气中的水蒸气被吸湿剂吸收。测定烟气通过吸湿管前后吸收管增加的质量，计算单位体积烟

气中水蒸气的含量。其测定装置如图 6-9 所示。

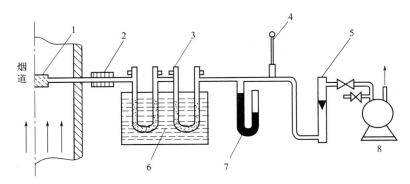

图 6-9　重量法测定烟气含湿量装置示意图

1—过滤器；2—加热器；3—吸湿管；4—温度计；5—转子流量计；

6—冷却槽；7—压力计；8—抽气泵

　　装置中的过滤器用以阻止烟气中的颗粒物进入采样管。保温或加热装置可防止水蒸气冷凝。吸湿管装有粒状吸湿剂，常用的吸湿剂有氯化钙、氧化钙、硅胶、氧化铝、五氧化二磷、过氯酸镁等。应注意选用只吸收烟气中水汽而不吸收其他组分的吸湿剂。吸湿剂进出口两端填充少量玻璃棉，以防止吸湿剂随气流带出。

　　烟气中的含湿量按下式计算：

$$X_{sw} = \frac{1.24 G_m}{V_d \times \dfrac{273}{273 + t_r} \times \dfrac{B_a + p_r}{101325} + 1.24 G_m} \times 100\% \qquad (6\text{-}12)$$

式中　X_{sw}——烟气中水蒸气的体积百分含量，%；

　　　G_m——吸湿管吸收的水分的质量，g；

　　　V_d——测量状态下抽取干烟气的体积，L；

　　　t_r——流量计前烟气温度，℃；

　　　B_a——大气压，Pa；

　　　p_r——流量计前烟气表压，Pa；

　　1.24——标准状态下，1g 水蒸气的体积，L。

　　② 冷凝法　由烟道中抽出一定量的烟气，使之通过冷凝器。测定烟气通过冷凝器后得到的冷凝水的量，同时测定通过冷凝器后烟气的温度，查出该温度下气体的饱和水蒸气压，计算出从冷凝器出口排出烟气中的含水量。冷凝水质量与冷凝器出口排出烟气中的含水量之和即为烟气中水蒸气的含量。

　　冷凝法测定烟气中水蒸气的采样系统如图 6-10 所示。

　　烟气中的含湿量按下式计算：

$$X_{sw} = \frac{461.8 \times (273 + t_r) G_w + p_z V_s}{461.8 \times (273 + t_r) G_w + (B_a + p_r) V_s} \times 100\% \qquad (6\text{-}13)$$

式中　G_w——冷凝器中的冷凝水量，g；

　　　p_z——冷凝器出口烟气中饱和水蒸气压（可根据冷凝器出口气体温度 t_r 从空气饱和时水蒸气压力表中查得，Pa；

　　　V_s——测量状态下抽取烟气的体积，L。

　　其他项含义同上述。

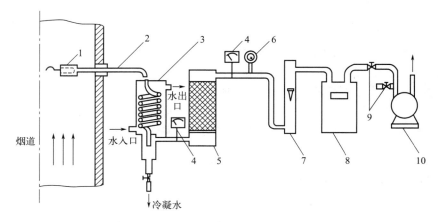

图 6-10　颗粒物采样系统
1—滤筒（颗粒物捕集器）；2—采样管；3—冷凝器；4—温度计；5—干燥器；6—真空压力表；
7—转子流量计；8—累积流量计；9—调节阀；10—抽气泵

③ 干湿球法　使气体在一定的速度下流经干、湿球温度计，根据干、湿球温度计的读数和测点处烟气的压力，计算出烟气的水分含量。

干湿球温度计由两支完全相同的温度计组成，其中一支温度计的温包用一浸入水的棉织物包住，使它经常处于润湿状态，称为湿球温度计；另一支为干球温度计，如图 6-11 所示。

当烟气以一定的流速通过干湿球温度计时，由于湿球表面水分的蒸发，使湿球温度计读数下降，产生干湿球温度差。根据干湿球温度计读数及有关压力计算烟气含湿量。

烟气中的含湿量按下式计算：

$$X_{sw}=\frac{p_{bv}-0.00067(t_c-t_b)(B_a+p_b)}{B_a+p_s}\times100\%\qquad(6\text{-}14)$$

式中　X_{sw}——烟气中水蒸气的体积百分含量，%；

p_{bv}——温度为 t_b 时饱和水蒸气压力（根据 t_b 值，由空气饱和时水蒸气压力表中查得），Pa；

t_b——湿球温度，℃；

t_c——干球温度，℃；

B_a——大气压，Pa；

p_b——通过湿球温度计表面的气体压力，Pa；

p_s——测点处烟气静压，Pa。

干湿球法是常用的烟气含湿量测定方法，该法在测定前需检查湿球温度计的湿球表面纱布是否包好，然后将水注入盛水容器中。打开采样孔，清除孔中的积灰，将采样管插入烟道中心位置，封闭采样孔。当烟气温度较低或水分含量较高时，采样管应保温或加热数分钟后再开动抽气泵，以 15L/min 流量抽气，当干、湿球温度计读数稳定后，记录干球和湿球温度。

基于干湿球法原理的含湿量自动测量装置，其微处理器控制传感器测量、采集湿球、干球表面温度以及通过湿球表面的压力及烟气静压等参数，同时由湿球表面温度导出该温度下的

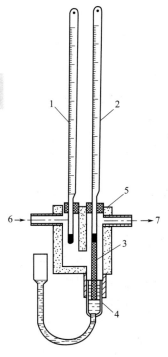

图 6-11　干湿球法测量装置
1—干球温度计；2—湿球温度计；
3—纱布；4—供水管；
5—保温层；6—烟气进口；
7—烟气出口

饱和水蒸气压力，结合输入的大气压，根据公式自动计算出烟气含湿量。

使用干湿球法时需注意以下几点。

    a. 当被测气体处于饱和状态、湿球水分不再蒸发时，不宜用干湿球法测量气体的含湿量。

    b. 当被测气体温度过高，致使湿球温度升至 100℃，这时湿球温度不再受气体湿度的影响，因此，不能用该法测量这种状态下气体的含湿量。

    c. 湿球水分蒸发殆尽后，湿球温度会明显上升，必须给湿球补充水后再进行测量。

    d. 连续对多源进行测量时，需要待湿球温度与环境温度平衡后再进行下一个源的测量。

6.2.2 固定源排气中颗粒物测定

随着大气固定污染源颗粒物允许排放限值越来越低，《固定污染源排气中颗粒物测定与气态污染物采样方法》（GB/T 16157—1996）规定的测定方法对低浓度颗粒物测定逐渐暴露出不能准确测定和不适应测定低浓度颗粒物的缺陷，2017 年发布的《固定污染源废气 低浓度颗粒物的测定 重量法》（HJ 836），采用滤膜代替滤筒的称重方法实现对低浓度颗粒物的测定，采用整体称重法（滤膜）克服了采样装置前段沉积颗粒物无法回收、取样造成的损失带来的较大误差问题。

大气固定污染源排气颗粒物浓度小于等于 $20mg/m^3$ 时，适用《固定污染源废气 低浓度颗粒物的测定 重量法》（HJ 836）；浓度大于 $20mg/m^3$ 且不超过 $50mg/m^3$ 时，GB/T 16157 与 HJ 836 同时适用，若采用 GB/T 16157 方法测定颗粒物浓度小于等于 $20mg/m^3$ 时，测定结果表述为"$<20mg/m^3$"，采用 HJ 836 方法测定颗粒物浓度大于 $50mg/m^3$ 时，测定结果表述为"$>50mg/m^3$"。

6.2.2.1 测定原理

将颗粒物采样管由采样孔插入烟道，使采样嘴置于测点上，正对气流，按颗粒物等速采样原理，即采样嘴的吸气速度与测点处气流速度相等（其相对误差应在10％以内），抽取一定量的含尘气体。根据采样管滤筒（或滤膜采样头）上所捕集到的颗粒物量和同时抽取的气体量，计算出排气中颗粒物浓度。

6.2.2.2 颗粒物采样系统

颗粒物采样系统通常由采样管、颗粒物捕集器、干燥器、流量计量和控制装置、抽气泵等几部分组成，详见图 6-10，高浓度和低浓度颗粒物测定除采样管、颗粒物捕集器不同外，其他均一致。当采集的烟气含有二氧化硫等腐蚀性气体时，在采样管出口应设置腐蚀性气体的净化装置，以防止仪器受到侵蚀。

采样管是采样时插入烟道内的导管，其直径要求以不使尘粒在采样管内沉积及不产生太大阻力为原则，分为普通采样管和组合采样管，一般采用组合采样管。高浓度颗粒物测定采用滤筒及滤筒采样管，低浓度颗粒物测定采用采样头（含滤膜）及采样头固定装置，以下分别介绍两种类型的采样管。

（1）高浓度颗粒物测定滤筒采样管

普通采样管由采样嘴、滤筒夹、滤筒及连接管组成。组合采样管由普通采样管和与之平行放置的 S 型皮托管、热电偶温度计固定在一起而成。三者之间的相对位置如图 6-12 所示。

为防止烟气中水汽在采样管内冷凝，采样管外部装有加热导管。

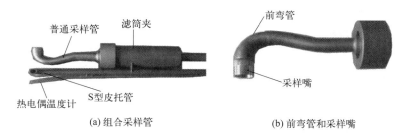

图 6-12　采样管示意图

采样管有玻璃纤维滤筒采样管（图 6-13）和刚玉滤筒采样管（图 6-14）。

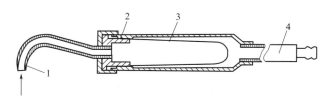

图 6-13　玻璃纤维滤筒采样管

1—采样嘴；2—滤筒夹；3—玻璃纤维滤筒；4—连接管

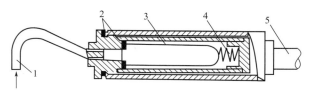

图 6-14　刚玉滤筒采样管

1—采样嘴；2—密封垫；3—刚玉滤筒；4—耐温弹簧；5—连接管

玻璃纤维滤筒采样管由采样嘴、前弯管、滤筒夹、滤筒、采样管主体等部分组成。滤筒由滤筒夹顶部装入，靠入口处两个锥度相同的圆锥环夹紧固定。在滤筒外部有一个与滤筒外形一样而尺寸稍大的多孔不锈钢托，用于承托滤筒，以防采样时滤筒破裂。

刚玉滤筒采样管由采样嘴、前弯管、滤筒夹、刚玉滤筒、滤筒托、耐高温弹簧、石棉垫圈、采样管主体等部分组成。刚玉滤筒由滤筒夹后部放入。滤筒进口与滤筒夹前体和滤筒夹与采样管接口处用石棉或石墨垫圈密封。

玻璃纤维滤筒由超细玻璃纤维制成，对 $0.5\mu m$ 以上的尘粒捕集效率达 99.9% 以上，适用于 500℃ 以下烟气采集。刚玉滤筒是用刚玉砂加有机填料在 1280℃ 下烧结而成，能承受高温，对 $0.5\mu m$ 以上的尘粒捕集效率达 99% 以上，适用温度在 1000℃ 以下。

（2）低浓度颗粒物测定用采样头

低浓度组合式采样管见图 6-15，采样头由前弯管（含采样嘴）、滤膜、不锈钢托网、密封铝圈组成，前弯管应由钛或不锈钢等高强度材质制成，采样嘴的弯管半径大于等于内径 1.5 倍，前弯管、滤膜及不锈钢托网通过密封铝圈装配在一起，采样头装配好后，整体应密封良好，如图 6-16 所示。每个采样头在运输和存储过程中应单独存储，避免污染。为保证在湿度较高、烟温较低的情况下正常采样，应选择具备加热采样头固定装置功能的采样管，为避免静电对采样器的影响，采样器应配有接地线。

滤膜材质不应吸收或与废气中的气态化合物发生化学反应，在最大的采样温度下应保持热稳定，并避免质量损失，一般可选择石英材质或聚四氟乙烯材质。

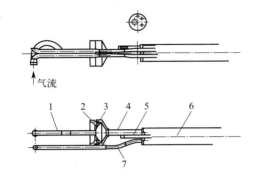

图 6-15　低浓度颗粒物测定组合式采样管
1—采样头；2—采样头压盖；3—密封垫圈；
4—抽气管；5—测温元件；6—保护套管；7—S 型皮托管

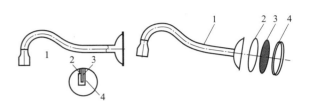

图 6-16　采样头结构图
1—前弯管；2—滤膜（$\phi47$）；
3—不锈钢托网（$\phi47$）；4—密封铝圈

流量计量和控制装置是指示和控制采样流量的装置，由冷凝水收集器、干燥器、温度计、压力计等组成。在等速采样管采样系统中，还装有控制等速的压力指示装置。在自动调节流量的采样器中，还装有自动调节流量系统。

6.2.2.3　采样原则

为了从烟道中取得有代表性的烟尘样品，需按照等速采样和多点采样的原则。

（1）等速采样

颗粒物具有一定的质量，在烟道中由于本身运动的惯性作用，不能完全随气流改变方向，为了从烟道中取得有代表性的烟尘样品，需等速采样，即气体进入采样嘴的速度应与采样点的烟气速度相等，其相对误差应在 10％以内。采样速度大于或小于采样点的烟气速度都将使采样结果产生偏差。

图 6-17 表示了不同采样速度下尘粒运动状况。当采样速度 v_n 大于采样点烟气速度 v_s 时，处于采样边缘以外的部分气流进入采样嘴，而其中的尘粒则由于本身运动的惯性作用，不能改变方向随气流进入采样嘴，继续沿着原来的方向前进，使采集的样品浓度低于采样点的实际浓度。当采样速度 v_n 小于采样点烟气速度 v_s 时，情况恰好相反，样品浓度高于实际浓度。只有采样速度 v_n 等于采样点的烟气速度 v_s 时，样品浓度才与实际浓度相等。

（2）多点采样

由于颗粒物在烟道中的分布是不均匀的，要取得有代表性的烟尘样品，必须在烟道断面按一定的规则多点采样。

6.2.2.4　采样类型

烟尘的采集可分为移动采样、定点采样、间断采样三种类型。

① 移动采样　指用一个滤筒（或滤膜采样头）在已确定的采样点上移动采样，各点的采样时间相同，求出采样断面的平均浓度。这是目前普遍使用的方法。

② 定点采样　是每个测点上采一个样，分别测定每个测点浓度，再求出采样断面的平

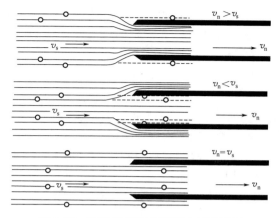

图 6-17　不同采样速度时烟尘运动状况

均浓度，并可了解烟道断面上颗粒物浓度的变化情况。

③ 间断采样　指对有周期性变化的排放源，根据工况变化及其延续时间，分段采样，然后求出其时间加权平均浓度。

6.2.2.5　维持等速采样方法

维持颗粒物等速采样的方法有普通型采样管法（预测流速法）、皮托管平行测速采样法、动压平衡型采样管法和静压平衡型采样管法四种。可根据不同测量对象状况，选用其中的一种方法。有条件的，应尽可能采用自动调节流量烟尘采样仪，以减少采样误差，提高工作效率。

普通型采样管法（预测流速法）参照 GB/T 16157 中 8.3 的规定；皮托管平行测速采样法参照 GB/T 16157 中 8.4 的规定；动压平衡型采样管法参照 GB/T 16157 中 8.5 的规定。以下主要介绍皮托管平行测速采样法。

此法将普通采样管、S 型皮托管和热电偶温度计固定在一起，采样时将三个探头一起插入烟道同一测点，根据预先测得的烟气静压、水分含量和当时测得的测点动压、温度等参数，结合选用的采样直径，由编有程序的计算器及时算出等速采样流量（等速采样流量的计算与预测流速法相同）。迅速调节采样流量至所要求的转子流量计读数进行采样，采样流量与计算的等速采样流量之差应在 10% 以内，从而保证了烟尘自动等速采样。皮托管平行测速自动烟尘采样仪的组成如图 6-18 所示。

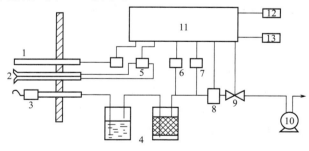

图 6-18　皮托管平行测速自动烟尘采样仪示意图

1—热电偶或热电阻温度计；2—皮托管；3—采样管；4—除硫干燥器；5—微压传感器；6—压力传感器；
7—温度传感器；8—流量传感器；9—流量调节装置；10—抽气泵；11—微处理系统；
12—微型打印机或接口；13—显示器

211

此法的特点是当工况发生变化时，可根据所测得的流速等参数值，及时调节流量，保证颗粒物等速采样条件，该法适用于工况不太稳定的情况。

6.2.2.6 采样前准备工作

① 滤筒处理和称重

a. 滤筒检查　有玻璃纤维滤筒和刚玉滤筒采样管两种。空白滤筒在烘干处理前应检查外表有无裂纹、孔隙或破损，有则应更换滤筒；如果滤筒有挂毛或碎屑，应清理干净。当用刚玉滤筒采样时，滤筒在空白称重前，要用细砂纸将滤筒口磨平整，以保证滤筒安装后的气密性。

固定源排气中烟尘测定——玻璃纤维滤筒前处理

b. 滤筒烘干及称重　用铅笔将检查合格的滤筒编号，在105～110℃烘烤1h，取出放入干燥器中，在恒温恒湿的天平室中冷却至室温，用感量0.1mg天平称量，两次称量的质量之差应不超过0.5mg。

当滤筒在400℃以上高温排气中使用时，为了减少滤筒本身减重，应预先在400℃高温箱中烘烤1h，然后放入干燥器中冷却至室温，称量至恒重。放入专用的容器中保存。

② 滤膜采样头的处理与称重

a. 采样前，在去离子水介质中用超声波清洗前弯管、密封铝圈和不锈钢托网，清洗5min后再用去离子水冲洗干净，以去除各部件上可能吸附的颗粒物。将上述部件放置在烘箱内烘烤，烘烤温度105～110℃，烘干至少1h。石英材质滤膜应烘焙1h，烘焙温度为180℃或大于烟温20℃（取两者较高的温度）。冷却后，将滤膜和不锈钢托网用密封铝圈同前弯管封装在一起，放入恒温恒湿设备平衡至少24h。

b. 平衡后的采样头，在恒温恒湿设备内用天平称重，每个样品称量2次，每次称量间隔应大于1h，2次称量结果最大偏差应在0.20mg以内。记录称量结果，以2次称量的平均值作为称量结果。当同一采样头2次称量中的质量差大于0.20mg时，可将相应采样头再平衡至少24h后称量；如果第二次平衡后称量的质量同上次称量的质量差仍大于0.20mg，可将相应采样头再平衡至少24h后称量；如果第三次平衡后称量的质量同上次称量的质量差仍大于0.20mg，在确认平衡称量仪器和操作正确后，此样品作废。

c. 将称量好的采样头采样嘴用聚四氟乙烯材质堵套塞好后装进防静电密封袋或密封盒内，放入样品箱。

③ 检查所有的测试仪器功能是否正常，干燥器中的硅胶是否失效。

④ 检查系统是否漏气，如发现漏气，应再分段检查、堵漏，直至合格。

6.2.2.7 采样步骤

① 采样系统连接：用橡胶管将组合采样管的皮托管与主机的相应接嘴连接，烟尘取样管与洗涤瓶和干燥瓶连接，再与主机的相应接嘴连接。

② 仪器接通电源，自检完毕后，输入日期、时间、大气压、管道尺寸等参数。仪器计算出采样点数目和位置，将各采样点的位置在采样管上做好标记。

③ 打开烟道的采样孔，清除孔中的积灰。

④ 压力测量前需进行零点校准，待各压力归为零后进行预测流速，将组合采样管插入烟道中，测量各采样点的温度、动压、静压、全压及流速，选取合适的采样嘴。

固定源排气中烟尘测定——烟尘现场采样

⑤ 含湿量测定装置注水，并将其抽气管和信号线与主机连接，将采样管

插入烟道，测定烟气中水分含量（仅适用于干湿球法）。

⑥ 记下滤筒（或滤膜采样头）的编号，将已称重的滤筒（或滤膜采样头）装入采样管内，旋紧压盖，注意采样嘴与皮托管全压测孔方向一致。

⑦ 设定每点的采样时间，输入滤筒（或滤膜采样头）编号，将组合采样管插入烟道中，密封采样孔。原则上每点采样时间不少于 3min。

⑧ 将组合采样管置于第一个采样点，启动抽气泵，立即反转采样管使采样嘴及皮托管全压测孔正对气流，开始采样。第一点采样时间结束，仪器自动发出信号，立即将采样管移至第二采样点继续进行采样。依此类推，顺序在各点采样。采样过程中，采样器自动调节流量保持等速采样。

⑨ 采样完毕后，立即反转采样管使之背向气流，从烟道中小心地取出采样管，注意不要倒置。

⑩ 若采用滤筒采样，需用镊子将滤筒取出，将滤筒上口内折封好，放入专用的容器中保存。若采用滤膜采样，取下采样头，用聚四氟乙烯材质堵套塞好采样嘴，将采样头放入防静电的盒或密封袋内，再放入样品箱。拿取采样头需佩戴无粉末、抗静电的一次性手套。

⑪ 用仪器保存或打印出采样数据。

6.2.2.8　样品分析与计算

（1）实测颗粒物浓度计算

① 滤筒处理：采样后的滤筒放入 105～110℃烘箱中烘烤 1h，取出放入干燥器中，在恒温恒湿的天平室中冷却至室温，用感量 0.1mg 天平称量至恒重，应保证采样前后的恒温恒湿设备平衡条件不变。采样前后滤筒质量之差，即为采取的颗粒物量。

固定源排气中烟尘测定——滤筒后处理及数据处理

② 滤膜采样头处理：将采样头运回实验室后，用蘸有丙酮的石英棉对采样头外表面进行擦拭清洗，清洗过程应在通风橱中进行。清洗后，在烘箱内烘烤采样头，烘烤温度为 105～110℃，时间 1h。待采样头干燥冷却后放入恒温恒湿设备平衡至少 24h。应保证采样前后的恒温恒湿设备平衡条件不变。平衡后的采样头，在恒温恒湿设备内用天平称重，称重步骤与要求同采样前的处理方式，采样前后采样头质量之差，即为所取的颗粒物量。

将采样体积转化为标准状态下的采样体积，按下式计算颗粒物浓度：

$$\rho(\mathrm{mg/m^3})=\frac{W_2-W_1}{V_{nd}}\times10^6 \tag{6-15a}$$

式中　ρ——烟气中颗粒物浓度，mg/m^3；

W_1——滤筒初始质量，g；

W_2——滤筒终时质量，g；

V_{nd}——标准状态下干烟气体积（仪器直读数据），L。

（2）颗粒物折算浓度的计算

实测的锅炉颗粒物、二氧化硫、氮氧化物、汞及其化合物的排放浓度，应执行 GB 5468 或 GB/T 16157 规定，按下式折算为基准氧含量排放浓度。

$$\rho=\rho'\times\frac{21-\varphi(O_2)}{21-\varphi'(O_2)} \tag{6-15b}$$

式中　ρ——大气污染物基准氧含量排放浓度，mg/m^3；

ρ'——实测的大气污染物排放浓度，mg/m^3；

$\varphi(O_2)$——基准氧含量，%；

$\varphi'(O_2)$——实测氧含量，%。

各类燃烧设备的基准氧含量参照相关标准规定执行。

（3）排放速率计算

污染物排放速率以单位小时污染物的排放量表示，其单位为 kg/h。污染物排放速度按下式计算。

$$G = \overline{\rho'} \times Q_{sn} \times 10^{-6} \tag{6-15c}$$

式中　G——表示污染物排放速度，kg/h；

$\overline{\rho'}$——污染物实测平均排放浓度，mg/m^3；

Q_{sn}——标准状态下干烟气流量，m^3/h。

6.2.2.9　注意事项

① 颗粒物的采样必须按照等速采样的原则进行，尽可能使用微电脑自动跟踪采样仪，以保证等速采样的精度，减少采样误差。

② 采样位置应尽可能选择气流平稳的管段，采样断面最大流速与最小流速之比不宜大于 3 倍，以防仪器的响应跟不上流速的变化，影响等速采样的精度。

③ 在湿式除尘或脱硫器出口采样，采样孔位置应避开烟气含水（雾）滴的管段。

④ 采样系统在现场连接安装好以后，应对采样系统进行气密性检查，发现问题及时解决。

⑤ 采样嘴进入烟道时应背向气流，采样时须对准气流方向，偏差不得超过 10°。采样结束应将采样嘴背向气流迅速抽出管道，以防管道负压将尘粒倒吸。

⑥ 颗粒物采样，须多点采样，原则上每点采样时间不少于 3min，各点采样时间应相等，测定时所采集样品累积的总采气量不少于 $1m^3$。每次采样至少采集 3 个样品，结果取其平均值。

⑦ 滤筒在安放和取出采样管时，须使用镊子，不得直接用手接触，避免损坏和沾污，若不慎有脱落的滤筒碎屑，须收齐放入滤筒中；滤筒安放要压紧固定，防止漏气；采样结束，从管道抽出采样管时不得倒置，取出滤筒后，轻轻敲打前弯管并用毛刷将附在管内的尘粒刷入滤筒中，将滤筒上口内折封好，放入专用容器中保存，注意在运送过程中切不可倒置。拿取滤膜采样头时应戴无粉末、抗静电的一次性手套。

⑧ 在采集硫酸雾、铬酸雾等样品时，由于雾滴极易沾附在采样嘴和弯管内壁，且很难脱离，采样前应将采样嘴和弯管内壁清洗干净，采样后用少量乙醇冲洗采样嘴和弯管内壁，合并在样品中，尽量减少样品损失，保证采样的准确性。

⑨ 采集多环芳烃和二噁英类，采样管材质应为硼硅酸盐玻璃、石英玻璃或钛金属合金，宜使用石英滤筒（膜），采样后滤筒（膜）不可烘烤。

⑩ 手动采样仪采样过程中，要经常检查和调整流量，普通型采样管法采样前后应重复测定废气流速，当采样前后流速变化大于 20% 时，样品作废，应重新采样。

⑪ 当采集高浓度颗粒物时，发现测压孔或采样嘴被尘粒堵塞时，应及时清除。

⑫ 采集低浓度颗粒物样品时应保证每个样品的增重不小于 1mg，或采样体积不小于 $1m^3$，当颗粒物浓度低于方法检出限时，对应的全程序空白增重应不高于 0.5mg，失重应不多于 0.5mg。

6.2.3　固定源气态污染物采样及二氧化硫测定

气态污染物包括主要气体组分和微量有害气体组分。主要气体组分为氮、氧、二氧化碳和水蒸气等。有害气体组分为二氧化硫、氮氧化物、硫氧化物、硫化氢等。

6.2.3.1　样品位置和采样点

由于气态污染物在采样断面内，一般是混合均匀的，故不需要多点采样，可取靠近烟道中心的一点作为采样点。同时，气体分子量极小，可不考虑惯性作用，故也不需要等速采样。采样时采样管入口可与气体方向垂直或背向气流。

6.2.3.2　采样方法

烟气中气态污染物的采集可采用化学采样法和仪器直接测试法。

（1）化学采样法

化学采样法的基本原理为：通过采样管将样品抽入到装有吸收液的吸收瓶或装有固体吸附剂的吸附管、真空瓶、注射器或气袋中，样品溶液或气态样品经化学分析或仪器分析得出污染物含量。溶液吸收法、真空瓶和注射器采样系统分别见图 6-19～图 6-21。

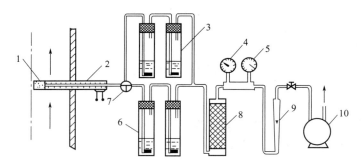

图 6-19　溶液吸收法采样系统

1—烟道；2—加热采样管；3—旁路吸收瓶；4—温度计；5—真空压力表；6—吸收瓶；
7—三通阀；8—干燥器；9—流量计；10—抽气泵

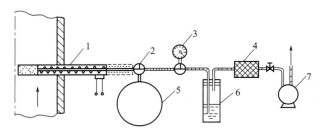

图 6-20　真空瓶采样系统

1—加热采样管；2—三通阀；3—真空压力表；
4—过滤器；5—真空瓶；6—洗涤瓶；7—抽气泵

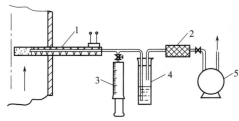

图 6-21　注射器采样系统

1—加热采样管；2—过滤器；3—注射器；
4—洗涤瓶；5—抽气泵

包括有机物在内的某些污染物，在不同烟气温度下，或以颗粒物或以气态污染物形式存在。采样前应根据污染物状态，确定采样方法和采样装置。如细颗粒物则按颗粒物等速采样方法采样。

（2）仪器直接测试法

仪器直接测试法的原理为：通过采样管、颗粒物过滤器和除湿器，用抽气泵将烟气送入分析仪器中，直接指示被测气态污染物的含量。采样系统由采样管、颗粒物过滤器、除湿器、抽气泵、测试仪和校正用气瓶等部分组成，如图6-22所示。

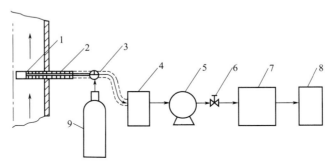

图 6-22　仪器直接测试法采样系统

1—滤料；2—加热采样管；3—三通阀；4—除湿器；5—抽气泵；
6—调节阀；7—分析仪；8—记录器；9—标准气

与大气相比，烟道气的温度高、湿度大、烟尘及有害气体浓度大并具有腐蚀性。烟气采样装置需设置烟尘过滤器（在采样管头部安装阻挡尘粒的滤料）、保温和加热装置（防止烟气中的水分在采样管中冷凝，使待测污染物溶于水中产生误差）、除湿器。为防止腐蚀，采样管多采用不锈钢制作。

几种典型气态污染物所需的最低加热温度详见表6-5。加热可用电加热或蒸汽加热。使用电加热时，为安全起见，宜采用低压电源，并具有良好的绝缘性能。保温材料可选用石棉或矿渣棉。

采样管、连接管和滤料应该选择不吸收且不与待测污染物起化学反应并便于连接的材料。几类典型气态污染物的采样材质如表6-6所示。

表 6-5　几种典型气态污染物所需的最低加热温度

气体种类	最低加热温度/℃	备注
二氧化硫	120	
氮氧化物	140	
硫化氢	120	
氟化物	120	考虑到温度对气体成分转化的影响,以及防止连接管的损坏,加热温度不应超过160℃
氯化物	120	
一氧化碳	常温	
二氧化碳	常温	

表 6-6　几种典型气态污染物的采样材质

气体种类	不使用的采样管和采样材质	滤料
二氧化硫	1,2,3,4,5,6,7,8	9,10
氮氧化物	1,2,3,4,5,8	9
硫化氢	1,2,3,4,5,6,7,8	9,10
氟化物	1,5	9
氯化物	1,2,3,4,5,6,7,8	9,10
一氧化碳	1,2,3,4,5,8	9,10
二氧化碳	2,3,5,8	9

注：1—不锈钢；2—硬质玻璃；3—石英；4—陶瓷；5—氟树脂；6—氯乙烯树脂；7—聚氟橡胶；8—硅橡胶；9—无碱玻璃；10—金刚砂。

6.2.3.3 采样步骤

（1）使用吸收瓶或吸附管采样系统采样

① 采样管的准备与安装　使用前清洗采样管内部，干燥后再用，必要时更换滤料。采样管插入烟道近中心位置，进口与排气流动方向成直角。如使用入口装有斜切口套管的采样管，其斜切口应背向气流。采样管固定在采样孔上，应不漏气。在不采样时，采样孔要用管堵或法兰封闭。

② 采样系统连接　按照溶液吸收法采样系统用连接管将采样管、吸收瓶或吸附管、流量计量箱和抽气泵连接，连接管应尽可能短。吸收瓶或吸附管应尽量靠近采样管出口处，当吸收液温度较高而对吸收效率有影响时，应将吸收瓶放入冷水槽中冷却。

用活性炭、高分子多孔微球作吸附剂时，需注意水分及颗粒物含量、烟气温度对吸附效率的影响。水分及颗粒物含量过高会使吸附剂的吸附效率降低。当烟气中水分含量体积百分数大于 3% 时，应在吸附管前串接气水分离装置，除去烟气中的水分。当颗粒物含量大时，需在吸附管前串接除尘装置，以防颗粒物堵塞吸附剂导致吸附效率降低。吸附剂有一定的温度适用范围，如活性炭适用于 40℃ 以下的废气，当废气温度过高时，被吸附的组分将会脱附出来，降低吸附效率。

连接后对采样系统进行漏气检验。

③ 采样步骤　如需预热采样管，在采样前打开采样管加热电源，将采样管加热到所需温度。预抽废气 5min 至旁路吸收瓶，将吸收瓶前管路内的空气置换干净。再切换阀门正式进行采样，采样时间视污染物浓度而定，防止吸收液吸收饱和。采样期间应保持流量恒定，波动应不大于 ±10%。采样结束时，切断采样管至吸收瓶之间气路，防止烟道负压将吸收液与空气抽入采样管。

采样时应详细记录采样时工况条件、环境条件和样品采集数据（采样流量、采样时间、流量计前温度、流量计前压力、累积流量计读数等）。

真空瓶与注射器采样系统的采样步骤与上述步骤类似。需注意系统漏气检查，采样前预抽 5min 废气置换采样管路中的空气。

（2）采用仪器直接测试法采样

① 检测仪的检定和校准　仪器应按期送国家授权的计量部门进行检定，并根据仪器的使用频率定期进行校准。校准时使用不同浓度的标准气，按仪器说明书规定的程序校准仪器的满档和零点，再用仪器量程中点值附近浓度的标准气体复检。

② 采样系统连接和安装　检查并清洁采样预处理器的颗粒物过滤器、除湿器和输气管路，必要时更换滤料。连接管线要尽可能短，当必须使用较长管线时，应注意防止样气中水分冷凝，必要时应对管线加热。

③ 采样和测定　将采样管置于环境空气中进行零点校准，校准后插入烟道中，堵严使之不漏气，抽取烟气进行测定，待仪器读数稳定后即可记录（打印）测试数据。读数完毕将采样管从烟道中取出置于环境空气中，抽取干净空气进行传感器的清洗直至符合说明书要求。

6.2.3.4 固定源排气中 SO_2 测定

烟气中有害组分的测定方法依据组分的含量而定。当含量较高时，一般选用化学采样法，例如，烟气中 SO$_2$ 的测定可选用碘量法，NO$_x$ 的测定可选用盐酸萘乙二胺分光光度法。当含量较低时，可选用仪器直接测试法，如定电位电解法。本节重点介绍有害气体二氧化硫的测定。

（1）采样位置及采样频次

① 采样位置　固定源排气中 SO$_2$ 等气态污染物采样位置应符合《固定源废气监测技术规范》（HJ/T 397—2007）中 5.1 的规定，避开对测试人员操作有危险的场所，必要时设采样平台。

由于 SO$_2$ 等气态污染物在采样断面内混合均匀，取靠近烟道中心一点采样，但应避开涡流区。

② 采样频率　除相关标准另有规定，排气筒中废气的采样以连续 1h 的采样获取平均值，或在 1h 内，以等时间间隔采集 3～4 个样品，并计算平均值。

若某排气筒的排放为间断性排放，排放时间小于 1h，应在排放时段内实行连续采样，或在排放时段内等间隔采集 2～4 个样品，并计算平均值；若某排气筒的排放为间断性排放，排放时间大于 1h，则应在排放时段内按要求采样。

③ 采样工况要求　在现场监测期间，应有专人负责对被测工况进行监督，保证污染源的生产设备和治理设施正常运行，在工况稳定、生产负荷达到设计生产能力的 75% 以上（含 75%）的情况下进行，同时注明实际监测时的工况。国家、地方相关标准对生产负荷另有规定的按规定执行。

同一工况下在采样点连续采样测定三次，取均值作为 SO$_2$ 测量结果。

（2）测定方法及原理

固定污染源排气中二氧化硫的测定方法有碘量法（HJ/T 56—2000）、定电位电解法（HJ/T 57—2000）。

① 碘量法测定原理　烟气（排气）中的 SO$_2$ 被氨基磺酸铵混合溶液吸收，用碘标准溶液滴定。根据滴定消耗的标液体积计算 SO$_2$ 的浓度。吸收液中的氨基磺酸铵可消除 NO$_2$ 的影响。

② 定电位电解法测定原理　烟气中的二氧化硫（SO$_2$）扩散通过传感器渗透膜进入电解槽，在恒电位工作电极上发生氧化反应，由此产生极限扩散电流，在一定浓度范围内，其电流大小与二氧化硫浓度成正比。

氧化反应式：$SO_2+2H_2O \rightleftharpoons SO_4^{2-}+4H^++2e^-$

测量范围：15～14300mg/m^3。测量误差±5%。

影响因素：氟化氢、硫化氢对二氧化硫测定有干扰。烟尘堵塞会影响气流流速，采气流速的变化直接影响测试读数。

（3）定电位电解法测定

仪器：定点位电解法二氧化硫测定仪；带加热和除湿装置的二氧化硫采样管；不同浓度二氧化硫标准气体系列或二氧化硫配气系统；能测定管道气体参数的测试仪。

试剂：二氧化硫标准气体。

测定步骤：不同测定仪，操作步骤有差异，应严格按照仪器说明书操作。

① 开机与标定零点　将仪器接通采样管及相应附件。定点位电解二氧化

固定源烟气中二氧化硫的测定

硫测定仪在开机后，通常要倒计时，为仪器标定零点。标定结束后，仪器自动进入测定状态。

② 测定　采样应在额定负荷或参照有关标准或规定下进行。

将仪器的采样管插入烟道中，启动仪器抽气泵，抽取烟气进行测定。待仪器读数稳定后即可读数。同一工况下应连续测定三次，取平均值作为测量结果。

测量过程中，要随时监督采气流速有否变化，及时清洗、更换烟尘过滤装置。

③ 关机　测定结束后应将采样管置于环境大气中，按仪器说明书要求，继续抽气吹扫仪器传感器，直至仪器二氧化硫浓度示值符合仪器说明书要求后，自动或手动停机。

④ 仪器标定与电化学传感器的更换　定电位电解法电化学传感器灵敏度随时间变化，为保证测试精度，根据仪器使用频率每三个月至半年需校准一次。无标定设备的单位，可到国家授权的单位进行标定；具备标定设备的单位，可用二氧化硫配气装置或不同浓度二氧化硫标准气体系列按仪器说明书规定的标定程序，标定仪器的满档和零点，再用仪器量程中点值附近浓度的二氧化硫标准气体复检，若仪器示值偏差不高于 ±5%，则标定合格。

在标定电化学传感器时，若发现其动态范围变小，测量上限达不到满度值，或在复检仪器量程中点时，示值偏差高于 ±5%，表明传感器已经失效，应更换电化学传感器。

⑤ 关于仪器内可充电电池　多数定电位电解法二氧化硫测试仪内，安装有可充电电池。该电池的作用，除便于现场操作外，还用于仪器停机后，保持电化学传感器的极化条件，所以应随时保证可充电电池充有足够电能。多数仪器在开机后，能自动显示可充电电池的剩余电量，应按照仪器使用说明书要求，及时充电。

（4）二氧化硫排放速率的计算

排气流量的测定与计算：按照 GB/T 16157 中 7.1～7.5 款的规定，测量排气流速；按照其中 7.6 款的规定计算标准状况下干排气流量 Q_{sn}（m^3/h）。

① 二氧化硫浓度的计算　二氧化硫浓度以 $\mu L/L$ 表示时，其浓度 ρ 可按下式转化为标准状态下干排气中二氧化硫浓度：

$$\rho' = \frac{64}{22.4} \times \rho \tag{6-16}$$

式中　ρ'——标准状态下干排气中二氧化硫浓度，mg/m^3；

　　　ρ——干排气中二氧化硫浓度，$\mu L/L$。

② 二氧化硫排放速率的计算

$$G = \rho' Q_{sn} \times 10^{-6} \tag{6-17}$$

式中　G——二氧化硫排放速率，kg/h；

　　　ρ'——标准状态下干排气中二氧化硫浓度，mg/m^3；

　　　Q_{sn}——标准状态下干排气流量，m^3/h。

（5）测定注意事项

① 定电位电解法烟气分析仪应在每次使用前进行校准。采用仪器量程 20%～30%、50%～60%、80%～90% 处浓度或与待测物相近浓度的标准气体校准。若仪器示值偏差小于 ±5%，测定仪可以使用。

②　为防止采样气体中水分在连接管和仪器中冷凝而干扰测定，输气管路应加热保温，配置烟气预处理装置，对采集的烟气进行过滤、除湿和气液分离。除湿装置应使除湿后气体中被测污染物的损失不大于5%。

③　应选择抗负压能力大于烟道负压的烟气分析仪，否则会使仪器采样流量减小，测试浓度值偏低甚至无法测出。

④　应在仪器显示浓度值稳定时读数；读数完毕将采样探头取出置于环境空气中，清洗传感器至仪器读数在20mg/m³以下时，再将采样探头插入烟道进行第二次测试。

⑤　测试完全结束后，应将仪器置于干净的环境空气中继续抽气吹扫传感器，直至仪器显示值符合说明书要求时再关机。

⑥　仪器应一次开机直至测试完全结束，中途不能关机重新启动，以免仪器零点变化影响测试准确性。

6.2.4　烟气黑度测定

扫描二维码可查看详细内容。

6.2.5　固定源挥发性有机物（VOCs）测定

挥发性有机物（VOCs）指参与大气光化学反应的有机化合物或根据有关规定确定的有机化合物。世界卫生组织（WHO）定义挥发性有机物（VOCs）：指在常压下，沸点为50～260℃的各种有机化合物。VOCs组成复杂，主要成分有烷烃、烯烃、炔烃、苯系物、醇类、醛类、醚类、酮类、酸类、酯类、卤代烃及其他。

挥发性有机物（VOCs）与氮氧化物（NO$_x$）在太阳光（紫外线）的照射下，通过光化学反应形成了O₃和二次有机气溶胶，进而引发霾、光化学烟雾等大气环境问题。为了根本解决PM$_{2.5}$、O$_3$等污染问题，切实改善大气环境质量，国家积极推进其关键前体物VOCs和NO$_x$的协同控制。挥发性有机物（VOCs）来源广泛，主要有人为源和天然源，人为源包括固定源、流动源和无组织排放源三类，天然源包括植物释放、火山喷发、森林草原火灾等。VOCs污染控制重点关注人为源排放，石化、涂料、油墨制造、印刷包装、制药、橡胶与塑料制品、家具、汽车制造、表面涂装、油品储运等各行业均涉及VOCs排放。

在表征VOCs总体排放情况时，根据行业特征和环境管理要求，可采用总挥发性有机物（以TVOC表示）、非甲烷总烃（以NMHC表示）作为污染物控制项目。总挥发性有机物（TVOC）指采用规定的监测方法，对废气中的单项VOCs物质进行测量，加和得到VOCs物质的总量，以单项VOCs物质的质量浓度之和计。实际工作中，应按预期分析结果，对占总量90%以上的单项VOCs物质进行测量，加和得出。非甲烷总烃（以NMHC表示）指采用规定的监测方法，氢火焰离子化检测器有响应的除甲烷外的气态有机化合物的总和，以碳的质量浓度计。

6.2.5.1　方法选择

《固定污染源废气　挥发性有机物的采样　气袋法》（HJ 732）、《固定污染源废气　挥发性有机物的测定　固相吸附-热脱附/气相色谱-质谱法》（HJ 734），分别采用气袋法采样和吸附管采样、气相色谱-质谱法分析来测定固定污染源废气。2023年生态环境部修订颁发了《环境空气 65 种挥发性有机物的测定 罐采样/气相色谱-质谱法》（HJ 759），采用真空罐采样、气相色谱-质谱法分析测定环境空气和无组织排放废气。除现场采样、实验室分析外，还可以采用便携式快速测定仪对有机废气开展监测，包括氢火焰离子化检测器（FID）、光离子化检测器（PID）和红外吸收检测器等，氢火焰离子化检测器可开展设备泄漏和敞开液面排放的挥发性有机物（VOCs）的检测。表 6-7 列出了几种固定污染源挥发性有机物的测定方法。

表 6-7 几种固定污染源挥发性有机物的测定方法

序号	方法名称	原理	测定范围	采样方法
1	固定污染源废气 挥发性有机物的采样 气袋法(HJ 732)	使用真空箱、抽气泵等设备将经固定污染源排气筒排放的废气直接采集并保存到化学惰性优良的氟聚合物薄膜气袋中	—	采气袋法
2	固定污染源废气 挥发性有机物的测定 固相吸附-热脱附/气相色谱-质谱法(HJ 734)	使用填充了合适吸附剂的吸附管直接采集固定污染源废气中挥发性有机(或先用气袋采集然后再将气袋中的气体采集到固体吸附管中)，将吸附管置于热脱附仪中进行二级热脱附，脱附气体经气相色谱分离后用质谱检测，根据保留时间、质谱图或特征离子定性，内标法或外标法定量	24 种挥发性有机物测定,取样体积 300mL 时,方法检出限为 0.001～0.01mg/m³,测定下限为 0.004～0.04mg/m³	吸附浓缩法
3	环境空气 65 种挥发性有机物的测定 罐采样/气相色谱-质谱法(HJ 759)	用内壁经惰性化处理的真空采样罐采集样品,经浓缩、热解吸后,进入气相色谱分离,质谱检测器检测。通过与标准物质保留时间和质谱图对比定性,内标法定量	65 种挥发性有机物测定,取样体积为 300mL 时,在全扫描模式下,方法检出限为 0.2～2.0μg/m³,测定下限为 0.8～8.0μg/m³;在选择离子监测模式下,方法检出限为 0.1～0.2μg/m³,测定下限为 0.4～0.8μg/m³	真空罐直接采样法
4	固定污染源废气 总烃、甲烷和非甲烷总烃的测定 气相色谱法(HJ 38)	将气体样品直接注入具氢火焰离子化检测器的气相色谱仪,分别在总烃柱和甲烷柱上测定总烃和甲烷的含量,两者之差即为非甲烷总烃的含量。同时以除烃空气代替样品,测定氧在总烃柱上的响应值,以扣除样品中的氧对总烃测定的干扰	当进样体积为 1.0mL 时,本方法测定总烃、甲烷的检出限均为 0.06mg/m³(以甲烷计),测定下限均为 0.24mg/m³(以甲烷计);非甲烷总的检出限为 0.07mg/m³(以碳计),测定下限为 0.28mg/m³(以碳计)	采气袋法 玻璃注射器法
5	工业企业挥发性有机物泄漏检测与修复技术指南(HJ 1230)	采用便携式氢火焰离子化检测器(FID)开展检测,其原理是碳化合物进入高温氢火焰中会发生化学电离,形成碳正离子(CHO^+)与负电子(e^-),在电场作用下正离子移向收集极,负电子移向极化极,从而形成微电流,经放大后,在其两端将产生明显的电压降,该电压信号大小与进入火焰中含碳化合物的浓度成正比	—	便携式仪器速测法

对比上述各方法，HJ 732、HJ 734、HJ 759 其实均不是测总挥发性有机物（TVOC），而是测有机组分，便携式氢火焰离子化检测器（FID）测定的是总烃。

6.2.5.2 采样方法介绍

挥发性有机物采集包括吸附浓缩法、真空罐直接采样法、采气袋法和玻璃注射器法。

① **吸附浓缩法**采用的吸附管可以是不锈钢材质或玻璃材质，但目前较为常用的为不锈钢材质，如图 6-23 所示。充填的吸附剂有 Tenax GC、Tenax TA、Tenax GR、Carbopack C、Carbopack B、Carboxen 1000 等，可以是单一吸附剂充填，也可以是多种吸附剂混合充填。考虑到 TVOC 组分多，各物质吸附性能不一样，目前新标准中大多规定采用混合吸附剂充填。如 HJ 644 规定充填的吸附剂为 Carbopack C、Carbopack B、Carboxen 1000，长度分别为 13mm、25mm、13mm。固定污染源挥发性有机物的测定（HJ 734）规定了三种组合式吸附管，组合 1 吸附管，内装 Tenax GR、Carbopack B，长度分别为 30mm、25mm。组合 2 吸附管，内装 Carbopack B、Carboxen 1000，长度分别为 30mm、10mm。组合 3 吸附管，内装 Carbopack C、Carbopack B、Carboxen 1000，长度分别为 13mm、25mm、13mm。

图 6-23　不锈钢吸附管

采样前吸附管须老化，确保吸附管内无残留组分干扰样品测试。老化后的吸附采样管两端立即用密封帽密封，放在气密性的密封袋或密封盒中保存。密封袋或密封盒存放于装有活性炭的盒子或干燥器中，4℃保存。

对于使用多层吸附剂的吸附采样管，吸附采样管气体入口端应为弱吸附剂（比表面积小），出口端为强吸附剂（比表面积大）。对于外径为 6mm 的不锈钢吸附采样管，推荐的采样流量为 20～50mL/min。每个样品至少采气 300mL，组合 1 吸附采样管如果监测 C6 以上挥发性有机物则样品采气量可达 2L。废气温度较高，含湿量大于 2%，目标化合物的安全采样体积不能满足样品采气 300mL，影响吸附采样管的吸附效率时，应将吸附采样管冷却（0～5℃）采样。

为避免吸附管饱和，采样过程中需进行穿透实验，在吸附采样管后串联一根吸附采样管，同时采样。每批样品应至少采集一根串联吸附采样管，用于监视采样是否穿透。如果在后一支吸附采样管中检出目标化合物的量大于总量的 10%，则认为吸附采样管发生穿透，本次采集样品无效。应重新采样，并确保目标化合物的采气量小于吸附采样管安全采样体积。

采样时，须同步采集全程序空白样，将密封保存的空白吸附采样管带到采样现场，同样品吸附管同时打开封帽接触现场环境空气，采样时全程序空白吸附管关闭封帽，采样结束时同样品吸附管接触环境空气，同时关闭封帽，按与样品相同的操作步骤进行处理和测定，用于检查从样品采集到分析全过程是否受到污染。每批样品应至少做一个全程序空白样品，全程序空白样品中目标化合物的含量过大可疑时，应对本批数据进行核实和检查。

吸附采样管采样后，立即用密封帽将采样管两端密封，4℃避光保存，7 日内分析。

采样前后流量变化大于 5%，但不大于 10%，应进行修正；流量变化大于 10%，应重新采样。

采样前预抽 5min 废气置换采样管路中的空气。

② **真空罐直接采样法**采用的采集仪器为不锈钢真空罐，如图 6-24 所示。采样罐内壁需

进行硅烷化处理，常用容积有 3L、6L 等规格。采样前，需采用罐清洗装置对采样罐进行清洗，去除残留的污染物，清洗过程中可对采样罐做加湿处理，必要时可在 50～80℃加温清洗，至少清洗 3 个循环。清洗完后，将采样罐抽至真空（＜10Pa）待用，清洗后的采样罐应在 30d 内使用，否则应重新清洗。每 10 个或每批次（少于 10 个）采样罐，应至少抽取 1 个检验清洁度。充入氮气后，采样罐中目标化合物的测定浓度应低于方法检出限，否则应查找原因，并重新清洗至合格为止。

图 6-24　不锈钢真空罐（SUMMA 罐）

　　样品采集可采用瞬时采样和恒定流量采样 2 种方式。瞬时采样由于采样时间短，时间代表性差，适合于污染物浓度较为稳定的场所。在采样现场，采样罐前加装过滤器，去除空气中的颗粒物，打开采样罐，在内外压差的作用下，气体自动充填采样罐，待罐内压力与采样点大气压力一致后，关闭阀门。恒定流量采样需在采样罐前加装流量控制器（图 6-25 所示），打开采样罐阀门，以设定的流速采集气体。采样时间长，具有良好的代表性。为检验样品运输中是否受到污染，需采集运输空白，在实验室内将采样罐充入氮气至压力预设值，关闭阀门带至采样现场，与同批次样品一起运回实验室，每批样品至少分析 1 个运输空白，运输空白中目标化合物浓度应低于方法测定下限。

图 6-25　真空罐用流量控制器

　　样品采集后于常温下保存，20d 内完成分析。

　　每个采样罐每年至少检查 1 次气密性，将采样罐抽真空并静置数天后，罐内压力变化应不大于 0.7kPa/d。每 10 个或每批次（少于 10 个）采样罐，应至少抽取 1 个检查气密性。

　　③ **采气袋法**是使用真空箱、抽气泵等设备将经固定污染源排气筒排放的废气直接采集并保存到化学惰性优良的薄膜气袋中。采气袋为聚氟乙烯（PVF）等氟聚合物薄膜气袋，吸附性和气体渗透率低，不释放干扰物质，且挥发性有机物能在气袋中稳定保存。适用于手工采集温度低于 150℃的非甲烷总烃和 VOCs。采样系统如图 6-26 所示。按图连接好采样系统后，应对采样系统进行气密性检查，取下玻璃棉过滤头，堵住采样管前端，用一个三通将真空压力表安装于调节阀门前的管路上，再通过快速接头（或其他方式）跳开真空箱直接连接到 Teflon 连接管；开启抽气泵抽气，使真空压力表读数达到 13kPa，关闭调节阀；如真空压力表在 1min 内下降不超过 0.15kPa，则视为系统不漏气。如发现漏气应进行分段检查，找出漏点，及时解决。

　　样品采集应优先使用新气袋，如需重复使用采样气袋，需采用惰性气体对气袋进行清洗，采样前进行空白试验，即在已经使用过的气袋中注入除烃零空气后密封，室温下放置一段时间，放置时间不少于实际监测时样品保存时间，然后使用与样品分析相同的操作步骤测定目标 VOCs 浓度，如果浓度均低于方法检出限，可继续使用该气袋，抽空袋内气体后保存；否则必须弃用。

　　采样时将加热采样管伸入采样孔内，进气口位置应尽量靠近排放管道中心位置，如果排气筒内废气温度高于环境温度，则开启加热采样管电源，将采样管加热到 120℃±5℃。用

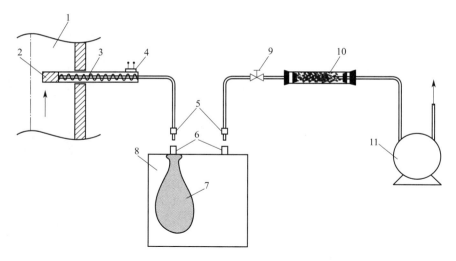

图 6-26 采气袋采样系统

1—排气管道；2—玻璃棉过滤头；3—Teflon 连接管；4—加热套管；
5—快速接头阳头；6—快速接头阴头；7—气袋；8—真空箱；9—阀门；
10—活性炭过滤器；11—抽气泵

样品气体润洗采气袋 3 次，使样品气体老化气袋内表面，降低气袋内表面吸附导致的样品损失干扰。当气袋内采样体积达到气袋最大容积的 80% 左右，采样结束，关闭抽气泵及气袋上的阀门，取下气袋。

采样结束后气袋样品立即放入避光保温的容器内保存，直至样品分析前取出。气袋样品须及时进行分析，一般在采样后 8h 以内进行分析。在样品分析之前须观察样品气袋内壁，如果有液滴凝结现象，则应将气袋放入加热箱中，确认加热液滴凝结现象消除后，迅速取出气袋取样分析。

同步开展运输空白测试，即将注入除烃空气的采气袋带至采样现场，与同批次采集的样品一起送回实验室分析。

④ **玻璃注射器法**可用来采集非甲烷总烃，采样装置如图 6-27 所示。同采气袋法，采样时将采样管加热并保持 120℃±5℃，玻璃注射器需用样品清洗 3 次。样品常温避光保存，采样后尽快完成分析。玻璃注射器保存的样品，放置时间不超过 8h，如仅测定甲烷，应在 7d 内完成。

吸附法采样操作简单，成本略低，是目前较为常用的 VOC 监测分析方法，但由于 VOC 不同组分对吸附剂的吸附性能不一样，存在部分组分吸附效率低，富集不完全。另外吸附剂的吸附容量有限，存在吸附饱和等问题。真空罐采样法操作简单，无吸附饱和等问题，但洗罐抽真空处理较为复杂，分析成本高，真空罐内壁若处理不当，将存在 VOC 组分被吸附等问题。采气袋法和玻璃注射器法样品存放时间短，常用来采集非甲烷总烃。

6.2.5.3 挥发性有机物测定

重点介绍《固定污染源废气　挥发性有机物的测定　固相吸附-热脱附/气相色谱-质谱法》（HJ 734）测定挥发性有机物。

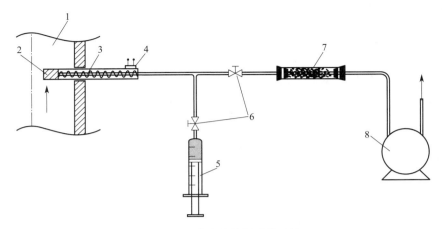

图 6-27　玻璃注射器采样系统

1—排气管道；2—玻璃棉过滤头；3—Teflon 连接管；4—加热套管；

5—注射器；6—阀门；7—活性炭过滤器；8—抽气泵

（1）方法原理

使用填充了合适吸附剂的吸附管直接采集固定污染源废气中挥发性有机物（或先用气袋采集然后再将气袋中的气体采集到固体吸附管中），将吸附管置于热脱附仪中进行二级热脱附，脱附气体经气相色谱分离后用质谱检测，根据保留时间、质谱图或特征离子定性，内标法或外标法定量。本章节介绍外标法定量。

（2）主要仪器

毛细管气相色谱仪、质谱仪、热脱附装置、吸附管老化装置、无油采样泵、校准流量计、微量注射器等。

（3）试剂与材料

① 甲醇：农残级或者等效级；

② 挥发性有机物的标准物质可以使用气体标准，也可以使用液体标准。

a. 气体标准：使用高压罐储存的气体标准，必须符合国家标准或国际权威机构认证的标准且在有效期内使用。标准气体的稀释建议使用动态稀释方法。

b. 液体标准贮备溶液，$\rho = 1000 \mu g/mL$：购买色谱纯的目标化合物，取一定体积用甲醇稀释，配制成 $1000 \mu g/mL$ 的标准贮备液。也可购买市售有证混合标准溶液，浓度为 $2000 \mu g/mL$。

③ 替代物标准溶液：$\rho = 2000 \mu g/mL$ 或 $2500 \mu g/mL$，市售有证替代物标准溶液（挥发性有机物分析专用）。也可选择目标化合物中色谱纯氘代物用甲醇配制。

④ 吸附管：不锈钢材质，内径 5mm。

组合 1 吸附管，内装 Tenax GR、Carbopack B，长度分别为 30mm、25mm。

组合 2 吸附管，内装 Carbopack B、Carboxen 1000，长度分别为 30mm、10mm。

组合 3 吸附管，内装 Carbopack C、Carbopack B、Carboxen 1000，长度分别为 13mm、25mm、13mm。或使用其他具有相同功能的产品。

组合 1 吸附采样管 40℃时不适用于丁烷、戊烷、二氯甲烷、甲醇、乙醇、丙酮、乙腈的采样；组合 2 吸附采样管不适用于十二烷、硝基苯、苯酚的采样；组合 3 吸附采样管不适用于苯酚的采样。对于已知成分的挥发性有机物也可选用其他的适合的吸附管采样。

（4）吸附采样管的准备

老化后的吸附采样管两端立即用密封帽密封，放在气密性的密封袋或密封盒中保存。密封袋或密封盒存放于装有活性炭的盒子或干燥器中，4℃保存。必要时，采样前在老化好的吸附管中加入一定量（一般为校准曲线中间浓度）的替代物标准。

（5）样品采集

① 吸附管采样　参照6.2.5.2中的吸附浓缩法的采样方法。

② 气袋-吸附管采样　首先参照6.2.5.2中的采气袋法进行气袋采样，8h内将气袋与吸附采样管连接，用无油抽气泵以50mL/min流量，至少采气150mL。全程序空白采样和样品保存方法按照6.2.5.2采样方法操作。

（6）校准系列配制

用微量注射器分别移取25.0μL、50.0μL、100μL、250μL、500μL标准贮备溶液至5mL容量瓶，用甲醇稀释定容至标线，配制成浓度梯度为5.00μg/mL、10.0μg/mL、20.0μg/mL、50.0μg/mL、100μg/mL的混合标准溶液。根据实际工作需求，也可配制高浓度校准系列100μg/mL、400μg/mL、600μg/mL、800μg/mL、1000μg/mL。

（7）标样加载

将老化好的吸附管装到热脱附标样加载平台上（注意吸附管进气端朝向注射器），用微量注射器取1.0μL上述混合标准溶液注入空白吸附管，用50mL/min的N_2吹扫吸附管2min，迅速取下吸附管，用密封帽将吸附管两端密封，得到含量为5.00ng、10.0ng、20.0ng、50.0ng、100ng的校准系列吸附管。

如果没有标样加载平台，可将老化好的吸附管连接于气相色谱仪的填充柱进样口，设定进样口温度为50℃，用微量注射器分别注射1.0μL混标溶液，用50mL/min的流量通载气2min，迅速取下吸附管，用密封帽将吸附管两端密封，得到校准系列吸附管。

（8）标准曲线绘制

将校准曲线系列吸附管放进热脱附仪，设置仪器参数条件，依次从低浓度到高浓度进行分析测定，根据目标物的质量（或浓度）和峰面积（或峰高），用最小二乘法绘制校准曲线。

热脱附仪设置参考条件：吸附管初始温度：室温；聚焦冷阱初始温度：室温；干吹流量：30mL/min；干吹时间：2min；吸附管脱附温度：270℃；吸附采样管脱附时间：3min；脱附流量：30mL/min；聚焦冷阱温度：－3℃；聚焦冷阱脱附温度：300℃；冷阱脱附时间：3min；传输线温度：120℃。通用型冷阱，填料为石墨化炭黑。吸附管脱附温度和脱附时间等条件根据目标化合物特性和吸附管类型不同可以进行适当调整；如果废气中挥发性有机物或者水分含量高，应根据需要设置分流比。

① 毛细管柱气相色谱仪参考条件：进样口温度，200℃；柱流量（恒流模式），1.5mL/min；升温程序，初始温度35℃，保持5min，以6℃/min的速度升温至140℃，以15℃/min的速度升至220℃，在220℃保持3min。

② 质谱仪参考条件：扫描方式，全扫描；扫描范围，33～180amu（0～6min），33～270amu（6min～结束）；离子化能量，70eV；传输线温度，230℃。其余参数参照仪器使用说明书进行设定。

（9）样品分析

按照标准曲线绘制方法进行样品分析。

（10）结果计算

目标化合物的浓度按下式计算。

$$\rho_i = \frac{m_i}{V_{nd}}$$

（6-18）

式中　ρ_i——目标化合物的浓度，mg/m^3；

m_i——样品中第 i 个目标化合物的含量，ng；

V_{nd}——标准状态下（$0℃$，$101.325kPa$）干采气体积，mL。

总挥发性有机物（TVOC）的浓度按下式计算

$$\rho = \sum_{i=1}^{n} \rho_i$$

（6-19）

式中　ρ——总挥发性有机物（TVOC）的浓度，mg/m^3。

对于未识别峰，可以甲苯计。

6.2.5.4　非甲烷总烃测定

（1）方法原理

将气体样品直接注入具氢火焰离子化检测器的气相色谱仪，分别在总烃柱和甲烷柱上测定总烃和甲烷的含量，两者之差即为非甲烷总烃的含量。同时以除烃空气代替样品，测定氧在总烃柱上的响应值，以扣除样品中的氧对总烃测定的干扰。

（2）主要仪器

玻璃注射器或采气袋，样品保存箱、气相色谱仪、进样器。

（3）试剂与材料

① 除烃空气：总含量（含氧峰）不大于 $0.40mg/m^3$（以甲烷计）；或在甲烷柱上测定，除氧峰外无其他峰。

② 甲烷标准气：$16.0\mu mol/mol$、$800\mu mol/mol$，平衡气为氮气。也可根据实际工作需要向具资质生产商定制合适浓度标准气体。

③ 标准气体稀释气：高纯氮气或除烃氮气，纯度≥99.999％，按样品测定步骤测试，总烃测定结果应低于本标准方法检出限。

④ 氮气、氢气、空气。

（4）样品采集

首先参照 6.2.5.2 中的采气袋法或玻璃注射器法进行采样。

（5）校准系列制备

以 100mL 玻璃注射器（预先放入一片硬质聚四氟乙烯小薄片）或 1L 气袋为容器，按 1∶1 的体积比，用标准气体稀释气将甲烷标准气逐级释，配制 5 个浓度梯度的校准系列。根据样品预估浓度可分别建立高、低浓度校准曲线，高浓度校准曲线各点浓度分别为 $50.0\mu mol/mol$、$100\mu mol/mol$、$200\mu mol/mol$、$400\mu mol/mol$ 和 $800\mu mol/mol$；低浓度校准曲线各点浓度分别为 $1.00\mu\text{mol/mol}$、$2.00\mu\text{mol/mol}$、$4.00\mu\text{mol/mol}$、$8.00\mu\text{mol/mol}$ 和 $16.0\mu\text{mol/mol}$。

（6）绘制标准曲线

由低浓度到高浓度依次抽取 1.0mL 校准系列，注入气相色谱仪，分别测定总烃、甲烷。以总烃和甲烷的浓度（$\mu\text{mol/mol}$）为横坐标，以其对应的峰面积为纵坐标，分别绘制总烃、甲烷的校准曲线。

色谱分析参考条件：①进样口温度，100℃；②柱温，80℃；③检测器温度，200℃；④载气，氮气，填充柱流量为 $15\sim25\text{mL/min}$，毛细管柱流量为 $8\sim10\text{mL/min}$；⑤燃烧气：氢气，流量约为 30mL/min；⑥助燃气：空气，流量约为 300mL/min；⑦毛细管柱尾吹气，氮气，流量为 $15\sim25\text{mL/min}$，不分流进样；⑧进样量：1.0mL。

（7）样品测定

取 1.0mL 待测样品，按照与绘制校准曲线相同的操作步骤和分析条件，测定样品中总烃和甲烷的峰面积，总烃峰面积应扣除氧峰面积后参与计算。在样品分析之前须观察采样容器内壁，如有液滴凝结现象，则应放入样品加热装置中至液滴凝结现象消除，然后迅速分析；玻璃注射器在加热装置中加热时应保持针头端向下状态。

样品气一般以空气为基体，当样品浓度高于校准曲线最高点时，应用除烃空气进行适当稀释。样品测定时总烃色谱峰后出现的其他峰，应一并计入总烃峰面积。

（8）氧峰面积测定

取 1.0mL 除烃空气，按照与绘制校准曲线相同的操作步骤和分析条件，测定其在总烃柱上的氧峰面积。

（9）结果计算

样品中总烃、甲烷的质量浓度，按式（6-20）计算。

$$\rho=\varphi\times\frac{16}{22.4}\times D \tag{6-20}$$

式中　ρ——样品中总烃或甲烷的质量浓度（以甲烷计），mg/m^3；

　　　φ——从校准曲线获得的样品中总烃或甲烷的浓度（总烃计算时应扣除氧峰面积），$\mu\text{mol/mol}$；

　　　16——甲烷的摩尔质量，g/mol；

　22.4——标准状态下（273.15，101.325kPa）气体的摩尔体积，L/mol；

　　　D——样品的稀释倍数。

样品中非甲烷总烃质量浓度，按式（6-21）计算。

$$\rho_{\text{NMHC}}=(\rho_{\text{THC}}-\rho_{\text{M}})\times\frac{12}{16} \tag{6-21}$$

式中　ρ_{NMHC}——样品中非甲烷总烃的质量浓度（以碳计），mg/m^3；

　　　ρ_{THC}——样品中总烃的质量浓度（以甲烷计），mg/m^3；

　　　ρ_{M}——样品中甲烷的质量浓度（以甲烷计），mg/m^3；

　　　12——碳的摩尔质量，g/mol；

　　　16——甲烷摩尔质量，g/mol。

当测定结果小于 1mg/m^3 时，保留至小数点后两位；当结果大于等于 1mg/m^3 时，保留三位有效数字。

思考与练习 6.2

1. 填空题

(1) 对有组织排放源进行监测时，监测断面应选择在_____管段，避开弯头、阀门、变径管的影响，距弯头、阀门、变径管下游方向大于_____处，或在其上游方向大于_____处，若现场条件受限制，采样断面距弯头等的距离至少是烟道直径的_____。

(2) 因烟道内同一断面的烟气流速和烟尘浓度分布不均匀，因此，采集烟尘时实行_____采样，采样方式包括_____、_____和_____。

(3) 对直径小于_____、流速分布_____并避开危险场所的圆形小烟道，可将_____作为测点。

(4) 烟气温度的测定中，常用_____温度计、_____温度计和电阻温度计。对于高温度的烟温一般采用_____温度计。

(5) 流速测定采用_____，标准型皮托管校准系数为_____，S 型皮托管校准系数为_____。

(6) 烟气流速与气体_____成正比，因此可通过测各监测点的_____，测各点的流速。

(7) 烟尘采样实行_____原则，即采样嘴的_____速度与测点处_____相等，误差不得超过_____。

(8) 林格曼黑度图法只适用于测_____烟气，不适用于其他颜色烟气的监测。观测时_____角不应太大，一般情况下不应大于_____角，尽量避免在过于_____的角度下观察。观察烟气时选择在烟气_____最大的地方，且无_____存在。

2. 问答题

(1) 测定烟尘浓度时为什么要采用等速采样法采样？实现等速采样法的方式有哪些？

(2) 测定烟气的动压、静压时，取样管应如何连接？

(3) 烟气基本状态参数有哪些？测定这些基本状态参数的目的是什么？

(4) 烟气中 SO_2 的采样应注意什么问题？

(5) 林格曼黑度分哪几个级别？简述林格曼黑度测定过程。

(6) 挥发性有机物采样方法主要有哪些？试比较挥发性有机物、非甲烷总烃的概念和测定方法有什么不同？

3. 计算题

某 60t/h 的燃煤蒸汽锅炉于 2014 年 6 月 1 日建立，燃烧废气经处理后由圆形烟道排放，圆形烟道内径为 1m，共布设有 4 个监测点，各监测点测得流速分别为 3.3m/s、7.1m/s、7.2m/s、3.7m/s，烟温 80℃，大气压 99.98kPa，烟气含湿量为 6.0%，静压 1000Pa，烟尘采样实行移动采样，采样前滤筒质量为 1.0600g，采样后滤筒质量为 1.1812g。采样湿烟气体积为 1500L，标准状态下干烟气体积为 1478L。实测氧含量为 7，基准氧含量为 9。(1) 计算实际气体流量；(2) 计算标准状态下干气体流量；(3) 计算烟尘浓度；(4) 计算折算后烟尘浓度；(5) 计算烟尘排放速率；(6) 判断烟尘浓度是否超标。

4. 选择某一锅炉烟囱，采用移动采样法，完成烟气状态参数、烟尘、SO_2、NO_x 浓度的测定，完成下表。

基本信息									
烟囱形状					烟囱直径/m				
环境温度/℃					环境压力/kPa				
烟气状态参数									
平均烟温			平均动压/Pa				平均静压/Pa		
平均全压/Pa			湿度/%				平均流速/(m/s)		
采样嘴直径/mm									
烟气测量									
SO₂ 浓度/(mg/m³)			NOₓ 浓度/(mg/m³)				含氧量/%		
烟尘采集及测定									
滤筒编号	累积采样时间/min	标准状态下干烟气采样体积/L	标准状态下干排气流量/(m³/h)	采样前滤筒质量/g	采样后滤筒质量/g	滤筒增加质量/g	烟尘浓度/(mg/m³)	折算后烟尘浓度/(mg/m³)	
烟尘平均浓度/(mg/m³)		折算后烟尘平均浓度/(mg/m³)			烟尘排放速率/(kg/h)				
采样人员: _____									

阅读与咨询

扫描二维码可查看 [拓展阅读 6-1] 验收监测和 [拓展阅读 6-2] 走航监测。

验收监测

走航监测

任务 6.3 废气污染源在线监测及运行管理

　　废气污染源在线监测是整个污染源自动监测工作中极其重要一环,也是生态环境工作的重点和难点。本节主要对废气污染源在线监测系统的结构组成、测量原理和运行管理等方面做初步介绍。

6.3.1 废气污染源在线监测系统

　　废气污染源在线监测系统(continuous emission monitoring system,简称 CEMS)也称为烟尘烟气连续自动监测系统。该系统对固定污染源颗粒物浓度和气态污染物浓度以及污染物排放总量进行连续自动监测,并将监测数据和信息传送到生态环境主管部门,以实时监控排污企业污染物浓度和排放总量。

6.3.1.1　CEMS 的组成

CEMS 通常具有四大功能：①监测污染源排放气态污染物的浓度（一般包括 SO_2、NO_x、CO 等）；②监测颗粒物的浓度；③计算污染物排放总量；④记录、保存、传输监测数据及系统的工作状态。为实现上述功能，CEMS 一般由颗粒物监测子系统、气态污染物监测子系统、烟气排放参数监测子系统和数据采集、传输与处理子系统等组成（图 6-28）。通过连续采样或原位监测的方式，测定烟气中气态污染物和颗粒物的浓度，同时测量烟气温度、压力、流速、含湿量、含氧量等参数；计算烟气中污染物排放浓度和排放速率；显示和打印监测结果、计算过程和系统参数，并通过数据传输系统上传至固定污染源监控系统。

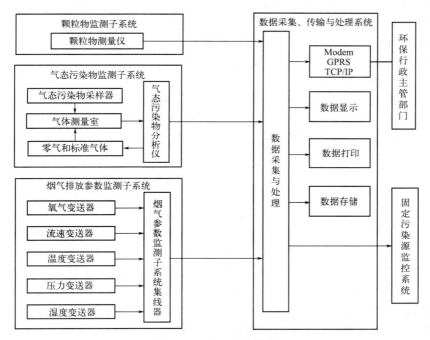

图 6-28　CEMS 的组成

（1）气态污染物监测子系统

气态污染物监测子系统主要是对 SO_2、NO_x、CO 等气态污染物浓度进行监测分析。通常有两种形式：一种是把气体抽出来，分析污染物浓度，称为抽取采样法；另一种是直接在烟道内分析污染物浓度，称为直接测量法。采样方式不一样，监测系统也会不一样。图 6-29 所示为几种常见的气态污染物监测子系统采样方式。

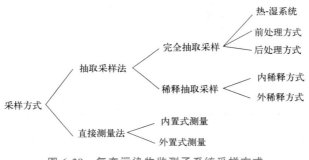

图 6-29　气态污染物监测子系统采样方式

① 抽取采样法 抽取采样法分为完全抽取采样和稀释抽取采样。

a. 完全抽取采样也称为直接抽取采样法,是直接抽取烟道中的样气进行分析的方法。从烟道或管道直接抽气、滤除颗粒物,将烟气送入分析仪的系统。依据配套的烟气处理系统的区别,该系统可分为三种类型。

(a) 热-湿系统 采用直接高温测量方法,能够对包括水和 HCl、NH$_3$ 在内的污染物进行多组分同时测量。测量过程中气体不降温,气体成分不变,腐蚀减少。该系统必须小心维持从探头到分析仪所抽取的气样的温度高于露点。如果加热系统发生故障,湿气将迅速地冷却并污染整个系统,由此可能会腐蚀系统的部件、造成堵塞,甚至会引起分析仪故障和损伤,致使整个系统崩溃,不利于检修。

(b) 前处理方式 前处理方式系统指在探头后装有"冷凝-干燥"烟气预处理装置的系统,后处理方式系统是指"冷凝-干燥"装置安装在采样探头和伴热管之后、分析仪前的系统。两种类型系统的主要区别在于烟气预处理装置的安装位置不同。

样气预处理主要指在气体进入分析仪前,在不损失或尽量少损失待测组分的前提下,对样气进行除尘以及降温除湿处理,获得冷却和干燥的样气。通常的处理过程为样气经过过滤器后被输送至伴热输气管路,通过两级冷凝脱水,再经细过滤器后进入分析仪,对烟气含量和浓度进行分析。采用样气预处理装置有明显优势,样气经过降温、除湿处理之后,分析仪的选型有了更大的空间;劣势则是系统结构由于增加了该装置而显得相对复杂,维护量变大。

其中,前处理系统的样气经采样探头立刻进入样气预处理装置,经过除尘、除湿处理,输送过程中可避免水冷凝造成的有关问题,样品传输无需加热采样管,但探头部分比较复杂,不利于检修。

(c) 后处理方式 后处理系统的样气仅经过初步除尘后传输,输送过程为避免水蒸气冷凝,需伴热传输,其样气预处理装置安装在伴热管之后、分析仪之前,采样探头部分结构相对简单,利于检修,能灵活适应不同工况,样品传输过程结构复杂,维护量相对较大。

b. 稀释抽取采样是为了避免采样过程水蒸气冷凝而采取的另一种措施。通过增加干空气的含量,使水蒸气分压降至环境温度水蒸气的饱和蒸汽压之下,从而避免水蒸气冷凝。如何确定合适的稀释比,并实现稳定稀释,是首要问题。稀释比的确定通常考虑两个标准:一是实际抽取样品稀释后的预计浓度与使用的监测仪的测量范围应一致;二是稀释比应保证在最低环境温度下采样管线内不发生水蒸气凝结。

② 直接测量法 直接测量法的传感器和探头直接安装在烟道或管道上,传感器发射一束光穿过烟道,利用烟气的特征吸收光谱进行分析测量,可以归为在线测量,常采用红外/紫外/差分光学吸收光谱/激光等技术,可分为内置式测量和外置式测量,两者的优缺点和适用场合见表 6-8。

表 6-8 直接测量法两种类型比较

类型	优点	缺点	适用场合
内置式测量	单端安装,安装调试简单,只需要一个平台,震动对测量影响小,可通过改变测量路径的长度来实现对不同浓度污染物的测量	内置式探头在有水滴的场合易受到污染	火力发电、水泥厂等
外置式测量	光学镜片全部在烟道外,不易受污染	两端安装,需要两个平台,受震动影响大,在污染物浓度较高、烟道直径大的场合不适用	金属冶炼、硫酸厂、垃圾焚烧等

(2) 颗粒物监测子系统

颗粒物监测子系统主要是对污染源排放的颗粒物进行浓度分析,一般使用光学分析方法，如对穿法（浊度法）或后散射法。对穿法是利用光穿过烟道时的损失量与颗粒物数量之间的关系进行测量；后散射法是利用光进入烟道后，所检测到的散射光强度与颗粒物数量之间的关系进行测量。

颗粒物的物理化学成分及结构决定了其光学性质，也决定了其数量浓度与质量浓度之间的关系，而颗粒物的产生过程（如燃烧过程、除尘过程等）则决定了其理化成分和结构组成。因此，在使用光学分析方法测量颗粒物质量浓度时，必须执行相关校准程序，与现场工况进行关联。

CEMS 相关校准是将 CEMS 的测量结果与使用标准分析方法测量结果相关联的一套程序。颗粒物监测子系统校准测试过程及对数据的要求如下。

① 正确操作颗粒物 CEMS，同时准确地进行手工标准分析方法的操作，尽可能避免现场系统误差。均衡考虑手工标准分析方法的取样时间和颗粒物 CEMS 的测定时间，以使两者匹配。

② 至少获得 15 个手工标准分析方法数据，手工标准分析方法的测试应在颗粒物 CEMS 响应的整个范围内，这可以在污染源的正常操作条件下和通过调整控制设施的参数以产生更为广泛的排放浓度。

③ 以同一时刻颗粒物 CEMS 的输出和参比方法测试数据形成一个数据对，至少获得 15 个有效的数据对，获得三种不同分布范围的颗粒物浓度（0～50%、25%～75%、50%～100%），每个范围至少 3 对数据，以用于数据关联性分析。

（3）烟气排放参数监测子系统

烟气排放参数监测子系统主要针对与排放量计算相关的烟气排放参数进行自动监控，如对烟气温度、湿度、压力、含氧量、烟气排放速率等参数进行监控，以便于标准干烟气状态流量、污染物排放量和折算浓度的计算。

（4）数据采集、传输和处理子系统

数据采集与控制系统是烟气排放连续自动监测系统的核心组成之一，其基本功能应包括：①记录污染源排放口的现场运行状态；②采集监测数据，监控 CEMS 系统的工作状态并在监测数据后给予标记；③分析处理数据；④储存、传输数据等，同时应具备来电自启动、记录操作运行日志、数据显示和报表等功能。为保证数据的安全，通常采用二级门禁管理。

6.3.1.2　CEMS 安装要求

固定污染源烟气 CEMS 应安装在能准确可靠地连续监测固定污染源烟气排放状况的有代表性的位置上。应优先选择在垂直管段和烟道负压区域。测定位置应避开烟道弯头和断面急剧变化的部位。对于颗粒物 CEMS，应设置在距弯头、阀门、变径管下游方向不小于 4 倍烟道直径，以及距上述部件上游方向不小于 2 倍烟道直径处；对于气态污染物 CEMS，应设置在距弯头、阀门、变径管下游方向不小于 2 倍烟道直径，以及距上述部件上游方向不小于 0.5 倍烟道直径处。对矩形烟道，其当量直径 $D=2AB/(A+B)$，式中 A、B 为边长。当安装位置不能满足上述要求时，应尽可能选择在气流稳定的断面，但安装位置前直管段的长度必须大于安装位置后直管段的长度。

在烟气 CEMS 监测断面下游应预留参比方法采样孔，采样孔数目及采样平台等按 GB/T 16157《固定污染源排气中颗粒物测定与气态污染物采样方法》要求确定，以供参比方法测试使用。在互不影响测量的前提下，应尽可能靠近。为了便于颗粒物和流速参比方法的校验和比对监测，烟气 CEMS 不宜安装在烟道内烟气流速小于 5m/s 的位置。

每台固定污染源排放设备应安装一套烟气CEMS。若一个固定污染源排气先通过多个烟道后进入该固定污染源的总排气管时，应尽可能将烟气CEMS安装在该固定污染源的总排气管上，但要便于用参比方法校验颗粒物CEMS和烟气流速。不得只在其中的一个烟道上安装一套烟气CEMS，将测定值的倍数作为整个源的排放结果，但允许在每个烟道上安装相同的烟气CEMS，测定值汇总后作为该源的排放结果。

6.3.2 CEMS工作原理

6.3.2.1 颗粒物排放连续自动监测

国内目前主要仪器的分析方法有浊度法、光散射法、闪烁法等。

（1）浊度法自动监测仪

① 监测原理 浊度法自动监测仪是基于光通过含有颗粒物和混合气体的烟气时颗粒物吸收和散射测量光从而减少光的强度，通过测量光的

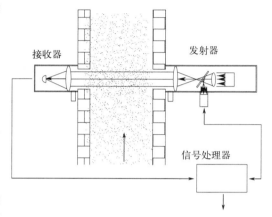

图6-30 单光程透光度颗粒物监测仪

透过率来计算颗粒物浓度的浊度仪可以设计为单光程和双光程，双光程仪器在烟道对面用一个反射器将测量光返回，测量光通过烟气两次。单光程透光度颗粒物监测仪器见图6-30。

② 技术特点 可以连续监测颗粒物浓度；因震动、温度等因素易使光路准直发生偏移；光学器件易受烟气污染，应定期擦拭；受烟气中颗粒物特性及尺寸分布的影响；对于湿式除尘器的场合，选用应慎重；不适合低浓度。

（2）光散射法自动监测仪

① 监测原理 当光射向颗粒物时，颗粒物能够吸收和散射光，使光偏离其入射路径。散射光的强度与观测角、颗粒物的粒径、颗粒物的折射率和形状以及入射光的波长有关。光散射分析仪是在预设定偏离入射光的一定角度（120°～180°）测量散射光的强度，光强度与浓度是成正比的，见图6-31。

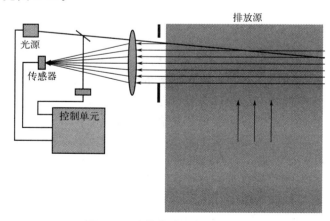

图6-31 光散射法颗粒物监测仪

② 技术特点 易安装维护；适合低浓度；受烟气中颗粒物特性及尺寸分布的影响；液滴有影响。

6.3.2.2   气态污染物排放连续自动监测

气态污染物 CEMS 采样方式涉及完全抽取法、稀释抽取法和直接测量法，测量原理涉及红外光谱法、紫外光谱法、化学发光法和电化学法。

（1）完全抽取法

① 方法介绍   采用专用的加热采样探头将烟气从烟道中抽取出来，烟气经过伴热传输及必要的预处理后进入分析仪，完成分析检测。根据是否对烟气进行冷凝除水预处理，完全抽取法又分为冷干直接抽取法和热湿直接抽取法两大类。我国目前安装的基本上是冷干直接抽取法。

冷干直接抽取法是在热烟气进入采样泵和分析仪表前，先对烟气进行快速冷却除水，之后分析去除水分的干烟气，测量值为干烟气的浓度。

热湿直接抽取法是对热烟气进行全程伴热，维持烟气的原态，直接分析湿烟气，测量值为湿烟气的浓度。

② 主要特点   一个分析单元可同时测量 SO_2、NO_x、CO_2、CO；测氧（O_2）单元与红外单元可置于同一分析仪内；测量数据为标准状态下的干态烟气数值，数据直观；可进行探头校准、中间校准、分析仪校准；样气传输采用加热管线（120℃以上）；预处理系统复杂；要求密封性好；安装、调试和操作需要更多的经验。

（2）稀释抽取法

稀释抽取法是采用专用的探头采样，并用干燥、清洁的氮气或压缩空气（经过除湿去油）对烟气进行稀释，稀释后的烟气经过不加热的传输管线输送到分析机柜经过除尘等处理后进行分析检测，测量值为湿烟气的浓度。稀释抽取法监测系统见图 6-32。

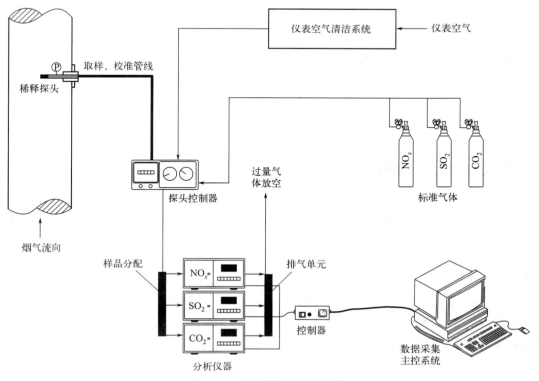

图 6-32   稀释抽取法监测系统

（3）直接测量法

直接测量法是指分析仪直接安装在烟道上，测量光直接穿过烟道中的被测量烟气进行检测。根据探头的构造不同，CEMS 又可分为内置式和外置式。内置式直接测量法测量系统见图 6-33。

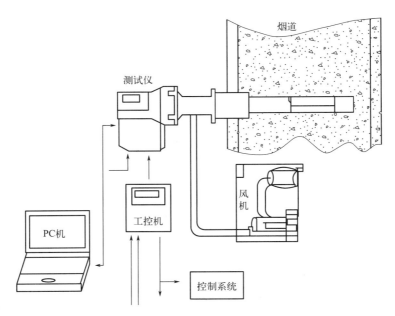

图 6-33 内置式直接测量法测量系统

直接测量系统采用的分析原理是差分吸收光谱原理，依据对不同波长的光有不同的吸收。

6.3.2.3 烟气参数连续自动监测

烟气流速测量方式主要有皮托管、超声波、热传感器等。烟气温度用铂电阻或热电偶温度计测量，烟气压力利用压力传感器测量；烟气含氧量是一项十分重要的参数，主要测量方法为氧化锆法、顺磁技术及电化学法。

6.3.3 CEMS 运行管理

CEMS 运行管理是保证 CEMS 系统正常运行的重要工作，是保障烟气 CEMS 系统提供有质量保证的监测数据的重要手段，主要包括巡检维护、定期校准、定期校验、比对监测等几个部分。

6.3.3.1 基本要求

① 操作人员需要经过培训考核合格，持证上岗。

② 每日远程查看系统运行状态和数据传输状态，如有异常，及时前往现场处理；每周都现场进行一次巡检，按照巡检内容完成，并填写巡检记录；每月进行一次维护保养，并填写维护保养记录，保养结束后要对仪器进行校准；每月质控样校验；每季度进行一次手动比对监测校准试验，根据测量结果对仪器相关参数进行修正。

③ 设备故障 24h 内无法修复需要停机的，报当地生态环境部门备案；设备在一年中的运转率应达到 90%。

6.3.3.2　日常维护巡检

① 气态污染物测量系统：主要涉及采样探头、伴热管线（采样管线）、易损易耗品等，需要定期清理采样探头、管线，更换易损易耗品；另需每三个月检查 1 次伴热管、冷凝器、采样泵和反吹系统，必要时增加频次；气态污染物分析仪同样需定期检查并进行零点和跨度漂移测试。

② 颗粒物检测系统：每个月定期清洁玻璃窗口；定期校准光路，检查反吹系统，进行零点和跨度校准。

③ 参数测量系统：每个月定期检查探头的腐蚀和堵塞情况；进行零点校准；定期检查反吹系统，更换易损易耗品。

④ 数据采集系统：定期检查参数状态，检查数据储存情况以及配套设施是否正常工作。

⑤ 填写巡检记录。

6.3.3.3　校准校验

（1）校准

校准指用标准装置或标准物质对 CEMS 系统进行校零和校跨度、线性误差和响应时间等的检测。气态污染物测量系统采用标准气体校准，颗粒物测量系统用标准零点和跨度板校准。

具有自动校准功能的颗粒物 CEMS 和气态污染物 CEMS 每 24h 至少自动校准一次仪器零点和跨度；无自动校准功能的气态污染物 CEMS 每 15d 至少用零气和接近烟气中污染物浓度的标准气体或校准装置校准一次仪器零点和工作点；无自动校准功能的颗粒物 CEMS 每 3 个月至少用校准装置校准一次仪器的零点和跨度。直接测量法气态污染物 CEMS 每 30d 至少用校准装置通入零气和接近烟气中污染物浓度的标准气体校准一次仪器的零点和工作点。颗粒物监测系统至少每 30d 进行一次清洁玻璃窗口、校准光路、定期检查反吹系统、校准零点和跨度。

如仪器设备校验不合格、更换、维修或修改参数后均需要重新校准。

（2）校验

校验指用参比方法（指国家或行业发布的标准方法）在烟道内对 CEMS（含取样系统、分析系统）检测结果进行相对准确度、相关系数、置信区间、允许区间、相对误差、绝对误差等的比对检测，至少每 6 个月进行一次。

颗粒物、流速、烟温至少获取 5 个该测试断面的平均值，气态污染物和氧量至少获取 9 个数据，并取测试平均值与同时段烟气 CEMS 的分钟平均值进行准确度计算。

6.3.3.4　比对监测

比对监测是指采用标准分析方法，与自动监测系统监测结果相比较，检验自动监测系统结果准确性及有效性的监测行为。通常包括烟气温度、流速、含氧量、污染物实测浓度、过量空气系数、流量、折算浓度、排放速率等内容。

国控污染源每季度开展 1 次比对监测，其中监测颗粒物、流速、烟温等样品数量至少 3 对（指代表整个烟道断面的平均值），抽检气态污染物样品数量至少 6 对，抽检结果应符合要求。

比对测试前，应确保 CEMS 系统安装正确，系统正常运行，污染源运行工况正常，并记录现场工况信息。

比对测试时，标准分析方法和自动监测系统同步采样组成一个数据对。其中仪器法可选取不小于 2 倍自动监测设备响应时间期间的平均值为 1 个数据，化学法以一个样品的采样时间段监测值为 1 个数据。气态污染物参比方法采样位置与 CEMS 测定位置靠近但不干扰 CEMS 正常取样，不能从 CEMS 排气装置处直接采样监测。

 思考与练习 6.3

1. 废气污染源在线监测系统由哪几部分组成？
2. CEMS 系统主要监测的污染物和烟气参数有哪些？有何意义？
3. 简述 CEMS 运行管理的主要内容。
4. 为何在传输过程中应尽可能避免水蒸气冷凝，而在除湿过程中却使用冷凝法除水？此时如何避免冷凝水造成的影响？

 阅读与咨询

扫描二维码可查看［拓展阅读 6-3］比对监测（固定污染源烟气）和［拓展阅读 6-4］环境监测执法违法案例（二）。

登录所列的相关咨询网站，可拓展学习相关内容。

比对监测（固定污染源烟气）

环境监测执法违法案例（二）

模块 7
室内空气监测

 学习目标

  知识目标 掌握室内空气监测布点及样品的采集方法；掌握采样仪器的结构、原理及操作规程；掌握常规指标的测定原理、测定方法及质量评价方法。

  能力目标 能根据监测目的正确对室内空气监测布点；能正确使用和维护常用仪器；能根据技术规范完成室内空气样品的采集、处理与保存；能根据标准方法完成常规样品测定，正确处理数据并进行质量评价。

  素质目标 培养服务意识、质量意识、规范操作意识；培养踏实肯干、严谨认真、耐心专注的工作态度；培养爱岗敬业、甘于奉献、精益求精的工匠精神。

学习引导

  室内有哪些污染源？怎么判断室内空气质量？室内空气监测点位如何确定？

  近年来，随着国民生态环境意识的提高，室内环境污染日益受到人们的重视。室内空气监测的目的是及时、准确、全面地反映室内环境质量现状及发展趋势，并为室内环境管理、污染控制、室内环境规划、室内环境评价提供科学依据。室内环境监测按监测目的分为室内污染源监测、室内空气质量监测和室内特定目的监测三大类。《室内空气质量标准》（GB/T 18883—2022）、《民用建筑工程室内环境污染控制标准》（GB 50325—2020）以及部分单项污染物浓度限值标准和不同功能建筑室内空气品质标准共同构成了我国的一个比较完整的室内环境污染评价体系。

任务 7.1 室内空气监测方案制订

  室内环境样品的采集是室内空气监测方案很重要的内容。首先要根据监测目的进行调查研究，收集必要的基础资料，结合各类规范和标准，然后经过综合分析，确定监测项目，设计布点网络，选定采样频率、采样方法和监测技术，建立质量保证程序和措施，提出监测结果报告要求及进度计划等。

7.1.1　实地调查

室内空气污染具有来源复杂、成分复杂、作用持久的特点,在室内空气中存在 500 多种挥发性有机物,其中致癌物质就有 20 多种,致病毒物 200 多种。如何选择监测项目是首先需要考虑的,根据室内空气的污染状况,所监测的污染物不尽相同。从目前监测分析来看,室内空气污染物的主要来源有以下几个方面:建筑及室内装饰材料、室外污染物、燃烧产物和人本身的活动。在实际监测中,由于室内空气污染物的特殊性,采样环境对污染物的浓度影响很大,制订采样方案前应查看现场,询问顾客装修材料情况、封闭时间是否按要求关闭等。除实地调查室内空气污染的来源、类型外,还需调查影响室内空气质量的不良因素包括物理、化学、生物和放射性等因素。例如,对于大多数气体污染物,温度高、湿度低的时候容易挥发,使得该项污染物浓度升高。气体的体积受大气压力的影响,进而影响其浓度。当室外环境中存在污染源时,室内相应污染物的浓度有可能较高。在室外空气质量较好的情况下,如果室内长期处于封闭状态下,没有与外界进行空气流通,一些室内空气污染物的浓度会较高,反之,则较低。

7.1.2　监测点位确定

监测点位的确定影响室内污染物监测的准确性,如果采样点布设不科学,所得的监测数据并不能准确地反映室内空气质量。

7.1.2.1　布点的原则

① 代表性　代表性应根据检测目的与对象来决定,以不同的目的来选择各自典型的代表,例如根据居住类型、燃料结构分类、净化措施分类。

② 可比性　为了便于对检测结果进行比较,各个采样点的各种条件应尽可能相类似,所用的采样器及采样方法,应作具体规定,采样点一旦选定后,一般不要轻易改动。

③ 可行性　由于采样的器材较多,应尽量选择有一定空间可供利用的地方,切忌影响居住者的日常生活,并选用低噪声、有足够电源的小型采样器材。

7.1.2.2　布点的方法

① 监测点位的数量。采样点的数量根据监测室内面积大小和现场情况确定,以期能正确反映室内空气污染物的水平。单间小于 25m² 的房间应设 1 个点;25～50m²(不含)应设 2～3 个点;50～100m²(不含)应设 3～5 个点;100m² 及以上至少设 5 个点。

室内空气监测
方案制订——
监测点位布设

② 监测点位的分布。单点采样时在房屋的中心位置布点,多点采样时按对角线或梅花式均匀布点。采样点应避开通风口和热源,距离墙壁应大于 0.5m,距离门窗应大于 1m。

③ 监测点位的高度。原则上应与成人的呼吸带高度一致,相对高度在 0.5～1.5m 之间。在有条件的情况下,考虑坐卧状态的呼吸高度和儿童身高,增加 0.3～0.6m 相对高度的采样。

④ 室外对照采样点的设置。在进行室内污染检测的同时,为了掌握室内外污染的关系,或以室外的污染浓度为对照,应在同一区域的室外设置 1～2 个对照点。也可用原来的室外或固定大气检测点做对比,这时室内采样点的分布应在固定检测点的半径 500m 范围内才

合适。

⑤ 验收民用建筑工程时，室内环境污染物浓度检测点数应按表 7-1 设置。

表 7-1　室内环境污染物浓度检测点数设置

房间使用面积/m²	检测点数/个
＜50	1
≥50，＜100	2
≥100，＜500	不少于 3
≥500，＜1000	不少于 5
≥1000，＜3000	不少于 6
≥3000	每 1000m² 不少于 3

验收民用建筑工程时，应抽检每个建筑单体有代表性房间室内环境污染物的浓度，氡、甲醛、氨、苯、总挥发性有机化合物（TVOC）的抽检数量不得少于房间总数的 5%，每个建筑单体不得少于 3 间，当房间总数少于 3 间时，应全数检测。凡进行了样板间室内环境污染物浓度检测且检测结果合格的，抽检量减半，并不得少于 3 间。

当民用建筑房间内设 2 个及以上检测点时，应采用对角线、斜线、梅花状均衡布点，并取各点检测结果的平均值作为该房间的检测值。验收民用建筑工程时，环境污染物浓度现场检测点应距内墙面不小于 0.5m、距楼地面高度 0.8～1.5m。检测点应均匀分布，避开通风道和通风口。

民用建筑工程室内环境中甲醛、苯、氨、TVOC 浓度检测时，对采用集中空调的民用建筑工程，应在空调正常运转的条件下进行；对采用自然通风的民用建筑工程，检测应在对外门窗关闭 1h 后进行。对甲醛、氨、苯、TVOC 取样检测时，装饰装修工程中完成的固定式家具，应保持正常使用状态。民用建筑工程室内环境中氡浓度检测时，对采用集中空调的民用建筑工程，应在空调正常运转的条件下进行；对采用自然通风的民用建筑工程，应在房间的对外门窗关闭 24h 以后进行。

7.1.3　测定指标及方法

我国室内空气监测的项目包括物理、化学、放射性和生物 4 大类 19 个指标，既有与建筑热舒适有关的项目，如湿度、温度、风速、新风量等，又有与人体健康密切相关的有害污染物，如甲醛、总挥发性有机物（TVOC）、氨、氡等。按照表 7-2 采用相应的分析方法测定各污染物的浓度。

表 7-2　室内空气中各种指标参数的测定方法

序号	污染物	检验方法	来源
1	二氧化硫 SO_2	甲醛吸收——副玫瑰苯胺分光光度法	(1)GB/T 16128 (2)GB/T 15262
2	二氧化氮 NO_2	改进的 Saltzaman 法	(1)GB 12372 (2)GB/T 15435
3	一氧化碳 CO	不分光红外分析法	GB/T 18204.2
4	二氧化碳 CO_2	(1)不分光红外分析法 (2)气相色谱法 (3)容量滴定法	GB/T 18204.2
5	氨 NH_3	(1)靛酚蓝分光光度法 (2)纳氏试剂分光光度法 (3)离子选择电极法	(1)GB/T 18204.2 (2)HJ 533 (3)GB/T 14669

续表

序号	污染物	检验方法	来源
6	臭氧 O_3	(1)紫外分光光度法 (2)靛蓝二磺酸钠分光光度法	(1)HJ 590 (2)GB/T 18204.2
7	甲醛 HCHO	(1)AHMT 分光光度法 (2)酚试剂分光光度法	(1)GB/T 16129 (2)GB/T 18204.2
8	苯 C_6H_6	气相色谱法	GB 11737
9	甲苯 C_7H_8 二甲苯 C_8H_{10}	气相色谱法	(1)GB 11737 (2)GB 14677
10	苯并[a]芘	高效压液相色谱法	GB/T 15439
11	可吸入颗粒物 PM_{10}	撞击式——称重法	GB/T 17095
12	总挥发性有机物 TVOC	固体吸附-热解吸-气相色谱质谱检测方法	GB/T 18883 附录 D
13	细菌总数	撞击法	GB/T 18883 附录 D
14	温度	(1)玻璃液体温度计法 (2)数显式温度计法	GB/T 18204.13
15	相对湿度	(1)通风干湿表法 (2)氯化锂湿度计法 (3)电容式数字湿度计法	GB/T 18204.14
16	空气流速	(1)热球式电风速计法 (2)数字风速表法	GB/T 18204.15
17	新风量	示踪气体法	GB/T 18204.18
18	氡^{222}Rn	(1)空气中氡浓度的闪烁瓶测量方法 (2)径迹蚀刻法 (3)双滤膜法 (4)活性炭盒法	(1)GBZ/T 155 (2)GB/T 14582

7.1.4　样品采集

样品采集是室内环境监测的首要一环，必须进行质量控制，以确保检测结果的正确、有效。根据污染物在室内空气中存在状态，选用合适的采样方法和仪器，用于室内的采样器的噪声应小于 50dB。具体采样方法应按各个污染物检验方法中规定的方法和操作步骤进行。筛选法采样：采样前关闭门窗 12h，采样时关闭门窗，至少采样 45min。累积法采样：当采用筛选法采样达不到本标准要求时，必须采用累积法（按年平均、日平均、8h平均值）的要求采样。采样时应准确记录现场的气温、气压等微小气候，记录采样流量以及采样时间。

7.1.4.1　采样装置

用于室内空气监测的采样仪器有收集器、流量计、采样动力三部分，收集器是捕集室内空气中待测物质的装置，主要有吸收瓶、填充柱、滤料采样夹等，根据被捕集物质的状态、理化性质等选用适宜的收集器。流量计是测定气体流量的仪器，流量是计算采集气体体积的参数。采样动力应根据所需采样流量、采样体积、所用收集器及采样点的条件进行选择。一般应选择质量小、体积小、抽气动力大、流量稳定、连续运行能力强及噪声小的采样动力。

7.1.4.2　采样时间和频次

采样时间是指每次采样从开始到结束的时间，也称采样时段。采样时间短，试样缺乏代表性，检测结果不能反映污染物浓度随时间的变化，仅适用于事故性污染、初步调查等情况的应急检测。为增加采样时间，一是可以增加采样频率，即每隔一定时间采样测定 1 次，取多个试样测定结果的平均值为代表值。二是使用自动采样仪器进行连续自动采样，若再配用污染组分连续或间歇自动检测仪器，其检测结果将能很好地反映污染物浓度的变化，得到任何一段时间的代表值。

采样频率是指在一定时间范围内的采样次数。采样时间和采样频率根据检测目的、污染物分布特征及人力、物力等因素来确定。

① 平均浓度的检测　检测年平均浓度时至少采样 3 个月，检测日平均浓度至少采样 18h，检测 8h 平均浓度至少采样 6h，检测 1h 平均浓度至少采样 45min，检测采样时间应涵盖通风最差的时间段。

② 长期累积浓度的检测　此种检测多用于对人体健康影响的研究，一般采样需 24h 以上，甚至连续几天进行累积性采样，以得出一定时间内的平均浓度。由于是累积式采样，故样品检测方法的灵敏度要求就比较低，缺点是对样品和检测仪器的稳定性要求较高。另外，样品的本底与空白的变异，对结果的评价会带来一定困难，不能反映浓度的波动情况和日变化曲线。

③ 短期浓度的检测　为了了解瞬时或短时间内室内污染物浓度的变化，可采用短时间的采样、间歇式或抽样检验的方法，采样时间为几分钟至 1h。短时间浓度的检测可反映瞬时的浓度变化，按小时浓度变化绘制浓度的日变化曲线，主要用于公共场所及室内污染的研究，只是本法对仪器及测定方法的灵敏度要求较高，并受日变化及局部污染变化的影响。

7.1.4.3　质量保证

① 采样前的准备　根据任务单、监测项目、数量，做好样品的准备，填写样品准备单，做好采样仪器、采样器具的检查准备，正确选取采样设备容器、吸收液、现场测试仪器，确保采样工作的正常开展。对于苯管、TVOC 管，在采样前必须做"定仪器校流量"工作。

② 现场采集　做好现场记录，包括：检测地址、日期、采样点、检测项目、编号、温度、大气压力、开始时间、结束时间、流量、采样时间、采样体积、采样人签字。做好现场采样平面图的绘制，标明采样地点和编号。样品采集完毕后，认真做好样品的张贴标识。检查样品标识、现场记录和采样平面图的编号是否一致。

③ 样品的运输　装有样品的容器需加以妥善保护和密封，装在包装箱内固定，以保证运输途中不相互碰撞、倾斜、破损、污染和丢失等。需要低温或避光保存的样品在样品运输过程中需配备必要的设备，应保证自采样后立即进行低温、避光保存。

④ 采样仪器　仪器使用前，应按仪器说明书对仪器进行检验和标定。每次平行采样，测定之差与平均值比较的相对偏差不超过 20%。气密性检查：动力采样器在采样前应对采样系统进行气密性检查，不得漏气。流量校准：采样系统流量要能保持恒定，采样前和采样后要用一级皂膜计校准采样系统进气流量，误差不超过 5%。采样器流量校准：在采样器正常使用状态下，用一级皂膜计校正采样器流量计的刻度，校 5 个点，绘制流量标准曲线。记录校准时的大气压力和温度。空白检验：在一批现场采样中，应留有两个采样管不采样并按其他样品管一样对待，作为采样过程中空白检验，若空白检验超过控制范围，则这批样品作废。

7.1.5 结果表示及评价

7.1.5.1 记录

采样时要对现场情况、各种污染源、采样日期、时间、地点、数量、布点方式、大气压力、气温、相对湿度、风速做详细记录以及采样者签字等，随样品一同报到实验室。检验时应对检验日期、实验室、仪器和编号、分析方法、检验依据、实验条件、原始数据、测试人、校核人等做详细记录。

7.1.5.2 测试结果

单位体积空气样品中所含有污染物的量，称为该污染物在空气中的浓度。空气污染物浓度的表示方法有两种：质量浓度（mg/m^3 或 $\mu g/m^3$）和体积分数（$\mu L/L$ 或 nL/L）。具体换算方式参照式（5-3）（质量浓度和体积分数之间的换算关系）。

测试结果以平均值表示，化学性、生物性和放射性指标平均值符合标准值要求时，为符合本标准。如有一项检验结果未达到本标准要求时，为不符合本标准。

要求年平均、日平均、8h 平均值的参数，可以先做筛选采样检验，若检验结果符合标准值要求，为符合本标准。若筛选采样检验结果不符合标准值要求，必须按年平均、日平均、8h 平均值的要求，用累积采样检验结果评价。

气体体积受温度和大气压的影响，为使计算出的浓度具有可比性，需要将现场状态下的体积换算成标准状态下（0℃，101.325kPa）的体积，根据气体状态方程，按照式（5-4）运算。

7.1.5.3 结果评价

室内空气质量状况评价是对环境优劣进行的一种定性、定量描述，即按照一定的评价标准和评价方法对一定区域范围内的环境质量进行说明、评定和预测。2022 年 7 月 11 日发布了 GB/T 18883—2022《室内空气质量标准》，参数标准值规定见表 7-3，该标准适用于住宅和办公建筑物，其他建筑物室内环境也可参照执行。在进行室内空气质量影响评价时，建议选取甲醛、苯、总挥发性有机物、氨、氡五项污染物作为评价因子，既要考虑室内材料用品产生的污染物，又要兼顾室外环境空气质量状况，建议选取甲醛、可吸入颗粒物、二氧化碳三项污染物指标作为评价因子。

表 7-3　室内空气质量标准

序号	参数类别	参数	单位	标准值	备注
1	物理性	温度	℃	22～28	夏季
				16～24	冬季
2		相对湿度	%	40～80	夏季
				30～60	冬季
3		空气流速	m/s	0.3	夏季
				0.2	冬季
4		新风量	$m^3/(h \cdot P)$	30①	
5	化学性	二氧化硫 SO_2	mg/m^3	0.50	1h均值
6		二氧化氮 NO_2	mg/m^3	0.24	1h均值

序号	参数类别	参数	单位	标准值	备注
7	化学性	一氧化碳 CO	mg/m³	10	1h 均值
8		二氧化碳 CO_2	%	0.10	24h 均值
9		氨 NH_3	mg/m³	0.20	1h 均值
10		臭氧 O_3	mg/m³	0.16	1h 均值
11		甲醛 HCHO	mg/m³	0.10	1h 均值
12		苯 C_6H_6	mg/m³	0.11	1h 均值
13		甲苯 C_7H_8	mg/m³	0.20	1h 均值
14		二甲苯 C_8H_{10}	mg/m³	0.20	1h 均值
15		苯并[a]芘(B[a]P)	mg/m³	1.0	24h 平均值
16		可吸入颗粒 PM_{10}	mg/m³	0.15	24h 平均值
17		总挥发性有机物 TVOC	mg/m³	0.60	8h 均值
18	生物性	菌落总数	CFU/m³	2500	依据仪器定[②]
19	放射性	氡 ^{222}Rn	Bq/m³	400	年平均值（行动水平[③]）

① 新风量要求≥标准值，除温度、相对湿度外的其他参数要求≤标准值。
② 见 GB/T 18883—2022 附录 D。
③ 达到此水平建议采取干预行动以降低室内氡浓度。

思考与练习 7.1

1. 填空

(1) 验收民用建筑工程时，应抽检有代表性的房间室内环境污染物浓度，抽检数量不得少于_____，并不得少于_____间；房间总数少于 3 间时，应_____。

(2) 房间使用面积小于 50m² 时，设_____个检测点；房间使用面积 50～100m² 时，设_____个检测点；房间使用面积 100～500m² 时，设不少于_____个检测点。

(3) 筛选法采样：采样前关闭门窗_____，采样时关闭门窗，至少采样_____。

(4) GB/T 18883—2022 标准的名称为_____，其他室内环境可参照本标准执行。

(5) 采样点的高度：相对高度_____之间；采样点应避开通风口，离墙壁距离应大于_____。

(6) 大气采样时，常用的布点方法有_____、_____、_____、_____。

2. 简答

(1) 简述室内空气监测选点要求。

(2) 简述室内空气采样时间和频率。

阅读与咨询

扫描二维码可查看［拓展阅读 7-1］环境监测和环境检测的区别。

环境监测和
环境检测的区别

任务 7.2 指标测定

7.2.1 甲醛

7.2.1.1 概述

（1）危害及来源

甲醛（HCHO）是一种无色易溶于水和乙醇的刺激性气体，对皮肤和黏膜有强烈的刺激作用，可使细胞中的蛋白质凝固变性，抑制一切细胞机能，由于甲醛在体内生成甲醇而对视丘及视网膜有较强的损害作用。甲醛对人体健康的影响主要表现在嗅觉异常、刺激、过敏、肺功能异常及免疫功能异常等方面。可经呼吸道吸收，甲醛对人体的危害具有长期性、潜伏性、隐蔽性的特点。长期吸入甲醛可引发鼻咽癌、喉头癌等严重疾病。

室内空气中甲醛主要来源于室内装饰的人造板材、人造板制造的家具、含有甲醛成分并有可能向外界散发的其他各类装饰材料及燃烧后会散发甲醛的材料。刨花板、密度板、胶合板等人造板材及胶黏剂和墙纸是空气中甲醛的主要来源，释放期长达 3~15 年。室内空气质量标准规定甲醛的最高允许含量为 $0.10mg/m^3$。

（2）方法选择

空气中甲醛的测定方法主要有 AHMT 分光光度法（GB/T 16129）、乙酰丙酮分光光度法（GB/T 15516）、酚试剂分光光度法、气相色谱法（GB/T 18204.2—2014）等。酚试剂分光光度法灵敏度高，下面重点介绍酚试剂分光光度法（GB/T 18204.2—2014）。

7.2.1.2 方法原理

空气中的甲醛与酚试剂反应生成嗪，嗪在酸性溶液中被高铁离子氧化形成蓝绿色化合物，比色定量。

7.2.1.3 仪器试剂

所用水均为重蒸馏水或去离子交换水，所用的试剂纯度一般为分析纯。

① 主要仪器：大型气泡吸收管（出气口内径为 1mm，出气口至管底距离等于或小于 5mm，有 5mL 和 10mL 刻度线）；空气采样器（流量范围 0~2L/min）；10mL 具塞比色管；分光光度计（具有 630nm 波长，并配有 10mm 光程的比色皿）。

② 吸收液原液（1.0g/L）：用分析天平称取 0.10g 酚试剂 $[C_6H_4SN(CH_3)C:NNH_2 \cdot HCl$ 简称 MBTH]，加水溶解，倾于 100mL 容量瓶中，加水至刻度。放冰箱中保存，可稳定 3d。为了防止浪费，实验室一般可以少配一点；用分析天平称取 0.05g 酚试剂，加水溶解，倾于 50mL 容量瓶中，加水至刻度。放冰箱中保存，可稳定 3d。以下同。

③ 吸收液：用 5mL 移液管量取吸收原液 5mL，用 100mL 量筒加入 95mL 水，即为吸收液。采样时，临时现配。

④ 0.1mol/L 盐酸：用 2mL 吸量管吸取 1.68mL 浓盐酸，放入预先放有少量水的 200mL 容量瓶，定容至 200mL。

⑤ 硫酸铁铵溶液 $\{\rho[NH_4Fe(SO_4)_2 \cdot 12H_2O]=10g/L\}$：用托盘天平称取 1.0g 硫酸铁铵，用 0.1mol/L 盐酸溶解，并倒入 100mL 容量瓶中，用 0.1mol/L 盐酸定容至刻度。

⑥ 碘溶液 [$c(1/2I_2)=0.1000mol/L$]：称量 40g 碘化钾，溶于 25mL 水中，加入 12.7g 碘。待碘完全溶解后，用水定容至 1000mL，移入棕色瓶中，暗处保存。称量 10g 碘化钾，溶于 25mL 水中，加入 3.175g 碘。待碘完全溶解后，用水定容至 250mL，移入棕色瓶中，暗处保存。

⑦ 氢氧化钠溶液（40g/L）：用烧杯在托盘天平上称量 40g 氢氧化钠，溶于水中，待冷却后移至 1L 容量瓶中，定容至刻度。实验室实际用 10g 定容到 250mL。

⑧ 硫酸溶液 [$c(1/2H_2SO_4)=0.5mol/L$]：用 50mL 量筒量取 28mL 浓硫酸缓慢加入水中，冷却后倒入 1000mL 容量瓶中，并稀释至刻度。实验室实际用 7mL 定容到 250mL。

⑨ 硫代硫酸钠标准溶液 [$c(Na_2S_2O_3)=0.1000mol/L$]。

⑩ 淀粉溶液（5g/L）：用托盘天平称取 0.5g 可溶性淀粉，加入少量水调成糊状后，再加入 100mL 沸水，并煮沸 2~3min 至溶液透明。此溶液浓度即为 5g/L。冷却后，加入 0.1g 水杨酸或 0.4g 氯化锌保存。

⑪ 甲醛标准贮备溶液：用 5mL 吸量管吸取 2.8mL 甲醛溶液（含甲醛 36%~38%）于 1L 预先盛有少量水的容量瓶中，用水稀释至刻度，摇匀，此溶液 1mL 约相当于 1mg 甲醛。其准确浓度用下述碘量法标定。实验室可以用 1mL 的移液管移取 0.7mL 的甲醛溶液于 250mL 预先盛有少量水的容量瓶中，用水稀释至刻度，摇匀，此溶液 1mL 约相当于 1mg 甲醛。

甲醛标准贮备溶液的标定：用 20mL 移液管精确量取 20.00mL 甲醛标准贮备溶液，置于 250mL 碘量瓶中。用 20mL 移液管量取 20.00mL $c(1/2I_2)=0.1000mol/L$ 碘溶液，用量筒量取 15mL 1mol/L 氢氧化钠溶液，放置 15min（加入碘溶液后应该立即加盖，以防止碘挥发）。用量筒量取 20mL 0.5mol/L 硫酸溶液，再放置 15min，用 $c(Na_2S_2O_3)=0.1000mol/L$ 硫代硫酸钠标准溶液滴定，至溶液呈现淡黄色时，加入 1mL 0.5% 淀粉溶液，继续滴定至刚使蓝色消失即为终点，记录所用硫代硫酸钠标准滴定溶液体积。同时用水做试剂空白滴定（空白和样品各两个平行样，2 次滴定误差应小于 0.05mL）。甲醛浓度用下式计算：

$$\rho=\frac{(V_1-V_2)cM}{20} \tag{7-1}$$

式中　ρ——甲醛标准贮备溶液浓度，mg/mL；

　　　V_1——滴定空白时消耗硫代硫酸钠标准滴定溶液体积，mL；

　　　V_2——滴定甲醛溶液时消耗硫代硫酸钠标准滴定溶液体积，mL；

　　　c——硫代硫酸钠标准滴定溶液的浓度，mol/L；

　　　M——甲醛的摩尔质量，15g/mol；

　　　20——所取甲醛标准贮备液的体积，mL。

二次平行滴定，误差应小于 0.05mL，否则重新标定。

⑫ 甲醛标准溶液：临用时，将甲醛标准贮备溶液用水稀释成 1.00mL 含 $10\mu g$ 甲醛，立即再取此溶液 10.00mL，加入 100mL 容量瓶中，加入 5mL 吸收原液，用水定容至 100mL，此溶液 1.00mL 含 $1.00\mu g$ 甲醛，放置 30min 后，用于配制标准色列管。此标准溶液可稳定 24h。

7.2.1.4　分析步骤

（1）采样

用一个内装 5mL 吸收液的气泡吸收管，以 0.5L/min 流量采气 20min 即 10L，并记录采样时的温度和大气压力。采样后样品在室温下应在 24h 内分析。

（2）标准曲线的绘制

用标准溶液绘制标准曲线：取 9 支 10mL 具塞比色管，按表 7-4 制备标准色列管。

表 7-4　甲醛标准系列

管号	0	1	2	3	4	5	6	7	8
标准溶液/mL	0.0	0.1	0.2	0.4	0.6	0.8	1.0	1.5	2.0
吸收液/mL	5.0	4.9	4.8	4.6	4.4	4.2	4.0	3.5	3.0
甲醛含量/μg	0.0	0.1	0.2	0.4	0.6	0.8	1.0	1.5	2.0

注：标准溶液分别用 1mL 和 2mL 的吸量管吸取，吸收液用 5mL 吸量管吸取。

各管中，用 1mL 吸量管加入 0.4mL 1% 硫酸铁铵溶液，摇匀。放置 15min。用 1cm 比色皿，在波长 630nm 下，以水作参比，测定各管溶液的吸光度。以甲醛含量为横坐标，吸光度为纵坐标，绘制标准曲线，并计算回归曲线斜率，以斜率倒数作为样品测定的计算因子 B_g（μg/吸光度）。

（3）样品测定

采样后，将样品溶液全部转入比色管中，用少量吸收液洗吸收管，合并使总体积为 5mL。按绘制标准曲线的操作步骤测定吸光度，在每批样品测定的同时，用 5mL 未采样的吸收液作试剂空白，测定试剂空白的吸光度。

7.2.1.5　注意事项

① 绘制标准曲线时与样品测定时温差不超过 2℃。

② 标定甲醛时，在摇动下逐滴加入 30% 氢氧化钠溶液，至颜色明显减退，再摇片刻，待退成淡黄色，放置后应褪至无色。若碱量加入过多，则 5mL（1＋5）盐酸溶液不足以使溶液酸化。

③ 测量范围：用 5mL 样品溶液，本法测定范围为 0.1～1.5μg；采样体积为 10L 时，可测定浓度范围为 0.01～0.15mg/m³。

④ 灵敏度：本法灵敏度为 2.8μg/吸光度。

⑤ 检出下限：本法检出下限为 0.056μg 甲醛。当气体采样体积为 10L 时，测量范围为 0.01～0.15mg/m³。

⑥ 干扰及排除：20μg 酚、2μg 醛以及二氯化氮对本法无干扰。二氧化硫共存时，使测定结果偏低。因此对二氧化硫干扰不可忽视，可将气样先通过硫酸锰滤纸过滤器。

⑦ 再现性：当甲醛含量为 0.1μg/5mL、0.6μg/5mL、1.5μg/5mL 时，重复测定的变异系数为 5%、5%、3%。

⑧ 回收率：当甲醛含量为 0.4～1.0μg/5mL 时，样品加标准的回收率为 93%～101%。

7.2.1.6　数据记录与处理

（1）空气中甲醛浓度按下式计算：

$$\rho = \frac{(A - A_0)B_g}{V_0} \tag{7-2}$$

式中　ρ——空气中甲醛浓度，mg/m³；

A——样品溶液的吸光度；

A_0——空白溶液的吸光度；

B_g——计算因子，由表 7-4 求得，μg/吸光度；

V_0——已换算成标准状态下（101.325kPa，273K）下的采样体积，L。

计算结果保留到整数位，单位 mg/m³。

（2）数据记录参考表

见表 7-5。

表 7-5 甲醛的测定

标准曲线绘制									
序号	1	2	3	4	5	6	7	8	9
甲醛含量/μg	0	0.1	0.2	0.4	0.6	0.8	1.0	1.5	2.0
A									
A 校正									
回归方程									
相关性系数 r									

样品测定					
样品编号	取样体积 V/mL	吸光度		样品浓度计算	
		测量值	校正值	含量计算/μg	浓度计算/(mg/L)
备注					

7.2.1.7 思考题

已知某实验室做甲醛标准曲线 $y = 0.000556 + 0.024x$，在某次进行室内甲醛监测中，测得吸光度为 0.115，蒸馏水空白为 0.005，采样速率为 0.5L/min，采样时间为 45min（大气压为 101.3kPa，室温为 20℃），求室内甲醛的浓度？

7.2.2 总挥发性有机物

扫描二维码可查看详细内容。

总挥发性有机物测定　　　　　　气相色谱　　　　　　室内空气总挥发性有机物
　　　　　　　　　　　　　　　　　　　　　　　　　的测定——标准样品配制

7.2.3 氨

7.2.3.1 概述

（1）危害及来源

氨（NH₃）是一种无色、有强烈刺激性气味的气体。室内氨主要来自建筑施工中使用的混凝土外加剂，制造化肥、合成尿素、合成纤维、燃料、塑料、镜面镀银、制胶等工艺中也会产生氨。生活环境中的氨主要来自生物性废物，如粪、尿、尸体、排泄物、生活污水等。理发店烫发水中有氨，家具涂饰时所用的添加剂和增白剂大部分都用氨水。当人接触的氨质量浓度为 $553mg/m^3$ 时会发生强烈的刺激症状，可耐受的时间为 1.25min，当人置于氨质量浓度为 $3500{\sim}7000mg/m^3$ 的环境时会立即死亡。

（2）方法选择

氨的检测方法有靛酚蓝分光光度法（GB/T 18204.2）、纳氏试剂法（GB/T 14668）、次氯酸钠-水杨酸分光光度法（GB/T 14679）、离子选择性电极法（GB/T 14669）等。下面重点介绍靛酚蓝分光光度法。

7.2.3.2 方法原理

空气中氨吸收在稀硫酸中，在亚硝基铁氰化钠及次氯酸钠存在下，与水杨酸生成蓝绿色的靛酚蓝染料，根据颜色深浅，比色定量。然后，可以用测定的吸收液浓度换算至采样规定体积的空气中的氨浓度。

7.2.3.3 仪器试剂

① 主要仪器：大型气泡吸收管（有 10mL 刻度线，出气口内径为 1mm，与管底距离应为 $3{\sim}5mm$）；空气采样器（流量范围 $0{\sim}2L/min$，流量稳定；使用前后，用皂膜流量计校准采样系统的流量，误差应小于 ±5%）；具塞比色管（10mL）；分光光度计（可测波长为 697.5nm，狭缝小于 20nm，并配有 10mm 光程的比色皿）。

② 无氨蒸馏水：见 7.2.3.4 分析步骤（1）。

③ 吸收液 $[c(H_2SO_4)=0.005mol/L]$：用 5mL 吸量管吸取 2.8mL 浓硫酸加入无氨蒸馏水中，待冷却后稀释至 1L，此溶液浓度为 0.05mol/L。临用时再用 10mL 吸量管吸取上述溶液 10mL，置于 100mL 容量瓶中稀释到刻度，即稀释 10 倍的浓度为 0.005mol/L。为了防止浪费，根据实际情况，实验室可以每次少配一点，用 1mL 吸量管吸取 0.7mL 浓硫酸加入水中，待冷却后稀释至 250mL，此溶液浓度也为 0.05mol/L。以下同。此过程均应使用无氨蒸馏水。

④ 2mol/L NaOH 溶液：用烧杯称取 20g 氢氧化钠，加水 250mL，冷却后放入带橡胶塞的试剂瓶保存。

⑤ 水杨酸溶液，$\rho[C_6H_4(OH)COOH]=50g/L$：用托盘天平称取 10.0g 水杨酸和 10.0g 柠檬酸三钠（$Na_3C_6O_7 \cdot 2H_2O$），加水约 50mL，再加 55mL 氢氧化钠溶液 $[c(NaOH)=2mol/L]$，用无氨蒸馏水稀释至 200mL。此试剂稍有黄色，室温下可稳定一个月。

⑥ 亚硝基铁氰化钠溶液（10g/L）：称取 1.0g 亚硝基铁氰化钠 $[Na_2Fe(CN)_5 \cdot NO \cdot 2H_2O]$，溶于少量无氨蒸馏水中，并转移至 100mL 容量瓶中，烧杯洗涤几次，将洗涤液一并倒入容量瓶中，最后用无氨蒸馏水稀释至刻度。贮于冰箱中可稳定一个月（此物质有毒，配制时应小心）。

⑦ 次氯酸钠溶液 $[c(NaClO)=0.05mol/L]$：用 1mL 吸量管吸取 1mL 次氯酸钠试剂原液，需用碘量法标定其浓度。然后用氢氧化钠溶液 $[c(NaOH)=2mol/L]$ 稀释成 0.05mol/L 的溶液。贮于冰箱中可保存两个月。在配制此溶液时应注意防止有效氯的挥发，配制时容器中应预先放置少量氢氧化钠溶液，吸取或释放时应尽量快，以防止挥发。

⑧ 氨标准贮备液 $[\rho(NH_3)=1.00g/L]$：用分析天平准确称取 0.3142g 经 105℃ 干燥 1h

的氯化铵（NH₄Cl），用少量水溶解，移入 100mL 容量瓶中，用吸收液稀释至刻度，此液 1.00mL 含 1.00mg 氨。

⑨ 氨标准工作液 [$\rho(NH_3) = 1.00mg/L$]：临用时，将标准贮备液用吸收液稀释成 1.00mL 含 1.00μg 氨。用 1mL 移液管吸取标准贮备液 1mL，置于 100mL 容量瓶中，用吸收液稀释至 100mL，此为一次稀释液。再用 10mL 移液管吸取一次稀释液 10mL，置于 100mL 容量瓶中，用吸收液稀释至 100mL，此为标准工作液。

7.2.3.4 分析步骤

（1）无氨蒸馏水的制备

于普通蒸馏水中，加少量的高锰酸钾至浅紫红色，再加少量氢氧化钠呈碱性。蒸馏，取其中间蒸馏部分的水，加少量硫酸溶液呈微酸性，再蒸馏一次，也取其中间蒸馏部分的水。

（2）次氯酸钠溶液浓度的标定

用托盘天平称取 2g 碘化钾（KI）于 250mL 碘量瓶中，加水 50mL 溶解，用 1mL 吸量管加 1.00mL 次氯酸钠（NaClO）试剂，再用 1mL 吸量管加 0.5mL 盐酸溶液 [$w(HCl) = 50\%$]，摇匀，暗处放置 3min。用硫代硫酸钠标准溶液 [$c(\frac{1}{2}Na_2S_2O_3) = 0.100mol/L$] 滴定析出的碘，至溶液呈黄色时，加 1mL 新配置的淀粉指示剂（5g/L），继续滴定至蓝色刚刚褪去，即为终点。记录所用硫代硫酸钠标准溶液体积。

按下式计算次氯酸钠溶液的浓度：

$$c(NaClO) = \frac{c\left(\frac{1}{2}Na_2S_2O_3\right) \times V}{1.00 \times 2} \tag{7-3}$$

式中　$c(NaClO)$——次氯酸钠试剂的浓度，mol/L；

　$c(1/2Na_2S_2O_3)$——硫代硫酸钠标准滴定溶液浓度，mol/L；

　　　　　　V——硫代硫酸钠标准滴定溶液用量，mL。

（3）采样

用一个内装 10mL 吸收液的大型气泡吸收管，以 0.5L/min 流量，采气 5L，及时记录采样点的温度及大气压力。采样后，样品在室温下保存，于 24h 内分析。

（4）标准曲线的绘制

取 10mL 具塞比色管 7 支，按表 7-6 制备标准系列管。

在各管中用 1mL 吸量管加入 0.50mL 水杨酸溶液，再用 1mL 吸量管加入 0.10mL 亚硝基铁氰化钠溶液和 0.10mL 次氯酸钠溶液，混匀，室温下放置 1h。用 1cm 比色皿，于波长 697.5nm 处，以水作参比，测定各管溶液的吸光度。以氨含量（μg）作横坐标，吸光度为纵坐标，绘制标准曲线，并用最小二乘法计算校准曲线的斜率、截距及回归方程。

$$y = bx - a \tag{7-4}$$

式中　y——标准溶液的吸光度；

　x——氨含量，μg；

　a——回归方程式的截距；

　b——回归方程式斜率。

标准曲线斜率 b 应为（0.081 ± 0.003）吸光度/μg 氨。以斜率的倒数作为样品测定时的计算因子（B_s）。

表 7-6　氨标准系列

管号	0	1	2	3	4	5	6
标准工作液/mL	0	0.50	1.00	3.00	5.00	7.00	10.00
吸收液/mL	10.00	9.50	9.00	7.00	5.00	3.00	0
氨含量/μg	0	0.50	1.00	3.00	5.00	7.00	10.00

（5）样品测定

将样品溶液转入具塞比色管中，用少量的水洗吸收管、合并，使总体积为 10mL。再按制备标准曲线的操作步骤测定样品的吸光度。在每批样品测定的同时，用 10mL 未采样的吸收液做试剂空白测定。如果样品溶液吸光度超过标准曲线范围，则可用试剂空白稀释样品显色液后再分析。计算样品浓度时，要考虑样品溶液的稀释倍数。

7.2.3.5　注意事项

① 工作曲线控制范围：氨的工作曲线，斜率的范围为（0.081±0.003）吸光度/μg 氨；空白值范围为≤0.040 吸光度。

② 测定范围：测定范围为 10mL 样品溶液中含 0.5～10μg 氨。按本法规定的条件采样 10min，样品可测浓度范围为 0.01～2mg/m³。

③ 灵敏度：本方法的灵敏度为 12.3μg NH_3/吸光度，也就是说 10mL 吸收液中含有 1μg 的氨，吸光度为 0.081±0.003。

④ 检测下限：检测下限为 0.5μg/10mL，若采样体积为 5L 时，最低检出浓度为 0.01mg/m³。

⑤ 干扰和排除：对已知的各种干扰物，本法已采取有效措施进行排除，常见的 Ca^{2+}、Mg^{2+}、Fe^{3+}、Mn^{2+}、Al^{3+} 等多种阳离子已被柠檬酸络合；2μg 以上的苯胺有干扰，H_2S 允许量为 30μg。

⑥ 方法的精密度：当样品中氨含量为 1.0μg/10mL、5.0μg/10mL、10.0μg/10mL 时，其变异系数分别为 3.1%、2.9%、1.0%，平均相对偏差为 2.5%。

⑦ 方法的准确度：样品溶液加入 1.0μg/10mL、3.0μg/10mL、5.0μg/10mL、7.0μg/10mL 的氨时，其回收率为 95%～109%，平均回收率为 100.0%。

⑧ 本测定方法需特别注意干扰物质，否则会出现发色偏黄、吸光度偏低以及不发色等现象。尤其配置水杨酸时需特别注意溶液的性状。蒸馏无氨水时要注意酸碱条件。次氯酸钠使用一定要定期标定，正确保存，以免失效、影响样品的检测。

7.2.3.6　数据处理

空气中氨浓度按下式计算：

$$\rho(NH_3) = \frac{(A-A_0)B_s}{V_0} \tag{7-5}$$

式中　$\rho(NH_3)$——空气中氨浓度，mg/m³；

A——样品溶液的吸光度；

A_0——空白溶液的吸光度；

B_s——计算因子，由表 7-10 求得，取斜率倒数为计算因子 B_s（μg/吸光度）；

V_0——已换算成标准状态（101.325kPa，273K）下的采样体积，L。

计算结果保留到整数位，单位 mg/m³。

7.2.3.7 思考题

① 次氯酸钠溶液为什么需要标定浓度？
② 实验过程中干扰物质会对实验结果造成什么影响？

7.2.4 氡

7.2.4.1 概述

（1）危害及来源

氡是由镭在环境中衰变而产生的自然界唯一的天然放射性惰性气体。它没有颜色，也没有任何气味。在自然界中，氡有三种放射性同位素，即 ^{219}Rn、^{220}Rn 和 ^{222}Rn。其中 ^{222}Rn 半衰期最长，为 3.825d，另外两种同位素的半衰期都非常短，不具有实际意义。因此，通常所指的氡以 ^{222}Rn 为主。氡普遍存在于人们的生活环境中，常温下，氡及其子体在空气中能形成放射性气溶胶而污染空气，放射性气溶胶很容易被人体呼吸系统截留，并在局部区域不断积累，长期吸入高浓度氡最终可诱发肺癌。室内氡的来源主要有从房地基土壤中析出的氡，从建筑材料中析出的氡（它是室内氡的最主要来源，特别是含有放射性元素的天然石材极易释放出氡），从户外空气中进入室内的氡，从供水及取暖设备和厨房设备的天然气中释放出来的氡。

（2）方法选择

《室内空气质量标准》要求的监测方法有闪烁瓶法、径迹蚀刻法、活性炭盒法、双滤膜法、气球法。空气中氡浓度的测量方法从测量时间上可以分为瞬时测量、连续测量和累积测量；从采样方法上可以分为被动式和主动式两种；从测量对象上又可分为测氡和测氡子体、或同时测量氡和氡子体三种。瞬时测量快速、方便，可及时获得监测数据，但代表性差。目前倾向认为被动式累积测量是室内氡的较理想的方法，它能反映氡浓度的平均值。累积测量法在研究中普遍采用，但因其测量周期长，不易为公众所接受，瞬时测量法因为其能及时给出结果，被公众接受。

径迹蚀刻法是被动式累积采样，能测量采样期间内氡的累积浓度，暴露 20d，其探测下限可达 $2.1 \times 10^3 Bq/m^3$。测试原理是氡及其子体发射的 α 粒子轰击探测器（径迹片）时，使其产生亚微观型损伤径迹。将探测器在一定条件下进行化学或电化学蚀刻，扩大损伤径迹，以致能用显微镜或自动计数装置进行计数。单位面积上的径迹数与氡浓度和暴露时间的乘积成正比。用刻度系数可将径迹密度换算成氡浓度。

活性炭盒法也是被动式累积采样，能测量出采样期间内平均氡浓度，暴露 3d，探测下限可达 $6Bq/m^3$。空气扩散进炭床内，其中的氡被活性炭吸附，同时衰变，新生的子体便沉积在活性炭内。用 γ 能谱仪测量活性炭盒的氡子体特征 γ 射线峰（或峰群）强度。根据特征峰面积可计算出氡浓度。

双滤膜法属于主动式采样，能测量采样瞬间的氡浓度，探测下限为 $3.3Bq/m^3$。抽气泵开动后含氡气体经过滤膜进入衰变筒，被滤掉子体的纯氡在通过衰变筒的过程中又生成新子体，新子体的一部分为出口滤膜所收集。测量出口滤膜上的 α 放射性就可换算出氡浓度。

闪烁瓶法是测量氡气比较经典的方法，是一种瞬时被动式测氡方法。该法的优点是灵敏度高、快速，现场采样仅需十几秒钟。对住户干扰小，并可以同时进行多点采样，稍加改进，还可以进行水和天然气氡以及土壤氡发射率的测定。下面重点介绍氡浓度的闪烁瓶测量方法（GBZ/T 155—2002）。

7.2.4.2　方法原理

（1）相关术语

放射性气溶胶：含有放射性核素的固态或液态微粒在空气或其他气体中形成的分散系。闪烁瓶：一种氡探测器和采样容器。由不锈钢、铜或有机玻璃等低本底材料制成。外形为圆柱形或钟形，内层涂以 ZnS（Ag）粉，上部有密封的通气阀门。氡室：一种用于刻度氡及其短寿命子体探测器的大型标准装置。由氡发生器、温湿度控制仪和氡及其子体监测仪等设备组成。

（2）原理

闪烁瓶法利用仪器直接检测室内空气中氡浓度。根据空气取样方式分为连续流经型和周期注入型两种，原理是用泵或真空的方法将空气引入闪烁室，氡和衰变产物发射的 α 粒子使闪烁室内壁上的 ZnS(Ag) 涂层晶体产生闪光，光电倍增管把闪烁体发出的微弱闪光信号转换为电脉冲，经电子学测量单元放大后记录下来，储存于连续探测器的记忆装置中。单位时间内的电脉冲数与氡浓度成正比，根据刻度源测得的净计数率-氡浓度刻度曲线，可由所测脉冲计数率，得到待测空气中氡浓度。

7.2.4.3　测量装置

测量装置由探头、高压电源和电子学分析记录单元组成。

① 探头由闪烁瓶、光电倍加管和前置单元电路组成。

a. 典型的闪烁瓶（见图 7-1），闪烁瓶是一种氡探测器和采样容器，由不锈钢、铜或有机玻璃等低本底材料制成，外形为圆柱形或钟形，内层涂以 ZnS（Ag）粉，上部有密封的通气阀门。

b. 必须选择低噪声、高放大倍数的光电倍加管，工作电压低于 1000V。

c. 前置单元电路应是深反馈放大器，输出脉冲幅度为 0.1~10V。

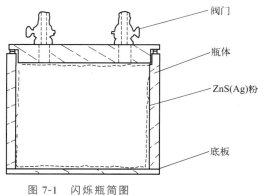

图 7-1　闪烁瓶简图

d. 探头外壳必须具有良好的光密性，材料用铜或铝制成，内表面应氧化涂黑处理，外壳尺寸应适合闪烁瓶的放置。

② 高压电源输出电压应在 0~3000V 范围连续可调，波纹电压不大于 0.1%，电流应不小于 100mA。

③ 记录和数据处理系统可用定标器和打印机，也可用多道脉冲幅度分析器和 X-Y 绘图仪。

a. 通气阀门应经过真空系统检验。接入系统后，在 1×10^3 Pa 的真空度下，经过 12h，真空度无明显变化。

b. 底板用有机玻璃制成。其尺寸与光电倍增管的光阴极一致，接触面平坦，无明显划痕，与光电倍增管的光阴极有良好的光耦合。

c. ZnS(Ag) 粉必须经去钾提纯处理，使其对本底的贡献保持在最低水平。

d. 在整个取样测量期间，闪烁瓶的漏气必须小于采样量的 5%。

e. 测量室外空气中氡浓度时，闪烁瓶容积应大于 $0.5 \times 10^{-3} \mathrm{m}^3$。

7.2.4.4　分析步骤

① 在确定的测量条件下，进行本底稳定性测定和本底测量，得出本底分布图和本底值。

② 将抽成真空的闪烁瓶带到待测点，然后打开阀门（在高温、高尘环境下，须经预处理去湿、去尘），约 10s 后，关闭阀门，带回测量室待测。记录取样点的位置、温度和气压等。

③ 将待测闪烁瓶避光保存 3h，在确定的测量条件下进行计数测量。由要求的测量精度选用测量时间。

④ 测量后，必须及时用无氡气体清洗闪烁瓶，保持本底状态。

7.2.4.5　注意事项

① 必须先把处于真空状态的闪烁瓶与系统相连接。按规定程序打开阀门使大部分生成的氡进入闪烁瓶，接通气瓶，用无氡气体将其余氡气赶入闪烁瓶。

② 结果的误差主要是源误差、刻度误差、取样误差和测量误差。在测量室外空气中氡浓度时，计数统计误差是主要的。按确定的测量程序进行，报告要列出测量值和计数统计误差。

③ 采样点必须有代表性，室内、室外、地下场所，空气中氡的浓度分布是不均匀的。采样点要代表待测空间的最佳取样点。

④ 采样条件必须规范化，采样条件必须考虑地面、地域、气象、居住环境、人群特征等，条件的规范化取决于采样的目的。

7.2.4.6　结果处理

典型装置刻度曲线在双对数坐标纸上是一条直线，计算式为：

$$\lg Y = a \lg X + b \tag{7-6}$$

式中　Y——空气中氡的浓度，$\mathrm{Bq/m^3}$；

　　　X——测定的净计数率，cpm；

　　　a——刻度系数，取决于整个测量装置的性能；

　　　b——刻度系数，取决于整个测量装置的性能。

由式(7-6)，可得：

$$Y = e^b x^a$$

由净计数率，使用图表或公式可以得到相应样品空气中的氡浓度值。

7.2.4.7　记录

采样记录取决于采样目的。记录内容包括采样器编号、采样时间，采样点的地点、气压、温度、湿度以及其他与采样目的有关的有用资料，如风向、风力、雨前、雨后、周围环境等。

7.2.4.8　思考题

① 在测量室外空气中氡浓度时有哪些误差？其中哪个误差是主要的？

② 简述闪烁瓶法检测室内空气中氡浓度的原理。

 思考与练习 7.2

1. 简要回答

(1) 规范规定的室内空气中的总挥发性有机化合物（TVOC）包括哪些物质？

(2) 室内空气质量监测技术规范对室内空气质量监测项目的选择规定是哪些？

(3) 靛酚蓝分光光度法测定氨的原理是什么？

2. 计算题

写出空气中氨浓度的计算公式，说明各项含义。如果 $A=0.236$，$A_0=0.044$，计算因子为 $12.09\mu g/$吸光度，标准状态下采样体积为 10L，计算空气中氨浓度（精确至小数点后两位有效数字）。

 阅读与咨询

1. 扫描二维码可查看［拓展阅读 7-2］室内环境检测实验室 CMA 认证和［拓展阅读 7-3］生态环境监测机构及其人员要求。

室内环境检测实验室 CMA 认证　　　　　生态环境监测机构及其人员要求

2. 登录所列的相关咨询网站，可拓展学习相关内容。

模块 8
噪声监测

📚 学习目标

知识目标 熟悉环境噪声测量工作中常用术语及相关标准；掌握噪声测量的布点、评价量确定方法及相关计算；掌握声级计的操作规程及校准方法；掌握环境噪声的测量及其评价方法。

能力目标 能根据技术规范正确布设监测点位；能正确使用和维护测量仪器，根据监测标准完成现场测量，准确、规范地填报记录；能正确处理数据，正确表达结果，并根据有关标准作出相应评价。

素质目标 强化安全意识、质量意识、规范操作意识、团队合作意识；培养踏实肯干、严谨认真、耐心专注的工作态度；培养爱岗敬业、甘于奉献、精益求精的工匠精神。

🖥 学习引导

噪声对人的健康有什么影响？噪声监测点位如何确定？现场测量要做哪些方面准备？

任务 8.1 噪声及其标准咨询

8.1.1 噪声及其分类

噪声污染与水污染、大气污染、固体废物污染等化学污染不同，是一种物理污染。化学污染进入环境中可以迁移、转化，有些物质存留时间较长，而噪声污染在环境中则不会长时间停留，只要声源停止振动，污染就随之消失。而且，尽管噪声对人体有危害，但人不能生活在无声的环境中，环境过于安静，人就会感到不舒服，甚至产生恐惧，人只能生存在适度的声环境中。

8.1.1.1 噪声的概念

声音由物体振动引起，以波的形式在一定的介质（如固体、液体、气体）中进行传播。人们通常听到的声音为空气声。一般情况下，人耳可以听到的声波频率为 20～20000Hz，称为可听声；低于 20Hz，称为次声；高于 20000Hz，称为超声。人们所听到的声音的音调高低取决于声波的频率，高频声听起来尖锐，而低频声给人较为沉闷的感觉。声音的大小由声音的强弱决定。

从物理学的观点来看，噪声是由各种不同频率、不同强度的声音杂乱、无规律地组合而成。判断一个声音是否属于噪声，仅从物理学角度判断是不够的，主观上的因素往往起决定性作用。例如，美妙的音乐对于正在欣赏音乐的人来说是音乐，但对于正在学习、休息或集中精力思考问题的人来说可能是一种噪声。即使是同一种声音，当人处于不同状态、不同心情时，对声音也会产生不同的主观判断，此时声音可能成为噪声。因此，从生理学观点来看，凡是干扰人们休息、学习和工作的声音，即不需要的声音，统称为噪声。当噪声对人及周围环境造成不良影响时，就形成噪声污染。

《中华人民共和国噪声污染防治法》第二条：本法所称噪声，是指在工业生产、建筑施工、交通运输和社会生活中产生的干扰周围生活环境的声音。本法所称噪声污染，是指超过噪声排放标准或者未依法采取防控措施产生噪声，并干扰他人正常生活、工作和学习的现象。

8.1.1.2　噪声的分类

噪声按声源的机械特点可分为：气体扰动产生的噪声、固体振动产生的噪声、液体撞击产生的噪声以及电磁作用产生的电磁噪声。

噪声按照声音的频率可分为：小于 400Hz 的低频噪声、400～1000Hz 的中频噪声及大于 1000Hz 的高频噪声。

噪声按照时间变化的属性可分为稳态噪声、非稳态噪声、起伏噪声、间歇噪声以及脉冲噪声等。

城市环境噪声按主要来源可分为交通噪声、工业噪声、建筑施工噪声、社会生活噪声。

（1）交通噪声

交通噪声是指机动车辆、铁路机车、机动船舶、航空器等交通运输工具在运行时所产生的干扰周围生活环境的声音。由于机动车辆数量的迅速增加，使得交通噪声成为城市的主要噪声源。

（2）工业噪声

工业噪声是指在工业生产活动中使用固定的设备时产生的干扰周围生活环境的声音。工业噪声的声级一般较高，对工人及周围居民带来较大的影响。

（3）建筑施工噪声

建筑施工噪声是指在建筑施工过程中产生的干扰周围生活环境的声音。建筑噪声的特点是强度较大且多发生在人口密集地区，因此严重影响居民的休息和生活。

（4）社会生活噪声

社会生活噪声是指人为活动所产生的除工业噪声、建筑施工噪声和交通噪声之外的干扰周围生活环境的声音。包括人们的社会活动和家用电器、音响设备发出的噪声。这些设备的噪声级虽然不高，但由于和人们的日常生活密切联系，使人们在休息时得不到安静，尤为让人烦恼，极易引起纠纷。

8.1.2　噪声的物理量

人们日常听到各种各样的声音，纷繁复杂，有的响亮，有的轻微，有的低沉，有的尖锐。对于这些声的衡量主要从强度的量度和频谱分析两个方面进行。

声的强弱量度反映声音的大小，常用的物理参量包括声压、声强、声功率等。其中声压和声强反映声场中声的强弱；声功率反映声源辐射噪声能力的大小。

声的频率特性通常采用频谱分析的方法来描述，用这种方法可以对不同频率范围内噪声的分布情况进行分析，反映出声频率的大小，即音调高低的程度。

8.1.2.1　声压、声强、声功率

（1）声压

声压是指声波传播时，在垂直于其传播方向的单位面积上引起的大气压的变化，用符号 p 表示，单位为 Pa 或 N/m^2。

当没有声波存在时，空气处于静止状态，这时大气的压强即为大气压。当有声波存在时，局部空气被压缩或发生膨胀，形成疏密相间的空气层，被压缩的地方压强增加，膨胀的地方压强减少，这样就在大气压上叠加了一个压力变化。声压的大小与物体的振动状况有关，物体振动的幅度越大，即声压振幅越大，所对应的压力变化越大，因而声压也就越大，我们听起来就越响。因此声压的大小反映了声波的强弱。

对于 1000Hz 纯音，人耳刚能觉察到声音存在时的声压叫做听阈压，听阈压为 2×10^{-5} Pa（基准声压）。同样对于 1000Hz 的纯音，人耳感觉到疼痛时的声压叫做痛阈压，其大小为 20Pa。

（2）声强

声强是指在单位时间内，通过垂直声波传播方向单位面积的声能量，用符号 I 表示，单位为 W/m^2。

声强和声压一样，都是用来衡量声音强弱的物理量。声波的传播除引起大气压力的变化外，还伴随着声音能量的传播，声压使用的是压力，而声强使用的是能量。正常人耳对 1000Hz 纯音的听阈为 $10^{-12} W/m^2$（基准声强），痛阈为 $1 W/m^2$。

当声波在自由声场中以平面波或球面波传播时，声强与声压的关系为：

$$I = \frac{p^2}{\rho c} \tag{8-1}$$

式中　I——声强，W/m^2；

　　　p——声压，N/m^2；

　　　ρ——空气密度，kg/m^3；

　　　c——声速，m/s。

（3）声功率

声功率是指声源在单位时间内向外辐射的总声能量，用符号 W 表示，单位为 W。

声功率是表示声源特性的重要物理量，它反映了声源本身的特性，而与声波传播的距离以及声源所处的环境无关。一旦声源确定，在单位时间内向外辐射的噪声能量就不会改变，对一个固定的声源，声功率是一个恒量。声功率同样存在听阈和痛阈，正常人耳对纯音的听阈和痛阈分别为 $10^{-12} W$ 和 1W。

在自由声场中，声波向四面八方均匀辐射，此时声强与声功率之间的关系为：

$$I = \frac{W}{S} = \frac{W}{4\pi r^2} \tag{8-2}$$

式中　I——距离声源 r 处的声强，W/m^2；

W——声源辐射的声功率，W；

S——声波传播的面积，m^2；

r——离开声源的距离，m。

8.1.2.2 声压级、声强级、声功率级

由于声压的听阈与痛阈的绝对值之比为 $1:10^6$，声强或声功率的听阈与痛阈之比为 $1:10^{12}$，使用声压或声强的绝对值表示声音的大小极不方便，而且人对声音强弱的感觉不是与声压、声强的绝对值成正比，而是与其对数成正比。为此，引入"级"的概念来表示声音的强弱，这样既避免计算中数位冗长的麻烦，表达更加简洁，又符合人耳听觉分辨能力的灵敏度要求。

（1）声压级

声压级 是指该声音的声压 p 与基准声压 p_0 的比值取以 10 为底的对数再乘以 20，记作 L_p(dB)。其数学表达式为：

$$L_p = 20\lg \frac{p}{p_0} \tag{8-3}$$

式中　L_p——声压级，dB；

p——声压，Pa；

p_0——基准声压，$p_0 = 2 \times 10^{-5}$ Pa。

将听阈压、痛阈压分别代入式中，即可得出用声压级表示的听阈和痛阈为 0dB 和 120dB，大大简化了计算，同时又符合人耳的听觉特性。

（2）声强级

声强级 是指该声音的声强 I 与基准声强 I_0 的比值取以 10 为底的对数再乘以 10，记作 L_I(dB)。其数学表达式为：

$$L_I = 10\lg \frac{I}{I_0} \tag{8-4}$$

式中　L_I——声强级，dB；

I——声强，W/m^2；

I_0——基准声强，$I_0 = 10^{-12} W/m^2$。

用声强级表示的听阈和痛阈分别为 0dB 和 120dB。通常情况下，声压级与声强级相差较小，两者近似相等。

（3）声功率级

声功率级 是指该声源的声功率与基准声功率的比值取以 10 为底的对数再乘以 10，记作 L_W(dB)。其数学表达式为：

$$L_W = 10\lg \frac{W}{W_0} \tag{8-5}$$

式中　L_W——声功率级，dB；

W——声源的声功率，W；

W_0——基准声功率，$W_0 = 10^{-12}$ W。

用声功率表示的听阈和痛阈分别为 0dB 和 120dB。

声压级、声强级、声功率级的单位都是 dB。dB 是一个相对单位，其物理意义表示一个量

超过另一个量（基准量）的程度，单位为贝尔（Bel）。由于贝尔太大，为了使用方便，便采用分贝（dB），1Bel＝10dB。值得注意的是，一定要了解其标准的基准值。在声压级、声强级、声功率级中分别采用人耳对 1000Hz 纯音的听阈声压、听阈声强和听阈声功率为基准值。

8.1.3　噪声的叠加和相减

在噪声测量、评价及控制工程中，经常需要对噪声进行加、减的计算。由于噪声级以对数为基础，是一个相对量，因此不可直接相加或相减。进行相关计算时应遵循能量叠加法则，即声波的能量可以进行叠加。声强（单位：W/m^2）和声功率（单位：W）是衡量声能量的物理量，可以直接累加：

$$I_T = \sum I_i = I_1 + I_2 + \cdots + I_n \tag{8-6}$$

$$W_T = \sum W_i = W_1 + W_2 + \cdots + W_n \tag{8-7}$$

式中　I_T——n 个声源累加后的总声强；

　　　I_i——第 i 个声源的声强；

　　　W_T——n 个声源累加后的总声功率；

　　　W_i——第 i 个声源的声功率。

声压（单位：N/m^2）是压力单位，不能直接相加减，但从 $I = \dfrac{p^2}{\rho c}$ 中可以知道，声压平方的和对应着声音能量的相加，即：

$$p_T^2 = \sum p_i^2 = p_1^2 + p_2^2 + \cdots + p_n^2 \tag{8-8}$$

式中　p_T——总声压；

　　　p_i——第 i 个声源的声压。

8.1.3.1　噪声的叠加

噪声叠加或相减的运算步骤为：首先将声压级按公式换算为声压，进行加减运算后再换算为声压级。噪声叠加或相减的方法主要有公式法、查表法、看图法三种。

设有 n 个不同的声源，其声压分别为 p_1，p_2，$\cdots$，p_n；相对应的声压级分别为 L_{p_1}，L_{p_2}，$\cdots$，L_{p_n}；根据能量叠加法则，总的声压级可以表示为：

$$
\begin{aligned}
L_{p_T} &= 20\lg \frac{p_T}{p_0} = 10\lg \frac{p_T^2}{p_0^2} \\
&= 10\lg \frac{p_1^2 + p_2^2 + \cdots + p_n^2}{p_0^2} \\
&= 10\lg \left(\frac{p_1^2}{p_0^2} + \frac{p_2^2}{p_0^2} + \cdots + \frac{p_n^2}{p_0^2} \right)
\end{aligned}
\tag{8-9}
$$

因为

$$L_p = 10\lg \frac{p^2}{p_0^2} \tag{8-10}$$

因此

$$\frac{p^2}{p_0^2} = 10^{\frac{L_p}{10}} \tag{8-11}$$

故声压级的叠加运算公式为：

$$L_{p_T} = 10\lg \left(10^{\frac{L_{p_1}}{10}} + 10^{\frac{L_{p_2}}{10}} + \cdots + 10^{\frac{L_{p_n}}{10}} \right) = 10\lg \left(\sum_{i=1}^{n} 10^{\frac{L_{p_i}}{10}} \right) \tag{8-12}$$

由式（8-12）可知，当有 n 个声压级相同的声音存在时，即 $L_{p_1}=L_{p_2}=\cdots=L_{p_n}$，其总声压级为：

$$L_{p_T}=L_{p_1}+10\lg n=L_{p_1}+\Delta L' \tag{8-13}$$

在不需要十分精确的情况下，为了简便起见，经常使用图表法求总声压级，具体步骤为：

① 两个声压级有 $L_{p_1}>L_{p_2}$，求出两个声压级的差 $L_{p_1}-L_{p_2}$。

② 由表 8-1 中查出相应的增值 ΔL_p。

③ 把增值 ΔL_p 与两个声压级中较大的 L_{p_1} 相加，可得 L_{p_1} 与 L_{p_2} 叠加后的声压级，即：$L_{p_{1+2}}=L_{p_1}+\Delta L_p$。

④ 按照上述步骤，将各个声源的声压级两两进行叠加，即可求出总声压级。

表 8-1　两个不同声压级的声音叠加分贝增值表

两声压级差 $L_{p_1}-L_{p_2}$/dB	0.0	1.0	2.0	3.0	4.0	5.0	6.0	7.0	8.0	9.0	10.0	11.0	12.0	13.0	14.0	15.0
声压级增值 ΔL_p/dB	3.0	2.5	2.1	1.8	1.5	1.2	1.0	0.8	0.6	0.5	0.4	0.3	0.3	0.2	0.2	0.1

由 $\Delta L_p=L_{p_1}-L_{p_2}$ 还可绘成图 8-1 的分贝相加曲线。直接在曲线上查出两声压级叠加时的总声压级。例如，$\Delta L_p=L_{p_1}-L_{p_2}=1.5$dB，由曲线查得 $\Delta L'=2.2$dB，即总声压级比第一声压级 L_{p_1} 上高出 2.2dB。如果 L_{p_1} 比 L_{p_2} 高出 10dB 以上，L_{p_2} 对总声压级的贡献将可忽略，总声压级近似等于 L_{p_1}。

由表 8-1 和图 8-1 可以看出，当 $L_{p_1}-L_{p_2}>15$dB 时，基本上可以忽略 L_{p_2} 的贡献。使用图表法进行声压级叠加时，应按声压级大小顺序相加，以免由于两个数值相差较大，较小数值对总声压级的贡献不能体现出来，以致给计算带来误差。

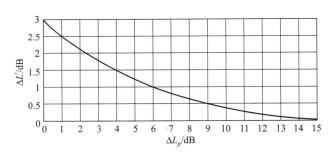

图 8-1　分贝相加曲线

【例 8-1】 车间内有 4 个声压级分别为 80.0dB、83.0dB、91.0dB、84.0dB 的声源，利用公式法和图表法计算总声压级为多少？

解 ① 公式法。将 $L_{p_1}=80.0$dB，$L_{p_2}=83.0$dB，$L_{p_3}=91.0$dB，$L_{p_5}=84.0$dB 代入公式，得

$$L_{p_T}=10\lg\left(10^{\frac{80.0}{10}}+10^{\frac{83.0}{10}}+10^{\frac{91.0}{10}}+10^{\frac{84.0}{10}}\right)=92.6（\text{dB}）$$

② 图表法。由表 8-1 和图 8-1，对四个声源的声压级进行叠加，结果为 92.6dB。

由例题的计算结果可以看出，在使用公式法或图表法对声压级进行叠加时，两者结果相同。在某些情况下，由于图表法的精度低于公式法，用两种方法处理后，可能会有微小的差异。另外，n 个声压级叠加的结果主要由其中最大的一个决定，较小的声压级对总声压

级的贡献不大，而且随着声压级差值的增大，这种贡献也越来越小。

当两个声压级相差为 0.0dB 的声音叠加（即两个相同声级相加）时增值最大，在单个声压级的基础上增加 3.0dB。因此相同声压级的声音叠加后的分贝数除用公式法计算外，也可使用查表的方法来进行。根据声源个数，在表 8-2 中找出相应的分贝增值，用单个声压级加上分贝增值，即为叠加后的总声压级。如 4 个 80.0dB 的声音进行叠加，查表 8-2 可知分贝增值为 6.0dB，其总声压级 $L_{p_T}=80.0+6.0=86.0$dB。

表 8-2　相同声压级叠加时分贝增值表

声源个数	1	2	3	4	5	6	7	8	9	10	12	14	16	18	20
分贝增值 ΔL_p/dB	0.0	3.0	4.8	6.0	7.0	7.8	8.5	9.0	9.5	10.0	10.8	11.5	12.0	12.6	13.0

8.1.3.2　噪声的相减

在实际测量中经常遇到这样的问题：已知环境背景噪声 L_{p_1}，并在背景噪声存在的情况下，测得某一声源的声压级 L_{p_T}，求该声源的实际声压级 L_{p_2}，这时需要使用声压级的减法。

根据能量叠加法则，可以导出声压级减法的计算公式：

$$L_{p_2}=10\lg\left(10^{\frac{L_{p_T}}{10}}-10^{\frac{L_{p_1}}{10}}\right) \tag{8-14}$$

【例 8-2】　某车床运转时，在相距 1m 处测得的声压级为 85.0dB，该车床停车时，在同一地点测得的环境背景噪声为 75.0dB，求该车床单独产生的声压级？

解　已知 $L_{p_T}=85.0$dB，$L_{p_1}=75.0$dB，则车床单独产生的声压级为：

$$L_{p_2}=10\lg\left(10^{\frac{85.0}{10}}-10^{\frac{75.0}{10}}\right)=84.5(\text{dB})$$

在不需要十分准确的情况下，为了简便起见，可以使用图表法首先求出 L_{p_T} 与 L_{p_1} 的差值，在表或图中查出与 $L_{p_T}-L_{p_1}$ 相对应的 ΔL_p，则 $L_{p_2}=L_{p_T}-\Delta L_p$。

由 $\Delta L_p=L_{p_T}-L_{p_2}$ 同样可以绘成类似图 8-1 的分贝相减曲线，由 L_{p_T} 和 L_{p_2} 的差值 ΔL_p 查出修正值 $\Delta L'$，计算总声压。

【例 8-3】　使用图表法计算 [例 8-2]，查中车床的声压级。

解　$L_{p_T}-L_{p_1}=10.0$dB，查表 8-3 得 $\Delta L_p=0.5$dB，则 $L_{p_2}=85.0-0.5=84.5$（dB）

表 8-3　背景噪声修正值

总声压级与背景声压级之差 $L_{p_T}-L_{p_1}$/dB	3.0	4.0	5.0	6.0	7.0	8.0	9.0	10.0
声压级修正值 ΔL_p/dB	3.0	2.3	1.8	1.3	1.0	0.8	0.6	0.5

8.1.4　噪声评价量

噪声评价的目的是有效地提出适合人们对噪声反应的主观评价量。噪声评价量的建立必须考虑到噪声对人们影响的特点。不同频率的声音对人的影响不同，如人耳对中高频声比对低频声更加敏感，因此中高频声对人的影响更大；噪声在夜间比白天对人的影响更明显；同样的声音对不同心理和生理特征的人群影响不同。

8.1.4.1　响度、响度级与等响曲线

响度级的确定是同基准音比较得出的。国际标准化组织规定：以 1000Hz 纯音为基准，当噪声听起来与该纯音一样响时，其噪声的响度级（方值）就等于该纯音的声压级（分贝值）。响度级用符号 L_N 表示，单位为方（phon）。具体的方法是：采取对比实验的方法，通过调节 1000Hz 纯音的声压级，使它和所测试的声音听起来有同样的响度，由此来确定这个声压的响度级。例如 31.5Hz、95dB 的声音，听起来与 1000Hz、70dB 的声音同响，则该声音的响度级为 70 方。响度级在确定时，考虑了人耳特性，并将声音的强度与频率用同一单位——响度级统一了起来，既反映了声音客观物理量上的强弱，又反映了声音主观感觉上的强弱。

利用与基准音相比较的方法，通过实验，可以得到整个可听范围内纯音的响度级。如果把响度级（主值）相同的点都连接起来，便得到一组曲线簇，即等响曲线。图 8-2 是国际化标准组织推荐的等响曲线。在每一条曲线上，尽管各个噪声的声压级和频率各不相同，但是它们听起来同样响，即具有相同的响度级。

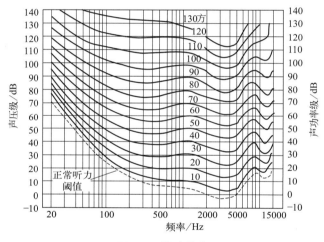

图 8-2　等响曲线

从等响曲线中可以看出：

① 对 1000Hz 纯音来说，其响度级（方值）与声压级（分贝值）相等。

② 人耳对于高频声，特别是 1000～4000Hz 之间的声音最敏感，对于低频声，特别是 100Hz 以下的声音很迟钝，对 8000Hz 以上的特高频声也不敏感，因此在等响曲线中出现了中间低、两边高的曲线图像。比如，响度级同样是 60 方，对于 3000Hz 的声音是 62dB，而对于 100Hz 的声音为 67dB，8000Hz 的声音为 66dB，才能达到 60 方。说明人耳对于响度相同的声音，在敏感频率范围内，所需声压小，而在低频和特高频范围内，则要加大声压级才能达到同响。

③ 在声压级较低时，频率越小，声压级与响度级相差越大。如声压级都是 40dB 时，1000Hz 的声音是 40 方，80Hz 的声音是 20 方，而 50Hz 的声音不到 0 方（低于听阈），即人耳是听不到的。

④ 在声压级较高时，如 $L_p > 100$dB，等响曲线随频率变化平缓。说明声音强度达到一定程度后，人耳对高、低频声音的分辨能力下降，声压级相同的各频率声音几乎一样响，与

频率关系不大，这时的响度级主要取决于声压级。

⑤ 等响曲线图中最下面那条虚线是人耳实际听阈曲线（4.2 方）。应该说明的是，声压级的基准声压之所以取 $2 \times 10^{-5} \mathrm{N/m^2}$，是因为原来认为这个基准声压是人耳在 1000Hz 时的听阈压，因此把它规定为 0 方。后来经准确测量并统计平均，求出人耳的听阈值不是 0 方，而是 4.2 方，所以也常将等响曲线中的这条虚线叫做最小可听阈。

响度级反映了不同频率的声音具有等响感觉的特性，是建立在两个声音的主观比较上，它只表示待研究的声音与哪个基准音响度相同，并没有表示出一个声音比另一个声音响多少倍的问题。由此可见，响度级与声压级、声强级一样，也是一个相对量。为了便于比较，有时需要用绝对量来表示声音响与不响，因此引出响度的概念，并确定响度的标度及其单位。

响度是与人对声音的主观感觉成正比的量，用符号 N 来表示，单位为"宋"（sone）。以 40 方为一宋，响度级每增加 10 方，响度即增加 1 倍。即 40 方为 1 宋，50 方为 2 宋，60 方为 4 宋，70 方为 8 宋……响度及响度级之间的关系用数学式表示为：

$$L_N = 40 + 33.3 \lg N \tag{8-15}$$

式中　L_N——响度级，方；

N——响度，宋。

用响度的变化来评价降噪措施的主观效果比较直观，易于为一般人理解和接受，并且和人的实际感觉相近。

8.1.4.2　噪度、感觉噪度级与等噪度曲线

随着航空事业的发展，飞机噪声对人的危害日趋严重，为了评价航空噪声的影响，人们提出用感觉噪声级 L_{P_N} 和噪度来进行评价。感觉噪声级的单位是 PNdB，噪度的单位是呐，它们与响度级及响度相对应。但它们是以复合声音作为基础的，而响度级和响度则是以纯音或窄带声为基础的。图 8-3 画出了等噪度曲线及噪度和感觉噪声级的换算图，噪度为 1 呐的声音同一个 40dB、中心频率为 1000Hz 的倍频带（或 1/3 倍频带）的无规噪声听起来有相等的吵闹感觉。

感觉噪声级可通过以下方法进行测量和计算：首先测出某航空噪声的倍频带或 1/3 倍频带声压级，在图 8-3 等噪度曲线上查得各频带的噪度（呐），再根据下式算出总噪度 NT。

$$NT = N_m + F \left(\sum_{i=1}^{n} N_i - N_m \right) \tag{8-16}$$

式中　N_m——各噪度中最大的一个；

$\sum_{i=1}^{n} N_i$——所有频带噪度之和；

F——系数，对于倍频程为 0.30，对于 1/3 倍频程为 0.15。

然后由图 8-2 或按下式，将总噪度化为感觉噪声级（PNdB）：

$$L_{P_N} = 40 + 33.3 \lg NT \tag{8-17}$$

对于具有用于航空噪声测量用的 D 计权网络的声级计，可以直接在测得的 D 计权声级上加 7dB，就得到感觉噪声级 PNdB。例如某飞机的 D 计权噪声级 $L_P = 140 \mathrm{dB}$，则其感觉噪声级 L_{P_N} 为 147PNdB，这就大大简化了测量和计算。

8.1.4.3　计权声级

在使用声级计测量噪声时，如果对接收信号不进行任何处理就予以输出，得到的将是人们

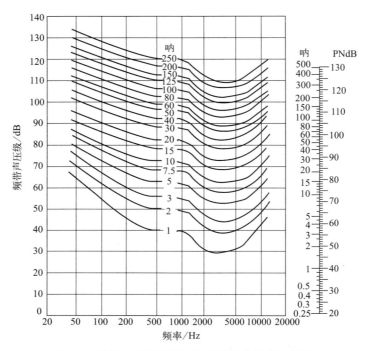

图 8-3 等噪度曲线及噪度和感觉噪声级的换算图

常说的线性声级。由于没有考虑人耳的生理特点，这种客观的物理量度与人所听到的声音的感觉有一定差异，人们希望测量仪器输出的信号最好能像响度级一样符合人耳的生理特性。为此在声级计内加入一套滤波网络，并参照等响曲线对某些人耳不敏感的频率成分进行适当衰减，对那些人耳敏感的频率成分予以加强，以求输出的信号与人耳听觉的主观感受尽可能一致。这种修正的方法称为频率计权，实现频率计权的网络称为计权网络，经过计权网络测得的声级称为计权声级。常用的计权网络有 A、B、C、D 四种，其计权网络频率特性修正值见表 8-4，其中 A 计权和 C 计权最为常用，B 计权已逐渐被淘汰，D 计权主要用于测量航空噪声。

表 8-4 计权网络频率特征修正值

频率 f/Hz	相应值 L/dB			
	A 计权	B 计权	C 计权	D 计权
16	−56.7	−28.5	−8.5	−22.6
31.5	−39.4	−17.1	−3.0	−16.7
63	−26.2	−9.3	−0.8	−10.9
125	−16.1	−4.2	−0.2	−5.5
250	−8.6	−1.3	0.0	−1.6
500	−3.2	−0.3	0.0	−0.3
1000	0.0	0.0	0.0	0.0
2000	1.2	−0.1	−0.2	7.9
4000	1.0	−0.7	−0.8	11.1
8000	−1.1	−2.9	−3.0	5.5
16000	−6.6	−8.4	−8.5	−0.7

A 计权网络是以 40 方等响曲线为基准设计的，相当于 40 方等响曲线的倒置曲线，记作 L_A，单位为 dB（A）。其特点是模拟人耳对 500Hz 以下的声音不敏感，衰减较大；对高频噪声则可不衰减或稍有放大。这样计权的结果，使得仪器的响应对低频声灵敏度低，对高频

声灵敏度高。实践证明，A 声级基本上与人耳对声音的感觉相一致；此外，A 声级同人耳损伤程度也能对应得很好。因此，国内外在噪声测量与评价中普遍采用 A 声级。

B 计权网络是以 70 方等响曲线为基准进行设计的，相当于 70 方等响曲线的倒置曲线，记作 L_B，单位为 dB（B）。其特点是使通过的声音在低频段有一定衰减。

C 计权网络是以 100 方等响曲线为基准进行设计的，相当于 100 方等响曲线的倒置曲线，记作 L_C，单位为 dB（C）。其特点是只对人耳在可听声频范围内的高频段和低频段予以衰减，在大部分频域保持平直响应，让声音在不衰减的情况下通过。因此，可以认为 C 声级是对声音的客观量度，并以 C 声级代表声压级，认为跟线性声压级一致。

环境噪声监测
方案制订——
评价指标及技术

D 计权网络是与噪度有关的曲线。其特点是对高频段有较大补偿。一般用于航空噪声评价。

声级区别于声压级。声级是经过计权网络增减后的得数，如 A 声级、C 声级；而声压级则是未通过计权网络直接得到的声音的客观读数，通常是指线性声或各频带的分贝数。如果知道了噪声在各频程的声压级，根据表图给出的频率修正值，对声压级进行修正，就可以得到相应的声级，如 A 声级、C 声级等。

参照表 8-4 就可以由各个频带的声压级 L_{p_i} 计算得到计权声级 L_A、L_C。例如，可由下式计算 A 计权声级：

$$L_A = 10\lg\left[\sum_{i=1}^{n} 10^{0.1(L_{p_i} + \Delta L_{A_i})}\right] \tag{8-18}$$

计算时先根据表 8-4 所给各个频带的网络修正值，对各个频带的声压级进行相应的修正，然后利用能量叠加的原理求出总声级。

8.1.4.4 等效连续 A 声级

由于 A 计权声级以等响曲线为基准，将人耳对噪声的主观感觉与客观量度较好地结合起来，在评价一个连续的稳态噪声时与人的感觉相吻合，因此得到了广泛的应用。但对于一个非稳态噪声，如交通噪声，其特点是噪声随车流量而呈现起伏或不连续变化，此时用计权声级只能测出某一时刻的噪声值，即瞬时值。例如测量交通噪声，当有汽车通过时噪声可能是 85dB，但当没有汽车通过时可能只有 60dB，这时就很难说交通噪声是 85dB 还是 60dB。希望简单地用一个类似于 A 计权声级的数值来表示某一时段内交通噪声的大小，为此，提出了用一个在相同时间内声能与之相等的连续稳定 A 声级表示该时段内不稳定噪声的声级，即用等效连续 A 声级来评价不稳态噪声对人的影响。等效连续 A 声级用符号 L_{Aeq} 表示，单位为 dB(A)，它反映了在噪声起伏变化的情况下，噪声承受者实际接受噪声能量的大小，可用下式表示：

$$L_{Aeq} = 10\lg \frac{1}{T} \int_0^T 10^{\frac{L_A}{10}} \mathrm{d}t \tag{8-19}$$

式中　L_A——某一时刻 t 的噪声级；

　　　T——测定的总时间。

实际测量噪声是通过不连续的采样进行测量，假如采样时间间隔相等，则：

$$L_{Aeq} = 10\lg\left(\frac{1}{N}\sum_{i=1}^{n} 10^{0.1L_{A_i}}\right) \tag{8-20}$$

式中　N——测量的声级总个数；

L_{A_i}——采样到的第 i 个 A 声级。

对于连续的稳态噪声，等效连续声级就等于测得的 A 声级。

8.1.4.5 统计声级

等效连续 A 声级解决了用一个数值表示不稳态噪声大小的问题。但对噪声能量进行平均后难以看出噪声的起伏变化情况，可使用统计的方法来解决这一问题，即使用统计声级。

在规定测量时间 T 内，有 $N\%$ 时间的声级超过某一 L_{PA} 值，该 L_{PA} 值叫做统计声级或累积百分声级，用 $L_{N,T}$ 来表示，单位为 dB(A)。例如 $L_{95,1h}$ 表示 1h 内，有 95% 的时间超过 L_{PA} 声级。通常简单地用 L_N 表示，如 L_{95}。

交通噪声常采用统计声级作为评价量。将所测噪声由大到小顺序排列，找出 $N\%$ 处的数据，即为 L_N。通常采用 L_{10}、L_{50}、L_{90} 三个统计值，L_{10} 表示 10% 的时间超过此声级，相当于噪声的平均峰值；L_{50} 表示 50% 的时间超过此声级，相当于噪声的平均值；L_{90} 表示 90% 的时间超过此声级，相当于噪声的本底值。统计声级的标准偏差为：

$$\sigma = \sqrt{\frac{1}{N-1}\sum_{i=1}^{N}(L_i - \overline{L})^2} \tag{8-21}$$

式中 L_i——测得的第 i 个声级；

$\overline{L}$——测得声级的算术平均值；

N——测得声级的总个数。

当交通噪声测定数据足够多，数据呈正态分布时，可用统计声级计算等效连续 A 声级及标准偏差。

$$L_{Aeq} \approx L_{50} + \frac{d^2}{60} \tag{8-22}$$

$$\sigma \approx \frac{1}{2}(L_{16} - L_{84}) \tag{8-23}$$

式中 d——$L_{10} - L_{90}$。

8.1.4.6 昼夜等效声级

在昼间和夜间的规定时间内测得的等效连续 A 声级分别称为昼间等效声级 L_d 或夜间等效声级 L_n。昼夜等效声级为昼间和夜间等效声级的能量平均值，用 L_{dn} 表示，单位 dB(A)。

昼夜等效声级是在等效连续 A 声级的基础上发展起来的，用于评价城市环境噪声。考虑到噪声在夜间比昼间更吵人，故计算昼夜等效声级时，需要将夜间等效声级加上 10dB 后再计算。计算公式如下：

$$L_{dn} = 10\lg\left[\frac{1}{24}\left(16\times10^{\frac{L_d}{10}} + 8\times10^{\frac{L_n+10}{10}}\right)\right] \tag{8-24}$$

式中 L_d——白天（6:00～22:00）的等效声级，dB(A)；

L_n——夜间（22:00～6:00）的等效声级，dB(A)。

昼间和夜间的时间，可依地区和季节的不同按当地习惯划定。县级以上人民政府为噪声污染防治的需要（如考虑时差、作息习惯差异等）而对昼间、夜间的划分另有规定的，应按其规定执行。

8.1.5　噪声标准

噪声标准是指在不同情况下所允许的最高噪声级。噪声标准是对噪声进行行政管理和技术上控制噪声的依据。我国颁布的噪声标准主要有三类：第一类是声环境质量标准；第二类是环境噪声排放标准；第三类是相关监测规范、方法标准。

8.1.5.1　声环境质量标准

声环境质量标准主要包括《声环境质量标准》（GB 3096—2008）和 1988 年发布的《机场周围飞机噪声环境标准》（GB 9660—1988）。

8.1.5.2　环境噪声排放标准

环境噪声排放标准主要包括《建筑施工场界环境噪声排放标准》（GB 12523—2011）、《工业企业厂界环境噪声排放标准》（GB 12348—2008）、《社会生活环境噪声排放标准》（GB 22337—2008）、《铁路边界噪声限值及其测量方法》（GB 12525—90）和《汽车加速行驶车外噪声限值及测量方法》（GB 1495—2002）等相关标准。

8.1.5.3　相关监测规范、方法标准

相关监测规范、方法标准主要有《声环境功能区划分技术规范》（GB/T 15190—2014）、《环境噪声监测技术规范噪声测量值修正》（HJ 706—2014）、《机场周围飞机噪声测量方法》（GB/T 9661）、《摩托车和轻便摩托车定置噪声排放限值及测量方法》（GB 4569—2005）等相关标准。

 思考与练习 8.1

1. 什么叫噪声？什么叫环境噪声？什么叫环境噪声污染？

2. 什么叫等效连续 A 声级？什么叫昼夜等效声级？

3. 四个噪声源共同作用于某一点的声压级分别为 78dB（A）、82dB（A）、83dB（A）、85dB（A），试求这四个噪声源同时作用于这一点的总声压级为多少？

4. 为测量某车间中一台机器噪声大小，从声级计上测得噪声级为 100dB（A），当机器停止工作，测的背景噪声级为 96dB（A），求该机器噪声级的实际大小。

任务 8.2　声环境质量监测

8.2.1　声环境质量标准

《声环境质量标准》（GB 3096—2008）规定了 5 类声环境功能区的环境噪声限值及测量方法，适用于声环境质量评价与管理。

标准中规定了各类声环境功能区适应的环境噪声等效声级限制，见表 8-5。

表 8-5　环境噪声限值　　　　　　　　　　　　　　　单位：dB（A）

声环境功能区类别		0 类	1 类	2 类	3 类	4 类	
						4a 类	4b 类
时段	昼间	50	55	60	65	70	70
	夜间	40	45	50	55	55	60

各类标准的适用区域如下：

0 类声环境功能区适应于康复疗养区等特别需要安静的区域。

1 类声环境功能区适用于以居民住宅、医疗卫生、文化教育、科研设计、行政办公为主要功能，需要保持安静的区域。

2 类声环境功能区适用于商业金融、集市贸易为主要功能，或者居住、商业、工业混杂，需要维护住宅安静的区域。

3 类声环境功能区适用于工业生产、仓储物流为主要功能，需要防止工业噪声对周围环境产生严重影响的区域。

4 类声环境功能区适用于交通干线两侧一定距离之内，需要防止交通噪声对周围环境产生严重影响的区域，包括 4a 类和 4b 类两种类型。4a 类为高速公路、一级公路、二级公路、城市快速路、城市主干路、城市次干路、城市轨道交通（地面段）、内河航道两侧区域；4b 类为铁路干线两侧区域。

各类声环境功能区夜间突发性噪声，其最大声级超过环境噪声限值的幅度不得高于 15dB（A）。

8.2.2　噪声测量仪器校准与使用

8.2.2.1　噪声测量仪器

常用的噪声测量仪器有声级计、多通道噪声振动分析仪、环境噪声自动监测系统等。

（1）声级计

声级计是一种用于测量声音的声压级或声级强度的仪器。它不同于电压表等客观电子仪器，在把声信号转换成电信号时，可以模拟人耳对声波反应速率的时间特性；对高低频有不同灵敏度的频率特性以及不同响度时改变频率特性的强度特性。

声音信号通过传声器转换为电信号，再由前置放大器变换阻抗，使传声器与衰减器匹配。放大器将输出信号加到计权网络，对信号进行频率计权（或外接滤波器），然后再经衰减器及放大器将信号放大到一定的幅值，送到有效值检波器（或外接电平记录仪），在指示表头上给出噪声声级的数值。基本结构由传声器、放大和衰减器、计权网络、检波器和指示表头四大部分组成，见图 8-4。

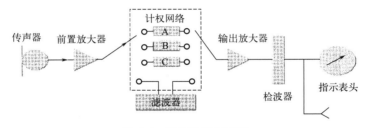

图 8-4　声级计结构原理

按功能分为测量指数时间计权声级的常规声级计，测量时间平均声级的积分平均声级计，测量声暴露的积分声级计（即噪声暴露计），具有噪声统计分析功能的称为噪声统计分析仪，具有频谱分析功能的噪声频谱分析仪。

将声级计按精度分为 0 型、Ⅰ型、Ⅱ型和Ⅲ型四种类型，见表 8-6。在环境噪声测量中，主要使用Ⅰ型（精密级）和Ⅱ型（普通级）。

表 8-6　声级计分类　　　　　　　　　　　　单位：dB（A）

类型	精密级		普通级	
	0	Ⅰ	Ⅱ	Ⅲ
精度	±0.4dB	±0.7dB	±1.0dB	±1.5dB
用途	实验室标准仪器	声学研究	现场测量	监测、普查

（2）多通道噪声振动分析仪

多通道噪声振动分析仪是一种多通道信号测量与分析仪器（也称多通道噪声振动数字信号采集系统），它可以任意组合噪声及振动测量通道，实现噪声、加速度、速度、位移等物理量的实时测量，利用计算机的高速计算、大容量存储能力对采集到的信号进行时域、频域分析计算。该仪器配置不同的软件可实现不同的功能，如 FFT 分析、1/3 倍频程分析、声功率测量与分析、建筑声学测量、环境噪声与振动测量与分析等。多通道噪声振动分析仪通常由传感器、程控放大器、A/D 转换板和计算分析软件包等部分组成。图 8-5 是其结构框图。

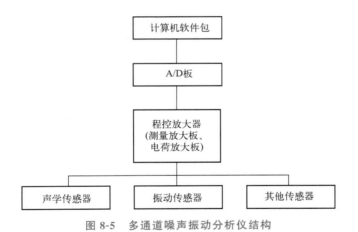

图 8-5　多通道噪声振动分析仪结构

城市区域环境噪声监测——仪器种类及工作原理

（3）环境噪声自动监测系统

环境噪声自动监测系统是采用连续自动监测仪器对环境噪声进行连续的数据采集、处理和分析的系统。实现了噪声的实时监控，与手工环境噪声监测方法相比，具有更好的时间代表性，监测数据也更能真实全面地反映噪声监测点位的噪声水平；同时噪声自动监测节省人力，避免了人为因素对噪声监测结果的影响，有利于监测结果的质量保证与质量控制。该系统虽然在监测方法、测量参数、仪器精度等级上与手工相类似，但是二者仍存在较大差别，主要体现在：①无人值守长期监测，对仪器稳定性、可靠性要求较高；②全天候监测，对仪器的各种天气、气象适用性要求较高；③依靠数据通信传输数据，对通信环境有要求；④要求稳定的电力供应及备用电源；⑤在子站、架杆、传声器等设备和设施上有特殊要求。

监测系统主要由噪声自动监测子站、管理控制中心及数据传输系统组成。自动监测子站由噪声监测终端、传感器、各种选配部件、不间断电源（UPS）、数据传输设备、固定站设施等构成，管理控制中心主要由数据通信服务器、数据存储服务器、噪声计算工作站、管理系统、信息发布系统等构成。其中自动监测子站的噪声监测终端和传感器是环境噪声自动监测系统最主要的模块。结构示意见图 8-6。

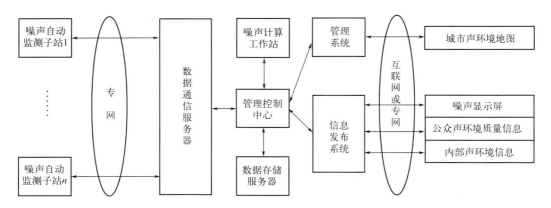

图 8-6　环境噪声自动监测系统结构示意

噪声自动监测系统可以安装在平地、屋顶、墙面等地方，安装的方式可以是垂直立杆式（平地、屋顶）或水平支架式（墙面）等，安装高度一般为 4～6m。安装时一般应注意以下问题：①安装地点的声学环境应符合测量的目的，如声环境质量测点附近不应有对测量产生不合理影响的固定或流动声源；噪声源测点测量的噪声应与该被测声源有较强的相关性。②传声器距离任意放射面应有较开阔的受声面。③传声器应尽量避开树叶茂密的乔木，减少受风雨、虫鸣等自然噪声的影响。④安装地点便于连接电源（使用太阳能除外）和通信，采用无线通信时应保证无线通信信号良好，采用有线通信时应能便捷架设和连接通信线路。

环境噪声自动监测系统主要应用在声环境质量监测中的功能区监测和道路交通监测，以及噪声重点源监测，而对于区域声环境质量监测、工业企业建设项目竣工环保验收监测和工业企业厂界噪声监测等，由于具有临时性、监测时间短和监测点位多等特点，不宜采用噪声自动监测系统。

8.2.2.2　测量仪器校准与使用

声校准器是一种能在一个或多个规定频率上，产生一个或多个已知声压级的装置。声校准器有两个主要用途：测量传声器的声压灵敏度；检查或调节声学测量装置或系统的总灵敏度。

在《电声学　声校准器》（GB/T 15173—2010）中，将声校准器的准确度等级分为 L_S级、1 级、2 级。L_S 级声校准器一般只在实验室中使用，1 级和 2 级声校准器为现场使用。按照工作原理，声校准器主要有活塞发声器和声级校准器两种。

活塞发声器是一种由电动机转动带动活塞在空腔内往复移动，从而改变空腔的压力，产生声音的仪器，见图 8-7。由于活塞的表面积、活塞行程和空腔容积（活塞在中间位置

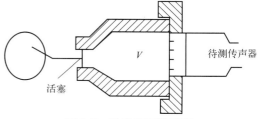

图 8-7　活塞发声器原理

时）都保持不变，因此产生的声压非常稳定。在频率为 250Hz、声压级为 124dB 时，其准确度能达到 0.2dB，通常能满足 1 级声校准器的要求，有的还可作为 L_S 级声校准器。活塞发声器的最大缺点是其声压级受大气压影响很大，如在高原地区的西藏拉萨市（海拔 3600m），活塞发生器产生的声压级比在平原地区低 3dB 左右，需要进行大气压修正，才能达到规定等级要求。另外活塞发声器失真也较大，而且工作频率只能到 250Hz。

声级校准器的发声方法是采用压电陶瓷片的弯曲振动，后面耦合一个亥姆霍兹共鸣器发声，见图 8-8。大多数声级校准器的声源为 94dB（1000Hz）和 114dB（250Hz）。优点有：由于参考传声器的灵敏度不随大气压变化而变化，因此该声校准器产生的声压级不需要进行大气压修正；校准时传声器与耦合腔配合不必非常紧密，而且可以校准不同等效容积的传声器。

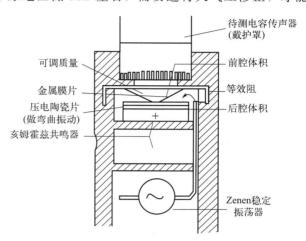

图 8-8　声级校准器结构

测量仪器和校准仪器应定期检定合格，并在有效使用期限内使用；每次测量前、后必须在测量现场进行声学校准，其前、后校准示值偏差不得大于 0.5dB，否则测量结果无效。

8.2.3　监测点位布设方法

根据监测对象和目的，可选择以下三种测点条件（至传声器所置位置）进行环境噪声的测量。

（1）一般户外

距离任何反射物（地面除外）至少 3.5m 外测量，距离地面高度 1.2m 以上。必要时可置于高层建筑上，以扩大监测受声范围。使用监测车辆测量，传声器应固定在车顶部 1.2m 高度处。

（2）噪声敏感建筑物户外

在噪声敏感建筑物外，距墙壁或窗户 1m 处，距地面高度 1.2m 以上。

（3）噪声敏感建筑物室内

距离墙面和其他反射面至少 1m，距窗约 1.5m 处，距地面 1.2~1.5m 高。

8.2.4　监测与评价方法

监测应在无雨雪、无雷电天气、风速 5m/s 以下时进行。

根据监测对象和目的，环境噪声监测分为声环境功能区监测和噪声敏感建筑物监测两种类型。

8.2.4.1 声环境功能区监测与评价

声环境功能区监测可分为定点监测法和普查监测法。

（1）定点监测法

① 监测要求 选择能反映各类功能区声环境质量特征的监测点 1 至若干个，进行长期定点监测，每次测量的位置、高度应保持不变。

对于 0、1、2、3 类声环境功能区，该监测点应为户外长期稳定、距地面高度为声场空间垂直分布的可能最大值处，其位置应能避开反射面和附近的固定噪声源；4 类声环境功能区监测点设于 4 类区内第一排噪声敏感建筑物户外交通噪声空间垂直分布的可能最大值处。

声环境功能区监测每次至少进行一昼夜 24h 的连续监测，得出每小时及昼间、夜间的等效声级 L_{eq}、L_d、L_n 和最大声级 L_{max}。用于噪声分析目的，可适当增加监测项目，如累积百分声级 L_{10}、L_{50}、L_{90} 等。监测应避开节假日和非正常工作日。

② 监测结果评价 各监测点位监测结果独立评价，以昼间等效声级 L_d 和夜间等效声级 L_n 作为评价各监测点位声环境质量是否达标的基本依据。

一个功能区设有多个测点的，应按点次分别统计昼间、夜间的达标率。

（2）普查监测法

① 对 0~3 类声环境功能区普查监测

a. 监测要求 将要普查监测的某一声环境功能区划分成多个等大的正方格，网格要完全覆盖住被普查的区域，且有效网格总数应多于 100 个。测点应设在每一个网格的中心，测点条件为一般户外条件。监测分别在昼间工作时间和夜间 22:00~24:00（时间不足可顺延）进行。在前述监测时间内，每次每个测点测量 10min 的等效声级 L_{eq}，同时记录噪声主要来源。监测应避开节假日和非正常工作日。

b. 监测结果评价 将全部网格中心测点测量 10min 的等效声级 L_{eq} 做算术平均运算，所得到的平均值代表某一声环境功能区的总体环境噪声水平，并计算标准偏差。根据每个网格中心的噪声值及对应的网格面积，统计不同噪声影响水平下面积百分比，以及昼间、夜间的达标面积比例。有条件的可估算受影响人口。

② 对 4 类声环境功能区普查监测

a. 监测要求 以自然路段、站场、河段等为基础，考虑交通运行特征和两侧噪声敏感建筑物分布情况，划分典型路段（包括河段）。在每个典型路段对应的 4 类区边界上（指 4 类区内无噪声敏感建筑物存在时）或第一排噪声敏感建筑物户外（指 4 类区内有敏感建筑物存在时）选择 1 个测点进行噪声监测。这些测点应与站、场、码头、岔路口、河流汇入口等相隔一定的距离，避开这些地点的噪声干扰。

监测分昼、夜两个时段进行。分别测量如下规定时间内的等效声级 L_{eq} 和交通流量，对铁路、城市轨道交通线路（地面段），应同时测量最大声级 L_{max}，对道路交通噪声应同时测量累积百分声级 L_{10}、L_{50}、L_{90}。

根据交通类型的差异，规定的测量时间如下。铁路、城市轨道交通（地面段）、内河航道两侧：昼、夜间各测量不低于平均运行密度的 1h 值，若城市轨道交通（地面段）的运行车次密集，测量时间可缩短至 20min。高速公路、一级公路、二级公路、城市快速路、城市主干路、城市次干路两侧：昼、夜间各测量不低于平均运行密度的 20min 值。监测应避开节假日和非正常工作日。

　　b. 监测结果评价　将某条交通干线各典型路段测得的噪声值，按路段长度进行加权算术平均，以此得出某条交通干线两侧 4 类声环境功能区的环境噪声平均值。也可以对某一区域内的所有铁路、确定为交通干线的道路、城市轨道交通（地面段）、内河航道按前述方法进行长度加权统计，得出针对某一区域某一交通类型的环境噪声平均值。

　　根据每个典型路段的噪声值及对应的路段长度，统计不同噪声影响水平下的路段百分比，以及昼间、夜间的达标路段比例。有条件的可估算受影响人口。对某条交通干线或某一区域某一交通类型采取抽样测量的，应统计抽样路段比例。

8.2.4.2　噪声敏感建筑物监测与评价

（1）监测要求

　　监测点一般设于噪声敏感建筑物户外。不得不在噪声敏感建筑物室内监测时，应在门窗全打开状况下进行室内噪声监测，并采用较该噪声敏感建筑物所在声环境功能区对应环境噪声限值低 10dB（A）的值作为评价依据。

　　对敏感建筑物的环境噪声监测应在周围环境噪声源正常工作条件下测量，视噪声源的运行工况，分昼、夜两个时段连续进行。根据环境噪声源的特征，可优化测量时间。

　　① 受固定噪声源的噪声影响　稳态噪声测量 1min 的等效声级 L_{eq}；非稳态噪声测量整个正常工作时间（或代表性时段）的等效声级 L_{eq}。

　　② 受交通噪声源的噪声影响　对于铁路、城市轨道交通（地面段）、内河航道，昼、夜各测量不低于平均运行密度的 1h 等效声级 L_{eq}，若城市轨道交通（地面段）的运行车次密集，测量时间可缩短至 20min；对于道路交通，昼、夜各测量不低于平均运行密度的 20min 等效声级 L_{eq}。

　　③ 受突发噪声的影响　以上监测对象夜间存在突发噪声的，应同时监测测量时段内的最大声级 L_{max}。

（2）监测结果评价

　　以昼间、夜间环境噪声源正常工作时段的 L_{eq} 和夜间突发噪声 L_{max} 作为评价噪声敏感建筑物户外（或室内）环境噪声水平是否符合所处声环境功能区的环境质量要求的依据。

 思考与练习 8.2

　　1. 说明《声环境质量标准》的适用范围。
　　2. 简述噪声测量的主要仪器及其原理。
　　3. 声环境质量监测的点位如何布设？

任务 8.3　城市道路交通噪声监测

　　城市道路交通噪声监测依据为《环境噪声监测技术规范　城市声环境常规监测》（HJ 640—2012），主要目的是反映道路交通噪声源的噪声强度；分析道路交通噪声声级与车流量、路况等的关系及变化规律；分析城市道路交通噪声的年度变化规律和变化趋势。

8.3.1 监测点位布设

① 能反映城市建成区内各类道路（城市快速路、城市主干路、城市次干路、含轨道交通走廊的道路及穿过城市的高速公路等）交通噪声排放特征；能反映不同道路特点（考虑车辆类型、车流量、车辆速度、路面结构、道路宽度、敏感建筑物分布等）交通噪声排放特征。

② 道路交通噪声监测点位数量：巨大、特大城市≥100 个；大城市≥80 个；中等城市≥50 个；小城市≥20 个。一个测点可代表一条或多条相近的道路。根据各类道路的路长比例分配点位数量。

③ 特殊情况。测点选择在路段两路口之间，距任一路口的距离大于 50m，路段不足100m 的选路段中点，测点位于人行道上距路面（含慢车道）20cm 处，监测点位高度距地面为 1.2～6.0m。测点应避开非道路交通源的干扰，传声器指向被测声源。

8.3.2 监测点位基本信息采集

监测点位采集的基本信息主要有测点代码、测点名称、测点经度、测点纬度、测点参照物、路段名称、路段起止点、路段长度、路幅宽度、道路等级、路段覆盖人口等。见表 8-7。

8.3.3 监测结果与评价

8.3.3.1 道路交通噪声监测

昼间监测每年 1 次，监测工作应在昼间正常工作时段内进行，并应覆盖整个工作时段；夜间监测每五年 1 次，在每个五年规划的第三年监测，监测从夜间起始时间开始；监测工作应安排在每年的春季或秋季，每个城市监测日期应相对固定，监测应避开节假日和非正常工作日；每个测点测量 20min 等效声级 L_{eq}，记录累积百分声级 L_{10}、L_{50}、L_{90}、L_{max}、L_{min} 和标准偏差（SD），分类（大型车、中小型车）记录车流量。

8.3.3.2 道路交通噪声监测的结果与评价

① 监测数据应按表 8-8 规定的内容记录。监测统计结果按表 8-9 规定的内容上报。

② 将道路交通噪声监测的等效声级采用路段长度加权算术平均法，按下式计算城市道路交通噪声平均值：

$$\overline{L} = \frac{1}{l} \sum_{i=1}^{n} (l_i L_i) \tag{8-25}$$

式中　$\overline{L}$——道路交通昼间平均等效声级（$\overline{L}_d$）或夜间平均等效声级（$\overline{L}_n$），dB(A)；

　　　l——监测的路段总长，$l = \sum_{i=1}^{n} l_i$，m；

　　　l_i——第 i 测点代表的路段长度，m；

　　　L_i——第 i 测点测得的等效声级，dB(A)。

③ 道路交通噪声平均值的强度级别按表 8-10 进行评价。

表 8-7 道路交通声环境监测点位基础信息表

年度：_____　城市代码：_____　监测站名：_____

测点代码	测点名称	测点经度	测点纬度	测点参照物	路段名称	路段起止点	路段长度/m	路幅宽度/m	道路等级	路段覆盖人口/万人	备注

负责人：　　　审核人：　　　填表人：　　　填表日期：

注：路段名称，路段起止点，路段长度：指测点代表的所有路段。
道路等级：1. 城市快速路；2. 城市主干路；3. 城市次干路；4. 城市含路面轨道交通的道路；5. 穿过城市的高速公路；6. 其他道路。
路段覆盖人口：指该代表路段路段两侧对应的 4 类声环境功能区覆盖的人口数量。

表 8-8 道路交通声环境监测记录表

监测站名：_____
监测仪器（型号、编号）：_____　声校准器（型号、编号）：_____
监测前校准值 dB：_____　监测后校准值 dB：_____　气象条件：_____

测点代码	测点名称	月	日	时	分	L_{eq}	L_{10}	L_{50}	L_{90}	L_{max}	L_{min}	标准差(SD)	车流量/(辆/min)		备注
													大型车	中小型车	

负责人：　　　审核人：　　　测试人员：　　　监测日期：

年度： ____ 城市代码： ____ 监测站名： ____

表 8-9 道路交通声环境监测结果统计表

测点代码	测点名称	月	日	时	分	L_{eq}	L_{10}	L_{50}	L_{90}	L_{max}	L_{min}	标准差 (SD)	车流量/（辆/min） 大型车	中小型车	备注

负责人： 审核人： 填表人： 填表日期：

注："月、日、时、分"指测量开始时间。

表 8-10　道路交通噪声强度等级划分　　　　　　单位：dB(A)

等级	一级	二级	三级	四级	五级
昼间平均等效声级($\overline{L_d}$)	≤68.0	68.1～70.0	70.1～72.0	72.1～74.0	＞74.0
夜间平均等效声级($\overline{L_n}$)	≤58.0	58.1～60.0	60.1～62.0	62.1～64.0	＞64.0

道路交通噪声强度等级"一级"至"五级"可分别对应的评价为"好""较好""一般""较差"和"差"。

 思考与练习 8.3

1. 城市道路交通噪声监测的点位选择原则是什么？
2. 城市道路交通噪声监测点位采集的基本信息主要有哪些？
3. 如何对道路交通噪声监测结果进行评价？

任务 8.4　工业企业厂界噪声监测

工业噪声一般是指工业生产活动中使用固定设备时产生的干扰周围生活环境的声音。向周围生活环境排放工业噪声的，应当符合《工业企业厂界环境噪声排放标准》(GB 12349—2008)。

8.4.1　厂界噪声专业术语

8.4.1.1　厂界

在实际监测中，常出现因厂界不明确无法确定监测点位的问题，也因此引起纠纷。关于租赁经营企业确定厂界的问题，《工业企业厂界环境噪声排放标准》(GB 12348—2008)将厂界定义为：由法律文书（如土地使用证、房产证、租赁合同等）中确定的业主所拥有使用权（或所有权）的场所或建筑物边界。各种产生噪声的固定设备的厂界为其实际占地的边界。

值得注意的是厂界并不只是平面的线，还包括立体的面，特别是一些城市内部的大型公建，往往声源布设于楼顶，其高空排放噪声相比地面大很多，这时厂界即为整个建筑的侧立面，工业企业厂界典型类型见图 8-9。

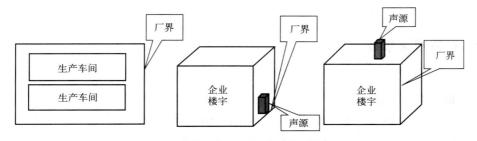

图 8-9　工业企业厂界典型类型图示

8.4.1.2 工业企业厂界环境噪声

工业企业厂界环境噪声指在工业生产活动中使用固定设备等产生的、在厂界处进行测量和控制的干扰周围生活环境的声音。用到如下几个专业术语。

（1）频发噪声

指频繁发生、发生的时间和间隔有一定规律、单次持续时间较短、强度较高的噪声。如排气噪声、货物装卸噪声等。

（2）偶发噪声

指偶然发生、发生的时间和间隔无规律、单次持续时间较短、强度较高的噪声。如短促鸣笛声、工程爆破噪声等。

（3）最大声级

在规定测量时间内对频发或偶发噪声事件测得的 A 声级最大值，它是评价频发噪声和偶发噪声的唯一评价量，用 L_{max} 表示，单位 dB（A）。

（4）稳态噪声

在测量时间内，被测声源的声级起伏不大于 3dB（A）的噪声。

（5）非稳态噪声

在测量时间内，被测声源的声级起伏大于 3dB（A）的噪声。

（6）背景噪声

被测量噪声源以外的声源发出的环境噪声的总和。

（7）倍频带声压级

采用符合 GB/T 3241 规定的倍频程滤波器所测量的频带声压级，其测量带宽和中心频率成正比。

8.4.1.3 对测量仪器的要求

《工业企业厂界环境噪声排放标准》（GB 12348—2008）要求测量仪器为积分平均声级计或环境噪声自动监测仪，其性能应不低于 GB 3785 对 2 型仪器的要求。测量 35dB 以下的噪声应使用 1 型声级计，且测量范围应满足所测量噪声的需要。校准所用仪器应符合 GB/T 15173 对 1 级和 2 级声校准器的要求。当需要进行噪声的频谱分析时，仪器性能应符合 GB/T 3241 中对滤波器的要求。

8.4.2 厂界噪声现场测量

8.4.2.1 测点位置

（1）标准中测点位置要求

根据工业企业声源、周围噪声敏感建筑物的布局以及毗邻的区域类别，在工业企业厂界布设多个测点，其中包括距噪声敏感建筑物较近以及受被测声源影响大的位置。一般情况下，测点选在工业企业厂界外 1m、高度 1.2m 以上。当厂界有围墙且周围有受影响的噪声敏感建筑物时，测点应选在厂界外 1m、高于围墙 0.5m 以上的位置。当厂界无法测量到声源的实际排放状况时（如声源位于高空、厂界设有声屏障等），应按一般规定设置测点，同时在受影响的噪声敏感建筑物户外 1m 处另设测点。当厂界与噪声敏感建筑物距离小于 1m 时，应在噪声敏感建筑物的室内测量。室内噪声测量时，室内测量点位设在距任一反射面至少 0.5m、距地面 1.2m 高度处，在受噪声影响方向的窗户开启状态下测量。固定设备结构传声至敏感建筑物室内，在噪声敏感建筑物室内测量时，测点应距任一反射面至少 0.5m、距地面 1.2m、距外窗 1m 以上，窗户关闭状态下测量。被测房间内的其他可能干扰测量的声源（如电视机、空调机、排气扇以及镇流器较响的日光灯、运转时出声的时钟）应关闭。

（2）监测中测点位置选择

厂界噪声监测中，不仅要在厂界布设监测点位，如果工业企业厂界外有高层噪声敏感建筑物，且工业企业高处有声源时，还应同时在噪声敏感建筑物处布设监测点位，噪声敏感建筑物处测点布设应注意空间分布。此外，必要时还要对企业内部的声源进行噪声源强度监测。

8.4.2.2　测点数量

测点数量按照工业企业的厂界大小、声源分布、厂界周边情况和厂界外有无敏感点确定。由于噪声排放问题涉及声源、反射物等诸多因素的影响，测点数量的确定很复杂，需结合标准中测点布设原则，根据不同的现场情况确定，不同的监测目的与不同的管理要求测点数量也有区别。

① 建设项目竣工环境保护验收监测　在《建设项目竣工环境保护验收监测培训教材》中建议"中小项目厂界测点间距可取 50～100m，大型项目测点间距可取 100～300m，厂界噪声变化较大的地段［起伏值大于 3～5dB（A）］可适当加密测点"。

② 信访扰民监测　噪声信访扰民监测可仅对投诉人指定的声源对应的厂界和受影响敏感点进行监测，并注意监测时噪声源的运行状态。

③ 工业企业委托监测　委托噪声监测通常分为很多种，有环境影响评价委托监测、企业认证委托监测、企业例行委托监测、企业噪声治理效果委托监测等。委托监测按照委托方的要求进行，例如有的仅要求厂界四周各布设 1 个测点，有的要求按环保验收的布点方式进行。

8.4.2.3　测量时段、测量量

分别在昼间、夜间两个时段测量。夜间有频发、偶发噪声影响时同时测量最大声级。若被测声源是稳态噪声，采用 1min 的等效声级；若被测声源是非稳态噪声，测量被测声源有代表性时段的等效声级，必要时测量被测声源整个正常工作时段的等效声级。

对于稳态噪声的监测相对简单，标准规定也比较明确。对于非稳态噪声，监测人员对"有代表性时段"不好把握，建议可采用正常工作时段连续监测的方式。

8.4.2.4　测量周期及频次

测量周期与频次需要根据不同的监测目的与不同的管理要求确定，应以监测有代表性为原则。

（1）建设项目竣工环境保护验收监测

环发［2000］38 号文《关于建设项目环境保护设施竣工验收监测管理有关问题的通知》中要求：

对有明显生产周期、污染物排放稳定的建设项目，对污染物的采样和测试频次一般为

2～3 周期，每个周期 3 次至多次。

厂界噪声测量一般不少于连续 2 昼夜（无连续监测条件的，需 2d，昼夜各 2 次）。

符合以下条件的可酌情增加监测周期及频次：如果外界有敏感目标，且容易产生噪声污染事件的建设项目；生产状况不稳定，易产生夜间突发噪声的建设项目；厂界处声环境复杂，造成监测数据超标时，需要进行背景噪声监测的建设项目。

（2）其他监测

噪声信访扰民监测、委托噪声监测等，一般情况监测 1 个周期。

8.4.2.5　背景噪声测量

需要进行背景噪声测量时，应按照标准中的相关规定进行测量，背景噪声测量应注意如下问题。

背景噪声较高，背景噪声值与测量值声级差值小于 3dB（A）时，应尽量安排在较为安静的环境背景下重新测量，如选择在背景值较低的时间进行测量；被测工业企业为连续生产不能停产时，测量背景噪声可视情况由有经验的监测人员选择背景相近地点作为背景噪声测量；当被测声源为非稳态噪声，需要采用连续监测的，可考虑将测量时段内的最小声级或 L_{90} 作为背景值，必要时需进行论证；测量背景噪声时，应注意排除一些外界的干扰，如夏季虫鸣鸟叫及其他自然声音。

目前由于监测手段的问题，声源的判别完全依赖监测人员的主观判断。现场监测时应注意测点处声源的判别，监测数据与主要声源应同时进行记录，并体现在监测报告中。

8.4.3　测量结果分析与评价

8.4.3.1　厂界环境噪声排放限值

工业企业厂界环境噪声不得超过表 8-11 规定的排放限值。

表 8-11　工业企业厂界环境噪声排放限值　　　　　单位：dB（A）

厂界外声环境功能区类别	时　　段	
	昼间	夜间
0	50	40
1	55	45
2	60	50
3	65	55
4	70	55

① 夜间频发噪声的最大声级超过限值的幅度不得高于 10dB（A）。

② 夜间偶发噪声的最大声级超过限值的幅度不得高于 15dB（A）。

③ 工业企业若位于未划分声环境功能区的区域，当厂界外有噪声敏感建筑物时，由当地县级以上人民政府参照 GB 3096 和 GB/T 15190 的规定确定厂界外区域的声环境质量要求，并执行相应的厂界环境噪声排放限值。

④ 当厂界与噪声敏感建筑物距离小于 1m 时，厂界环境噪声应在噪声敏感建筑物的室内测量，并将表 8-11 中相应的限值减 10dB（A）作为评价依据。

8.4.3.2　测量记录

噪声测量时需做测量记录。记录内容应主要包括被测量单位名称、地址、厂界所处声环项目名称：＿＿＿＿＿＿　　任务编号：＿＿＿＿＿＿　　项目地址：＿＿＿＿＿＿　　监测日期：＿＿＿＿＿＿　　天气状况：＿＿＿＿＿＿

方法依据：＿＿＿＿＿＿　　声级计名称、型号及编号：＿＿＿＿＿＿　　风速：＿＿＿＿＿＿　　风向：＿＿＿＿＿＿

表 8-12　厂界噪声监测原始记录表

测点编号	监测点名称	测量值 L_{eq}/dB(A)				备注	测点分布示意图及简要说明
		昼间		夜间			
		第一天	第二天	第一天	第二天		

声级计校准

校准器名称及型号：＿＿＿＿＿＿　　校准证编号：＿＿＿＿＿＿　　监测前校准值：＿＿＿＿＿＿ dB(A)　　监测后校准值：＿＿＿＿＿＿ dB(A)

监测人员：＿＿＿＿＿＿　　记录人员：＿＿＿＿＿＿　　校核人员：＿＿＿＿＿＿

记录时间：＿＿＿＿＿＿　　校核时间：＿＿＿＿＿＿

境功能区类别、测量时气象条件、测量仪器、校准仪器、测点位置、测量时间、测量时段、仪器校准值（测前、测后）、主要声源、测量工况、示意图（厂界、声源、噪声敏感建筑物、测点等位置）、噪声测量值、背景值、测量人员、校对人、审核人等相关信息。见表 8-12。

8.4.3.3　测量结果修正

测量结果修正参照《环境噪声监测技术规范　噪声测量值修正》（HJ 706—2014），噪声测量值与背景值相差大于或等于 3dB（A）时的修正：

计算噪声测量值与背景噪声值的差值（ΔL_1＝噪声测量值－背景噪声值），修约到个位数。

噪声测量值与背景噪声值的差值（ΔL_1）大于 10dB（A）时，噪声测量值不做修正。

噪声测量值与背景噪声值的差值（ΔL_1）为 3～10dB（A）时，按表 8-13 进行修正（噪声排放值＝噪声测量值＋修正值）。

表 8-13　$3dB(A) \leqslant \Delta L_1 \leqslant 10dB(A)$ 时噪声测量值修正表　　　单位：dB(A)

差值（ΔL_1）	3	4～5	6～10
修正值	－3	－2	－1

噪声测量值与背景噪声值相差小于 3dB（A）时，应采取措施降低背景噪声后，视情况按照以上方法执行；仍无法满足以上要求的，应按环境噪声监测技术规范的有关规定执行。

8.4.3.4　测量结果评价

标准 GB 12348—2008 中提出"各个测点的测量结果应单独评价；同一测点每天的测量结果按昼间、夜间进行评价；最大声级 $L_{\max}$ 直接评价"。另外，监测结果按照数值修约规则，取整后再进行评价。

 思考与练习 8.4

1. 试说明厂界的含义。
2. 工业企业厂界噪声监测点位如何设置？
3. 《工业企业厂界环境噪声排放标准》（GB 12348—2008）对测量仪器和校准器有什么要求？
4. 如何对工业企业厂界噪声测量结果进行评价？

 阅读与咨询

1. 扫描二维码可查看 [拓展阅读 8-1] 光污染监测和 [拓展阅读 8-2] 智慧监测。

光污染监测　　　　　　　　　　　智慧监测

2. 登录所列的相关咨询网站，可拓展学习相关内容。

模块 9
土壤与固体废物监测

学习目标

知识目标　了解土壤与固体废物监测有关概念和标准，熟悉土壤污染监测方案内容；掌握土壤污染、固体废物监测布点、样品采集及制备方法；掌握土壤监测常规指标的测定原理及方法。

能力目标　能根据采样方案或采样规范正确对土壤污染、固体废物监测布点；能够对监测原始记录进行准确、规范填报；能正确选择并使用采样设备进行样品采集、制备；能根据标准方法完成常规指标的测定。

素质目标　增强生态环境保护意识和社会责任意识；提升诚实守信、实事求是的职业道德素养；培养爱岗敬业、甘于奉献、精益求精、追求卓越的工匠精神。

学习引导

土壤污染问题主要有哪些？农用地土壤污染风险是什么？危险废物如何鉴别？

任务 9.1　土壤污染监测

土壤是自然环境的重要组成部分，是人类生存的基础和活动的场所。然而由于一些地方所进行的不合理生产、生活活动，不仅造成了土壤的污染，还严重影响到人们的生活和健康。土壤污染问题越来越受到人们的关注。土壤污染监测即是指对土壤各种金属、有机污染物、农药与病原菌的来源、污染水平及积累、转移或降解途径进行的监测活动。

9.1.1　土壤及其环境质量标准

土壤是指陆地地表具有肥力并能生长植物的疏松表层。它介于大气圈、岩石圈、水圈和生物圈之间，是环境中特有的组成部分。土壤是人类环境的重要组成部分，它同人类的生产、生活有密切的联系。人类的产生、生活活动可能造成土壤的污染，污染的结果又影响到人类的健康。由于污染物可以在大气、水体、土壤各部分进行迁移转化运动，所以不论哪一部分受到污染都必然影响到整个环境。因此，土壤污染监测是环境监测不可缺少的重要内容。

9.1.1.1　土壤的组成

土壤是由固体、液体、气体三相共同组成的复杂的多相体系，如图 9-1 所示。土壤固相包括矿物质、有机质和土壤生物；在固相物质之间为形状和大小不同的孔隙；孔隙中存在水分和空气。

土壤以固体为主，三相共存。三相物质的相对含量，因土壤种类和环境条件不同而异。图 9-2 显示土壤组分的大致比例。三相物质互相联系、制约，并且上与大气，下与地下水相连，构成一个完整的多介质多界面体系。

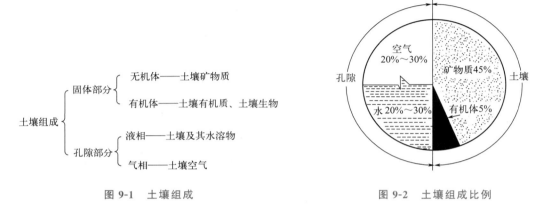

图 9-1　土壤组成　　　　　　　　图 9-2　土壤组成比例

（1）土壤矿物质

包括原生矿物质和次生矿物质，占固体部分总质量 90％以上。

原生矿物质：它是各种岩石经受不同程度的物理风化，仍遗留在土壤中的一类矿物，其原来的化学组成没有改变。土壤中最重要的原生矿物有硅酸盐类矿物、氟化物类矿物、硫化物类矿物和磷酸盐类矿物。由其组成知，原生矿物质既是构成土壤的骨骼，又是植物营养源。

次生矿物质：次生矿物质大多是由原生矿物质经风化后形成的新矿物。它包括各种简单盐类，如碳酸盐、硫酸盐、氯化物等。次生黏土矿物大多为各种铝硅酸盐和铁硅酸盐，如高岭土、蒙脱土、多水高岭土和伊利石等。土壤中很多重要的物理、化学性质和物理、化学过程都与所含黏土矿物质的种类和数量有关。次生矿物中的简单盐类呈水溶性，易被淋失。

（2）土壤有机质

土壤有机质主要包括动植物残骸和腐殖质等，腐殖质是具有多种功能团、芳香族结构及酸性的高分子化合物，其呈黑色或暗棕色胶体状，占有机质总量的 50％～65％；它的主要成分为胡敏酸和富里酸。胡敏酸是两性有机胶体，通常情况带负电，在土壤中可吸附重金属离子。

土壤有机质能改善土壤的物理、化学和生物学性状。腐殖质作为土壤有机胶体来说，具有吸收性能、缓冲性能以及与土壤重金属的络合性能等，这些性能对土壤结构、土壤性质和土壤质量都有重大影响。如腐殖质对有机磷和有机氯农药有极强的吸附作用，可降低农药的蒸发量，减少农药被水淋失渗入地下量，从而减少了对大气和水源的污染。

（3）土壤生物

土壤生物和土壤矿物质、有机质一样，是土壤的重要成分。土壤生物包括土壤中动物和土壤微生物。

① 土壤动物　是进入土壤有机物料的第一消费者。土壤动物种类繁多，有蚯蚓、线虫、

原生动物、螨类、蚂蚁、蜗牛等。它们首先将植物残体嚼细、撕碎，经过吞食与消化变化养分丰富的土粪排泄后形成肥沃土壤，有些细碎的有机物供微生物食用和繁殖，最后回到土壤中，成为营养丰富的有机矿质复合土粒。土壤动物在纤维素和木质素的分解方面起到了极其重要的促进作用，因为微生物很难分解这类物质，但经动物咀嚼和肠道的酶类消化，微生物就较为容易地再做进一步的分解。土壤动物还吞食、搬运土粒，从而起到翻土、碎土的作用。

蚯蚓是土壤动物中最重要的一类。它一般喜欢在潮湿、通气、富含有机质的中性土壤中生活，在温暖季节活动旺盛，数量剧增，活性最高。在肥沃的草地，每平方米多达 500 条，一般耕地中每平方米约 30～300 条。蚯蚓通过大量吞食土壤，经肠道消化后以粪便形式排出，形成水稳性团粒结构，有助于改善土壤透水性、通气性和蓄水性，而且各种养分的有效性也大大提高。蚯蚓吞食土壤的数量是很大的，据资料介绍，一条蚯蚓每天可吞食的土壤相当于它体重的 2 倍。通过蚯蚓的活动，不仅使有机质与土壤得到充分融合，形成良好结构，而且蚯蚓移动时留下的缝隙，改善了土壤通透性，使土壤变得如同经过耕作一样疏松。因此，人们形象地把蚯蚓誉为"生物犁"。

研究表明，蚯蚓不仅能改良土壤、提高肥力，而且在土壤净化方面也有其独特的作用。蚯蚓本身具有富集重金属的能力，从而使它所作用的基质中重金属浓度显著下降，而且随着蚯蚓的繁殖，其净化量增大。需要指出的是，无论是蚓体还是蚓粪，终究变为土壤的成分，而无所谓毒质的消除，仅仅是促其转化而已。但是，人们利用蚯蚓的这一特性事前处理含金属的废渣，具有良好的除去金属的效果。

② 土壤微生物 是土壤有机质的第二消费者。它们使碎裂的有机物进一步转化，达到最后的彻底分解。土壤微生物的作用是由成千上万个功能各异的微生物活动的综合结果。

土壤微生物的种类很多，有细菌、真菌、放线菌和藻类等。它们分布广、繁殖快、活性强。1g 土壤中就有微生物数亿至数十亿个，一个原始细菌经 24h 增殖，菌数可达到 1700 万个。土壤越肥，土壤中微生物越多。土壤微生物中又以细菌数量最多，分布最广。

土壤微生物在土壤中的主要作用是引起各种有机质的转化，从而直接影响土壤肥力。一方面有机质通过微生物的作用，使其变成植物可以直接利用的无机物，这种过程称为矿质化过程；另一方面是有机质经微生物转化后转变成中间产物，再经过微生物的作用，重新合成新的有机质即腐殖质，这种过程称为腐殖化过程。

土壤微生物另一个重要的作用就是对土壤起净化作用。土壤中一个重要的污染源就是农业生产中施入的农药，农药绝大多数为有机合成物，容易被土壤微生物所分解；许多农药在土壤微生物的作用下脱氮、脱烷基、苯环破裂等，使农药分子结构变得简单，使其毒性减轻或消失。有实验证明，辛硫磷在含有多种微生物的自然土中迅速分解，2 周可降解 75%，38d 后全部降解，而在无菌的土壤中 38d 后仅消失 1/4，它充分说明了土壤微生物对有机农药降解的重要作用。

（4）土壤水

土壤水并非指纯水，而实际是含有复杂溶质的稀溶液，因此，通常将土壤水及其所含溶质称为土壤溶液。土壤水的来源有大气降水、降雪和地表径流，若地下水位接近地表面（约 2～3m），则地下水亦是土壤水来源之一。此外，空气中水蒸气遇冷凝结成为土壤水分。

（5）土壤空气

土壤空气存在于未被水分占据的土壤孔隙中。它的组成与大气基本相似，主要成分都是

N_2、O_2、CO_2。其差异是：①土壤空气存在于相互隔离的土壤孔隙中，是一个不连续的体系。②在 O_2 和 CO_2 含量上有很大的差异。土壤空气中 CO_2 含量比大气中高得多，大气中 CO_2 含量约为 0.03%，而土壤空气中 CO_2 含量一般为 0.15%～0.65%，甚至高达 5%，这主要是由于生物呼吸作用和有机物分解而产生。氧的含量低于大气。③土壤空气中的水蒸气含量一般比大气中高得多。土壤空气还含有少量还原性气体，如 CH_4、H_2S、H_2、NH_3 等。如果是被污染的土壤，其空气中还可能存在污染物。

9.1.1.2 土壤的性质

（1）土壤的吸附特性

从胶体化学范畴来说，一般把直径在 1～100nm 范围内的颗粒，称为胶体。土壤中粒径小于 1000nm 的黏粒，已经具有胶体性质，并且黏粒构造上至少有一个方向小于 100nm，所以土壤学把全部黏粒都归为胶体颗粒。此外，土壤中的蛋白质、腐殖质等有机质也都具有胶体的特征，因此，土壤胶体主要包括无机胶体（黏粒）、有机胶体（主要是腐殖质）和有机-无机复合胶体。

土壤胶体的一个显著特点，是具有巨大的比表面积和表面能。土壤中的砂粒和粗粉粒同黏粒相比，其比表面积很小，甚至可以忽略不计，因此，多数土壤的比表面积取决于最微小的黏粒部分。由于土壤胶体具有巨大的比表面积，相应地使土壤胶体具有巨大的表面能，表面能愈大，吸附性质表现也愈强。

土壤胶体溶液中的每个胶粒均带有电荷。土壤胶体所带的电荷有永久电荷、可变电荷、正电荷、负电荷之分，它们通过电荷数和电荷密度两种方式对土壤性质产生影响。例如，土壤吸附离子的多少，取决于其所带电荷的数量，而离子被吸附的牢固程度则与土壤的电荷密度有关。

（2）土壤的酸碱性

土壤的酸碱性是土壤的重要理化性质之一，主要取决于土壤中含盐基的情况，是土壤形成过程中受生物、气候、地质、水文等因素的综合作用所产生的重要属性。土壤的酸碱度一般以 pH 值表示。我国土壤 pH 大多在 4.5～8.5 范围内，并且呈"东南酸西北碱"的规律。

① 土壤的酸度　土壤溶液中氢离子的浓度，通常用 pH 表示。根据土壤中 H^+ 的存在方式，土壤酸度可以分为以下两大类。

活性酸度又称有效酸度，是土壤溶液中游离 H^+ 浓度直接反映出来的酸度，通常用 pH 表示，即 $pH = -\lg[H^+]$。土壤溶液中 H^+ 主要来源于土壤空气中 CO_2 溶于水形成的 H_2CO_3、有机质分解产生的有机酸、无机酸以及施肥时加入的酸性物质，大气污染产生的酸雨也会使土壤酸化。

潜性酸度是由于土壤胶粒吸附 H^+ 和 Al^{3+} 所造成的。这些致酸离子只有在通过离子交换作用进入土壤溶液中产生了 H^+ 才显示酸性，因此称为潜性酸度。

土壤中活性酸度和潜性酸度是属于同一个平衡系统中的两种存在状态，它们同时存在，互相转化，处于动态平衡。例如：

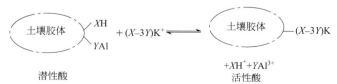

土壤活性酸度是土壤的实际酸度，它是一个强度指标，对土壤的理化性质、作物的生长

和微生物的活动有直接影响。土壤潜性酸度则是土壤的容量指标，它是土壤酸性的重要标志。当土壤活性酸度大时，土壤溶液中的氢离子和土壤胶体上的盐基离子相交换，而交换出来的盐基离子不断地被雨水淋失，导致土壤胶体上的盐基离子不断减少，与此同时，胶体上的交换性氢离子也不断增加，并随之而出现交换性铝，这就造成了土壤潜性酸度的增高。

② 土壤的碱度　土壤溶液中 OH^- 的主要来源是 CO_3^{2-} 和 HCO_3^- 的碱金属（Na、K）及碱土金属（Ca、Mg）的盐类。碳酸盐碱度和重碳酸盐碱度的总和称为总碱度，可用中和滴定法测定。不同溶解度的碳酸盐和重碳酸盐对土壤碱性的贡献不同，$CaCO_3$ 和 $MgCO_3$ 的溶解度很小，在正常的 CO_2 分压下，它们在土壤溶液中的浓度很低，故富含 $CaCO_3$ 和 $MgCO_3$ 的石灰性土壤呈弱碱性（pH7.5～8.5）；Na_2CO_3、$NaHCO_3$ 及 $Ca(HCO_3)_2$ 等都是水溶性盐类，可以大量出现在土壤溶液中，使土壤溶液中的总碱度很高，从土壤 pH 来看，含 Na_2CO_3 的土壤，其 pH 一般较高，可达 10 以上，而含 $NaHCO_3$ 和 $Ca(HCO_3)_2$ 的土壤，其 pH 常在 7.5～8.5，碱性较弱。

当土壤胶体上吸附的 Na^+、K^+、Mg^{2+} 等离子（主要是 Na^+）的饱和度增加到一定程度时，会引起交换性阳离子的水解作用：

结果在土壤溶液中产生 NaOH，使土壤呈碱性。此时 Na^+ 的饱和度亦称为土壤碱化度。

③ 土壤的缓冲作用　土壤缓冲性是指土壤具有抵抗土壤溶液 H^+ 或 OH^- 浓度改变的一种能力。即在土壤中加入一定量的酸性或碱性物质后，土壤 pH 值并不发生多大的改变，仍然能够保持其相对稳定性。土壤的缓冲性有赖于土壤中多种因素的存在而共同组成的缓冲体系。土壤胶体的阳离子交换作用是土壤产生缓冲作用的主要原因。土壤中存在的多种弱酸，如碳酸、磷酸、硅酸、腐殖酸和其他有机酸及其盐类构成的缓冲系统，对酸碱均有缓冲作用。土壤中的两性物质如氨基酸、蛋白质等，既能中和酸，也能中和碱。

土壤的缓冲能力主要与阳离子交换量有关，土壤中胶体物质愈多，阳离子交换量愈大，缓冲能力也就愈强。在胶体物质中有机胶体的交换量远高于无机胶体，无机胶体中以蒙脱石最高，伊利石次之，高岭石最小。所以，随着土壤腐殖质含量的增加和黏性的增强，缓冲性相应增强；在阳离子交换量相同的条件下，土壤缓冲能力与盐基饱和度有关，饱和度高的土壤对酸性缓冲能力强，而饱和度低的土壤则对碱性缓冲能力强。

（3）土壤的氧化还原性

氧化还原作用是土壤和土壤溶液中的普遍现象，土壤组成中都含有一些易于氧化和易于还原的成分，这些成分在通气良好、氧气充足的情况下呈氧化态；在通气不良、氧气不足的情况下则呈还原态。土壤溶液中的氧化作用，主要由自由氧、NO_3^- 和高价金属离子所引起；还原作用是某些有机物分解产物，厌氧性微生物生命活动及少量的铁、锰等金属低价氧化物所引起。土壤组成是极其复杂的，其氧化还原体系也多种多样，并有生物的参与，所以它比一般纯溶液的氧化还原反应复杂得多。在土壤中要用化学方法来求得各种氧化还原物质的浓度是很困难的。

氧化还原作用的实质是电子的转移，一旦物质失去了电子它们本身就被氧化，必然伴随着另一些物质获得电子，而其本身被还原。以土壤中普遍存在的铁体系为例，在通气良好的土壤中，溶液中的铁大部分呈氧化态 Fe^{3+}，没有氧化而呈还原态的 Fe^{2+} 可能只有少量存在；反之，如果通气不良，则 Fe^{2+} 的浓度必然增高，Fe^{3+} 的浓度也相应减小。由此可见，当土壤通气状况发生改变时，其溶液中的 Fe^{3+} 和 Fe^{2+} 的相对浓度也必然相应地发生变化。

土壤的氧化还原状况影响土壤重金属污染的危害程度。一些变价重金属元素如铬、砷、汞等在不同形态时其危害程度是不一样的。

铬在土壤中有两种价态：Cr^{6+} 和 Cr^{3+}，两者的行为很不相同，前者活性低而毒性高，后者恰恰相反。Cr^{3+} 主要存在于土壤与沉积物中；Cr^{6+} 主要存在于水中，但易被 Fe^{2+} 和有机物等还原，当溶液中的 Fe^{2+} 浓度有 4mg/L 时，Cr^{6+} 则全部还原成 Cr^{3+}，含疏基的有机化合物对 Cr^{6+} 有较强的还原力。反之，Cr^{3+} 在中性环境中，E_h 为 400mV 以上时易氧化为 Cr^{6+}。试验表明，土培水稻时，灌溉水含 Cr^{6+} 50mg/L 会引起减产，Cr^{3+} 则需 100mg/L 左右才致减产；小麦的受害浓度 Cr^{6+} 为 30mg/L，Cr^{3+} 为 60mg/L。在石灰性土壤中，玉米和小麦的受害临界浓度为 300mg/kg，而水稻高达 1000mg/kg。

9.1.1.3 土壤污染

（1）土壤环境背景值

土壤是由固相、液相和气相三相物质组成的多相体系，所含物质成分异常复杂，包含几乎所有的天然元素，并在水、气、热、生物和微生物等多因子共同作用下，不断发生着各种化学变化，因此，土壤中可以检测出多种化学物质。未受人类活动影响的土壤环境本身的化学元素组成及其含量称为土壤环境背景值。从本质上来讲，"未受人类活动影响"只是一个相对概念，因为在现实环境中已经很难找到。在南极冰层中发现有机氯农药的残留就是一个明证。因此，土壤背景值是一个相对数值，它是指距离污染源很远，污染物不易达到的，而且生态条件正常地区的土壤中物质的含量。

土壤是岩石风化形成的母质在气候、生物、地形、时间等自然因素的综合作用下的产物，在地球上的不同区域，从岩石成分到地理环境和生物群落都有很大的差异，因此，不同土壤的背景值自然会因地理位置不同而有所差异。不仅不同类型土壤之间不同，就是同一类型土壤之间相差也很大，引起变动的因素很复杂，除了自然因素外，数万年来人类活动也起着很重要的影响。因而土壤背景值不是一个确定值，而是一个范围值，它所代表的是土壤环境发展中一个历史阶段的、相对意义上的数值。

（2）土壤污染

土壤污染是指人类活动产生的环境污染物进入土壤并积累到一定程度，引起土壤环境质量恶化的现象。衡量土壤环境质量是否恶化的标准是土壤环境质量标准。土壤污染与自净是两个相互独立又同时存在的过程。土壤污染的实质是通过各种途径进入土壤的污染物，其数量和速度超过了土壤自净作用的数量和速度，破坏了自然动态平衡。其后果是导致土壤正常功能失调，土壤质量下降，影响到作物的生长发育，引起产量和质量的下降。土壤污染也包括由于土壤污染物质的迁移转化引起大气或水体污染，并通过食物链，最终影响人类的健康。

（3）土壤污染源

土壤污染源可分为天然污染源和人为污染源。前者是指自然界向环境中排放的有害物质，如在某些矿床或元素和化合物富集中心周围，由于矿物的自然分解与风化，往往形成自然扩散带，使附近土壤中某些元素的含量超出一般水平；后者是指人类活动所形成的污染源。土壤污染主要是由于人为活动引起的，主要是工业和城市的污（废）水和固体废物、农药化肥、牲畜排泄物、生物残体、石油开采及大气沉降物，其中以化学物质对土壤的污染最为严重。

（4）土壤污染物

土壤污染物是指进入土壤中并足以影响土壤环境正常功能，降低作物产量和生物学质量，有害于人体健康的那些物质。土壤中的污染物质种类繁多，其与大气和水体中的污染物质很多是相同的，总体可分为以下几类。

① 有机污染物 其中数量较大而又比较重要的是化学农药，包括有机氯和有机磷农药，如 DDT、六六六、狄氏剂、马拉硫磷、敌敌畏等，此外，还有多环芳烃（PAH）和多氯联苯（PCB）等持久性有机污染物、酚类和硝基类等化工有机污染物、石油烃类化合物、表面活性剂。

② 无机污染物 主要包括重金属、氮素和磷素化学肥料，如砷、镉、汞、铬、铜、锌、铅、硝酸盐、硫酸盐、氟化物、高氯酸盐、氟化物等。

③ 放射性物质 铯、锶、铀等。

④ 病原微生物 肠道细菌、炭疽杆菌、肠道寄生虫、结核分枝杆菌等。

一般有机物容易在土壤中发生生物降解，无机盐类易被植物吸收或淋溶流失，两者在土壤中滞留时间较短。因此重金属和农药成为土壤的主要化学性污染物，一些污染物进入土壤后可被作物吸收积累，间接危害人畜健康，同时也可使污染物迁移转入水体危及鱼类等生物体，现如今不合理施用化学农药，已经引起社会的高度重视。

土壤是否受到污染，不但要看污染物含量的增加，还要看后果，即加入土壤的物质给土壤生态系统造成了危害，才能称为污染，因此，判断土壤污染时，不仅要考虑土壤的背景值，还要考虑植物中有害物质的含量、生物反应和对人体健康的影响。有时污染物超过背景值，但并未影响植物正常生长，也未在植物体内进行积累；有时土壤污染物虽然超过背景值不多，但由于某些植物对某些污染物的吸收富集能力特别强，反而使植物中的污染物达到了污染程度。尽管如此，以土壤背景值作为土壤污染起始值的指标，或土壤开始发生污染的信号，仍然不失为一种简单易行、有效的判断方法。

（5）土壤污染的特点

① 土壤污染具有隐蔽性和滞后性 大气污染、水污染和固体废物污染等问题一般比较直观，通过感官就能发现。而土壤污染则不同，它往往要通过对土壤样品进行分析化验和农作物的残留检测，甚至通过研究对人畜健康状况的影响才能确定。因此，土壤污染从产生污染到出现问题通常会滞后较长的时间。如日本的"痛痛病"经过了 10～20 年之后才被人们所认识。因为土壤是一个复杂的三相共存体系，各种有害物质在土壤中总是与土壤相结合，有的为土壤生物所分解或吸收，从而改变其本来面目而被隐藏在土体里，或从土体排出且不被发现。当土壤将有害物质输送给农作物，再通过食物链而损害人畜健康时，土壤本身可能还继续保持其生产能力而经久不衰，这就充分体现了土壤污染的隐蔽性和潜伏性。这也使认识土壤环境污染问题的难度增加了，以致污染危害持续发展。

② 土壤污染的累积性 污染物质在大气和水体中，一般都比在土壤中更容易迁移。这使得污染物质在土壤中并不像在大气和水体中那样容易扩散和稀释，因此容易在土壤中不断积累而超标。多数无机污染物，特别是重金属和微量元素，都能与土壤有机质或矿物质相结合，并长久地保存在土壤中。无论它们怎样转化，也很难使其重新离开土壤，这成为一种最顽固的环境污染问题。

③ 土壤污染具有不可逆转性 重金属对土壤的污染基本上是一个不可逆转的过程，许多有机化学物质的污染也需要较长的时间才能降解。譬如被某些重金属污染的土壤可能要100～200 年时间才能够恢复。

④ 土壤污染的间接危害性　土壤中的污染物一方面通过食物链危害动物和人体健康，另一方面还能危害自然环境。例如一些能溶于水的污染物，可从土壤中淋洗到地下水里而使地下水受到污染；另一些悬浮物及土壤所吸附的污染物，可随地表径流迁移，造成地表水污染；而污染的土壤被风吹扬到远离污染源的地方，扩大了污染面。所以土壤污染又间接污染水和大气，成为水和大气的污染源。

土壤污染很难治理。如果大气和水体受到污染，切断污染源之后通过稀释作用和自净化作用也有可能使污染问题不断逆转，但是积累在污染土壤中的难降解污染物则很难靠稀释作用和自净化作用来消除。土壤污染一旦发生，仅仅依靠切断污染源的方法则往往很难恢复，有时要靠换土、淋洗土壤等方法才能解决问题，其他治理技术可能见效较慢。因此，治理污染土壤通常成本较高、治理周期较长。

（6）我国土壤环境质量

2022 年，全国土壤环境风险得到基本管控，土壤污染加重趋势得到初步遏制。全国农用地安全利用保持在 90% 以上，农用地土壤环境状况总体稳定，影响农用地土壤环境质量的主要污染物是重金属。重点建设用地安全利用得到有效保障。

依据《"十四五"土壤环境监测总体方案》，国家土壤环境监测网每五年完成一轮次监测工作。截至 2022 年底，在北京、上海、江苏、浙江、福建、湖南、广东、广西、贵州、云南和海南等 11 个省（区、市）开展的国家土壤环境例行监测结果表明，11 个省（区、市）土壤环境质量总体稳定。

9.1.1.4　土壤环境质量标准

《土壤环境质量标准》（GB 15618—1995）按照土壤应用功能、保护目标和土壤主要性质，规定了土壤中污染物的最高允许浓度指标值及相应的监测方法。该标准自 1995 年发布实施以来，在土壤环境保护工作中发挥了积极作用，但随着形势的变化，已不能满足我国土壤环境管理的需要。一是不适应农用地土壤污染风险管控的需要；二是不适用于建设用地。

为贯彻《中华人民共和国环境保护法》，保护土壤环境质量，管控土壤污染风险，2018 年生态环境部与国家市场监督管理总局联合发布了《土壤环境质量　农用地土壤污染风险管控标准（试行）》（GB 15618—2018）和《土壤环境质量　建设用地土壤污染风险管控标准（试行）》（GB 36600—2018），两个标准自 2018 年 8 月 1 日起实施，并明确两个标准实施之日起，《土壤环境质量标准》（GB 15618—1995）废止。《土壤环境质量　农用地土壤污染风险管控标准（试行）》适用于耕地土壤污染风险筛查和分类，园地和牧草地可参照执行；《土壤环境质量　建设用地土壤污染风险管控标准（试行）》适用于建设用地的土壤污染风险筛查和风险管制。

农用地土壤污染风险筛选值的基本项目为必测项目，包括镉、汞、砷、铅、铬、铜、镍锌，风险筛选值见表 9-1。

表 9-1　农用地土壤污染风险筛选值（基本项目）

单位：mg/kg

序号	污染物项目		风险筛选值			
			pH≤5.5	5.5<pH≤6.5	6.5<pH≤7.5	pH>7.5
1	镉	水田	0.3	0.4	0.6	0.8
		其他	0.3	0.3	0.3	0.6
2	汞	水田	0.5	0.5	0.6	1.0
		其他	1.3	1.8	2.4	3.4

序号	污染物项目		风险筛选值			
			pH≤5.5	5.5＜pH≤6.5	6.5＜pH≤7.5	pH＞7.5
3	砷	水田	30	30	25	20
		其他	40	40	30	25
4	铅	水田	80	100	140	240
		其他	70	90	120	170
5	铬	水田	250	250	300	350
		其他	150	150	200	250
6	铜	果园	150	150	200	200
		其他	50	50	100	100
7	镍		60	70	100	190
8	锌		200	200	250	300

注：1. 重金属和类金属砷均按元素总量计。

2. 对于水旱轮作地，采用其中较严格的风险筛选值。

9.1.1.5　思考题

① 土壤的组成和性质是怎样的？

② 我国有关土壤环境质量标准目前主要有哪些？主要适用范围是哪些？

9.1.2　土壤污染监测方案制订

土壤污染监测方案的制订和水环境质量监测方案、大气环境质量监测方案的流程相近，首先根据监测目的进行基础资料的调查与收集、在综合分析的基础上确定监测项目，合理布设采样点，确定采样频率和采样时间，选择合适的监测方法，全程实行质量控制监督，提出监测数据处理要求。

9.1.2.1　确定监测目的

（1）调查土壤环境污染状况

主要目的是根据《土壤环境质量标准》（Ⅰ、Ⅱ、Ⅲ类土壤分别执行一、二、三级标准）判断土壤是否被污染或污染的程度，并预测其发展变化的趋势。

（2）调查区域土壤环境背景值

通过长期分析测定土壤中某种元素的含量，确定这些元素的背景值水平和变化，为保护土壤生态环境、合理施用微量元素及地方病的探讨和防治提供依据。

（3）调查土壤污染事故

污染事故会使土壤结构和性质发生变化，也会对农作物产生伤害，分析主要污染物种类、污染程度、污染范围等信息，为相关部门采取对策提供科学依据。

（4）土壤环境科学研究

通过土壤相关指标的测定，为污染土壤环境修复、污水土地处理等科研工作提供基础数据。

9.1.2.2　调研收集资料

土壤污染源调查一般包括工业污染源、生活污染源、农业污染源和交通污染源。

工业污染源调查的内容主要包括：企业概况，生产工艺，能源、水源、原辅材料情况，生产布局调查，污染物治理调查，污染物排放情况调查，污染危害调查，发展规划调查等几方面。

生活污染源主要指住宅、学校、医院、商业及其他公共设施，它排放的主要污染物包括污水、粪便、垃圾、污泥、废气等。生活污染源调查的内容主要包括城市居民人口调查，城市居民用水和排水调查，民用燃料调查，城市垃圾及处置方法调查等。

农业常常是环境污染的主要受害者，同时，由于农业活动中施用农药、化肥，如果使用不合理也会产生环境污染。农业污染源调查一般包括：农药使用情况调查，化肥使用情况调查，农业废弃物调查，农业机械使用情况调查等。

交通污染源主要是指公路、铁路等运输工具。其造成土壤污染的原因有：运输有毒有害物质的泄漏、汽油柴油等燃料燃烧时排出的废气。一般调查运输工具的种类、数量、用油量、排气量、燃油构成、排放浓度等。

在进行一个地区的污染源调查或某一单项污染源调查时，都应同时进行自然环境背景调查和社会环境背景调查。根据调查的目的不同、项目不同，调查内容可以有所侧重。自然背景调查包括地质、地貌、气象、水文、土壤、生物；社会背景调查包括居民区、水源区、风景区、名胜古迹、工业区、农业区、林业区。

9.1.2.3 确定监测项目

环境是个整体，污染物进入哪一部分都会影响整个环境。因此，土壤监测必须与大气、水体和生物监测相结合才能全面客观地反映实际。确定土壤中优先监测物的依据是国际学术联合会环境问题科学委员会（SCOPE）提出的《世界环境监测系统》草案，该草案规定，空气、水源、土壤以及生物界中的物质都应与人群健康联系起来。土壤中优先监测物有以下两类。

第一类：汞、铅、镉、DDT及其代谢产物与分解产物，多氯联苯。

第二类：石油产品，DDT以外的长效性有机氯、四氯化碳、醋酸衍生物、氯化脂肪族、砷、锌、硒、铬、镍、锰、钒，有机磷化合物及其他活性物质（抗生素、激素、致畸性物质、催畸性物质和诱变物质）等。

我国土壤常规监测项目如下。

金属化合物：镉（Cd）、铬（Cd）、铜（Cu）、汞（Hg）、铅（Pb）、锌（Zn）。

非金属化合物：砷（As）、氰化物、氟化物、硫化物等。

有机无机化合物：苯并 [a] 芘、三氯乙醛、油类、挥发酚、DDT、六六六等。

9.1.2.4 布点

土壤是固、液、气三相的混合物，主体是固体，污染物质进入土壤后不易混合，所以样品往往有很大的局限性。在一般的土壤监测中，采样误差对结果的影响往往大于分析误差。所以，在进行土壤样品采集时，要格外注意样品的合理代表性，最好能在采样前通过一定的调查研究，选择出一定量的采样单元，合理布设采样点。

（1）布点原则

① 不同土壤类型都要布点。

② 污染较重的地区布点要密些，常根据土壤污染发生原因来考虑布点多少。

③ 对大气污染物引起的土壤污染，采样点布设应以污染源为中心，并根据当地风向、风速及污染强度等因素来确定；由城市污水或被污染的河水灌溉农田引起的土壤污染，采样点应根据水流的路径和距离来考虑；如果是由化肥、农药引起的土壤污染，它的特点是分布比较均匀广泛。

④ 要在非污染区的同类土壤中布设一个或几个对照采样点。

总之，采样点的布设既应尽量照顾到土壤的全面情况，又要视污染情况和监测目的而定，尽可能做到与土壤生长作物监测同步进行布点、采样、监测，以利于对比和分析。

（2）布点方法

采样地点的选择应具有代表性。因为土壤本身在空间分布上具有一定的不均匀性，故应多点采样、均匀混合，以使所采样品具有代表性。采样地面积不大，如在 2～3 亩（15 亩 = 1 公顷）以内，可在不同方位选择 5～10 个有代表性的采样点。如果面积较大，采样点可酌情增加。采样点的布设应尽量照顾土壤的全面情况，不可太集中。下面介绍几种常用采样布点方法，见图 9-3。

图 9-3　土壤采样布点法

① 对角线布点法［图 9-3（a）］　该法适用于面积小、地势平坦、受污水灌溉的田块。布点方法是由田块进水口向对角线引一斜线，将此对角线三等分，等分点作为采样点。但由于地形等其他情况，也可适当增加采样点。

② 梅花形布点法［图 9-3（b）］　该法适用于面积较小、地势平坦、土壤较均匀的田块，中心点设在两对角线相交处，一般设 5～10 个采样点。

③ 棋盘式布点法［图 9-3（c）］　适宜于中等面积、地势平坦、地形开阔、但土壤较不均匀的田块，一般设 10 个以上采样点。此法也适用于受固体废物污染的土壤，因为固体废物分布不均匀，应设 20 个以上采样点。

④ 蛇形布点法［图 9-3（d）］　这种布点方法适用于面积较大、地势不平坦、土壤不够均匀的田块。布设采样点数目较多。

9.1.2.5　样品的采集与制备

Fe^{2+}、NH_4^+-N、NO_3^--N、S^{2-}、挥发酚等易变成分需用鲜样，样品采集后直接用于分析。大多数成分测定需要用风干或烘干样品，干燥后的样品容易混合均匀，分析结果的重复性、准确性都比较好。

9.1.2.6　分析测试土壤样品

土壤中污染物质种类繁多，不同污染物在不同土壤中的样品处理方法及测定方法各异。同时要根据不同监测要求和监测目的，选定样品处理方法。

仲裁监测必须选定《土壤环境质量标准》中选配的分析方法规定的样品处理方法，其他类型的监测优先使用国家土壤测定标准，如果是《土壤环境质量标准》中没有的项目或国家土壤测定方法标准暂缺项目则可使用等效测定方法中的样品处理方法，见表 9-2、表 9-3。

表 9-2 土壤常规监测项目及分析方法

监测项目	监测仪器	监测方法	方法来源
镉	原子吸收光谱仪	石墨炉原子吸收分光光度法	GB/T 17141
	原子吸收光谱仪	KI-MIBK 萃取火焰原子吸收分光光度法	GB/T 17140
汞	测汞仪	冷原子吸收法	GB/T 17136
砷	分光光度计	二乙基二硫代氨基甲酸银分光光度法	GB/T 17134
	分光光度计	硼氢化钾-硝酸银分光光度法	GB/T 17135
铜	原子吸收光谱仪	火焰原子吸收分光光度法	GB/T 17138
铅	原子吸收光谱仪	石墨炉原子吸收分光光度法	GB/T 17141
	原子吸收光谱仪	KI-MIBK 萃取火焰原子吸收分光光度法	GB/T 17140
铬	原子吸收光谱仪	火焰原子吸收分光光度法	GB/T 17137
锌	原子吸收光谱仪	火焰原子吸收分光光度法	GB/T 17138
镍	原子吸收光谱仪	火焰原子吸收分光光度法	GB/T 17139
六六六、滴滴涕	气相色谱仪	电子捕获气相色谱法	GB/T 14550
六种多环芳烃	液相色谱仪	高效液相色谱法	GB 13198
稀土总量	分光光度计	对马尿酸偶氮氯膦分光光度法	GB 6262
pH	pH 计	森林土壤 pH 测定	GB 7859
阳离子交换量	滴定仪	乙酸铵法	①

① 中国科学院南京土壤研究所编,《土壤理化分析》,上海科技出版社,1978。

表 9-3 土壤监测项目与分析方法

监测项目	推 荐 方 法	等 效 方 法
砷	COL	HG-AAS、HG-AFS、XRF
镉	GF-AAS	POL、ICP-MS
钴	AAS	GF-AAS、ICP-AES、ICP-MS
铬	AAS	GF-AAS、ICP-AES、XRF、ICP-MS
铜	AAS	GF-AAS、ICP-AES、XRF、ICP-MS
氟	ISE	
汞	HG-AAS	HG-AFS
锰	AAS	ICP-AES、INAA、ICP-MS
镍	AAS	GF-AAS、XRF、ICP-AES、ICP-MS
铅	GF-AAS	ICP-MS、XRF
硒	HG-AAS	HG-AFS、DAN 荧光、GC
钒	COL	ICP-AES、XRF、INAA、ICP-MS
锌	AAS	ICP-AES、XRF、INAA、ICP-MS
硫	COL	ICP-AES、ICP-MS
pH	ISE	
有机质	VOL	
PCB、PAH	LC、GC	
阳离子交换量	VOL	
VOC	GC、GC-MS	
SVOC	GC、GC-MS	
除草剂和杀虫剂类	GC、GC-MS、LC	
POP	GC、GC-MS、LC、LC-MS	

注:ICP-AES—等离子发射光谱;XRF—X 荧光光谱分析;AAS—火焰原子吸收;GF-AAS—石墨炉原子吸收;HG-AAS—氢化物发生原子吸收法;HG-AFS—氢化物发生原子荧光法;POL—催化极谱法;ISE—选择性离子电极;VOL—容量法;INAA—中子活化分析法;GC—气相色谱法;LC—液相色谱法;GC-MS—气相色谱-质谱联用法;COL—分光比色法;LC-MS—液相色谱-质谱联用法;ICP-MS—等离子体质谱联用法。

　　一般区域背景值调查和《土壤环境质量标准》中重金属测定的是全量（除特殊说明，如六价铬），其测定土壤中金属全量的方法见相应的分析方法。

高效液相色谱

9.1.2.7　数据处理

　　土壤中污染项目的测定，属痕量分析和超痕量分析，尤其是土壤环境的特殊性，所以更须注意监测结果的准确性。

　　土壤分析结果以 mg/kg（烘干土）表示。平行样的测定结果用平均数表示，一组测定数据用 Dixon 法、Grubbs 法检验剔除离群值后以平均值报出；低于分析方法检出限的测定结果以"未检出"报出，参加统计时按二分之一最低检出限计算。

　　土壤样品测定一般保留三位有效数字，含量较低的镉和汞保留 2 位有效数字，并注明检出限数值。分析结果的精密度数据，一般只取 1 位有效数字，当测定数据很多时，可取 2 位有效数字。表示分析结果的有效数字的位数不可超过方法检出限的最低位数。

9.1.2.8　质量控制

　　质量保证和质量控制的目的是保证所产生的土壤环境质量监测资料具有代表性、准确性、精密性、可比性和完整性，质量控制涉及监测的全部过程。执行《全国土壤污染状况调查质量保证技术规范》和《土壤环境监测技术规范》（HJ/T 166—2004）。

　　每批样品每个项目分析时均须做 20% 平行样品，当 5 个样品以下时，平行样不少于 1 个。平行双样测定结果的误差在允许误差范围之内者为合格，见表 9-4。

表 9-4　土壤监测平行双样测定值的精密度和准确度允许误差

监测项目	样品含量范围/(mg/kg)	精密度		准确度			适用的分析方法
		室内相对标准偏差/%	室间相对标准偏差/%	加标回收率/%	室内相对误差/%	室间相对误差/%	
镉	<0.1	±35	±40	75～110	±35	±40	原子吸收光谱法
	0.1～0.4	±30	±35	85～110	±30	±35	
	>0.4	±25	±30	90～105	±25	±30	
汞	<0.1	±35	±40	75～110	±35	±40	冷原子吸收法 原子荧光法
	0.1～0.4	±30	±35	85～110	±30	±35	
	>0.4	±25	±30	90～105	±25	±30	
砷	<10	±20	±30	85～105	±20	±30	原子荧光法 分光光度法
	10～20	±15	±25	90～105	±15	±25	
	>20	±15	±20	90～105	±15	±20	
铜	<20	±20	±30	85～105	±20	±30	原子吸收光谱法
	20～30	±15	±25	90～105	±15	±25	
	>30	±15	±20	90～105	±15	±20	
铅	<20	±30	±35	80～110	±30	±35	原子吸收光谱法
	20～40	±25	±30	85～110	±25	±30	
	>40	±20	±25	90～105	±20	±25	
铬	<50	±25	±30	85～110	±25	±30	原子吸收光谱法
	50～90	±20	±30	85～110	±20	±30	
	>90	±15	±25	90～105	±15	±25	
锌	<50	±25	±30	85～110	±25	±30	原子吸收光谱法
	50～90	±20	±30	85～110	±20	±30	
	>90	±15	±25	90～105	±15	±25	
镍	<20	±30	±35	80～110	±30	±35	原子吸收光谱法
	20～40	±25	±30	85～110	±25	±30	
	>40	±20	±25	90～105	±20	±25	

9.1.2.9 思考题

① 如何布点采集土壤样品？

② 写出路边尘土中重金属（Pb）的监测方案。

9.1.3 土壤样品的采集与制备

土壤样品的采集和制备是土壤分析工作的一个重要环节，采集有代表性的样品，是测定结果能如实反映土壤环境状况的先决条件。实验室工作者只能对来样的分析结果负责，如果送来的样品不符合要求，那么任何精密仪器和熟练的分析技术都将毫无意义。因此，分析结果能否说明问题，关键在于样品的采集和处理。

9.1.3.1 土壤样品的采集

（1）收集基础资料

为了采集的样品具有代表性，首先必须对监测的地区进行调查，收集以下基础资料：

① 监测区域的交通图、土壤图、地质图、大比例尺地形图等资料，供制作采样工作图和标注采样点位用；

② 监测区域土类、成土母质等土壤信息资料；

③ 土壤历史资料；

④ 监测区域工农业生产及排污、污灌、化肥农药施用情况资料；

⑤ 收集监测区域气候资料（温度、降水量和蒸发量）、水文资料。

（2）布设采样点

大气污染型土壤监测单元和固体废物堆污染型土壤监测单元以污染源为中心放射状布点，在主导风向和地表水的径流方向适当增加采样点；灌溉水污染监测单元、农用固体废物污染型土壤监测单元和农用化学物质污染型土壤监测单元采用均匀布点；灌溉水污染监测单元采用按水流方向带状布点，采样点自纳污口起由密渐疏；综合污染型土壤监测单元布点采用综合放射状、均匀、带状布点法。由于土壤本身在空间分布上具有一定的不均匀性，所以应多点采样并均匀混合成为具有代表性的土壤样品。根据采样现场的实际情况选择合适的布点方法。

（3）准备采样器具

① 工具类：铁锹、铁铲、圆状取土钻、螺旋取土钻、竹片以及适合特殊采样要求的工具等。

② 器材类：罗盘、相机、卷尺、铝盒、样品袋、样品箱等。

③ 文具类：样品标签、采样记录表、铅笔、资料夹等。

④ 安全防护用品：工作服、工作鞋、安全帽、药品箱等。

⑤ 采样用车辆。

（4）确定采样频率

监测项目分常规项目、特定项目和选测项目。常规项目是指《土壤环境质量标准》所要求控制的污染物。特定项目是指《土壤环境质量标准》未要求控制的污染物，但根据当地环境污染状况，确认在土壤中积累较多、对环境危害较大、影响范围广、毒性较强的污染物，或者污染事故对土壤环境造成严重不良影响的物质，具体项目由各地自行确定。选测项目一般包括新纳入的在土壤中积累较少的污染物、由于环境污染导致土壤性状发生改变的土壤性状指标以及生态环境指标等。

土壤监测项目与监测频次见表 9-5，常规项目可按实际情况适当降低监测频次，但不可低于 5 年一次，选测项目可按当地实际情况适当提高监测频次。

表 9-5　土壤监测项目与监测频次

项目类别		监测项目	监测频次
常规项目	基本项目	pH、阳离子交换量	每 3 年一次，农田在夏收或秋收后采样
	重点项目	镉、铬、汞、砷、铅、铜、锌、镍、六六六、滴滴涕	
特定项目（污染事故）		特征项目	及时采样，根据污染物变化趋势决定监测频次
选测项目	影响产量项目	全盐量、硼、氟、氮、磷、钾等	每 3 年监测一次，农田在夏收或秋收后采样
	污水灌溉项目	氰化物、六价铬、挥发酚、烷基汞、苯并[a]芘、有机质、硫化物、石油类等	
	POP 与高毒类农药	苯、挥发性卤代烃、有机磷农药、PCB、PAH 等	
	其他项目	结合态铝（酸雨区）、硒、钒、氧化稀土总量、钼、铁、锰、镁、钙、钠、铝、硅、放射性比活度等	

（5）确定采样类型及采样深度

① 土壤样品的类型

a. 混合样　一般了解土壤污染状况时采集混合样品。将一个采样单元内各采样分点采集的土样混合均匀制成。对种植一般农作物的耕地，只需采集 0～20cm 耕作层土壤；对于种植果林类农作物的耕地，采集 0～60cm 耕作层土壤。

b. 剖面样品　特定的调查研究监测需了解污染物在土壤中的垂直分布时，需采集剖面样品，按土壤剖面层次分层采样。

② 采样深度　采样深度视监测目的而定。一般监测采集表层土，采样深度为 0～20cm。如果需了解土壤污染深度，则应按土壤剖面层次分层采样。土壤剖面是指地面向下的垂直土体的切面。典型的自然土壤剖面分为 A 层（表层，淋溶层）、B 层（亚层，沉积层）、C 层（风化母岩层，母质层）和底岩层，见图 9-4。地下水位较高时，剖面挖至地下水出露时为止；山地丘陵土层较薄时，剖面挖至风化层。

采样土壤剖面样品时，剖面的规格一般为长 1.5m、宽 0.8m、深 1～1.5m，一般要求达到母质或潜水处即可，见图 9-5。将朝阳的一面挖成垂直的坑壁，而与之相对的坑壁挖成每阶为 30～50cm 的阶梯状，以便上下操作，表土和底土分两侧放置。根据土壤剖面颜色、结构、质地、松紧度、植物根系分布等划分土层，并进行仔细观察，将剖面形态、特征自上而下逐一记录。随后在各层最典型的中部自下而上逐层采样，先采剖面的底层样品，再采中层样品，最后采上层样品。在各层内分别用小土铲切取一片片土壤样，每个采样点的取土深度和取样量应一致。根据监测目的和要求可获得分层试样或混合样，用于重金属分析的样品，应将与金属采样器接触部分的土样弃去。对 B 层发育不完整（不发育）的山地土壤，只采 A、C 两层。

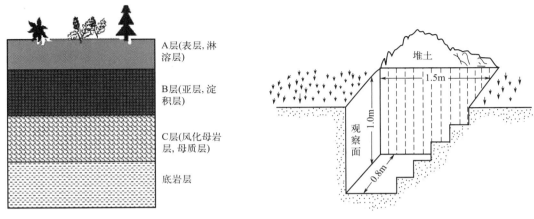

图 9-4　土壤剖面土层示意图　　　　　　图 9-5　土壤剖面挖掘示意图

（6）确定采样方法

采样方法主要有采样筒取样、土钻取样、挖坑取样。

（7）确定采样量

具体需要多少土壤数量视分析测定项目而定，一般要求 1kg 左右。对多点均量混合的样品可反复按四分法弃取，最后留下所需的土量，装入塑料袋或布袋中。

（8）采样注意事项

① 采样点不能设在田边、沟边、路边或肥堆边。

② 现场采样点的具体情况，如土壤剖面形态特征等应做详细记录，见表 9-6。

③ 采样的同时，由专人填写样品标签。标签一式两份（见表 9-7），一份放入袋中，一份系在袋口，标签上标注采样时间、地点、样品编号、监测项目、采样深度和经纬度。采样结束，需逐项检查采样记录、样袋标签和土壤样品，如有缺项和错误，及时补齐更正。将底土和表土按原层回填到采样坑中，方可离开现场，并在采样示意图上标出采样地点，避免下次在相同处采集剖面样。

表 9-6　土壤现场记录表

采用地点			东经		北纬	
样品编号			采样日期			
样品类别			采样人员			
采样层次			采样深度/cm			
样品描述	土壤颜色		植物根系			
	土壤质地		沙砾含量			
	土壤湿度		其他异物			
采样点示意图			自下而上植被描述			

表 9-7　土壤样品标签样式

样品编号：	
采用地点： 东经北纬：	
采样层次：	
特征描述：	
采样深度：	
监测项目：	
采样日期：	
采样人员：	

（9）样品编码

全国土壤环境质量例行监测土样编码方法采用 12 位码，具体编码方法和各位编码的含义见图 9-6。

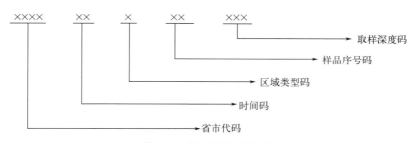

图 9-6　样品编码示意图

说明如下。

第 1～4 位数字：代表省市代码，其中省 2 位，市 2 位。

第 5～6 位数字：代表时间码，取年份的后两位数计。

第 7 位数字：代表取样点位布设的重点区域类型码，以一位数计，本次取数值 1。1 代表粮食生产基地、2 代表菜篮子种植基地、3 代表大中型企业周边和废弃地、4 代表重要饮用水源地周边、5 代表规模化养殖场周边及污水灌溉区等重要敏感区域。

第 8～9 位数字：代表样品序号码，连续排列。以两位数计，不足两位的在前面加零补足两位。

第 10～12 位数字：代表取样深度码，以三位数计，不足三位的在前面加零补足三位。

9.1.3.2　样品的制备

（1）制样工具及容器

① 白色搪瓷盘。

② 木槌、木滚、有机玻璃板（硬质木板）、无色聚乙烯薄膜。

③ 玛瑙研钵、白色瓷研钵。

④ 20 目、60 目、100 目尼龙筛。

土壤样品的
制备操作视频

（2）风干

除测定游离挥发酚、铵态氮、硝态氮、低价铁等不稳定项目需要新鲜土样外，多数项目需用风干土样。

土壤样品一般采取自然阴干的方法。将土样放置于风干盘中，摊成 2～3cm 的薄层，适时地压碎、翻动，拣出碎石、沙砾、植物残体。

应注意的是，样品在风干过程中，应防止阳光直射和尘埃落入，并防止酸、碱等气体的污染。

（3）磨碎

进行物理分析时，取风干样品 100～200g，放在木板上用圆木棍碾碎，并用四分法取压碎样，经反复处理使土样全部通过 2mm 孔径的筛子。过筛后的样品全部置无色聚乙烯薄膜上，并充分搅拌均匀，再采用四分法取其两份：一份储于广口瓶内，用于土壤颗粒分析及物理性质测定；另一份作为样品细磨用。

（4）过筛

进行化学分析时，一般常根据所测组分及称样量决定样品细度。分析有机质、全氮项目，应取一部分已过 2mm 筛的土，用玛瑙或有机玻璃研钵继续研细，使其全部通过 60 目筛（0.25mm）。用原子吸收光度法测 Cd、Cu、Ni 等重金属时，土样必须全部通过 100 目筛（尼龙筛 0.15mm）。研磨过筛后的样品混匀、装瓶、贴标签、编号、储存。样品的制样过程见图 9-7。

（5）分装

研磨混匀后的样品，分别装于样品袋或样品瓶，填写土壤标签一式两份，瓶内或袋内一份，瓶外或袋外贴一份。

（6）注意事项

① 制样过程中采样时的土壤标签与土壤始终放在一起，严禁混错，样品名称和编码始终不变。
② 制样工具每处理一份样后擦抹（洗）干净，严防交叉污染。
③ 分析挥发性、半挥发性有机物或可萃取有机物无需上述制样，用新鲜样按特定的方法进行样品前处理。

9.1.3.3 样品保存

① 一般土壤样品需保存半年至一年，以备必要时查核之用。
② 储存样品应尽量避免日光、潮湿、高温和酸碱气体等的影响。
③ 玻璃材质容器是常用的优质贮器，聚乙烯塑料容器也属推荐容器之一，该类贮器性能良好、价格便宜且不易破损。可将风干土样、沉积物或标准土样等贮存于洁净的玻璃或聚乙烯容器之内。在常温、阴凉、干燥、避阳光、密封（石蜡涂封）条件下保存 30 个月是可行的。

9.1.3.4 思考题

① 什么是区域背景值？如何取得区域背景值？
② 土壤采样方法有哪些？分别适用于什么情况？
③ 如何制备土壤样品？制备过程中应注意哪些问题？

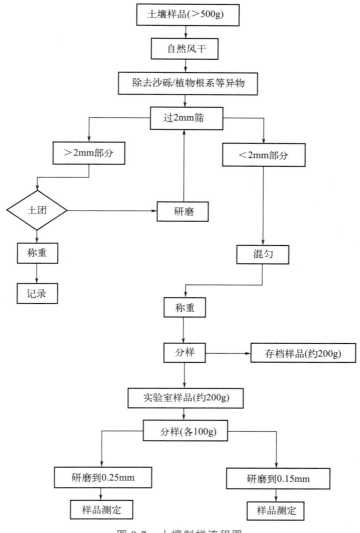

图 9-7　土壤制样流程图

9.1.4　土壤中铜、锌的测定

9.1.4.1　测定标准

（1）危害及来源

铜和锌是植物、动物和人体必需的微量元素，铜含量过低会导致 Menkes 综合征，表现为中性粒细胞减少症、贫血症、骨质非矿化等；含量过高又会导致 Welsons 病、肺纤维损害、肝坏死、肾损伤。锌含量过低会导致发育差，矮小，性发育不完全，味觉功能下降，伤口愈合缓慢，腹泻，脱毛，口周皮疹，性腺机能减退，胎儿消瘦畸形等。

土壤中的铜主要来自原生矿物，我国土壤中全铜含量一般为 4～150mg/kg，平均为22mg/kg，接近世界土壤中含铜量的平均水平（20mg/kg）。我国土壤中全锌含量一般为3～709mg/kg，平均为 100mg/kg，比世界土壤中含锌量的平均水平（50mg/kg）约高出一倍。它们的污染来源主要是矿石的开采、冶炼加工、机械制造以及仪器仪表等工业的排放。

《土壤环境质量标准》中铜、锌的质量标准值见表 9-8。

表 9-8　土壤环境中铜、锌含量标准值　　　　　　　　　　单位：mg/kg

项目		一级	二级			三级
		自然背景	<6.5	6.5～7.5	>7.5	>6.5
铜	农田等 ≤	35	50	100	100	400
	果园 ≤	—	150	200	200	400
锌	≤	100	200	250	300	500

（2）方法选择

铜、锌的测定方法有火焰原子吸收分光光度法（GB 17138）、电感耦合等离子发射光谱法（ICP-AES）(B) 等。下面重点介绍火焰原子吸收分光光度法（GB 17138）。

9.1.4.2　方法原理

采用盐酸-硝酸-氢氟酸-高氯酸全分解的方法，彻底破坏土壤的矿物晶格，使试样中的待测元素全部进入试液中。然后，将土壤消解液喷入空气-乙炔火焰中。在火焰的高温下，铜、锌化合物离解为基态原子，该基态原子蒸气对相应的空心阴极灯发射的特征谱线产生选择性吸收。在选择的最佳测定条件下，测定铜、锌的吸光度。

消解时称取 0.5g 试样定容至 50mL，本方法的检出限：铜为 1mg/kg，锌为 0.5mg/kg。

9.1.4.3　仪器试剂

① 主要仪器：原子吸收分光光度计，空气压缩机，铜、锌空心阴极灯和乙炔气钢瓶；实验室常用仪器等（具体见试剂配制及分析步骤）。

② 盐酸（HCl）：$\rho=1.19$g/mL，优级纯。

③ 硝酸（HNO_3）：$\rho=1.42$g/mL，优级纯。

④ 硝酸溶液（1+1）：用③配制。

⑤ 硝酸溶液，体积分数为 0.2%：用③配制。

⑥ 氢氟酸（HF）：$\rho=1.49$g/mL。

⑦ 高氯酸（$HClO_4$）：$\rho=1.68$g/mL，优级纯。

⑧ 硝酸镧 [$La(NO_3)_3 \cdot 6H_2O$] 水溶液，质量分数为 5%。

⑨ 铜标准贮备液，1.000mg/mL：称取 1.0000g（精确至 0.0002g）光谱纯金属铜于50mL 烧杯中，加入硝酸溶液④20mL，温热，待完全溶解后，转至1000mL 容量瓶中，用水定容至标线，摇匀。

⑩ 锌标准贮备液，1.000mg/mL：称取 1.0000g（精确至 0.0002g）光谱纯金属锌粒于50mL 烧杯中，用 20mL 硝酸溶液④溶解后，转至1000mL 容量瓶中，用水定容至标线，摇匀。

⑪ 铜、锌混合标准使用液（铜 20.0mg/L，锌 10.0mg/L）：用硝酸溶液⑤逐级稀释铜、锌标准贮备液⑨⑩配制。

9.1.4.4　分析步骤

（1）样品的采集

将采集的土壤样品（一般不少于 500g）混匀后用四分法缩分至约 100g。缩分后的土样经风干（自然风干或冷冻干燥）后，除去土样中石子和动植物残体等异物，用木棒（或玛瑙棒）研压，通过 2mm 尼龙筛（除去 2mm 以上的沙砾），混匀。用玛瑙研钵将通过 2mm 尼龙筛的土样研磨至全部通过 100 目（孔径 0.149mm）尼龙筛，混匀后备用。

（2）样品预处理

称取 0.2～0.5g（精确至 0.0002g）试样于 50mL 聚四氟乙烯坩埚中，用水润湿后加入 10mL 盐酸②，于通风橱内的电热板上低温加热，使样品初步分解，待蒸发至约剩 3mL 时，取下稍冷，然后加入 5mL 硝酸③、5mL 氢氟酸⑥、3mL 高氯酸⑦，加盖后于电热板上中温加热。1h 后，开盖，继续加热除硅，为了达到良好的飞硅效果，应经常摇动坩埚。当加热至冒浓厚白烟时，加盖，使黑色有机碳化合物分解。待坩埚壁上的黑色有机物消失后，开盖驱赶高氯酸白烟并蒸至内容物是黏稠状。视消解情况可再加入 3mL 硝酸③、3mL 氢氟酸⑥和 1mL 高氯酸⑦，重复上述消解过程。当白烟再次基本冒尽且坩埚内容物呈黏稠状时，取下稍冷，用水冲洗坩埚盖和内壁，并加入 1mL 硝酸溶液④温热溶解残渣。然后将溶液转移至 50mL 容量瓶中，加入 5mL 硝酸镧溶液⑧，冷却后定容至标线摇匀，备测。

（3）测定

按照仪器使用说明书调节仪器至最佳工作条件，测定试液的吸光度。不同型号仪器的最佳测试条件不同，可根据仪器使用说明书自行选择。通常采用表 9-9 中的测量条件。

表 9-9　仪器测量条件

元素	铜	锌
测定波长/nm	324.8	213.8
通带宽度/nm	1.3	1.3
灯电流/mA	7.5	7.5
火焰性质	氧化性	氧化性
其他可测定波长/nm	327.4,225.8	307.6

用去离子水代替样品，采用和（2）相同的步骤和试剂，制备空白溶液，并按步骤（3）测定空白液吸光度。每批样品至少制备 2 个空白溶液。

（4）绘制校准曲线

① 参考表 9-10，在 50mL 容量瓶中，各加入 5mL 硝酸镧溶液⑧，用硝酸溶液⑤稀释混合标准使用液⑪，配制至少 5 个标准工作溶液，其浓度范围应包括试液中铜、锌的浓度。按步骤（3）中的条件由低浓度到高浓度测定其吸光度。

表 9-10　校准曲线溶液浓度

混合标准使用液加入体积/mL	0.00	0.50	1.00	2.00	3.00	5.00
校准曲线溶液 Cu 浓度/(mg/L)	0.00	0.20	0.40	0.80	1.20	2.00
校准曲线溶液 Zn 浓度/(mg/L)	0.00	0.10	0.20	0.40	0.60	1.00

② 用减去空白的吸光度与相对应的元素含量（mg/L）绘制校准曲线，或计算回归方程。

（5）土样水分含量的测定

称取风干土样 10～15g（准确至 0.01g），置于已烘干的带盖容器中，在 105℃烘箱中烘干（约 4～5h）至恒重，冷却至少 45min，称重。

9.1.4.5 注意事项

① 当土壤消解液中铁含量大于 100mg/L 时，抑制锌的吸收，加入硝酸镧可消除共存成分的干扰。含盐类高时，往往出现非特征吸收，此时可用背景校正加以克服。

② 消解时电热板温度不宜太高，否则会使聚四氟乙烯坩埚变形。

③ 由于土壤种类较多，所含有机质差异较大，在消解时，要注意观察，各种酸的用量可视消解情况酌情增减。土壤消解液应呈白色或淡黄色（含铁量高的土壤），没有明显沉淀物存在。

④ 样品前处理过程使用强腐蚀性和易爆炸的强酸，应在通风柜中小心操作。

9.1.4.6 数据记录与处理

数据记录参考表见表 9-11。

表 9-11 绘制校准曲线数据记录参考表

混合标准使用液/mL	0.00	0.50	1.00	2.00	3.00	5.00
Cu 浓度/(mg/L)	0.00	0.20	0.40	0.80	1.20	2.00
Cu 空白校正后吸光度值						
Zn 浓度/(mg/L)	0.00	0.10	0.20	0.40	0.60	1.00
Zn 空白校正后吸光度值						

以百分数表示的风干土样水分含量 f 按下式计算：

$$f=\frac{W_1-W_2}{W_1}\times100\%\tag{9-1}$$

式中　f——土样水分含量，%；

　　　W_1——烘干前土样质量，g；

　　　W_2——烘干后土样质量，g。

土壤样品中铜、锌的含量 $W[Cu(Zn)，mg/kg]$ 按下式计算：

$$W=\frac{\rho V}{m(1-f)}\tag{9-2}$$

式中　ρ——试液的吸光度减去空白试验的吸光度，然后在校准曲线上查得铜、锌的含量，mg/L；

　　　V——试液定容的体积，mL；

　　　m——称取试样的质量，g；

　　　f——试样的水分含量，%。

数据报告有效位数保留 3 位。

9.1.4.7 思考题

① 在测定中加 5% 硝酸镧的作用是什么？

② 使用原子吸收分光光度法分析时，如何选择燃烧器高度？

③ 用火焰原子吸收法测定土壤中的铜，取风干过筛后试样 1.0001g（水分为 2.3%），经消解后定容至 50mL，测得溶液中铜含量为 1.03mg/L，求土壤中铜的含量（mg/kg）。

9.1.5　土壤中农药残留的测定

9.1.5.1　测定标准

（1）危害及来源

农药残留是农药使用后一个时期内没有被分解而残留于生物体、土壤、水体、大气中的微量农药原体、有毒代谢物、降解物和杂质的总称。根据残留的特性，可把残留性农药分为三种：容易在植物机体内残留的农药称为植物残留性农药，如六六六、异狄氏剂等；易于在土壤中残留的农药称为土壤残留性农药，如艾氏剂、狄氏剂等；易溶于水而长期残留在水中的农药称为水体残留性农药，如异狄氏剂等。六六六、滴滴涕等有机氯农药和它们的代谢产物化学性质稳定，在农作物及环境中消解缓慢，同时容易在人和动物体脂肪中积累，危害人体健康。它们毒性高、生物活性强，在土壤中残留时间长。因而虽然有机氯农药及其代谢物毒性并不高，但它们的残毒问题仍然存在。

《土壤环境质量标准》对六六六、滴滴涕的含量标准值见表 9-12。

表 9-12　土壤环境中六六六、滴滴涕含量标准值　　　　　单位：mg/kg

项目＼级别	一级	二级	三级
六六六　≤	0.05	0.50	1.0
滴滴涕　≤	0.05	0.50	1.0

（2）方法选择

六六六和滴滴涕测定方法广泛采用气相色谱法（GB/T 14550）。

9.1.5.2　方法原理

土壤样品中的六六六和滴滴涕农药残留量分析采用有机溶剂提取，经液液分配及浓硫酸净化或柱色谱净化除去干扰物质，用电子捕获检测器（ECD）检测，根据色谱峰的保留时间定性，外标法定量。

方法采用丙酮-石油醚提取，以浓硫酸净化，其最低检出浓度为 $0.05 \sim 4.87 \mu g/kg$。

9.1.5.3　仪器试剂

① 主要仪器：索式提取器、旋转蒸发器、振荡器、水浴锅、离心机、气相色谱仪（带电子捕获检测器、Ni 放射源）、实验室常用仪器等（具体见试剂配制及分析步骤）。

② 载气：氮气（N_2）；纯度：99.99%。

③ 色谱标准样品：α-六六六、β-六六六、γ-六六六、δ-六六六、p,p'-DDE，o,p'-DDT，p,p'-DDD，p,p'-DDT，含量 98.0%～99.0%，色谱纯。

④ 农药标准溶液制备：准确称取③中的每种 100mg（准确到 ±0.0001g），溶于异辛烷或正己烷（先用少量苯溶解），在 100mL 容量瓶中定容至刻度，在冰箱中贮存。

⑤ 农药标准中间溶液配制：用移液管分别量取八种农药标准溶液，移至 100mL 容量瓶中，用异辛烷或正己烷稀释至刻度。

⑥ 异辛烷。

⑦ 正己烷：沸程 67～69℃，重蒸。

⑧ 石油醚：沸程 60～90℃，重蒸。

⑨ 丙酮：重蒸。

⑩ 苯：优级纯。

⑪ 浓硫酸：优级纯。

⑫ 无水硫酸钠：在 300℃烘箱中烘烤 4h，备用。

⑬ 硫酸钠溶液：20g/L。

⑭ 硅藻土：试剂级。

9.1.5.4 分析步骤

（1）样品的采集

在田间根据不同的分析目的多点采集，风干去杂物，研碎过 60 目筛，充分混匀，取 500g 装入样品瓶备用。

土壤样品采集后应尽快分析，如暂不分析应保存在－18℃冷冻箱中。

（2）样品预处理

① 提取　准确称取 20.0g 土壤置于小烧杯中，加蒸馏水 2mL、硅藻土 4g，充分混匀，无损地移入滤纸筒内，上部盖一片滤纸，将滤纸筒装入索式提取器中，加 100mL 石油醚-丙酮（1∶1），浸泡土样 12h 后在 75～95℃恒温水浴锅上加热提取 4h，待冷却后，将提取液移入 300mL 的分液漏斗中，用 10mL 石油醚分三次冲洗提取器及烧瓶，将洗液并入分液漏斗中，加入 100mL 硫酸钠溶液，振荡 1min，静置分层后，弃去下层丙酮水溶液，留下石油醚提取液待净化。

② 净化　在分液漏斗中加入石油醚提取液体积 1/10 的浓硫酸，振摇 1min，静置分层后，弃去硫酸层（注意：用浓硫酸净化过程中，要防止发热爆炸，加浓硫酸后，开始要慢慢振摇，不断放气，然后再剧烈振摇），按上述步骤重复数次，直至加入的石油醚提取液两相界面清晰均呈透明时止。然后向弃去硫酸层的石油醚提取液中加入其体积量一半左右的硫酸钠溶液，振摇十余次，待其静置分层后弃去水层。如此重复至提取液成中性时止（一般 2～4 次），石油醚提取液再经装有少量无水硫酸钠的筒形漏斗脱水，滤入 250mL 容量瓶中，定容，供气相色谱测定。

（3）测定

按照仪器使用说明书调节仪器至最佳工作条件，测定吸收峰。通常采用表 9-13 中的测量条件。

表 9-13　仪器测量条件

仪器部件	测定条件
汽化室温度	220℃
柱温度	195℃
检测器温度	245℃
载气流速	氮气 1.0mL/min；尾吹 37.25mL/min
色谱柱	石英弹性毛细管柱 DB-17,30m×0.25mm

采用注射进样，一次进样量 3～6μL，用清洁注射器在待测样品中抽吸几次，排除所有

气泡后，抽取所需进样体积，迅速注射入色谱仪中，并立即拔出注射器。

以峰的起点和终点的连线作为峰底，以峰高极大值对时间轴作垂线，对应的时间即为保留时间，此线从峰顶至峰底间的线即为峰高。参考色谱图见图 9-8。

（4）绘制校准曲线

农药标准工作溶液配制：根据检测器的灵敏度及线性要求，用石油醚或正己烷稀释中间液，配制成几种浓度的标准工作溶液，在 4℃下贮存。

（5）样品农药含量测定

标准样品的进样体积与试样的进样体积相同，标准样品的响应值接近试样的响应值。当一个样品连续注射进样两次，其峰高相对偏差不大于 7%，即认为仪器处于稳定状态。标准样品与试样尽可能同时进样。

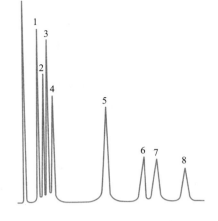

图 9-8　六六六、滴滴涕气相
色谱参考图

1—α-六六六；2—γ-六六六；3—β-六六六；
4—δ-六六六；5—p,p'-DDE；
6—o,p'-DDT；7—p,p'-DDD；
8—p,p'-DDT

9.1.5.5　注意事项

① 所使用的试剂需要分析纯，有机溶剂经重蒸，浓缩 20 倍用气相色谱测定无干扰峰。
② 在给定条件下，色谱柱总分离效能即分离度要求不小于 90%。

9.1.5.6　数据记录与处理

数据记录参考表见表 9-14。

表 9-14　绘制校准曲线数据记录参考表

标液编号		1	2	3	4	5	6	7	8
标液浓度/(μg/L)									
峰面积/峰高	α-六六六								
	γ-六六六								
	β-六六六								
	δ-六六六								
	p,p'-DDE								
	o,p'-DDT								
	p,p'-DDD								
	p,p'-DDT								

根据标准色谱图各组分的保留时间来确定被测试样中出现的组分数目和组分名称。

$$R_i = \frac{h_i W_{is} V}{h_{is} V_i m} \tag{9-3}$$

式中　R_i——样品中组分农药的含量，mg/kg；

h_i——样品中 i 组分农药的峰高，cm（或峰面积 cm^2）；

W_{is}——标准溶液中组分农药的质量，ng；

　V——样品定容的体积，mL；

h_{is}——标准溶液中 i 组分农药的峰高，cm（或峰面积 cm^2）；

V_i——样品溶液的进样量，μL；

　m——样品的质量，g。

9.1.5.7　思考题

① 用浓硫酸净化土壤样品时，需要注意什么？

② 气相色谱中使用农药标准样品的条件是什么？

 思考与练习9.1

1. 简述土壤污染物的来源和主要组分。

2. 简述土壤监测的意义和目的是什么。

3. 土壤污染监测主要监测哪几类污染物？各类污染物主要包含哪些物质？

4. 土壤采样之前要进行哪些方面的调查研究？

5. 测定土壤的含水量，用天平称取一定量通过 1mm 孔筛的风干土样，放在一已恒重的烧杯中，称得其质量为 100.12g，已知烧杯的质量为 50.33g，于（103±2）℃烘至恒重，称得质量为 93.17g，求此土壤中的水分含量。

6. 土壤监测的质量保证包括哪几个方面？

7. 土壤元素常用的分析方法有哪些？

阅读与咨询

　　扫描二维码可查看 [拓展阅读 9-1] 农村环境质量监测和 [拓展阅读 9-2] 土壤和地下水自行监测报告编制的参考格式。

农村环境质量监测

土壤和地下水自行监测报告编制的参考格式

任务9.2　固体废物监测

9.2.1　固体废物样品采集与制备

随着生产的发展和人民生活水平的提高，固体废物的排放量剧增。一方面，由于有害废物处置不当，造成对大气、水体和土壤的污染；另一方面，由于自然资源的逐渐减少，迫使人们重视固体废物的再生利用。因此，对固体废物的监测、处理和处置，已是环境保护亟待解决的问题。

9.2.1.1　固体废物的定义和分类

所谓固体废物是指在生产、生活和其他活动过程中产生的丧失原有的利用价值或者虽未丧失利用价值但被抛弃或者放弃的固体、半固体和置于容器中的气态物品、物质，以及法律、行政法规规定纳入固体废物管理的物品、物质。其中包括不能排入水体的液态废物和不能排入大气的置于容器中的气态物质。

固体废物主要来源于人类的生产和消费活动。生产过程中所产生的废物（不包括废水和废气）称为生产废物；产品进入市场后在流动过程中或使用消费后产生的固体废物，称为生活废物。人们在资源开发和产品制造过程中，必然有废物产生，任何产品经过使用和消费后，都会变成废物。

固体废物的分类方法有多种，按其组成可分为有机废物和无机废物；按其形态可分为固态废物、半固态废物和液态（气态）废物；按其污染特性可分为危险废物和一般废物等；按其来源可分为矿业的、工业的、城市生活的、农业的和放射性的。此外，固体废物还可分为有毒和无毒的两大类。有毒有害固体废物是指具有毒性、易燃性、腐蚀性、反应性、放射性和传染性的固体、半固体废物。

《中华人民共和国固体废物污染环境防治法》将其分为城市生活垃圾、工业固体废物和危险废物。

生活垃圾是指在城市日常生活中或者为城市日常生活提供服务的活动中产生的固体废物以及法律法规规定视为城市生活垃圾的固体废物。

工业固体废物是工业部门在生产、加工过程及流通中所产生的废渣、粉尘、废屑、污泥等，主要包括冶金、煤炭、电力、化工、交通、食品、轻工、石油等行业。例如，冶金工业中的高炉渣、钢渣、铁合金渣、铜渣、铅渣等；电力工业中的粉煤灰、炉渣、烟道灰；石油工业中的油泥、焦油、页岩渣；化学工业中产生的硫铁矿烧渣、碱渣、电石渣、磷石膏等；食品工业排弃的谷屑、下脚料、渣滓；其他工业产生的碎屑、边角料等。矿业固体废物主要指来自矿业开采和矿石洗选过程中所产生的废物，主要包括煤矸石、采矿废石和尾矿。

危险废物是指列入国家危险废物名录或者根据国家规定的危险废物鉴别标准和鉴别方法认定的具有危险特性的废物。随着工业的发展，工业生产过程排放的危险废物日益增多。据估计，全世界每年的危险废物产生量为3.3亿吨，它的产生会带来破坏生态环境、影响人类健康及制约可持续发展等危害。

9.2.1.2　固体废物的特征

固体废物具有两重性，在一定时间、地点，某些物品对用户不再有用或暂不需要而被丢弃，成为废物；但对另一些用户或者在某种特定条件下，废物可能成为有用的甚至是必要的原料。固体废物污染防治正是利用这一特点，力求使固体废物减量化、资源化、无害化。对那些不可避免地产生和无法利用的固体废物需要进行处理处置。

固体废物绝大多数是呈固态、半固态的物质，不具有流动性，而且进入环境后，难以被其他环境体接纳。因此，它不可能像废水、废气那样可以迁移到大容量的水或空气中，能够通过自然界的自净作用而净化。当然，其自身能够通过释放渗滤液和气体进行对外排放，但这个过程是长期、复杂和难以控制的。此外，固体废物还具有来源广、种类多、数量大、成分复杂的特点。从某种意义上来说，固体废物对环境的污染比废水、废气更持久，危害更大。如堆放的城市生活垃圾一般需要经过 10～30 年的时间才可以趋于稳定，而其中的废塑料、薄膜等即使经过更长的时间也不能完全消化掉。在此期间，垃圾会不停地产生渗滤液和释放有害气体，污染周边的地下水、地表水和空气，受污染的地域还可以扩大到其他地方，引起更大的污染。

因此防治工作的重点是按废物的不同特性分类收集运输和贮存，然后进行合理利用和处理处置，减少环境污染，尽量变废为宝。

9.2.1.3 危险废物的定义和鉴别

危险废物具有毒性、易燃性、爆炸性、腐蚀性、化学反应性和（或）传染性，是会对生态环境和人类健康造成严重危害的废物。根据《国家危险废物名录》（2021 版）的规定，具有下列情形之一的固体废物（包括液态废物），列入国家危险废物名录：①具有毒性、腐蚀性、易燃性、反应性或者感染性一种或者几种危险特性的；②不排除具有危险特性，可能对生态环境或者人体健康造成有害影响，需要按照危险废物进行管理的。

《国家危险废物名录》（2021 版）是生态环境部 2020 年 11 月 5 日联合国家发展改革委、公安部、交通运输部和国家卫生健康委修订发布的，自 2021 年 1 月 1 日起施行。修订的主要内容有：《名录》由正文、附表和附录三部分构成。其中，正文规定原则性要求，附表规定具体危险废物种类、名称和危险特性等，附录规定危险废物豁免管理要求。修订对三部分均进行了修改和完善：正文部分：增加了"第七条 本名录根据实际情况实行动态调整"的内容，删除了 2016 年版《国家危险废物名录》中第三条和第四条规定。附表部分：主要对部分危险废物类别进行了增减、合并以及表述的修改。《国家危险废物名录》共计列入 467 种危险废物，较 2016 年版《国家危险废物名录》减少了 12 种。附录部分：新增豁免 16 个种类危险废物，豁免的危险废物共计达到 32 个种类。

按照《危险废物鉴别标准 通则》（GB 5085.7—2019）规定：凡列入《国家危险废物名录》的固体废物，属于危险废物，不需要进行危险特性鉴别。未列入《国家危险废物名录》，但不排除具有腐蚀性、毒性、易燃性、反应性的固体废物，依据 GB 5085.1、GB 5085.2、GB 5085.3、GB 5085.4、GB 5085.5 和 GB 5085.6，以及 HJ 298 进行鉴别。凡具有腐蚀性、毒性、易燃性、反应性中一种或一种以上危险特性的固体废物，属于危险废物。对未列入《国家危险废物名录》且根据危险废物鉴别标准无法鉴别，但可能对人体健康或生态环境造成有害影响的固体废物，由国务院生态环境主管部门组织专家认定。目前我国已制定的《危险废物鉴别标准》中包括腐蚀性、急性毒性、浸出毒性、易燃性和反应性的鉴别，表 9-15 为浸出毒性、急性毒性初筛和腐蚀性的鉴别标准。

表 9-15　我国危险废物鉴别标准（部分）

危险特性	项目	危险废物鉴别值/(mg/L)
腐蚀性	浸出液 pH 值	≥12.5 或≤2.0
急性毒性初筛	经口 LD_{50}	固体 LD_{50}≤200mg/kg，液体 LD_{50}≤500mg/kg
	经皮 LD_{50}	LD_{50}≤1000mg/kg
	吸入 LC_{50}	LC_{50}≤10mg/L

危险特性	项目		危险废物鉴别值/(mg/L)
浸出毒性	无机元素及化合物	汞(以总汞计)	0.1
		铅(以总铅计)	5
		镉(以总镉计)	1
		总铬	15
		六价铬	5
		铜(以总铜计)	100
		锌(以总锌计)	100
		铍(以总铍计)	0.02
		钡(以总钡计)	100
		镍(以总镍计)	5
		砷(以总砷计)	5
		无机氟化物(不包括氟化钙)	100
		氰化物(以 CN⁻ 计)	5
	有机农药类	滴滴涕	0.1
		六六六	0.5
		乐果	8
		对硫磷	0.3
		甲基对硫磷	0.2
		马拉硫磷	5

9.2.1.4　固体废物样品的采集

由于固体废物量大、种类繁多且混合不均匀,因此与水及大气试验分析相比,从固体废物这样的不均匀的批量中采集有代表性的试样比较困难。为使采集的固体废物样品具有代表性,在采集之前要研究生产工艺、废物类型、排放数量、堆积历史、危害程度和综合利用情况。如采集有害废物,则应根据其有害特征采取相应的安全措施。主要参照《工业固体废物采样制样技术规范》(HJ/T 20—1998)。

(1)确定监测目的

① 鉴别固体废物的特性并对其进行分类,进行固体废物环境污染监测,为综合利用或处置固体废物提供依据。

② 污染环境事故调查分析和应急监测。

③ 科学研究或环境影响评价。

(2)收集资料

① 固体废物的生产单位或处置单位、产生时间、产生形式、贮存方式。

② 固体废物的种类、形态、数量和特性。

③ 固体废物污染环境、监测分析的历史数据。

④ 固体废物产生、堆存、综合利用及现场勘探,了解现场及周围情况。

(3)准备采样工具

固体废物的采样工具包括尖头钢锹、钢锤、采样探子、采样钻、气动和真空探针、取样铲、具盖盛样桶或内衬塑料的采样袋。

(4)选择样方法

① 简单随机采样法　对于一批废物,若对其了解很少,且采取的份样比较分散也不影

响分析结果时，对这一批废物可不做任何处理，不进行分类也不进行排队，而是按照其原来的状况从批废物中随机采取份样。

抽签法：先对所有采份样的部位进行编号，同时把号码写在纸片上（纸片上号码代表采份样的部位），掺和均匀后，从中随机抽取纸片，抽中号码的部位，就是采样的部位，此法只宜在采份样的点不多时使用。

随机数字法：先对所有采份样的部位进行编号，有多少部位就编多少号，最大编号是几位数，就要用随机数表的几栏（或几行），并把几栏（或几行）合在一起使用，从随机数字表的任意一栏、任意一行数字开始数，碰到小于或等于最大编号的数码就记下来（碰上已抽过的数就不要它），直到抽够份数为止。抽到的号码就是采样的部位。

② 系统采样法　一批按一定顺序排列的废物，按照规定的采样间隔，每隔一个间隔采取一个份样，组成小样或大样。在一批废物以运送带、管道等形式连续排出的移动过程中，采样间隔可根据表 9-16 规定的份样数和实际批量按下式计算：

$$T \leqslant Q/n \tag{9-4}$$

式中　T——采样质量间隔；

　　　Q——批量；

　　　n——规定的采样单元数（根据表 9-16 确定）。

表 9-16　批量大小与最少份样数

单位：固体为 t；液体为 ×1000L

批量大小	最小份样数/个	批量大小	最小份样数/个
<1	5	100～500	30
1～5	10	500～1000	40
5～30	15	1000～5000	50
30～50	20	5000～10000	60
50～100	25	≥10000	80

【注意】　① 采第一个试样时，不能在第一间隔的起点开始，可在第一间隔内随机确定。② 在运送带上或落口处采样，应截取废物流的全截面。

（5）确定份样数和份样量

份样指用采样器一次操作从一批的一个点或一个部位按规定质量所采取的工业固体废物。份样数指从一批工业固体废物中所采取份样个数。份样量指构成一个份样的工业固体废物的质量。份样数的多少取决于两个因素。①物料的均匀程度：物料越不均匀，份样数应越多；②采样的准确度：采样的准确度要求越高，份样数应越多。最小份样数可以根据物料批量的大小进行估计。

一般来说，样品量多一些，才有代表性。因此，份样量不能少于某一限度；但份样量达到一定限度之后，再增加质量也不能显著提高采样的准确度。份样量取决于废物的粒度上限，废物的粒度越大，均匀性越差，份样量就越多，它大致与废物的最大粒度直径某次方成正比，与废物不均匀性程度成反比。表 9-17 列出了每个份样应采的最小质量。所采的每个份样量应大致相等，其相对误差不大于 20%。表中要求的采样铲容量为保证在一个地点或部位能够取到足够数量的份样量。

对于液态批废物的最小份样量以不小于 100mL 的采样瓶（或采样器）所盛量为宜。

314

表 9-17　最小份样量和采样铲容量

最大粒度/mm	最小份样量/kg	采样铲容量/mL	最大粒度/mm	最小份样量/kg	采样铲容量/mL
>150	30	—	20～40	2	800
100～150	15	16000	10～20	1	300
50～100	5	7000	<10	0.5	125
40～50	3	1700			

（6）采样点

① 对于堆存、运输中的固态工业固体废物和大池（坑、塘）中的液态工业固体废物，可按对角线形、梅花形、棋盘形、蛇形等点分布确定采样点。

② 对于粉尘状、小颗粒的工业固体废物，可按垂直方向、一定深度的部位确定采样点。

③ 对于容器内的工业固体废物，可按上部（表面下相当于总体积的 1/6 深处）、中部（表面下相当于总体积的 1/2 深处）、下部（表面下相当于总体积的 5/6 深处）确定采样点。

④ 在运输一批固体废物时，当车数不多于该批废物规定的份样数时，每车应采份样数按下式计算：

$$每车应采份样数（小数应进为整数）=规定的份样数/车数 \tag{9-5}$$

当车数多于规定的份样数时，按表 9-18 选出所需最少的采样车数，然后从所选车中各随机采集一个份样。

表 9-18　所需最少采样车数　　　　　　　　　　　　　单位：辆（个）

车数（容器）	所需最少采样车数（容器）
<10	5
10～25	10
25～50	20
50～100	30
>100	50

在车中，采样点应均匀分布在车厢的对角线上（如图 9-9 所示），端点距车角应大于 0.5m，表层去掉 30cm。

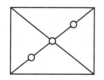 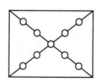

图 9-9　车厢中的采样布点的位置

【注意】当把一个容器作为一个批量时，就按表 9-16 中规定的最少份样数的 1/2 确定；当把 2～10 个容器作为一个批量时，按下式确定最少容器数：

$$最少容器数=表 9-16 中规定的最少份样数/容器数 \tag{9-6}$$

⑤ 废渣堆采样法　在废渣堆两侧距堆底 0.5m 处画第一条横线，然后每隔 0.5m 画一条横线；再每隔 2m 画一条横线的垂线，其交点作为采样点。按表 9-16 规定的份样数确定采样点数，在每点上从 0.5～1.0m 深处各随机采样一份（如图 9-10 所示）。

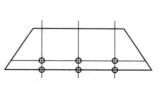 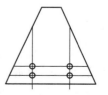

图 9-10　废渣堆中采样点的分布

9.2.1.5 固体废物样品的制备

采集的原始固废样品，往往数量很大、颗粒大小悬殊、组成不均匀，无法进行测定分析。因此在进行测定室分析之前，需对原始固体试样进行加工处理，称为样品的制备。制样的目的是从采取的小样或大样中获取最佳量、最具代表性、能满足试验或分析要求的样品。

（1）准备制样工具

颚式破碎机、圆盘粉碎机、玛瑙研磨机、药碾、玛瑙研钵或玻璃研钵、钢锤、标准套筛、十字分样板、分样铲及挡板、分样器、干燥箱、机械缩分器、盛样容器等。

（2）粉碎

经破碎和研磨以减小样品的粒度。粉碎可用机械或人工完成。将干燥后的样品根据其硬度和粒径的大小，采用适宜的粉碎机械，分段粉碎至所要求的粒度。

（3）筛分

根据粉碎阶段排料的最大粒径选择相应的筛号，分阶段筛出一定粒度范围的样品。筛上部分应全部返回粉碎工序重新粉碎，不得随意丢弃。

（4）混合

用机械设备或人工转堆法，使过筛的一定粒度范围内的样品充分混合，以达到均匀分布。

（5）缩分

将样品缩分，以减少样品的质量。根据制样粒度，使用缩分公式求出保证样品具有代表性前提下应保留的最小质量。采用圆锥四分法进行缩分，即将样品置于洁净、平整板面（聚乙烯板、木板等）上，堆成圆锥形，将圆锥尖顶压平，用十字分样板自上压下，分成四等分，保留任意对角的两等分，重复上述操作至达到所需分析试样的最小质量。

9.2.1.6 固体废物样品水分的测定

水分含量是固体废物监测的必测项目。一般采用加热烘干称量法。水分含量一般是指样品在105℃干燥后所损失的质量。但是蒸气压与水的蒸汽压相近或者较高的物质，加热法不能进行分离。因此，采用加热烘干称量法所测的水分含量包括某些含氮化合物、有机化合物等。但是，这些物质的存在使固体废物水分含量测定的结果误差通常小于1%。

称取样品20g左右，测定无机物时可在105℃下干燥、恒重至±0.1g，测定水分含量。测定样品中的有机物时应于60℃下干燥24h，确定水分含量。

固体废物测定结果以干样品计算，当污染物含量小于0.1%时以mg/kg表示；含量大于0.1%时以百分含量表示，并说明是水溶性或总量。

9.2.1.7 样品的保存

样品应保存在不受外界环境污染的洁净房间内，每份样品保存量至少为试验和分析需用量的3倍。制好的样品密封于容器中保存（容器应对样品不产生吸附、不使样品变质），贴上标签备用。标签上应注明编号、废物名称、采样地点、批量、采样人、制样人、时间。必要时可采用低温、加入保护剂的方法。制备好的样品，一般有效保存期为1个月，易变质的试样不受此限制。样品应在特定场所由专人保管。最后，填写采样记录表（见表9-19）

一式三份，分别存于有关部门。

表 9-19　采样记录表

样品登记号		样品名称	
采样地点		采样数量	
采样现场描述		固体废物产生单位	
采样现场简述			
废物产生过程简述			
样品可能含有的毒性成分			
样品保存方式及注意事项			
样品采集人		样品接收人	
备注		负责人签字	

9.2.1.8　注意事项

① 撤销的样品不许随意丢弃，应送回原采样处或处置场所。

② 为保证在允许误差范围内获得工业固体废物的具有代表性的样品，应在制样的全过程进行质量控制。

③ 对光敏废物，样品应装入深色容器中并置于避光处。

9.2.1.9　思考题

① 什么是固体废物？什么是危险废物及其危险特征是什么？

② 什么是份样数？份样数的确定与哪些因素有关？

③ 如何制备固体废物样品？

9.2.2　固体废物浸出液的制备

9.2.2.1　浸出方法

（1）浸出毒性概念

固体废物受到水的冲淋、浸泡，其中的有害成分将会转移到水相而污染地表水、地下水，导致二次污染，这种危害特性称为浸出毒性。

浸出毒性是指在固体废物按规定的浸出方法所得的浸出液中，有害物质的浓度超过规定值，从而会对环境造成污染的特性。我国规定的分析项目有汞、镉、砷、铬、铅、铜、锌、镍、锑、铍、氟化物、氰化物、硫化物、硝基苯类化合物等，分析方法见《固体废物鉴别标准　浸出毒性鉴别》（GB 5085.3—2007）。

固体废物
浸出液制备的
操作步骤

（2）浸出方法选择

固体废物浸出毒性的浸出方法通常有硫酸硝酸法（HJ/T 299—2007）、醋酸缓冲溶液法（HJ/T 300—2007）、翻转法（GB 5086.1—1997）和水平振荡法（HJ 557—2009）。硫酸硝酸法适用于固体废物中有机物和无机物的浸出毒性鉴别，但不适用于非水溶性液体样品的测定。醋酸缓冲溶液法的适用范围和上述相似，且不适用于氰化物的浸出毒性鉴别。翻转法适用于固体废物中无机污染物的浸出毒性鉴别，但氰化物、硫化物等不稳定污染物除外。水平振荡法适用于无机污染物的浸出液分析，氰化物、硫化物、非水溶性液体除外。

下面重点介绍硫酸硝酸法（HJ/T 299—2007）。

9.2.2.2 硫酸硝酸法原理

本方法以硝酸/硫酸混合溶液为浸提剂，模拟废物在不规则填埋处置、堆存或经无害化处理后废物的土地利用时，其中的有害组分在酸性降水的影响下，从废物中浸出而进入环境的过程。该方法适用于固体废物及其再利用产物，以及土壤样品中有机物和无机物的浸出毒性鉴别，含有非水溶性液体的样品，不适用于本方法。

9.2.2.3 仪器试剂

① 主要仪器：振荡设备、零顶空提取器（ZHE）、提取瓶、真空过滤器、滤膜（孔径 0.6～0.8μm）、pH 计、ZHE 浸出液采集装置、ZHE 浸提剂转移装置、实验天平、筛（孔径 9.5mm）；实验室常用仪器等（具体见试剂配制及分析步骤）。

② 硝酸（HNO_3）：优级纯。

③ 硫酸（H_2SO_4）：优级纯。

④ 1%硝酸溶液。

⑤ 浸提液 1#：将质量比为 2:1 的浓硫酸和浓硝酸混合液加入到纯水中（1L 水约 2 滴混合液），使 pH 为 3.20±0.05。该浸提剂用于测定样品中重金属和半挥发性有机物的浸出毒性。

⑥ 浸提液 2#：纯水，用于测定氰化物和挥发性有机物的浸出毒性。

9.2.2.4 分析步骤

（1）样品的保存

样品一般情况应在 4℃冷藏保存。测定样品的挥发性成分时，在样品的采集和贮存过程中应以适当的方式防止挥发性物质的损失。用于金属分析的浸出液在贮存之前应用硝酸酸化至 pH<2；用于有机成分分析的浸出液贮存过程中不能接触空气，即零顶空保存。

（2）含水率测定

称取 50～100g 样品置于具盖容器中，于 105℃下烘干，恒重至两次称量的误差小于±1%，计算样品含水率。

样品中含有初始液相（明显存在液固两相的样品）时，应将样品进行压力过滤，再测定滤渣的含水率，并根据总样品量（初始液相与滤渣质量之和）计算样品中的干固体百分率。

（3）样品破碎

样品颗粒应可以通过 9.5mm 孔径的筛，对于粒径大的颗粒可通过破碎、切割或碾磨降低粒径。

测定样品中挥发性有机物时，为避免过筛时待测成分有损失，应使用刻度尺测量粒径；样品和降低粒径所用工具应进行冷却，并尽量避免将样品暴露在空气中。

（4）挥发性有机物的浸出步骤

将样品冷却至 4℃，称取干基质量为 40～50g 的样品，快速转入 ZHE。安装好 ZHE，缓慢加压以排除顶空。

样品含有初始液相时，将浸出液采集装置与 ZHE 连接，缓慢升压至不再有滤液流出，收集初始液相，冷藏保存。

如果样品中干固体百分率小于或等于 9%，所得到的初始液相即为浸出液，直接进行分析；干固体百分率大于总样品量 9% 的，继续进行以下浸出步骤，并将所得到的浸出液与初始液相混合后进行分析。

根据样品中的含水率，按液固比为 10∶1(L/kg) 计算出所需浸提剂的体积。用浸提剂转移装置加入浸提剂 2#，安装好 ZHE，缓慢加压以排除顶空，关闭所有阀门。

将 ZHE 固定在翻转式振荡装置上，调节转速为 (30±2)r/min，于 (23±2)℃ 下振荡 (18±2)h。振荡停止后取下 ZHF，检查装置是否漏气（如果 ZHE 装置漏气，应重新取样进行浸出），用收集有初始液相的同一个浸出液装置收集浸出液，冷藏保存待分析。

（5）除挥发性有机物外的其他物质的浸出步骤

如果样品中含有初始液相，应用压力过滤器和滤膜对样品过滤。干固体百分率小于或等于 9% 的，所得到的初始液相即为浸出液，直接进行分析；干固体百分率大于 9% 的，将滤渣按下述步骤浸出，初始液相与浸出液混合后进行分析。

称取 150～200g 样品，置于 2L 提取瓶中，根据样品的含水率，按液固比为 10∶1 (L/kg) 计算出所需浸提剂的体积，加入浸提剂 1#，盖紧瓶盖后固定在翻转式振荡装置上，调节转速为 (30±2)r/min，于 (23±2)℃ 下振荡 (18±2)h。在振荡过程中有气体产生时，应在通风橱中打开提取瓶，释放过度的压力。在压力过滤器上装好滤膜，用稀硝酸淋洗过滤器和滤膜，弃掉淋洗液，过滤并收集浸出液，于 4℃ 下保存。

除非消解会造成待测金属的损失，否则用于金属分析的浸出液应按分析方法的要求进行消解。

9.2.2.5　注意事项

① 进行含水率测定后的样品，不得用于浸出毒性测定。
② 样品浸出测定应在表 9-20 中所规定的时间内完成。

表 9-20　样品的最大保留时间　　　　　　　　单位：d

物质类别	从野外采集到浸出	从浸出到预处理	从预处理到定量分析	总测定周期
挥发性物质	14	—	14	28
半挥发性物质	14	7	40	61
汞	28	—	28	56
汞以外的金属	180	—	180	360

9.2.2.6　思考题

在自然条件下，哪些因素会影响危险废物的浸出浓度？

9.2.3　工业铬渣中总铬的测定

9.2.3.1　测定方法

（1）危害及来源

铬渣是生产金属铬和铬盐过程中产生的工业废渣。中国目前有 20 多个省市排放铬渣。

铬渣露天堆放，受雨雪淋浸，所含的六价铬被溶出渗入地下水或进入河流、湖泊中，污染环境。严重的六价铬含量可高达每升数十毫克，超过饮用水标准若干倍。六价铬、铬化合物以及铬化合物气溶胶等，能以多种形式危害人畜健康，因此必须对其进行严格监控。

《危险废物填埋污染控制标准》（GB 18598—2019）规定允许总铬进入填埋区的控制限值为 15mg/L。

（2）方法选择

固体废物总铬的测定方法有二苯碳酰二肼分光光度法（GB/T 15555.5）、硫酸亚铁铵滴定法（GB/T 15555.8）、直接吸入火焰原子吸收分光光度法（GB/T 15555.6）等。直接吸入火焰原子吸收分光光度法测定范围是 0.08～3.0mg/L，硫酸亚铁铵滴定法适用于总铬浓度大于 1.0mg/mL 的样品。

下面重点介绍二苯碳酰二肼分光光度法（GB/T 15555.5）。

9.2.3.2　分光光度法原理

在酸性溶液中，试料中的三价铬被高锰酸钾氧化成六价铬，六价铬与二苯碳酰二肼反应生成紫红色络合物，于 540nm 处测吸光度。过量的高锰酸钾用亚硝酸钠分解，再用尿素分解过量的亚硝酸钠。

试液为 50mL，使用 30mm 光程比色皿，方法的最小检出量为 0.2μg，最低检出浓度为 0.004mg/L。使用 10mm 光程比色皿，测定上限浓度为 1.0mg/L。

9.2.3.3　仪器试剂

① 主要仪器：可见分光光度计（配 10mm 或 30mm 比色皿）；实验室常用仪器等（具体见试剂配制及分析步骤）。

② 硝酸（HNO_3）$\rho=1.42g/mL$。

③ 硫酸（H_2SO_4）$\rho=1.84g/mL$。

④ 氯仿（$CHCl_3$）。

⑤ 氨水（$NH_3 \cdot H_2O$）$\rho=0.90g/mL$。

⑥ 铜铁试剂 $[C_6H_5N(NO)ONH_4]$。

⑦ 氨水（1+1）：将氨水⑤与等体积水混合。

⑧ 铜铁试剂溶液（5%）：称取铜铁试剂 5g，溶于冰水中，用水稀至 100mL。用时现配。

⑨ 高锰酸钾溶液（40g/L）：称取高锰酸钾（$KMnO_4$）4g，在加热下溶于少量水中。待溶解后，用水稀释至 100mL。

⑩ 尿素溶液（质量分数 20%）。

⑪ 亚硝酸钠溶液（20g/L）：称取亚硝酸钠（$NaNO_2$）2g，溶于水中，并稀至 100mL。

⑫ 铬标准贮备液，0.1000mg/L：称取于 120℃下烘 2h 的重铬酸钾 0.2829g，用少量水溶解后，移入 1000mL 容量瓶中，用水稀释至标线，摇匀。

⑬ 铬标准溶液，1.00μg/mL：吸取 5.00mL 铬标准贮备液⑫于 500mL 容量瓶中，用水稀释至标线，摇匀。用时现配。

⑭ 铬标准溶液，5.00μg/mL：吸取 25.00mL 铬标准贮备液⑫于 500mL 容量瓶中，用

水稀释至标线，摇匀。用时现配。

⑮ 显色剂 I：称取二苯碳酰二肼（$C_{13}H_{14}N_4O$）0.2g，溶于 50mL 丙酮（C_3H_6O）中，加水稀释至 100mL，摇匀于棕色瓶中，在低温下保存。

⑯ 硫酸溶液（1+1）：将硫酸（H_2SO_4，$\rho=1.84g/mL$）缓慢加到同体积的水中，边加边搅拌，待冷却后使用。

⑰ 磷酸溶液（1+1）：将浓磷酸（$\rho=1.69g/mL$）与等体积水混匀。

9.2.3.4　分析步骤

（1）水样的保存

浸出液用硝酸②调 pH 小于 2，贮于玻璃或聚乙烯瓶中并尽快分析。如放置，不要超过 24h。

（2）样品预处理

取适量试样（含铬少于 50μg）于 150mL 锥形瓶中作为试料，调至中性。加入几粒玻璃珠，加硫酸⑯ 0.5mL、磷酸⑰ 0.5mL，加水至 50mL，摇匀，加高锰酸钾⑨2 滴，如红色消失，再加高锰酸钾，直至保持红色不退。加热煮沸至溶液剩 20mL，冷却后加尿素⑩ 1.0mL，摇匀，滴加亚硝酸钠⑪，每加一滴充分摇匀，至高锰酸钾溶液红色刚退，稍停片刻，待溶液内气泡完全逸出，转入 50mL 比色管中，用水稀释至标线。若有大量有机物和金属离子存在时，需进行下列处理。

① 有机物的消除。取适量试样于 100mL 烧杯中，加硝酸②5mL、硫酸③5mL，蒸发至冒白烟，冷却后用水稀释到 10mL，用氨水溶液⑦调 pH 为 1～2，转入 50mL 容量瓶中，用水稀释至标线，摇匀。

② 试样中钼、钒、铜、铁的含量过高而干扰测定时可按下述方法消除：取适量试样于分液漏斗中，加水至 50mL，用氨水⑦调至中性，加硫酸⑯3mL，用水冷却后，加铜铁试剂⑧5mL，振摇 1min，于冰水中冷却 2min，用氯仿④5mL，共萃取 3 次，弃去氯仿层，水层转入锥形瓶中，用少量水洗分液漏斗于锥形瓶中，加热煮沸。赶掉水中氯仿，氧化处理后测定。

（3）显色与测定

① 准确移取适量经预处理的水样，置于 50mL 比色管中，用水稀释至 50mL 标线。

② 加入 2.0mL 显色剂⑮，摇匀。10min 后，于 540nm 波长处，用 30mm 或 10mm 比色皿，以水为参比测定吸光度，并做空白校正，从校准曲线上查得六价铬含量。

③用 50mL 水代替试液，按测定步骤（2）、（3）做空白试验。

（4）绘制校准曲线

向 9 支 50mL 具塞比色管中分别加入 0mL、0.20mL、0.50mL、1.00mL、2.00mL、4.00mL、6.00mL、8.00mL 和 10.00mL 铬标准溶液⑬，加水至 50mL，按（2）、（3）步骤测定，以减去空白吸光度为纵坐标，对应铬量为横坐标，作图，计算回归方程。

9.2.3.5　注意事项

① 本实验中包括采样瓶在内的所有玻璃仪器不能用重铬酸钾洗液洗涤，可用硝酸、硫酸混合液或洗涤剂洗涤，冲洗干净。

② 铬标准使用液有两种浓度，其中每毫升含 5.00μg 六价铬的标准溶液适用于铬含量高的水样测定。

9.2.3.6 数据记录与处理

数据记录见表 9-21（以铬标准溶液⑬为例）。

表 9-21 绘制校准曲线数据记录参考表

铬标准溶液/mL	0.00	0.20	0.50	1.00	2.00	4.00	6.00	8.00	10.00
六价铬含量/μg	0.00	0.20	0.50	1.00	2.00	4.00	6.00	8.00	10.00
空白校正后吸光度值									

浸出液中总铬浓度按下式计算：

$$\rho(\text{mg/L}) = \frac{m}{V_样} \tag{9-7}$$

式中　m——从标准曲线上查得的或利用回归方程计算得到的总铬的量，μg；

　　　$V_样$——显色测定时所取水样的体积，mL。

总铬浓度计算结果表示：根据规范要求小数点后最多三位数、有效数字最多三位数。

9.2.3.7 思考题

① 如何消除钼、钒、铜、铁和有机物对测定的干扰？
② 如何将试样中的三价铬氧化成六价铬？
③ 比较固体废物总铬的测定方法二苯碳酰二肼分光光度法（GB/T 15555.5）和二苯碳酰二肼分光光度法（GB 7467）有何不同。

9.2.4 生活垃圾特性分析

扫描二维码可查看详细内容。

生活垃圾
特性分析

 思考与练习 9.2

1. 目前我国有哪些固体废物管理标准？又有哪些管理制度与固体废物的管理是相关的？
2. 根据《中华人民共和国固体废物污染环境防治法》的界定，如何区分固体废物、废水和废气？
3. 固体废物浸出毒性的浸出方法有哪几种？简述固体废物浸出毒性浸出方法——醋酸缓冲溶液法的适用范围和原理。
4. 固体废物采样方法有哪些？如何采集样品才能使固体废物样品具有代表性？
5. 如何确定固体废物的份样量和份样数？
6. 我国危险废物的鉴别标准包括哪几类？
7. 什么是垃圾渗滤液？试说明其主要来源和主要成分。

阅读与咨询

1. 扫描二维码可查看［拓展阅读 9-3］我国生态环境监测发展目标和任务。

我国生态环境监测发展目标和任务

2. 登录所列的相关咨询网站，可拓展学习相关内容。

模块 10
辐射环境监测

 学习目标

　　知识目标　了解辐射环境监测的概念、类型以及辐射对人体的影响；理解辐射测量基本原理；掌握样品采集和预处理方法；掌握电离辐射及电磁辐射测量的基本方法。了解辐射测量过程的质量控制措施。

　　能力目标　会正确使用辐射环境监测仪器，能根据有关规范完成现场测量；能正确完成测量数据的记录和测量报告。

　　素质目标　强化安全意识、服务意识、质量意识、规范操作意识；提升诚实守信、实事求是的职业道德素养；培养爱岗敬业、甘于奉献、精益求精、追求卓越的工匠精神。

学习引导

　　辐射对人体有何影响？哪些属于电离辐射源？电离辐射有哪些种类？《辐射环境监测技术规范》（HJ 61—2021）对监测人员素质有哪些要求？怎样选用辐射环境监测方法的标准？

　　辐射环境监测，也称为环境辐射监测，是指对放操作射性物质的设施周界之外的辐射和放射性水平所进行的与该设施运行有关的测量，辐射环境监测的对象是环境介质和生物。辐射环境监测是环境监测的重要组成部分，从辐射类型上分可分为电离辐射环境监测和电磁辐射环境监测两类。通常，狭义辐射环境监测专指电离辐射环境监测，广义的辐射环境监测包含电磁辐射环境监测。

　　《辐射环境监测技术规范》（HJ 61—2021）所指辐射为电离辐射，该标准规定了辐射环境质量监测、辐射源环境监测的主要技术要求，内容包括现场监测、样品采集、样品预处理和管理、监测分析方法、数据处理与结果表示、质量保证和报告编写等方面的内容。

　　扫描二维码可查看本模块详细内容。

辐射环境监测

阅读与咨询

　　1. 扫描上页二维码可查看［拓展阅读 10-1］人工放射源和［拓展阅读 10-2］电离辐射警告标志。

　　2. 登录所列的咨询网站，可拓展学习相关内容。

模块 11
应急监测

　　随着经济社会的发展，化工企业数量、规模和危险化学品用量日益增加，突发性污染事故以及生态破坏的风险在增大，一些地方突发环境事件（污染事故）时有发生。突发环境事件所造成的污染不同于一般的环境污染，它没有固定的排放方式和排放途径，往往是突然发生，来势凶猛，在瞬时或短时间内大量地排放污染物质，对环境造成严重污染和破坏，给人民的生命和国家财产造成重大损失，也往往使人们赖以生存的生态环境遭受严重破坏。因此，加强环境污染应急监测能力建设已成为生态环境保护的一项重要工作。

　　《突发环境事件应急监测技术规范》（HJ 589—2021 规定了突发环境事件应急监测启动及工作原则、污染态势初步判别、应急监测方案、跟踪监测、应急监测报告、质量保证和质量控制、应急监测终止等技术要求。

　　扫描二维码可查看本模块详细内容。

应急监测

阅读与咨询

　　1. 扫描二维码可查看［拓展阅读 11-1］应急监测报告范本和［拓展阅读 11-2］应急监测总结报告范本。

　　　　应急监测报告范本　　　　　　应急监测总结报告范本

　　2. 登录所列的咨询网站，可拓展学习相关内容。

附　录

附录一 **验收监测表格推荐格式**

扫描二维码可查看。

验收监测表格推荐格式

附录二 **动态更新的有关标准**

扫描二维码可查看。

动态更新的有关标准

参考文献

［1］ 奚旦立．环境监测．5 版．北京：高等教育出版社，2019.
［2］ 鞠美庭．环境类专业课程思政教育内容选编．北京：化学工业出版社，2022.
［3］ 中国环境保护产业协会．社会化环境检测机构从业人员实操技能培训教材．北京：中国建筑工业出版社，2018.
［4］ 蔡文祥，田旭东，刘劲松．生态环境监测人员持证上岗考核习题集．北京：化学工业出版社，2023.
［5］ 空气和废气监测分析方法指南编委会．空气和废气监测分析方法指南．北京：中国环境科学出版社，2014.
［6］ 刘刚，等．大气环境监测．北京：气象出版社，2012.
［7］ 中国环境保护产业协会．水污染源连续监测系统运行维护．北京：中国建筑工业出版社，2020.
［8］ 王英健．环境监测．3 版．北京：化学工业出版社，2015.
［9］ 王亚林．贾金平．环境监测实验简明教程．北京：化学工业出版社．2023.
［10］ 谢国莉．环境监测．北京：化学工业出版社，2023.
［11］ 王英健．室内环境监测．北京：中国劳动社会保障出版社，2010.
［12］ 蔡宗平，林书乐．水污染自动监测系统运行管理．北京：化学工业出版社，2022.8.